BMFT – Risiko- und Sicherheitsforschung

Ermittlung und Bewertung industrieller Risiken

Im Auftrag des Fraunhofer-Instituts für Systemtechnik und Innovationsforschung (ISI) herausgegeben von S. Lange

Mit 61 Abbildungen

Springer-Verlag
Berlin Heidelberg NewYork Tokyo 1984

Bundesministerium für Forschung
und Technologie, Bonn

Dr. S. Lange, Fraunhofer-Institut (ISI),
Karlsruhe

CIP-Kurztitelaufnahme der Deutschen Bibliothek:

Ermittlung und Bewertung industrieller Risiken / im Auftrag d. Fraunhofer-Inst. für Systemtechnik u. Innovationsforschung (ISI) hrsg. von S. Lange. – [Bundesministerium für Forschung u. Technologie, Bonn]. – Berlin ; Heidelberg ; New York ; Tokyo : Springer, 1984. –
(BMFT – Risiko- und Sicherheitsforschung)
NE: Lange, Siegfried [Hrsg.]; Deutschland ‹Bundesrepublik› / Bundesminister für Forschung und Technologie

ISBN-13:978-3-642-82194-3 e-ISBN-13:978-3-642-82193-6
DOI: 10.1007/978-3-642-82193-6

3020/2060 543210

Geleitwort

Die Auseinandersetzung im Umweltschutz über großtechnische Risiken, z. B. bei der friedlichen Nutzung der Kernenergie oder neuerdings auch bei der Kohlenutzung (Saurer Regen) sind Ausdruck einer veränderten Bewußtseinslage in der Gesellschaft. Die Technologie-Folgen müssen stärker berücksichtigt werden. Technische Großschäden und Umweltkatastrophen finden erhöhte Aufmerksamkeit in der Öffentlichkeit. Sie werden als von Menschen verursachte Gefahren nicht mehr schicksalhaft wie Naturkatastrophen hingenommen. Verschiedene Großtechnologien zeichnen sich zwar durch eine hoch entwickelte, qualifizierte Sicherheitstechnologie aus; das Gefährdungspotential großtechnischer Systeme hat heute jedoch Größenordnungen erreicht, daß Störfälle mit katastrophalen Konsequenzen für Mensch und Umwelt trotz aller Sicherheitsvorkehrungen als entfernte Möglichkeiten prinzipiell nicht ausgeschlossen werden können. Die technische Entwicklung hat uns in neue Dimensionen des Umgangs mit Energie, gefährlichen Stoffen und anderen mit Gefahren verbundenen Systemen geführt. Lange Zeit wurde kaum wahrgenommen, daß die damit verbundene quantitative Vergrößerung der Gefahren zu einer neuen Qualität technischer Risiken geführt hat.

Ich sehe daher in der Untersuchung von Risiko- und Sicherheitsfragen konventioneller und neuer Technologien im Rahmen der F+E-Politik der Bundesregierung eine wichtige Aufgabe.

Staatliche Forschungsförderung muß dazu beitragen, technologische Entwicklungen in ihren Zusammenhängen und Auswirkungen zu erkennen, ihre Chancen und Risiken abzuwägen und Entscheidungen über die Nutzung von Technologien zu begründen.

Dieser Zielvorstellung dient der Förderschwerpunkt „Risiko- und Sicherheitsforschung" beim Bundesminister für Forschung und Technologie. Förderungsziel ist die Minderung der großtechnischen Gefahren und die rationale Analyse der verbleibenden Risiken. Der Schwerpunkt unterstützt damit die unter der Zielrichtung „Technologiefolgenabschätzung" laufenden Arbeiten.

Wichtige Ergebnisse aus der Arbeit des Förderschwerpunktes werden in der vorliegenden Schriftenreihe veröffentlicht. Sie soll dazu beitragen, daß durch vertieftes Wissen die Risiken der Technik im Verhältnis zu ihrem Nutzen besser eingeschätzt werden können. Weder eine emotionale Technikfeindlichkeit noch ein unkritischer Fortschrittsglaube können das Leitmotiv bei der Anwendung der Technik in unserer Industriegesellschaft sein, sondern nur ihr verantwortungsbewußter Einsatz zur Verbesserung der Arbeits- und Lebensbedingungen der Menschen.

Bonn, Januar 1984

Dr. Heinz Riesenhuber
Bundesminister für Forschung und Technologie

Vorwort

Im Sommer 1982 fand in Bonn das Internationale Symposium über Risiko- und Sicherheitsforschung statt. Ziel der Veranstaltung war, die auf dem Seminar im Herbst 1980 in Romrod gestellten Fragen weiter zu verfolgen, den Erfahrungsaustausch zwischen Fachleuten aus verschiedenen Technik- und Fachbereichen zu fördern, auf vorhandene Gemeinsamkeiten zwischen den Bereichen aufmerksam zu machen und das Interesse an der Risiko- und Sicherheitsforschung aufzugreifen und zu verstärken.

Vorträge und Diskussionen konzentrieren sich auf die Fragen der Brauchbarkeit und der erforderlichen Genauigkeit von quantitativen Risikoanalysen für Bauwesen und Schiffbau, chemische Anlagen, Chemikalien und Kernenergie in Teil I dieses Tagungsbandes und auf Fragen der Verständigungsprobleme zwischen Fachmann und Laie und der Maßstäbe für Behörden und staatliches Eingreifen in Teil II.

Das Internationale Symposium wurde vom Institut für Systemtechnik und Innovationsforschung der Fraunhofer-Gesellschaft gemeinsam mit der National Science Foundation im Auftrag des Bundesministers für Forschung und Technologie veranstaltet. Ohne die große Bereitschaft von zahlreichen Fachleuten aus Industrie, Behörden und Wissenschaft zu wiederholten Diskussionen und kritischen Beiträgen wäre die Veranstaltung nicht zustandegekommen. Ich danke dafür allen Beteiligten und allen Autoren, die ihren Beitrag für diesen Tagungsband zur Verfügung gestellt und Anregungen für die Veröffentlichung gegeben haben.

Mein besonderer Dank gilt dem Tagungskomitee, den Herren Prof. Dr. K. Aurand, Dipl.-Ing. G. Breitschaft, Prof. Dr. S. Hartwig, Prof. Dr. K. H. Lindackers, Dr. H. Paschen und unseren amerikanischen Partnern Dr. Joshua Menkes und Prof. Dr. L. B. Lave, die geholfen haben, die zahlreichen Klippen der Risiko- und Sicherheitsforschung sicher zu umfahren. Das Symposium hätte keinen so lebendigen Verlauf genommen ohne die Fachleute, die sich als Tagungsleiter, Diskussionsleiter und als Teilnehmer an den Podiumsdiskussionen engagiert haben. Ich danke den Herren Prof. Dr. G. W. Becker, Prof. Dr. Dr. M. Hagenkötter und Alexander von Cube für die Diskussions- und Tagungsleitung.

Herr Ralf Friese hat die amerikanischen Beiträge ins Deutsche übersetzt.

Karlsruhe, Januar 1984 Siegfried Lange

Teilnehmer

Die Vortragenden und Mitglieder des Tagungskomitees, Tagungs- und Diskussionsleiter und Podiumsdiskussionsteilnehmer sind durch einen Stern * gekennzeichnet.

Ahrend, R. Binnenschiffahrts-Berufsgenossenschaft. Düsseldorfer Straße 193, 4100 Duisburg 13

Anderle, H. Erno Raumfahrt GmbH. Hünefeldstraße 1–5, 2800 Bremen

***Aurand, K.** Prof. Dr., Bundesgesundheitsamt. Postfach 330 013, 1000 Berlin 33

Baier, G. Dornier System GmbH. Postfach 1360, 7990 Friedrichshafen 1

***Beck, W.** Bundesministerium für Forschung und Technologie, Ref. 331. Postfach 200 706, 5300 Bonn 2

***Becker, G.** Dipl.-Ing., TÜV Rheinland. Postfach 101750, 5000 Köln 1

Becker, G. W. Prof. Dr., Präsident der Bundesanstalt für Materialprüfung (BAM). Unter den Eichen 87, 1000 Berlin 45

***Behr, F.** Dr., Gesellschaft für Systemtechnik mbH. Am Westbahnhof 2, 4300 Essen 1

Behrendt, V. Dr., Dornier System GmbH. Postfach 1360, 7990 Friedrichshafen 1

Beyen, H. Dipl.-Ing., Reederei & Spedition „Braunkohle“ GmbH. Kölner Straße 38–44, 5047 Wesseling

Bhagwati, K. Dr., Dow Chemical GmbH. Postfach 1120, 2160 Stade

***Blair, E. H.** Dr., VP, Health & Environmental Services, Dow Chemical Corporation Building 2020. Midland, MI 48640, USA

Borsch, P. Dr., Programmgruppe Kernenergie & Umwelt der KfA Jülich. Postfach 1913, 5170 Jülich

Böshagen, U. Bundesverband der Deutschen Industrie. Gustav-Heinemann-Ufer 84–88, 5000 Köln 51

Boström, H. C. Dipl.-Ing., VDI Graf-Recke-Straße 84, 4000 Düsseldorf 1

Braubach, H.-O. Dipl.-Ing., Hoechst AG. Brüningstraße, 6230 Frankfurt 80

Brauns, J. Dr., Inst. f. Boden- und Felsmechanik Univ. Karlsruhe. Postfach 6380, 7500 Karlsruhe 1

***Breitschaft, G.** Dipl.-Ing., Inst. f. Bautechnik. Reichpietschufer 72–76, 1000 Berlin 30

Brenk, H. D. Dr.-Ing., Brenk Systemplanung. Heinrichsallee 38, 5100 Aachen

Brown, M. US Environmental Protection Agency. Washington, DC 20460, USA

***Browning, J. B.** VP, Health & Safety Section, P2602 Union Carbide Corporation. Old Ridgebury Road, Danbury, CT 06817, USA

Brühning, E. Dr.-Ing., Bundesanstalt für Straßenwesen. Postfach 510530, 5000 Köln 51

Brüssermann, K. Dr. Ing., Gesellschaft für Umweltüberwachung mbH. Industriestraße, 5173 Aldenhoven

***Burkardt, F.** Prof. Dr. rer. nat., Joh.-Wolfg.-Goethe-Universität, Inst. f. Psychologie. Mertonstraße 17, 6000 Frankfurt/M

Busacker, H. Dipl.-Ing., Bundesverkehrsministerium, Luftfahrtabteilung. 5300 Bonn 1

Bussian, B.-M. Projektgruppe Reaktorsicherheit, Öko-Institut e.V. Wielandstraße 21, 6900 Heidelberg

Bußmann, L. Prof. Dr., Sozialakademie Dortmund. Hohe Straße 141, 4600 Dortmund 1

Caemmerer, D. Dipl.-Phys., Gesellschaft für Systemtechnik mbH. Am Westbahnhof 2, 4300 Essen 1

Cavell, B. Botschaftsrat, Schwedische Botschaft. Heussallee 2–10, 5300 Bonn 1

Compes, P. Prof. Dr.-Ing., Gesamthochschule Wuppertal, Univ. FB 14. Gaußstraße 20, 5600 Wuppertal 1

Conrad, J. Dr., Branichstraße 20, 6950 Schriesheim
Cremer, H. Prof. Dr.-Ing., VDI-GVC. Postfach 1139, 4000 Düsseldorf 1
***von Cube, A.** Westdeutscher Rundfunk. Wallraffplatz, 5000 Köln 1
Damm, H.-P. Dipl.-Ing., Berufsgen. für Gesundheitsdienst und Wohlfahrtspflege. Rottenscheider Straße 56, 4300 Essen
Diepold, W. Dr., Batelle-Institut e.V. Am Römerhof 35, 6000 Frankfurt 90
Döderlein, J. M. Director Royal Norwegian Council for Scientific and Industrial Research. Sognsvn 72, N-Oslo 8
Edingshaus, A.-L. „bild der wissenschaft". Dürenstraße 1, 5300 Bonn 1
***Eichhorn, W.** Prof. Dr., Inst. f. Wirtschaftstheorie und OR, Univ. Karlsruhe, 7500 Karlsruhe 1
van Eijndhoven, J. Dr., Univ. Utrecht. Stadhouderslaan 91, NL-Utrecht
Feser, A. Ministerium für Soziales und Umwelt. 6500 Mainz
Fischer, M. Dr., Bundesgesundheitsamt. Postfach 330013, 1000 Berlin 33
Fleckenstein, K. Dr., Deutscher Industrie- und Handelstag. Adenauerallee 148, 5300 Bonn 1
Flothmann, D. Dr. Dipl.-Phys., Batelle-Institut e.V. Am Römerhof 35, 6000 Frankfurt 90
***Franke, H. M.** Dipl.-Ing., Industrieanlagen-Betriebsgesellschaft. Einsteinstraße 20, 8012 Ottobrunn
Franzen, L. Gesellschaft für Reaktorsicherheit. Glockengasse 2, 5000 Köln 1
Gelbe, H. Prof. Dr. Ing., FB Apparate- & Anlagentechnik, TU Berlin, Straße des 17. Juni 135, KF 1, 1000 Berlin 12
Giegerich, V. Dr., Hauptverband der Gewerblichen Berufsgenossenschaften. Godesberger Allee 117, 5300 Bonn 1
Glöde, F. Kernforschungszentrum Karlsruhe GmbH, AFAS. Postfach 3640, 7500 Karlsruhe 1
Gottinger, H.-W. Prof. Dr., Gesellschaft für Strahlen- und Umweltforschung. Ingolstädter Landstraße 1, 8042 Neuherberg b. München
Gütschow, G. Dipl.-Ing., Germanischer Lloyd, Hauptverwaltung. Postfach 111606, 2000 Hamburg 11
Gundelach, V. Dipl.-Phys., DECHEMA. Postfach 970146, 6000 Frankfurt 97
Gurke, G. Dr., TÜV Rheinland, Geschäftsführung. Postfach 101750, 5000 Köln 1
***Hagenkötter, M.** Prof. Dr. Dr., Bundesanstalt für Arbeitsschutz und Unfallforschung. Vogelpothsweg 50–52, 4600 Dortmund 17
Hahn, L. Dipl.-Phys., Öko-Institut e.V. PG Reaktorsicherheit. Wielandstraße 21, 6900 Heidelberg
Hammer, H. Dipl.-Ing., Verband der Sachversicherer, Riehler Straße 36, 5000 Köln 1
***Hartwig, S.** Prof. Dr., Gartenfeldstraße 24a, 6380 Bad Homburg v.d.H.
Hegemann, J. Dipl.-Ing., Rheinisch-Westfälischer TÜV, Abt. Reaktorauslegung. Steubenstraße 53, 4300 Essen 1
Heinrichsdorf, F. Dr., IABG. Einsteinstraße 20, 8012 Ottobrunn
Held, M. Dr., Univ. Essen, FB 1, AUFE. Postfach 103764, 4300 Essen 1
Hennig, P. Dipl.-Ing., Gerling Institut für Schadenforschung & Schadenverhütung GmbH. Gereonshof 14–16, 5000 Köln 1
Hermann, G. Dr., Wiederaufarbeitungsanlage Karlsruhe. Postfach 220, 7514 Leopoldshafen
Herttrich, M. ORR Dr., BMI, Abteilung RS. Husarenstraße 30, 5300 Bonn 1
Hesel, D. Dr., TÜV Rheinland, Geschäftsführung. Postfach 101750, 5000 Köln 1
Hinrichs, H. G. Dipl.-Ing., Kölnische Rückversicherungs-Ges. AG. Postfach 108016, 5000 Köln 1
Hitzig, R. Dr., Gerling Institut für Schadenforschung & Schadenverhütung GmbH. Gereonshof 14–16, 5000 Köln 1
Hoffmann, H.-J. AGF – Arbeitsgruppe „Angewandte Systemanalyse". Linder Höhe, 5000 Köln 90
Hoffmann, M. Dipl.-Phys., Öko-Institut e.V. PG Reaktorsicherheit. Wielandstraße 21, 6900 Heidelberg

Hofmann, W. Dipl.-Ing., Hochtemperatur-Helium-Versuchsanlage Betriebsges. mbH. Stetternicher Staatsforst, 5170 Jülich
Hofmann, J. Dr., Battelle-Institut e.V. Am Römerhof 35, 6000 Frankfurt 90
Hosemann, G. Prof. Dr.-Ing., Univ. Erlangen. Egerlandstraße 9, 8520 Erlangen
Imbusch, A. Dr., Fraunhofer-Gesellschaft, Zentralverwaltung. Leonrodstraße 54, 8000 München 19
Jäger, P. Dr.-Ing., TÜV e.V. Am Grauen Stein, 5000 Köln 91
Kaiser, R. Dipl.-Ing., Bauberufsgenossenschaft. An der Festeburg 27–29, 6000 Frankfurt 60
Katzer, E. Dipl.-Ing., Staatliches Gewerbeaufsichtsamt Kassel. Knorrstraße 34, 3500 Kassel
Keidel, K. Ing., ESG Elektronik System GmbH. Postfach 800569, 8000 München 80
***Keller, H.** Dr., Präsident der Fraunhofer-Gesellschaft. Leonrodstraße 54, 8000 München 19
Kier, B. Dipl.-Ing., Rheinisch-Westfälischer TÜV, Umweltschutz Kataster. Steubenstraße 53, 4300 Essen 1
Kilian, P. Prof. Dr., Kraftwerk Union AG. Berliner Straße 295–299, 6050 Offenbach
Klank, W. Dr., Bundesanstalt für Materialprüfung (BAM). Unter den Eichen 87, 1000 Berlin 45
Klinger, J. Sozialakademie Dortmund. Hohe Straße 141, 4600 Dortmund 1
Koch, D. Univ. Essen, FB 1, AUFE. Postfach 103764, 4300 Essen 1
Köhnlein, W. Dipl.-Ing., VdTÜV. Kurfürstenstraße 56, 4300 Essen
Kollert, R. Dipl.-Phys., Inst. f. Energie- und Umweltforschung. Im Sand 5, 6900 Heidelberg
König, N. Dipl.-Ing., Wibera AG. Achenbachstraße 43, 4000 Düsseldorf 1
***König, G.** Prof. Dr., Inst. f. Massivbau, FB 14, TH Darmstadt. Alexanderstraße 5, 6100 Darmstadt
Krajewski W. Dipl.-Ing., Inst. f. Grundbau, Bodenmechanik, Felsmechanik u. Verkehrswasserbau RWTH Aachen. Mies-van-der-Rohe-Straße 1, 5100 Aachen
Krieger, G. Dipl.-Ing., Rheinisch-Westfälischer TÜV, Abt. Reaktorauslegung. Steubenstraße 53, 4300 Essen 1
***Krupp, H.** Prof. Dr., Fraunhofer-Institut für Systemtechnik und Innovationsforschung (ISI). Breslauer Straße 48, 7500 Karlsruhe 1
Krupp, R. Dr., Bundesanstalt für Straßenwesen. Brühler Straße 1, 5000 Köln 51
Kunreuther, H. Dr., IIASA, Schloß Laxenburg, A-3261 Laxenburg
***Lange, S.** Dr., Fraunhofer-Institut für Systemtechnik und Innovationsforschung (ISI). Breslauer Straße 48, 7500 Karlsruhe 1
***Lave, L. B.** Dr., The Brookings Institution Economic Studies Program. 1775 Massachusetts Avenue NW, Washington, DC 20036, USA
***Lehman, J. P.** Deputy Director of Hazardous Waste Environmental Protection Agency. 410 M Street SW, Washington, DC 20460, USA
Lewandowski, G. Vizepräsident des Bundesgesundheitsamtes. Thielallee 88–92, 1000 Berlin 33
***Lindackers, K. H.** Prof. Dr., TÜV Rheinland. Konstantin-Wille-Straße 1, 5000 Köln-Poll
van der Loo, H. Adelaarstraat 31, NL-Utrecht
Lübbert, F. Dr., Min. Rat Bundesministerium für Forschung und Technologie, Ref. 331. Postfach 200706, 5300 Bonn 2
Maaß, G. Bundesministerium für Forschung und Technologie, Ref. 331. Postfach 200706, 5300 Bonn 2
***Marburger, P.** Prof. Dr., FB Rechtswissenschaft, Univ. Trier, 5500 Trier
Martin, K. Dr.-Ing., Allianz Versicherungs-AG, Abt. Feuer/ABS. Königinstraße 28, 8000 München 44
Meffert, K. Dipl.-Ing., Berufsgenossenschaftliches Institut für Arbeitssicherheit. Lindenstraße 80, 5202 St. Augustin 2
Mehling, O. Dr., Kernforschungszentrum Karlsruhe GmbH. Postfach 3640, 7500 Karlsruhe 1

Menden, W. Dr. Min. Rat, Bundesministerium für Forschung und Technologie, Unterabt. 52. Postfach 200706, 5300 Bonn 2
***Menkes, J.** Dr., Group Leader, Technology Assessment & Risk Analysis, National Science Foundation. Washington, DC 20550, USA
Middell, W. Dipl.-Wi-Ing., Wibera AG. Achenbachstraße 43, 4000 Düsseldorf
Möller-Arensberg Dr., Bundesbehörde, 8000 München
Mühleib, F. Dr., „Die Zeit". Speersort, 2000 Hamburg 1
Nagy, J. Dr., Deutschlandfunk. Raderberggürtel 40, 5000 Köln 50
***Östergaard, C.** Dr., Germanischer Lloyd. Vorsetzen 32, 2000 Hamburg
Ott, K. O. Prof., AGF – Arbeitsgruppe „Angewandte Systemanalyse". Linder Höhe, 5000 Köln 90
Otto, H. G. Dr., Öko-Institut Freiburg. Primelgasse 6, 7858 Weil am Rhein
Otto, W. Dipl.-Phys., Gesellschaft für Reaktorsicherheit. Glockengasse 2, 5000 Köln 1
***Parker, F.** III Manager, Health & Safety Tenneco Inc. P.O. Box 2511, Houston, TX 77001, USA
***Paschen, H.** Dr., Kernforschungszentrum Karlsruhe GmbH, AFAS. Postfach 3640, 7500 Karlsruhe 1
Peters, O. Prof., Gesamthochschule Wuppertal, FB 14. Gaußstraße 20, 5600 Wuppertal 1
Pettelkau, H.-J. Dr., Bundesministerium des Innern. Postfach 170290, 5300 Bonn 1
Pfeil, N. Dr., Bundesanstalt für Materialprüfung (BAM). Unter den Eichen 87, 1000 Berlin 45
Pförtner, H. Dr., Fraunhofer-Institut ICT. Institutsstraße, 7507 Berghausen
Philipp, W. Dipl.-Math., Rheinisch-Westfälischer TÜV. Steubenstraße 53, 4300 Essen
***Pilz, V.** Dr., Bayer AG. Gebäude E41, 5090 Leverkusen
Pinnow, W. Dortmunder Stadtwerke AG. Postfach 326, 4600 Dortmund 1
Pöhler, E. Dr., FB Physik, AG Risikoforschung, Univ. Bielefeld. Universitätsstraße, 4800 Bielefeld 1
Praxenthaler, H. Prof. Dr., Bundesanstalt für Straßenwesen. Postfach 510530, 5000 Köln 1
***Rackwitz, R.** Dr. Ing., TU München, LKI. Arcisstraße 21, 8000 München
Ratka, R. Dr., SPD Fraktion, AK II. Bundeshaus, 5300 Bonn 1
Rechtern, J. Dipl.-Ing., Inst. f. Grundbau, Bodenmechanik, Felsmechanik u. Verkehrswasserbau, RWTH Aachen. Mies-van-der-Rohe-Straße 1, 5100 Aachen
Renn, O. Dr., Programmgruppe Kernenergie & Umwelt der KfA Jülich. Postfach 1913, 5170 Jülich 1
Rheinhardt, P. Reg. Dir., Bundesverkehrsministerium. Godesberger Allee 185, 5300 Bonn 2
Rindfleisch, H.-N. Dr., AG Phys. Chem. Verfahrenstechnik, Univ. Dortmund. Postfach 500500, 4600 Dortmund 50
***Röglin, H.-Chr.** Prof. Dr., Inst. f. Angewandte Sozialpsychologie. Kaiser-Friedrich-Ring 59, 4000 Düsseldorf 11
***Ronge, V.** Prof. Dr., Empirica, Perhamer Straße 49, 8000 München 21
Rosemann, H. Dr., Inst. f. Maschinenelemente A Univ. Hannover. Felsengarten 1, 3000 Hannover
***Rowe, W. D.** Prof., American University Nebraska & Massachusetts Avenue NW, Washington, DC 20016, USA
Sailer, M. Projektgruppe Reaktorsicherheit, Öko-Institut e.V. Wielandstraße 21, 6900 Heidelberg
***Salz, W.** Dr., Bundesministerium für Forschung und Technologie, Ref. 331. Postfach 200706, 5300 Bonn 2
Scharioth, J. Dr., Battelle-Institut e.V. Am Römerhof 35, 6000 Frankfurt 90
Schecker, H.-G. Prof. Dr., AG Phys. Chem. Verfahrenstechnik Univ. Dortmund. Postfach 500500, 4600 Dortmund 50
Schillalies, H. Fraunhofer-Gesellschaft Zentralverwaltung. Leonrodstraße 54, 8000 München
Schmiedermann Prof., Bundesinstitut für Chem.-Tech. Untersuchungen (BICT). Postfach 170260, 5300 Bonn 1

Schneider, W. Prof. Dr., TÜV Rheinland e.V. Direktionsbereich G. Postfach 101750, 5000 Köln 1

Schnellenbach, G. Prof. Dr.-Ing., Zerna, Schnellenbach & Partner. Viktoriastraße 47, 4630 Bochum 1

Schön, G. Prof. Dr., Physikalisch-Technische Bundesanstalt, Bundesallee 100, 3300 Braunschweig

Schröter, W. VDI. Graf-Recke-Straße 84, 4000 Düsseldorf 1

Schottelius, D. J. Dr., Verband der Chemischen Industrie e.V. Karlstraße 21, 6000 Frankfurt

Schreiber, P. Dr., Bundesanstalt für Arbeitsschutz und Unfallforschung. Postfach 170202, 4600 Dortmund

Schüler, R. Dipl.-Ing., TÜV Hannover e.V. Loccumer Straße 63, 3000 Hannover-Wülfel

***Schueller, G.** Prof., Univ. Innsbruck Inst. f. Mechanik. Technikerstraße 13, A-6020 Innsbruck

***Schulten, U.** Prof. Dr., Bayer AG, LE-Verkehrswesen, 5090 Leverkusen/Bayerwerk

Schütz, B. Dipl.-Ing., Gesellschaft für Reaktorsicherheit. Forschungsgelände, 8046 Garching

Schulz, K. Dr., Dornier System GmbH. Postfach 1360, 7990 Friedrichshafen 1

Schwarz, E. Dr., Reg.Dir., Bundesministerium für Forschung und Technologie, Ref. 331. Postfach 200706, 5300 Bonn 2

Schwarz, R. Wirtschaftsverband Asbest-Zement. Ernst-Reuter-Platz 8, 1000 Berlin 10

***Seipel, H.** Dipl.-Ing., Reg.Dir., Bundesministerium für Forschung und Technologie, Ref. 331. Postfach 200706, 5300 Bonn 2

Siebert, D. Prof. Dr., Gesamthochschule Wuppertal Univ. FB 14. Gaußstraße 20, 5600 Wuppertal 1

Slaa, P. Willem Barendsstraat 58, NL-3572PM Utrecht

Snel, E. Vakgroep Planning & Beleid Sociaal Inst. Utrecht. Heidelberglaan 2, NL-3508TC Utrecht

Sobottka, H. Dr., Kraftwerk Union AG. Berliner Straße 295–299, 6050 Offenbach

Sommer, E. Dr., Fraunhofer-Institut IWM, Rosastraße 9, 7800 Freiburg

Stadie, K. Dr., Head of Nuclear Safety Division OECD NEA. 38, boulevard Suchet, F-75016 Paris

Stahl, D. Dr., Nukem GmbH. Postfach 110 080, 6450 Hanau 11

Stahl, H. Dr., BASF, 6700 Ludwigshafen

Stangenberg, F. Dr.-Ing., Zerna, Schnellenbach & Partner. Viktoriastraße 47, 4630 Bochum 1

Steinhilber, H. Dr., Fraunhofer-Institut für Betriebsfestigkeit. Bartningstraße 47, 6100 Darmstadt

Stimberg, H.-J. Dr., Binnenschiffahrts-Berufsgenossenschaft. Düsseldorfer Straße 193, 4100 Duisburg 13

Strnad, H. Prof., Gesamthochschule Wuppertal, Univ. FB 14. Gaußstraße 20, 5600 Wuppertal 1

Strohmeier, K. Prof. Dr.-Ing., Lehrstuhl für Apparate- & Reaktorbau TU München. Arcisstraße 21, 8000 München 2

***Stüssel, R.** Dr., Direktor Ingenieurwesen Deutsche Lufthansa. Postfach 300, 2000 Hamburg 63

Stute, H. Gesellschaft für Reaktorsicherheit. Glockengasse 2, 5000 Köln 1

***Taylor, J. R.** Riso National Laboratory Electronics Dept. DK-4000 Roskilde

Thamm, H. W. Dr., Verband der Chemischen Industrie e.V. Karlstraße 21, 6000 Frankfurt

Thoenes, H. W. Prof. Dr., Rheinisch-Westfälischer TÜV, Geschäftsführung. Steubenstraße 53, 4300 Essen 1

Thon, H. Dipl.-Phys., TÜV Rheinland e.V. Inst. f. Umweltschutz. Postfach 101750, 5000 Köln 1

***Überla, K.** Prof. Dr., Bundesgesundheitsamt. Postfach 330013, 1000 Berlin 33

Ullrich, W. Dipl.-Phys., Gesellschaft für Reaktorsicherheit. Glockengasse 2, 5000 Köln 1

Uth, H. J. Dr., Umweltbundesamt. Bismarckplatz 1, 1000 Berlin 33

Vinck, W. Leiter, Ref. Sicherheit Kernkraftwerke Komm. der Eur. Gem. 200 rue de la Loi, B-1049 Brüssel

Volk, D. VDI-Verlag, Technische Überwachung. Postfach 1139, 4000 Düsseldorf

Voß, R. Dr., TÜV Hannover e.V. Loccumer Straße 63, 3000 Hannover-Wülfel

Warmuth, E. Dr., Bundesministerium für Forschung und Technologie, Ref. 331. Postfach 200706, 5300 Bonn 2

Weber, P.-M. Hahn-Meitner-Inst. f. Kernforschung GmbH. Glienicker Straße 100, 1000 Berlin 39

Wenk, E. Dr., STS – Zweigniederlassung der Dornier System GmbH. Postfach 1724, 7990 Friedrichshafen 1

Westarp, A. E. Kufsteiner Platz 2, 8000 München 80

Wetzling, G. Binnenschiffahrt-Berufsgenossenschaft. Düsseldorfer Straße 193, 4100 Duisburg

Weymann, J. Dipl.-Ing., Hahn-Meitner-Inst. f. Kernforschung Abt. PSE. Glienicker Straße 100, 1000 Berlin 39

Wiercimok, J. Dr., DFG, im Wissenschaftszentrum Bonn. Ahrstraße 54, 5300 Bonn 2

Wiesner, S. Dr., Rheinisch-Westfälischer TÜV e.V. Steubenstraße 53, 4300 Essen

***Wildavsky, A.** Prof., Survey Research Center University of California, 2538 Channing Way, Berkeley, CA 94720, USA

Wingender, H.-J. Dr., Nukem GmbH. Postfach 110080, 6450 Hanau 11

Witt, K.-J. Dipl.-Ing., Inst. f. Bodenmechanik u. Felsmechanik Univ. Karlsruhe. Postfach 6380, 7500 Karlsruhe 1

Witt, W. Dr., TÜV Norddeutschland. Große Bahnstraße 31, 2000 Hamburg 54

Wittke, B. Dipl.-Ing., König und Heunisch, Beratende Ingenieure. Letzter Hasenpfad 21, 6000 Frankfurt 70

Wolff, K.-D. Dr., TÜV Bayern. Kaiserstraße 14–16, 8000 München 40

de Wringer, P. H. J. Dr., Openbaar Lichaam Rijnmond. 's-Gravelandseweg 565, NL-3119XT Schiedam

Zangemeister, C. Prof. Dr.-Ing., Z & P Beratungsges. für Angewandte Systemforschung. Schillingrotter Straße 18/21, 5000 Köln 50

Zapf, R. Dr., Hoechst AG, Med. Abt. 6230 Frankfurt 80

Zerna, W. Prof. Dr. Ing., Zerna, Schnellenbach & Partner. Viktoriastraße 47, 4630 Bochum

Zimmermeyer, G. Dr., Gesamtverband des Deutschen Steinkohlenbergbaus. Friedrichstraße 1, 4300 Essen 1

Inhaltsverzeichnis

Kernenergie

Teil II

Handhabung von industriellen Risiken in Politik und Gesellschaft

Vertrauenskrise und schwindende Kompromißfähigkeit in der modernen Gesellschaft

Ökonomisch vertretbare Strategien zur Risikominderung

Anforderungen an gesetzliche Vorschriften

Eröffnungsansprache

A. von Bülow

Meine sehr geehrten Damen und Herren,
Ich begrüße Sie herzlich zu unserem Internationalen Symposium über Risiko- und Sicherheitsforschung in Bonn.

Mein besonderer Gruß gilt dem Präsidenten der Fraunhofer-Gesellschaft, Herrn Dr. Keller, und dem Repräsentanten der amerikanischen National Science Foundation, Herrn Dr. Menkes. Ich möchte Ihnen beiden herzlich dafür danken, daß Sie meine Anregung aufgenommen haben, das Thema „Risiko- und Sicherheitsforschung" im Rahmen eines internationalen Symposiums aus verschiedenen Blickwinkeln zu beleuchten und interdisziplinär zu diskutieren.

Die Diskussion über die Sicherheit neuer Technologien und die mit ihrer Anwendung verbundenen Risiken wird mit zunehmender Intensität in der Öffentlichkeit geführt. Offenbar nehmen die Menschen heute technische Risiken und damit verbundene Unfälle nicht mehr so schicksalshaft hin wie in früheren Phasen des industriellen Zeitalters. Dieser Wandel in den Einstellungen wird auch durch Meinungsumfragen belegt. Sie zeigen, daß der Bevölkerungsanteil, der uneingeschränkt positive Erwartungen in Wissenschaft und Technik setzt, von mehr als 60% auf gute 30% im Verlaufe des letzten Jahrzehnts abgesunken ist. Im gleichen Zeitraum hat sich der Anteil derjenigen, die in der Technik eher „einen Fluch" sehen – ich zitiere dabei wörtlich die gestellte Frage – von 3% auf immerhin 13% erhöht. Die dritte Gruppe, die der Unentschiedenen, ist von 17% auf nahezu 50% angestiegen.

Dieser Wandel hat sicher vielfältige Ursachen. Die Sorge über technische Großschäden und Katastrophen sowie irreversible Schäden in unserer Natur und Umwelt ist dabei ein wichtiger Faktor.

Die Medien haben maßgeblich zu dieser Entwicklung beigetragen. Katastrophale Unfälle bieten sich an für spektakuläre Fernsehberichte. Auf diesem Wege haben zweifellos Ereignisse wie

- das Unglück von Seveso,
- der Tanklastwagenunfall in Alfaquez,
- der Störfall im Kernkraftwerk Three Mile Island

erheblich zur Sensibilisierung beigetragen. Großschäden und Katastrophen werden offenbar anders empfunden und bewertet als viele kleine Individualschäden, die insgesamt durchaus vergleichbare oder sogar noch größere Verluste bewirken.

Das verstärkte Bewußtsein der möglichen Gefahren moderner Technik und ihrer besonderen Qualität geht in verschiedenen Bereichen einher mit einem Verlust an Vertrauten in diejenigen staatlichen Stellen, Expertengremien und wissenschaftlichen Autoritäten, die die Maßnahmen zur Gefahrenabwehr bestimmen. Dies führt zwangsläufig bei den betroffenen Bürgern zu dem Wunsch, die Art dieser Gefahren besser zu verstehen und sich persönlich von der Qualität der Schutzmaßnahmen oder zumindest von der Vertrauenswürdigkeit und Kompetenz der verantwortlichen Stellen zu überzeugen.

Hintergrund dieser Prozesse ist die Tatsache, daß die technische Entwicklung eine neue Qualität und Quantität von Gefahrenpotentialen mit sich gebracht hat. So haben s. B. Zahl und Art gefährlicher Stoffe erheblich zugenommen, die Produktionsanlagen sind größer geworden und enthalten erheblich größere Mengen an gefährlichen Stoffen. Handhabung und Transport gefährlicher Güter haben neue Dimensionen erreicht.

Eine hochentwickelte Sicherheitstechnik hat bisher, wie die Statistik eindrucksvoll belegt, einen wirksamen Schutz vor den durch diese Entwicklung bedingten Gefahren gewährleistet. Aber absolute Sicherheit gibt es nicht. Deshalb verbleiben trotz aller Sicherheitsvorkehrungen Schadensmöglichkeiten. In einigen technischen Bereichen liegt die Besonderheit darin, daß die Schadensauswirkungen im denkbaren Extremfall auch für die Bevölkerung sehr groß sein können.

Lange Zeit ist dieses Umschlagen schleichender quantitativer Veränderungen in eine neue Qualität technischer Risiken entweder nicht erkannt worden, oder es wurde wegen befürchteter Auswirkungen in wirtschaftlicher Hinsicht verdrängt.

Die Frage nach den Risiken, die trotz aller Maßnahmen zur Gefahrenabwehr und Risikovorsorge verbleiben, ist zur Zeit für die meisten Bereiche kaum zu beantworten.

Wir stehen heute vor der Situation, daß sich die Maßstäbe für den notwendigen Sicherheitsstandard bei den verschiedenen Gefährdungsarten je nach Fachgebiet und behördlicher Zuständigkeit weitgehend unabhängig voneinander entwickelt haben. Sie wurden niemals abstrakt – etwa in Form von Zahlenwerten für das erlaubte Risiko – formuliert, sondern stets eingegossen in konkrete Beschaffenheits- und Verhaltensanforderungen an die Herstellung und die Verwendung technischer Systeme. Welche Güterabwägungen dahinter stehen und welche Konsequenzen sich daraus für verbleibende Risiken ergeben, ist selbst für den Fachmann nicht ohne weiteres zu erkennen.

In vielen Fällen fehlen für eine Beschreibung von Gefahren mit schwerwirkenden Auswirkungen jenseits des Bereichs praktischer Erfahrungen die notwendige Detailkenntnisse. Das gilt sowohl für geeignete numerische Untersuchungsmethoden als auch für die notwendigen Grundkenntnisse der relevanten physikalischen oder chemischen Phänomene.

Dies hat zur Folge, daß man nicht übersehen kann, wie sich die Risiken in den einzelnen Bereichen relativ zueinander darstellen. Deshalb weiß man zur Zeit auch nur ungefähr an welchen Stellen – bei ganzheitlicher Betrachtung des Risikos – weitere Anstrengungen zur Vergrößerung der Sicherheit besonders erfolgversprechend oder besonders wirtschaftlich sein dürften.

Gerade die Betrachtung der Verhältnismäßigkeit von Risiken vermittelt eine wichtige Orientierungshilfe bei der Bewertung rein theoretischer – in der Praxis nie eingetretener – Gefahrensmöglichkeiten.

Die vom Deutschen Bundestag eingesetzte Enquéte-Kommission „Zukünftige Kernenergiepolitik" hat auf die Bedeutung derartiger vergleichender Risikobetrachtungen hingewiesen. Zugleich hat sie gefordert, die Analyse technischer Risiken durch Sachverständige einerseits und die Entscheidung über die Zumutbarkeit dieser Risiken, die politisch legitimierter Stellen vorbehalten sein muß, andererseits deutlicher als bisher zu unterscheiden.

In rechtlicher Hinsicht geht es um die Abgrenzung zwischen erlaubtem Risiko und rechtswidriger Gefahr. Das Bundesverfassungsgericht hat für diese Abgrenzung auf die praktische Vernunft als Maßstab verwiesen. Hier werden die Verantwortlichen um weitere Konkretisierung ringen müssen. Ein erster wichtiger Schritt zur Lösung dieser schwierigen Aufgabe ist die Überwindung der heute noch weitgehend bestehenden Sprach- und Verständigungsprobleme, insbesondere zwischen Juristen und Naturwissenschaftlern.

Es gibt heute theoretisch vorstellbare Katastrophenfälle, die unter keinen Umständen eintreten dürfen. Industrie, Behörden und Wissenschaft erwächst die Aufgabe, daß die Kenntnisse und Methoden für die Gefahrenanalyse und Lösung von Sicherheitsaufgaben mit Größe, Gefährdungspotential und Komplexität der technischen Systeme Schritt halten sollen. Die Schutzmaßnahmen müssen einerseits dem hohen Sicherheitsbedürfnis der Bürger Rechnung tragen, andererseits aber auch wirtschaftliche Erfordernisse beachten und insgesamt im Spannungsfeld von Risiko, Nutzen und Kosten ausgewogen sein. Die dazu erforderlichen schwierigen Abwägungen sollten überdies Dritten in einer verständlichen Form vermittelbar sein.

Vor diesem Hintergrund halte ich es für notwendig, daß sich die Fachleute in Industrie, Politik und staatlicher Verwaltung, vor allem auch die in Forschung und Lehre tätigen Wissenschaftler mit den aufgeworfenen Fragen auseinandersetzen. Es ist erforderlich, neue fachgebietsübergreifende und systemorientierte Denkansätze auch im internationalen Rahmen für die Sicherheitsproblematik zu entwickeln. Der vorab beschriebene technische Wandel findet in allen Industrieländern statt. Gerade in den Vereinigten Staaten ist diese Entwicklung früh erkannt und von der National Science Foundation im Rahmen neuer Forschungsprogramme untersucht worden.

Die Forschung kann hier einen wichtigen Beitrag leisten, die Risiken, mit denen wir bereits leben und die wir mit unserer technischen Entwicklung neu schaffen, besser zu verstehen und in ihrer Verhältnismäßigkeit zu bewerten. Dort, wo Risikospitzen erkennbar sind, sollen sie durch gezielte Entwicklungsmaßnahmen der Sicherheitstechnik abgebaut werden. Darüber hinaus müssen wir das gesamte Feld des staatlichen Risikomanagements sehen. Hier ist es notwendig, das Verständnis der Wechselwirkungen zwischen Technik und Gesellschaft im Hinblick auf technische Risiken zu verbessern. Es muß untersucht werden, wie die Ergebnisse technischer Risikountersuchungen am besten für Entscheidungen der Legislative, Exekutive und Judikative nutzbar gemacht werden können.

Gewiß wird es notwendig sein, die skizzierten Aufgaben behutsam anzugehen, da erhebliche Probleme überwunden werden müssen. Sie liegen nicht nur in dem unzureichenden instrumentellen Stand der methodischen Hilfsmittel, der Datenverfügbarkeit und der Unkenntnis wichtiger Wirkungsmechanismen, sondern zuweilen auch in einer nicht voll übereinstimmenden Interessenslage der beteiligten Partner in Wirtschaft, Wissenschaft und Staat. Außerdem besteht die Sorge über einen möglichen Mißbrauch von Untersuchungsergebnissen. Ich bin mir daher bewußt, daß diese Aufgaben nur in einem kooperativen und vertrauensvollen Zusammenwirken mit allen Beteiligten konstruktiv ausgestaltet werden können.

Einführung in die Tagung

H. Keller

1 Wie sicher ist uns sicher genug?

Risiko und Sicherheit sind ein Wortpaar, das ich zur Klarstellung auf die zivile technologische Entwicklung angewandt sehen möchte. Der Bereich der Verteidigung ist aus unserer Thematik ausgeschlossen, die dennoch aufregend genug bleibt. Als Bürger würde ich spontan ein Maximum an Sicherheit bei Null-Risiko fordern. Ist das aber bei den beschränkten Ressourcen dieser Welt machbar, oder bedeutet diese Forderung bei 4 Milliarden oder demnächst 6 Milliarden Menschen auf unserem Satelliten nicht den Tod von Millionen oder gar Milliarden Erdenbürgern? Es gilt daher, zwischen Risiko und Sicherheit zu optimieren.

Nachdem unsere Gesellschaft gelernt hat, mit zahlreichen technischen Risiken zu leben, und sich daran gewöhnt hat, daß unser Leben immer sicherer geworden ist, soweit es um die uns bekannten Risiken wie Infektionskrankheiten, Unfalltod, Säuglingssterblichkeit und ähnliches geht, erleben wir seit einigen Jahren, daß sich unsere Gesellschaft der Risiken, mit denen wir leben, neu bewußt wird. Verfeinerte wissenschaftliche Untersuchungsmethoden zeigen uns Gefahren z. B. in der Ökologie, die wir bisher nicht haben sehen können und die vielleicht zu nicht wiedergutzumachenden Schäden führen. Großtechniken gewinnen immer mehr an Bedeutung mit der Gefahr von solchen Unfällen, die über den gewohnten Schadensumfang weit hinausgehen könne; es gibt Erfahrungen, die wir uns nicht leisten wollen. Soziale Todesarten wie die Zivilisationskrankheiten verdrängen die gewohnten „natürlichen" Todesarten. Die psychische Belastung wächst.

Der Laie reagiert auf diese Situation mit Angst. Der Fachmann fragt sich, welches Handwerkszeug wir brauchen, um mit der veränderten Situation fertig zu werden.

Die ersten Verständigungsversuche zwischen Fachmann und Laie haben offensichtlich mehr Verwirrung als Klarheit gebracht. Die gebräuchliche wissenschaftliche Definition von Risiko als Produkt aus Schadensumfang und Schadenswahrscheinlichkeit stößt auf das Unverständnis der Öffentlichkeit. Sind $1 \times 100\,000$ Tote wirklich gleich $100\,000 \times 1$ Toter? Jede Tageszeitung beweist täglich das Gegenteil, wenn sie über einen Unfall mit 5 Toten gar nicht, oder nur im Lokalteil über die vielen einzelnen Unfälle mit Todesfolge, allein einige Dutzend pro Tag in der Bundesrepublik Deutschland, berichtet.

Die rechnerische Größe 10^{-6} ist nicht vorstellbar. Trotzdem weckt 10^{-6} bei Kernkraftwerksunfällen die Furcht vor der Katastrophe und 10^{-6} im Lotto die Hoffnung auf den Volltreffer. Für eine Verständigung mit dem Laien reicht diese übliche Definition offensichtlich nicht aus. Auch der Begriff „Sicherheit“ ist nicht so unproblematisch wie er scheint: Der Begriff schafft zwar Vertrauen und wird deswegen gern von Politikern gebraucht; wenn man jedoch fragt, wofür und für wen und zu welcher Zeit Sicherheit gewährleistet werden soll, wird schnell deutlich, welche unterschiedlichen Vorstellungen mit diesem Begriff in unserer Gesellschaft verbunden werden. Es ist keine leichte Aufgabe, sich auf brauchbare Begriffe zu verständigen. Ohne Rücksicht auf die berechtigten Interessen von Wirtschaft, Politik und Öffentlichkeit wird das nicht gelingen.

Die Durchsetzung allgemein anerkannter Begriffe ist jedoch nur ein kleiner notwendiger Schritt. Die große Frage, gerade von Fachleuten, lautet, ob unsere Institutionen mit den neuen Anforderungen zurechtkommen:

- Die Risiken wachsen, aber uns fehlt häufig eine ausreichende genaue Kenntnis, wie groß welche Risiken wirklich sind.
- Auch wenn wir genaue Kenntnis über die Risiken hätten, wäre doch keine objektive Bewertung möglich, da sich die Bürger unserer Gesellschaft in Werthaltungen und möglicher Betroffenheit unterscheiden.
- Hinzu kommt, daß sich die Fachleute nicht immer einig sind in Bezug auf die Höhe der Risiken und sinnvolle Gegenmaßnahmen.
  Trotzdem müssen politische Entscheidungen vorbereitet und gefällt werden, müssen Behörden tätig werden und sich der Kritik der Öffentlichkeit stellen

Deswegen müssen wir uns fragen:

Welche Möglichkeiten hat unsere Gesellschaft, für ausreichende Sicherheit zu sorgen?
- Wer soll dafür sorgen?
- Welche Methoden können benutzt werden, die auch Risiken in Bereichen erkennen lassen, wo noch keine ausreichende Erfahrung vorliegt?
- Wie läßt sich die Leistung der privaten und öffentlichen Institutionen verbessern?
- Nach welchen Kriterien sollen diese Institutionen entscheiden, z.B. nach dem Prinzip der Risikovermeidung, durch Abwägung zwischen den Risiken, oder durch Vergleich von Risiko und Nutzen?
- Wie kann man den Hang zur Bürokratisierung mindern?
- Wieviel soll unsere Gesellschaft zur Erhöhung der Sicherheit ausgeben?

Da es keine absolute Sicherheit gibt, stellt sich die Frage:
Wie sicher ist uns sicher genug?
Je mehr für unsere Sicherheit ausgegeben wird, desto weniger steht für andere gesellschaftliche Ziele zur Verfügung. Wie wichtig ist uns die Sicherheit, gemessen am Verzicht auf andere Güter? Wie sollen die knappen Mittel auf die unterschiedlichen Gefährdungsbereiche aufgeteilt werden? Brauchen wir dafür Maßstäbe oder reicht situationsbezogenes Handeln? Welche Risiken können wir hinnehmen, ohne zusätzliche Maßnahmen zu ergreifen?

Welche politischen Entscheidungsmechanismen sorgen für eine ausreichende Berücksichtigung von Minderheiten und gewährleisten gleichzeitig Entscheidungen zum Wohle des Ganzen?

Alle diese Fragen sind eigentlich keine neuen Fragen; und unsere Gesellschaft hat immer schon eine Antwort darauf gefunden, jedoch eher stillschweigend und pragmatisch. Neu an diesen Fragen ist die Überzeugung, daß es nötig ist, diese Fragen ausdrücklich und in aller Öffentlichkeit zu stellen, um angesichts der neuen Risiken zu sozial akzeptablen, ökonomisch vertretbaren und die Umwelt schonenden Lösungen zu kommen.

2 Ziele des Symposiums

Das Symposium soll Fachleute aus verschiedenen Fach- und Technikbereichen vereinen, den Erfahrungsaustausch fördern, auf vorhandene Gemeinsamkeiten zwischen den Bereichen aufmerksam machen, Gegensätze klären helfen, das Interesse an Risiko- und Sicherheitsforschung verstärken. Die Veranstaltung soll darüber hinaus die wirtschaftlichen und politischen Bezüge verdeutlichen, in die wissenschaftliches Arbeiten eingebunden ist. Das Symposium soll insbesondere Gelegenheit zu einer kritischen Sichtung der von der Wissenschaft angebotenen Theorien, Methoden und Modelle für die Anwendung in der Praxis bieten. Es geht um das geeignete wissenschaftliche Handwerkszeug für den Umgang mit Risiken, sei es in der Wirtschaft oder in der Politik.

Die Fraunhofer-Gesellschaft hat gemeinsam mit der National Science Foundation und Brookings Institution die Vorbereitung dieses Symposiums übernommen, weil die Partner davon überzeugt sind, daß die Fragen, die im ersten Teil meines Vortrages gestellt sind, alle angehen, die sich in unterschiedlichen Technikbereichen mit Sicherheit und Risiko beschäftigen. Dies in der Überzeugung, daß die sozial akzeptablen, ökonomisch vertretbaren und die Umwelt schonenden Lösungen nur in interdisziplinärer und internationaler Kooperation zu finden sind. Ich hoffe, daß die Veranstaltung auch neue Verbindungen zwischen amerikanischen und deutschen Fachleuten knüpfen hilft.

Diese Veranstaltung konzentriert sich auf drei ausgewählte Themen:

- Auf den Bedarf der Praxis an wirtschaftlichen und leistungsfähigen, herkömmlichen und neuen Verfahren zur Gewährleistung von Sicherheit.

Zwischen Vertretern von Wirtschaft, Politik und Wissenschaft finden teils polemische Auseinandersetzungen statt. Ein neuer Anlaß ist die Störfallverordnung, die aus guten Gründen erlassen wurde und aus guten Gründen auf die Kritik der Wirtschaft gestoßen ist. Zu erwähnen ist auch die Enquête-Kommission „Zukünftige Kernenergiepolitik“, in der Risikoanalysen als Entscheidungshilfe und Vertiefungen der deutschen Risikostudie über Kernkraftwerke empfohlen werden. Diese Auseinandersetzungen dürfen nicht ausgeklammert werden.

- Auf die Frage, welche Methoden die Wissenschaft zur Unterstützung der Praxis zu bieten hat.

Seit einigen Jahren findet, meist isoliert in den verschiedenen Technikbereichen, eine wissenschaftliche Diskussion über Methoden und Modelle statt, die über die praktischen Erfahrung hinaus Erkenntnismöglichkeiten liefern sollen für Ursachen von Störungen, Wirkungen von Sicherheitseinrichtungen, Planung von Notfallmaßnahmen und Auswirkungen von Unfällen; insbesondere von Unfällen, die in der Praxis zu befürchten, aber noch nicht eingetreten sind, d. h. vor allem von seltenen

Unfällen mit schweren Folgen für Leben, Gesundheit und Umwelt. Sind diese Methoden schon so weit entwickelt, daß sie mit Erfolg in der Praxis eingesetzt werden können? Wo liegen die Schwachstellen? Worauf müssen sich weitere Forschungsvorhaben konzentrieren?

- Auf Politik und Gesellschaft. Die wissenschaftlichen Beiträge sollen klären helfen, wie unsere Gesellschaft mit dem Risiko umgehen sollte.

Wirtschaft und Wissenschaft sind eingebettet in unsere Gesellschaft, in der „Risiko" und „Sicherheit" umstrittene und wertbeladene Begriffe sind – eine Gesellschaft mit einer wachen Öffentlichkeit, die sich von Fachleuten falsch informiert fühlt; mit Politikern, die sich immer schwerer tun, in ihrer Sorge um die Sicherheit tragfähige Kompromisse zu schließen; mit Wissenschaftlern, die die wirtschaftlichen und politischen Dimensionen ihrer Tätigkeit unterschätzen; und mit einer Industrie, die vor dem Problem steht, mit den höher werdenden Anforderungen an industrieller Sicherheit zu leben, ohne dabei die Konkurrenzfähigkeit einzubüßen.

Deswegen sind wissenschaftliche Analyse und politische Diskussion und Bewertung eng miteinander verbunden. Weil es unmöglich ist, das Thema in wenigen Tagen erschöpfend zu behandeln, mußte eine exemplarische Auswahl der Technikbereiche getroffen werden: Transport gefährlicher Stoffe, Chemie, Pharmazie, Baugewerbe, Schiffbau, Kernenergie, Abfallbeseitigung. Beteiligt sind die Disziplinen Technik- und Naturwissenschaften, Rechtswissenschaften, Wirtschafts- und Sozialwissenschaften.

3 Auf welche Interessenkonflikte müssen wir uns einstellen?

Mir persönlich ist besonders daran gelegen, mit diesem Symposium einen Anstoß dafür zu geben, daß polemische Auseinandersetzungen auf die tatsächlich existierenden Widersprüche, das gesicherte Wissen und die offenen Fragen zurückgeführt werden. Es soll also das wissenschaftliche Handwerkszeug in voller Kenntnis der unterschiedlichen Standpunkte weiterentwickelt werden.

Ich halte es daher für nötig, einige Argumente zu verdeutlichen, die gerade vom Bürger kommen. Dieser Bürger wird von jedem einzelnen von uns dargestellt, denn die hier vertretenen gesellschaftlichen Gruppen bestehen alle gleichzeitig aus Bürgern, die persönlich von Risiko und Sicherheit betroffen sind. Im folgenden möchte ich diesen Bürger mit Argumenten zu Wort kommen lassen. Es handelt sich dabei um provokative, fiktive Äußerungen, wie der Bürger über Wirtschaft, Wissenschaft und Staat denkt und denken könnte.

3.1 Bürger über Wirtschaft

Die Wirtschaft muß berechtigterweise an die Erzielung eines Profits denken. Sie wird daher alles vermeiden, ihre Kosten zugunsten gesellschaftlicher Zusammenhänge zu erhöhen. Zumindest in der Vergangenheit war sie gewohnt, einen Teil ihrer Kosten als soziale Kosten absetzen zu können.

Moderne Technologien haben Systemcharakter. Sie schaffen Sachzwänge, denen nicht unbedingt der einzelne Unternehmer, aber doch die Gesellschaft als Ganzes, ausgeliefert ist. Ich nenne hier als Beispiel die Notwendigkeit der nuklearen Entsorgung und der Abfallbeseitung. Viele Bürger befürchten daher, daß durch die ökonomischen Zwänge von der Wirtschaft Gefahren übersehen oder heruntergespielt werden.

3.2 Bürger über Wissenschaft

Nach Auffassung des Bürgers haben es die Wissenschaftler nicht verstanden, bei ihren technologischen Entwicklungen die Gefahrenmomente zu bewerten. Die Sprache der Wissenschaftler ist nicht ausreichend bürgernah. Es fehlt daher an der rechtzeitigen Verständigung zwischen Wissenschaftler und Bürger. Das Ergebnis ist mangelnde Akzeptanz neuer Technologien oder sogar die Furcht vor der Einführung neuer Technologien. Ein anderer Teil unserer Bürger sieht das Dilemma der Wissenschaft darin, daß die Wissenschaft abhängig ist von den finanzierenden Institutionen in Staat und Wirtschaft. Diese Abhängigkeit der sogenannten Fachgutachter erschwert nach Auffassung des Bürgers eine neutrale Stellungnahme. Die zahlreichen Widersprüche von Gutachtern und Gegengutachtern zeigen, daß es nur selten objektive, für die Allgemeinheit gültige Aussagen gibt.

3.3 Bürger über Staat

Das unbeschränkte Vertrauen, das der Bürger vergangener Zeiten in die Weisheit des Staates und seiner Institutionen gesetzt hat, ist am schwinden. Ein Teil unserer Bürger ruft daher nach mehr Law and Order, ein anderer Teil macht seinen Unmut in Bürgerinitiativen und Protestaktionen kund. Eine Vielzahl der Bürger glaubt, daß der Staat handlungsunfähig geworden ist und die Interessen des Bürgers nicht genügend berücksichtigt. Nach seiner Auffassung unterliegen die Politiker zu leicht dem vermeintlichen Sachzwang, mit dem gerade die Wirtschaft gern argumentiert. Der Bürger stellt uns also vor die Frage, wie seine Interessen besser berücksichtigt werden können, und zwar entweder durch mehr Macht des Staates, oder durch mehr Eigeninitiative des Bürgers.

Bedenken Sie bei meinen Ausführungen, daß ich diese Auffassungen nicht uneingeschränkt teile. Sie sind provokativ und fiktiv, sind aber auch Meinungen, wie sie in der Öffentlichkeit von zahlreichen Bürgern geäußert werden.

Ich wünsche mir zwei Ergebnisse dieses Symposiums:

1. Die Fortsetzung der internationalen Diskussion auf den Einzelgebieten in Form von Workshops, so daß den Politikern und Institutionen des Staates für ihre Entscheidungen tragfähige Einzellösungen an die Hand gegeben werden können. So ist für das kommende Jahr eine zweite Arbeitstagung in Washington geplant.
2. Die Suche nach praktikablen, verfahrenstechnischen Lösungen im Sinne geschlossener Kreisläufe. Darunter verstehe ich solche Verfahren, bei denen die in die Fabrik transportierten Ausgangsstoffe nur noch in Form von Fertigprodukten das Werktor verlassen, aber alle Schadstoffe ohne Emission und Immission beseitigt werden. Ein Beispiel dieser Art ist die moderne Tafelglasproduktion, bei der alle Scherben, auch Spiegelglasscherben, dem Verarbeitungsprozeß zugeführt werden, das in den Schornstein gelangende Natriumsulfat ebenfalls für den Prozeß zurückgewonnen wird und die Abluft völlig gereinigt den Schornstein verläßt. Dabei ist das Verfahren sogar noch ökonomischer als das alte, die Umwelt belastende. Ich fordere somit die Wissenschaft auf, auch nach solchen technischen Lösungen zu suchen, bei denen ich sicher bin, daß sie den Konsens aller gesellschaftlichen Gruppen finden werden.

Teil I

Methoden und Modelle der Risiko- und Sicherheitsforschung – Leistungsfähigkeit, Anwendungsgrenzen und Weiterentwicklungsmöglichkeiten

Einführung in Teil I

K. H. Lindackers

Im folgenden werde ich Ihnen ein Rahmengerüst vorstellen, in das die Inhalte der Beiträge zur Themengruppe „Methoden und Modelle der Risiko- und Sicherheitsforschung – Leistungsfähigkeit, Anwendungsgrenzen und Weiterentwicklungsmöglichkeiten" und die an die Vorträge anschließende Podiumsdiskussion „Gemeinsamkeiten und Unterschiede in Fragestellung und Untersuchungsmethoden von Sicherheit und Risiko in unterschiedlichen Technikbereichen" eingeordnet werden können. Für den deshalb notwendigen Abstraktionsgrad und die möglicherweise aus meinen Arbeiten im Zusammenhang mit Risikoanalysen [1–9] enthaltenen subjektiven Aspekte bitte ich um Nachsicht.

Sicherheitsforschung hat das Ziel, Methoden und Maßnahmen zu ermitteln, die Risiken beseitigen oder vermindern. Sie läßt sich dann optimal gestalten, wenn die Risiken möglichst vollständig bekannt sind. Ist dies nicht der Fall, bedarf es der Risikoforschung. Wichtiges Hilfsmittel der Risikoforschung ist die Risikoanalyse, die ihrerseits aber noch in erheblichem Umfang der Entwicklung und Forschung bedarf.

Zur Erstellung einer Risikoanalyse für ein System sind drei ganz entscheidende Aufgaben zu lösen:

a) Für jeden Teil des Systems ist anzugeben, welche Störungen und welche Versagensfälle denkbar sind und welche Zustandsänderungen des Systems sich daraus ergeben könnten, wobei die Zustandsänderungen auch noch abhängig sein können von Störungen und Versagensfällen an anderen Teilen des Systems, die entweder unabhängig oder abhängig vom auslösenden Ereignis gleichzeitig oder unwesentlich später auftreten könnten.
b) Für jede Zustandsänderung des Systems sind die Auswirkungen quantitativ für jede einzelne in Betracht kommende Art der Auswirkungen zu ermitteln.
c) Für jede Art der Auswirkungen ist anzugeben, mit welcher mittleren Häufigkeit oder Wahrscheinlichkeit sie auftreten könnte.

Risikoanalysen können auch als eine bestimmte Art von Systemanalysen bezeichnet werden; sie sind oft im Vergleich zu vielen Systemanalysen umfassender und schwieriger. Werden nur die Aufgaben a) und b) gelöst, kann im eigentlichen Begriffssinn nicht von einer Risikoanalyse gesprochen werden. Risikoanalysen können sowohl retrospektiv als auch prognostisch sein. An guten retrospektiven Risikoanalysen mangelt es. Ob dafür immer fehlende Informationen die Ursache sind oder nicht auch die Erwartung wenig spektakulärer Ergebnisse, soll offen bleiben.

Zu den drei Teilaufgaben einige wenige Anmerkungen:

Zu a)
Es gibt keine Methode, die mit Sicherheit automatisch dazu führt, daß man alle in einem System möglichen Störungen und Versagensfälle findet. Das ist z. B. für eine Anlage der chemischen Verfahrenstechnik unmittelbar einzusehen: Wenn aus den Versuchen im Labor und im halbtechnischen Maßstab bestimmte Reaktionen und Reaktionsprodukte überhaupt nicht bekannt sind, weil man nicht danach gesucht hat, oder Prozeßparameter, die sich in der großen Anlage einstellen könnten, nie im Versuch gefahren wurden, dann bleiben die gegebenenfalls daraus resultierenden Störungen und Versagensfälle unbekannt.

Da auch die Teilaufgabe c) gelöst werden muß, sind die Verfahren der logischen Versagensstrukturen, d.h. also der Fehlerbaumanalyse nach DIN 25424 oder der Störfallablaufanalyse nach DIN 25419 zwingend anzuwenden. Beiden ist eine nachteilige Eigenschaft gemeinsam, sie sind nur für Ja/Nein-Aussagen geeignet. Sind aber kontinuierliche Regeleinrichtungen im System vorhanden, so gibt es hierfür nicht nur zwei alternative Zustände, sondern kontinuierliche Veränderungen. Die Aufteilung des kontinuierlichen Regelbereichs in digitale Schritte ist zwar prinzipiell möglich, vergrößert aber die Anzahl der zu betrachtenden Pfade und den Aufwand für die Ermittlung der resultierenden Zustandsänderungen des Systems ganz erheblich. Dringend erforderlich wäre deshalb die Entwicklung einer Methode, die im Rahmen logischer Versagensstrukturen sowohl diskrete als auch kontinuierliche Veränderungen berücksichtigen kann.

Besonders schwierig wird die Lösung dieser Teilaufgabe dann, wenn als Ursache für Störungen und Versagensfälle unzureichend überschaubare umgebungsbedingte Einflüsse (z. B. Erdbeben oder Flugzeugabsturz) oder Sabotage und kriegerische Einwirkungen betrachtet werden sollen. Sinnvolle Abgrenzungen oder Ausschlüsse sind im Hinblick auf die vorgenannten Aspekte zwingend notwendig.

Die erforderliche Quantifizierung der Zustandsänderungen ist bei komplexen technischen Anlagen ebenfalls schwierig. Nach mehr als zwanzig Jahren praktischer Erfahrungen und gigantischer Anstrengungen und Aufwendungen in der Forschung in den USA, Großbritannien, Frankreich und der Bundesrepublik Deutschland bei praktisch nahezu uneingeschränktem know-how-Transfer können wir beim System „Druckwasserreaktor“ heute noch nicht alle durch Störungen und Versagensfälle bedingten Zustandsänderungen vollständig und zuverlässig quantifizieren. Gemeint ist hier insbesondere die sogenannte Dampfexplosion, die nach der Deutschen Risikostudie Kernkraftwerke die schwerwiegendsten Auswirkungen auf die Umgebung zur Folge haben könnte.

Zu b)
Bei der Ermittlung der Auswirkungen sind häufig komplexe dynamische Vorgänge zu berücksichtigen. Selbst wenn die mathematischen Modelle zu ihrer Beschreibung vorhanden sind, können Koeffizienten, Parameter oder Konstanten nicht abstrakt bestimmt, sondern müssen aus geeigneten experimentellen Untersuchungen ermittelt werden, die vielfach fehlen.

Zur Ermittlung der Auswirkungen von Stoffen auf den Menschen sind ebenfalls noch viele Kenntnislücken zu schließen. Während bereits für eine größere Zahl von Stoffen die Schwellenwerte für das Auftreten nicht-stochastischer somatischer

Wirkungen bekannt sind, sind oft die Zusammenhänge zwischen der Schwere dieser Schäden und der Dosis noch unbekannt. Letzteres gilt auch für die Zusammenhänge zwischen der Eintrittswahrscheinlichkeit stochastischer somatischer Schäden und der Dosis. Die Erforschung der Wirkung von Stoffen auf Menschen, Tiere und Vegetation ist damit also mindestens auch Bestandteil der Risiko- und Sicherheitsforschung.

Zu c)
Für eine Vielzahl von Systemteilen sind die Daten zur Quantifizierung der mittleren Ausfallhäufigkeit oder Ausfallwahrscheinlichkeit unzureichend. Eine seriöse Bestimmung von Ausfallraten setzt eindeutig voraus, daß eine größere Zahl gleichartiger Teile unter völlig identischen Umgebungsbedingungen über eine längere Zeit beobachtet und bei dieser Beobachtung die Ausfälle registriert werden müssen. Nur bei bekannter Abhängigkeit der Ausfallrate von der Zeit läßt sich die Ausfallwahrscheinlichkeit ermitteln. Häufig werden in Chemieanlagen verschiedene Produkte hergestellt. Die Anlagenteile werden also zu verschiedenen Zeiten von verschiedenen Medien bei im übrigen unterschiedlichen Zustandsgrößen beaufschlagt. Selbst bei sorgfältigster Registrierung aller Ausfälle ist dann eine eindeutige Zuordnung der Ausfallrate zu dem jeweiligen Prozeß prinzipiell nicht mehr möglich.

Aber noch ein anderes Problem ist in diesem Zusammenhang anzusprechen: Katastrophale Auswirkungen kommen häufig nur beim gleichzeitigen Versagen vieler Systemteile zustande. Die kombinatorisch ermittelte Wahrscheinlichkeit für das Eintreffen eines solchen Falls ist oft extrem gering. Die Güte solcher Angaben wird auch von Wissenschaftlern skeptisch betrachtet. Sie hängt nämlich davon ab, ob die Regeln der Kombinatorik in einem solchen Fall tatsächlich angewendet werden dürfen, d. h., ob die Kopplung oder Entkopplung von Wahrscheinlichkeiten zuverlässig bekannt ist.

Völlig unzureichend untersucht ist bisher auch, ob und in welchen Fällen Wartungs- und Instandsetzungsarbeiten reduzierend für die Ausfallwahrscheinlichkeit berücksichtigt werden dürfen.

Bei sehr vielen Systemen ist der Mensch Teil des Systems. Die Wahrscheinlichkeit falscher Handlungen von Menschen zu quantifizieren ist schwierig. Für einige Technologien liegen hierfür schon recht brauchbare Untersuchungsergebnisse vor. Ihre Übertragung auf andere Technologien ist aber ohne experimentelle Abstützung sicherlich nicht vertretbar.

Die von Browning in seinem Vortrag erwähnte „executive order 12 291" von Präsident Reagan regt mich an und ermutigt mich, als vordringliche Aufgaben im Rahmen eines Risiko- und Sicherheitsforschungsprogramms für die Bundesrepublik Deutschland vorzuschlagen:

- Bewertung der Schutzgesetzgebung für verschiedene technische Bereiche.
- Ermittlung der Folgen der Schutzgesetzgebung.
- Ermittlung und Bewertung der Durchsetzung der in Schutzgesetzen aufgestellten Forderungen (Vollzugsdefizite).
- Ermittlung und zusammenfassende Bewertung der nach dem Stand der Schutzgesetzgebung und ihrer Durchsetzung verbleibenden Risiken.

Die analytische Darlegung möglicher Unfälle aus großen Gefährdungspotentialen, für die es zwar keine praktische Erfahrung gibt, die aber naturwissenschaftlich-technisch nicht ausgeschlossen werden können und für deren Eintritt nur eine sehr geringe Wahrscheinlichkeit besteht, nehmen beim Nichtfachmann unmittelbar praktischen Realitätsgehalt an. Bedenkt man dabei, daß die Analysen sehr oft wegen mangelnder Erfahrungen und mangelnder Kenntnisse extrem ungenau sind, dann versteht man die zuweilen ausgesprochene Aversion der betroffenen Industrie, als entfernte Möglichkeiten verbleibende Risiken genauer zu analysieren. Gerade in den letzten Jahren ist es nämlich allzu deutlich geworden, daß solche Analysen in der Öffentlichkeit fehlgedeutet werden und Reaktionen auslösen, die der tatsächlichen Problemstellung nicht adäquat sind. Zum einen baut sich ein beachtlicher Widerstand gegen entsprechende technische Anlagen auf, und zum anderen werden in falscher Einschätzung des Risikos unvertretbar hohe Sicherheitsanforderungen gestellt, die wegen ihrer hohen Kosten die Situation unserer Wirtschaft, die sich in einem weltweiten Konkurrenzgefüge behaupten muß, nachteilig beeinflußt. Dazu kommt noch, daß eine wachsende Zahl technischer Sicherheitsmaßnahmen in den meisten Fällen nicht mehr die Verfügbarkeit der technischen Anlage erhöhen, sondern sie im Gegenteil so gefährden, daß die Wirtschaftlichkeit des Betriebs in Frage gestellt werden muß. Die aktuelle Diskussion in der Bundesrepublik Deutschland über die Ausgestaltung der nach der Störfall-Verordnung erforderlichen Sicherheitsanalyse für potentielle gefährliche Industrieanlagen spiegelt diese Problematik wider.

Hüten wir uns also alle davor, mit Risikoanalysen, die nur auf ganz groben Abschätzungen beruhen, emotionale Meinungsäußerungen wissenschaftlich zu verbrämen. Wir alle sollten dafür Sorge tragen, daß Risiko- und Sicherheitsforschung nicht ihrerseits zum Risiko werden, das der Analyse bedarf.

Literatur

1. Lindackers, K. H.: Die Bedeutung technischer Risiken. Atomwirtsch. Atomtech. 19 (1974) 284–288
2. Lindackers, K. H.: Prinzipien und Methoden der Risikobeeinflussung – dargestellt an Beispielen aus der Praxis. 1. Sommer-Symp. d. Ges. f. Sicherheitswissenschaft, Gesamthochschule Wuppertal, Juni 1979. Hrsg. Ges. f. Sicherheitswissenschaft, S. 273–283
3. Lindackers, K. H.: Grenzen und Nutzen von Risikoanalysen aus der Sicht des Gutachters. Atomkernenergie 33 (1979) 190–191
4. Lindackers, K. H.: Scheitert unsere Gesellschaft am technischen Risiko? Aachener Energiegespräche „Kernenergie im Wandel", RWTH Aachen, 17. Nov. 1979
5. Lindackers, K. H.: Risiken aus der Energiebedarfsdeckung. Existenzfrage: Energie. (Hrsg. Hans Michaelis). Düsseldorf, Wien: Econ 1980, S. 243–258
6. Lindackers, K. H.: Gegenüberstellung von technischen Risiken in der Kernenergie und in der konventionellen Großindustrie. 3. Sommer-Symp. d. Ges. f. Sicherheitswissenschaft, Haus für Arbeitsschutz München, Mai 1981. Hrsg.: Ges. f. Sicherheitswissenschaft, S. 201–215
7. Lindackers, K. H.: Probleme bei der Erfüllung der Störfall-Verordnung. Sicherheitsrep. 6 (1981) S. 16–19
8. Lindackers, K. H.: Risk analysis in the chemical industry – a German technical advisor's point of view. Angew. Systemanalyse 2 (1981) 172–174
9. Lindackers, K. H.: Risiken in der Kerntechnik. VDE/VDI-Tagung „Risiko – Schnittstelle zwischen Recht und Technik", Mai 1982, Seeheim b. Darmstadt

Bauwesen und Schiffbau

Zur Sicherheit von Spannbetonbrücken

G. König

1 Zur Entwicklung der Sicherheitsstrategie

1.1 Anforderungen an ein Brückenbauwerk

Brücken, insbesondere Spannbetonbrücken, sollen sicher, funktionsgerecht und verkehrstüchtig sein. Ihre Errichtung muß wirtschaftlichen und sicherheitstechnischen Gesichtspunkten Rechnung tragen.

Diese Anforderungen dürfen jedoch nicht zu einer Einschränkung des optischen Erscheinungsbildes des Bauwerks führen. Brücken müssen sich gut in ihre Umgebung einfügen.

Neben der Standsicherheit und Gebrauchsfähigkeit ist auch die Dauerhaftigkeit einer Brücke zu gewährleisten. Spannbetonbrücken müssen für einen bestimmten Zeitraum dauerhaft sein. Die erwartete Lebensdauer von Betonbrücken ist vergleichsweise hoch und liegt heute bei 100 und mehr Jahren. Die Gewährleistung dieser Dauerhaftigkeit ist jedoch mit wachsender Umweltbelastung immer schwieriger.

1.2 Derzeitige Rahmenbedingungen

Die heutige Situation von Spannbetonbrücken in der Bundesrepublik Deutschland ist durch steigende Anforderungen gekennzeichnet. Auf der einen Seite ist eine laufende Erhöhung der Verkehrslasten festzustellen. Dies läßt sich an beobachteten Nutzfahrzeugüberlastungen zeigen. Auf der anderen Seite sind die Bauwerke in zunehmendem Maße einer aggressiven Atmosphäre ausgesetzt. Brücken im Streusalznebel erreichen natürlich nicht mehr ohne weiteres die vorher erwähnte Lebensdauer.

Die Gefährdungen der Standsicherheit und Dauerhaftigkeit aus den gestiegenen Anforderungen sind erkannt. Gegenmaßnahmen werden in allen Bereichen des deutschen Regelwerks für Spannbetonbrücken vorgenommen. Dies gilt sowohl für die Lastannahmen (DIN 1072), die Berechnungs- und Bemessungsgrundlagen (DIN 1045, DIN 4227, DIN 1075) als auch für die Überwachung und Prüfung der bestehenden Bauwerke (DIN 1076).

1.3 Erkennbare Unzulänglichkeiten

In der Bundesrepublik Deutschland ist die Zulassung von Sondervorschlägen die Grundlage des Ausschreibungs- und Vergabewesens. Dieser freie Wettbewerb des Entwerfens und Ausklügelns neuer Bauverfahren hat für die Volkswirtschaft durchweg Vorteile, wenn auch im Einzelfall Nachteile unvermeidlich sind.

Der internationale Vorsprung im Brückenbau bei vergleichsweise sehr geringer Kostensteigerung ist aus diesem Wettstreit der Ideen heraus begründet. Nicht nur formschöne und international vorbildliche Brücken entstanden, auch dem Kräftefluß optimal angepaßte Bauwerke wurden entwickelt. Die Verkehrstüchtigkeit geht stellenweise sogar so weit, daß die Existenz der Brücken bei der Benutzung gar nicht mehr bemerkt wird. Dies hat der deutschen Bauingenieurkunst hohes Ansehen und der deutschen Bauindustrie im internationalen Konkurrenzkampf große Vorteile gebracht.

Die Heranziehung neuester Kenntnisse birgt aber die Gefahr in sich, anstatt einen Schritt vorwärts zu gehen, gleich zwei Entwicklungsschritte – ohne es auf Anhieb zu merken – zu nehmen. Dies ist manchmal geschehen und offenbart sich in Schäden, die entweder gleich im Bauzustand entdeckt werden oder die, wie die Mehrzahl der Beschädigungen, erst viele Jahre später auftreten (Bild 1). Aber nicht nur die Erkundung von Neuland trägt Risiken in sich, sondern auch die Vergabepraxis. Nicht immer wird am Ende des Wettbewerbs zwischen billig und preiswert richtig gewertet.

Ein fairer Konkurrenzkampf kann nur dann stattfinden, wenn die Randbedingungen klar vorgegeben sind. Dieses Wettbewerbsregulativ ist durch das sehr umfassende Regelwerk des bundesdeutschen Bauwesens gegeben. Da ständig alle Erfahrungen in die Normen einfließen, ist sichergestellt, daß im Erfahrungsbereich Mißerfolge nicht zu erwarten sind.

Die scheinbare Vollständigkeit des Regelwerks verleitet jedoch dazu, auch bei Neuentwicklungen die gestellten Probleme nicht genügend durchzudenken und alle Möglichkeiten der Norm voll auszuschöpfen. Hier ist die Eigenverantwortlichkeit des Ingenieurs gefordert, der bei solchen Aufgaben immer alles neu in Frage stellen sollte. Auch die bisherige Zielrichtung des Regelwerks, das vor allem die Standsicherheit der Bauwerke im Auge hat, bedarf insofern einer Neuorientierung, als daß man die Gesichtspunkte der Dauerhaftigkeit stärker in Betracht ziehen muß.

Neben dem Regelwerk steht in der Bundesrepublik das Prüfungs- und Überwachungswesen, dessen Vorzüge so groß sind, daß in vielen Ländern diskutiert wird, ob man das deutsche System nicht übernehmen sollte.

Die bauaufsichtliche Prüfung der Planungs- und Ausführungsunterlagen unter Hinzuziehen von Prüfungsingenieuren, wie die Bauüberwachung, die Qualitätsüberwachung der Baustoffe und die Bauabnahme ergeben ein Kontrollnetz, das weit entwickelt ist.

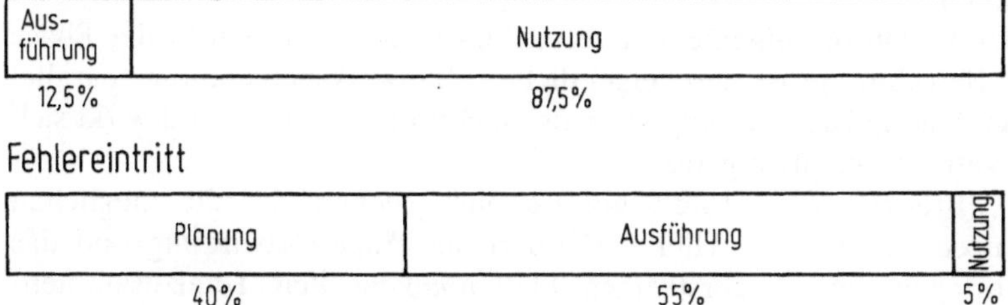

Bild 1. Schadenseintritt – Fehlereintritt

Kontrolle hat aber manchmal den Effekt, die Verantwortung zu verwischen und die Beteiligten einzuschläfern: einer verläßt sich auf den anderen. Auch wird die menschliche Unzulänglichkeit geradezu herausgefordert, wenn der Umfang der Kontrollen so stark zunimmt, daß der Prüfende den Überblick verliert. Oft werden deshalb Nebensächlichkeiten kontrolliert und dabei notwendige grundsätzliche Überprüfungen nicht vorgenommen. Hier muß der Sinn für das Wesentliche weiter gefördert werden.

Die trotz des hohen Stands der Baukunst immer wieder festgestellten Ausführungsfehler legen die Vermutung nahe, daß durch die wettbewerbserzwungenen Arbeitsteilungen mit vielen dadurch neue hervorgerufenen Schnittstellen der Informationsweitergabe nicht das gewollte Gesamtoptimum erreicht wird. Auch lassen sich Anzeichen finden, daß die heutige Ingenieurausbildung zu einseitig wissenschaftlich ausgerichtet ist und die Erfahrungskomponente etwas vernachlässigt.

Neben der schon vorher erwähnten Überwachung bedürfen auch Betonwerke einer stetigen Unterhaltung. Hier hat sich gezeigt, daß durch eine gute konstruktive Durchbildung, wie z. B. Zugänglichkeit von Lagern und Entwässerungsleitungen, die Wartung erheblich vereinfacht und verbessert wird. Daneben ist festzustellen, daß leichte Konstruktionen mit großer Oberfläche anfälliger sind als solche in kompakter Bauweise.

2 Schadensanalyse neuerer deutscher Brücken

2.1 Zielsetzung

Eine erfolgreiche Bekämpfung von Mängeln und Fehlern kann erst dann beginnen, wenn eine Rückkopplung aus schlechter Erfahrung auf breiter Basis ermöglicht wird. Die vom Bundesminister für Forschung und Technologie geförderte Risikostudie für das Bauwesen am Beispiel von Brückenbauten befaßt sich mit einer solchen Schadensanalyse. Die der Untersuchung zugrunde gelegte Auswahl von Spannbetonbrücken ist in Bild 2 zu sehen.

Mit einem Bauwerk sind stets zwei Systeme verknüpft. Zum einen findet sich das übergeordnete zeitlich abhängige System vom Entwurf über die Herstellung bis zur Unterhaltung (Bild 3) und zum anderen das statische System der Brücke selbst.

Zum ersten System ist in Bild 4 ein Detail dargestellt. In der Hauptsache handelt es sich um Reihenschaltungen, die empfindlich auf den Ausfall einzelner Komponenten reagieren. Parallelschaltungen, deren redundante Komponenten nicht direkt zum Systemversagen beitragen, sind jedoch in den wichtigen Kontrollphasen zu erkennen.

Die Einschätzung von im allgemeinen vernachlässigbaren Größen in der Phase der statischen Berechnung ist zur eigentlichen Bauwerksberechnung parallel geschaltet. Deren falsche Handhabung wird also nicht sofort erkannt und wirkt sich gerade bei Innovationen ungünstig aus.

Zum System „Brücke" ist in Bild 5 ein Beispiel gegeben, das die möglichen Systemredundanzen verdeutlicht. Hier verhindert die Trägerrostwirkung und das Verformungsvermögen eines mehrstegigen Plattenbalkens den Totalzusammenbruch nach dem Versagen eines Rollenlagers.

Bild 2. Zugrundegelegte Auswahl von Spannbetonbrücken

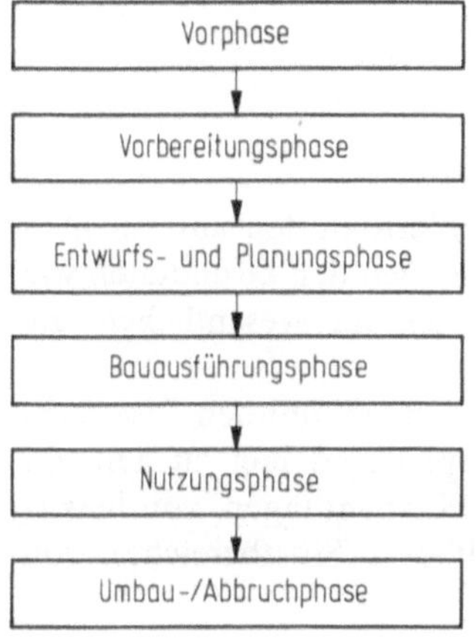

Bild 3. Übergeordnetes System

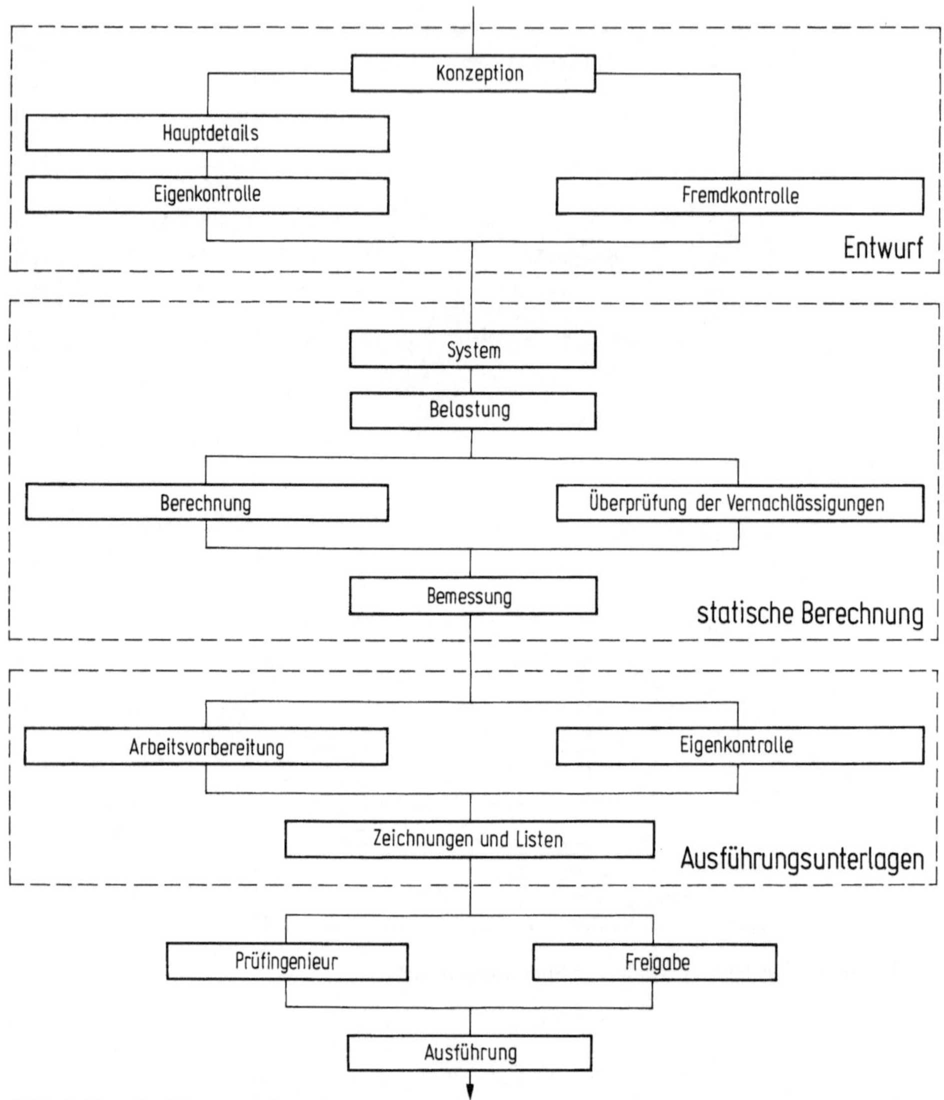

Bild 4. Detail – Planungsphase

Die Erfassung von Beschädigungen, Mängeln und Fehlern an den untersuchten Brücken erfolgt mit Hilfe eines Fragebogens. Es werden neben den Grundtaten wie Bauwerkssystem, Überbauquerschnitt, Spannweiten usw., im wesentlichen die einzelnen Schäden erfaßt.

Als Ergebnisse werden unter anderem Häufigkeiten von bestimmten Beschädigungen oder beschädigten Bauteilen erwartet. Als Beispiel sind hier zu nennen: Häufigkeiten von Betonabplatzungen, von bevorzugten Rißrichtungen, von bevorzugten Bauteilbereichen mit Beschädigungen (Koppelfugen, Stützbereiche), von korrodierten Bewehrungslagen und anderes mehr.

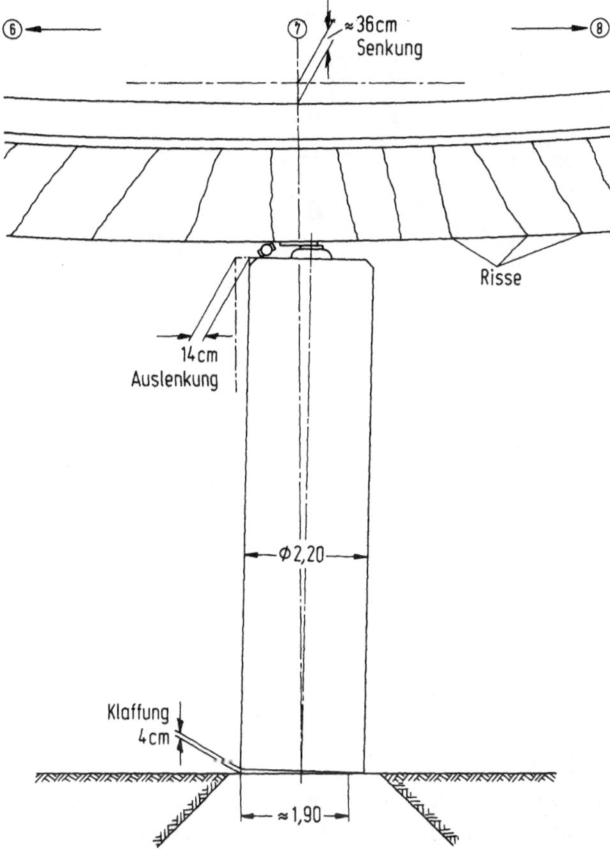

Bild 5. Ausfall eines Lagers [1]

Aber auch die Art und Häufigkeit Schaden auslösender Störungen, das Ausmaß der Schäden in Abhängigkeit des Grades der Vorwarnung, Hinweise auf besonders kritische Phasen im Leben eines Bauwerks, Risiken einzelner Bauwerkstypen wie Hinweise für Strategien zur Risikoverminderung sind wesentliche Arbeitsziele.

2.2 Methodik

Die Sammlung der schadensspezifischen Daten in einem Fragebogen bezieht sich im wesentlichen auf den Schadenseintritt, den Status des Schadens, die Auswirkung, die Art der Beschädigung, die Art des Versagenseintritts, das Ausmaß und den Ort der Beschädigung (s. Bild 6) und dessen Ursachen in Mängeln und Fehlern.

Die heterogene Struktur der verschiedenen möglichen Beschädigungen an einem Bauwerk läßt eine einfache Aufsummierung nicht zu.

Klassifiziert man die Schäden in Klassen, deren kleinste einer Störung des optischen Erscheinungsbildes und deren größte dem Verlust der Dauerhaftigkeit, verbunden mit einer Gefährdung bis zum Verlust der Standsicherheit entsprechen, so lassen sich Tendenzen erkennen (s. Tab. 1).

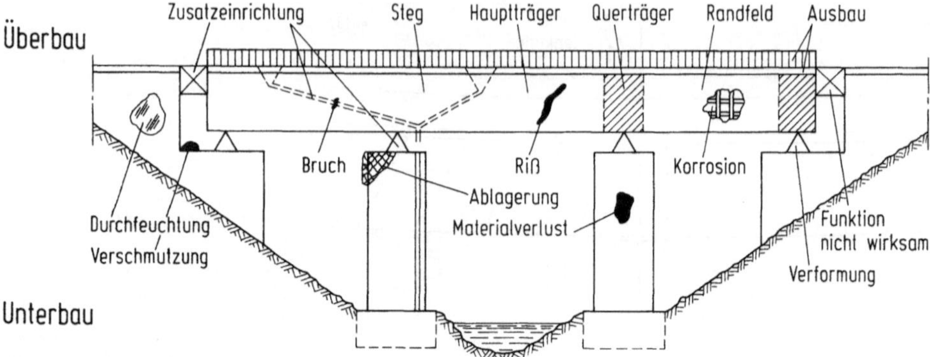

Bild 6. Art und Ort der Beschädigungen

Schadensklasse S1 ist im volkswirtschaftlichen Sinne kein Schaden (vgl. Tab. 1); hierunter fällt z. B. irgendeine Verschmutzung am Bauwerk.

In Klasse S2 ist z. B. eine große Verformung der Zusatzeinrichtung „Übergangskonstruktion" aufzunehmen.

In Klasse S3 ist beispielsweise eine Betonabplatzung, die zur Bewehrungskorrosion führt, in Klasse S4 ein Koppelfugenschaden mit der Möglichkeit der Sanierung über Rißverpressung einzuordnen.

Klasse S5 umfaßt etwa den in Bild 5 dargestellten Schaden und S6 einen Lehrgerüsteinsturz.

Zur weiteren Beurteilung von Ausfalleffekten und zur Ursachenerforschung werden Ereignis- bzw. Fehlerbaumanalysen vorgenommen (s. Bild 7). Daneben werden spezielle Systemanalysen am statischen Brückensystem vorgenommen.

2.3 Erste Ergebnisse

Betrachtet man einen Ereignisbaum zum Ausfall eines Rollenlagers einer Brücke aus dem Jahr 1973 (Bild 8), so erkennt man, daß die Kontrollphase, d. h. die Lagerüberwachung, bei richtiger Anwendung die effektivste Stufe zur Verhinde-

Tabelle 1. Schadensklassen

S1	kein Schaden
S2	geringer Schaden ohne Einfluß auf Standsicherheit und Dauerhaftigkeit
S3	geringer Schaden ohne Einfluß auf Standsicherheit
S4	mittlerer Schaden mit begrenztem Aufwand sanierbar
S5	großer Schaden mit großem Aufwand sanierbar oder Personengefährdung
S6	Katastrophe mit großem finanziellen Verlust oder Personenschäden

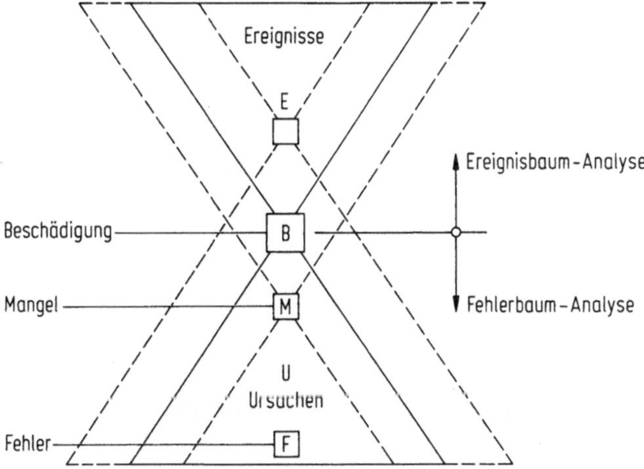

Bild 7. Ereignisbaum – Fehlerbaum [2]

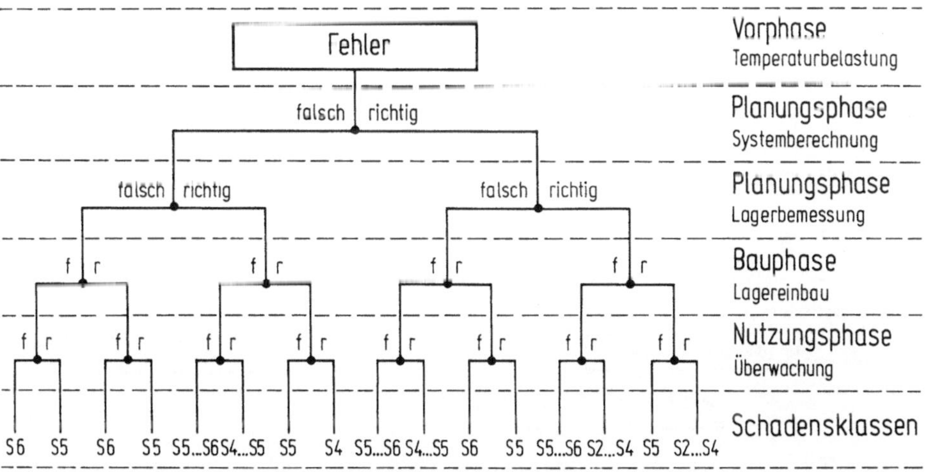

Bild 8. Ereignisbaum – Rollenlager (Baujahr 1964; Schadenseintritt 1973)

rung eines größeren Schadens darstellt. Der Ausgangspunkt des Schadens war hier die fehlerhafte Beurteilung der Temperaturbelastungen einer Brücke in der Phase der Regelerstellung (Vorphase); man hatte solch langandauernden extremen Sommertemperaturen wie im Jahr 1973 nicht erwartet.

Im Bild 9 ist ein Ereignisbaum am System „Brücke" nach dem Riß einer Koppelfuge dargestellt. Als vorläufiges Ergebnis läßt sich sagen, daß Redundanzen, d.h. Querschnitts- und Systemreserven, im Brückenbau dazu beitragen, die Schadensfolgen klein zu halten. Weiterhin gibt die Analyse die Möglichkeit, die Relevanz des beschädigten Bauteils zu beurteilen und Rückkopplungen auf die Schadensklassierung vorzunehmen.

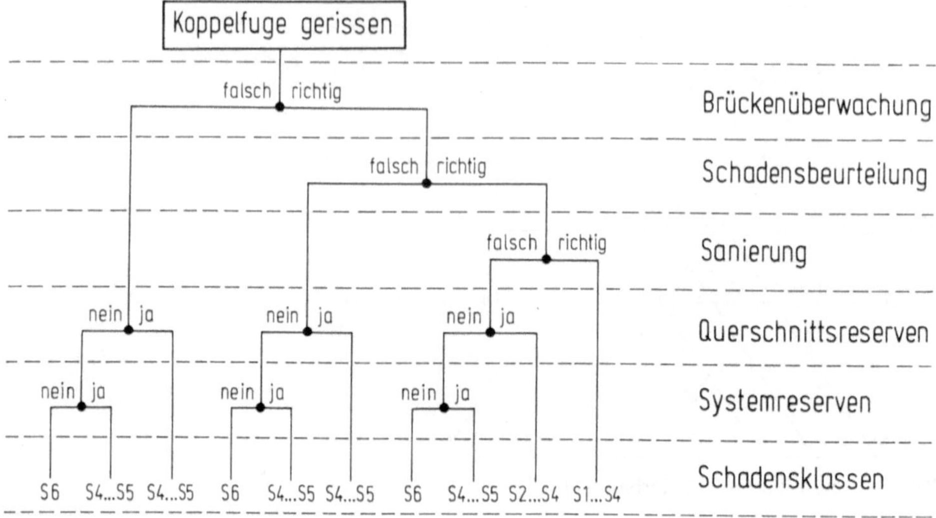

Bild 9. Ereignisbaum – Koppelfugenriß

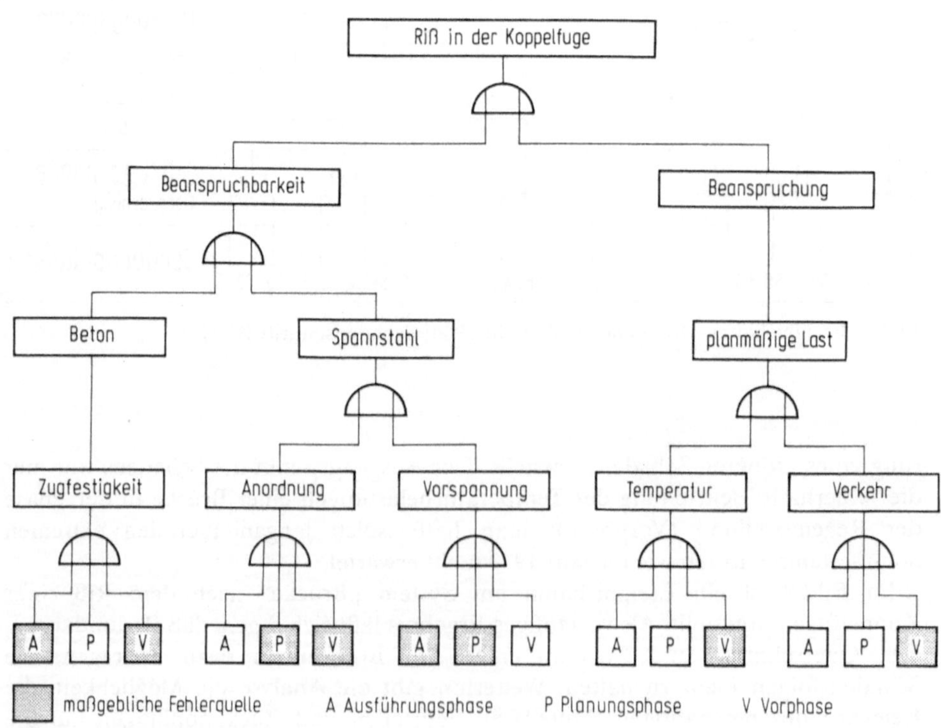

Bild 10. Fehlerbaum – Koppelfugenriß

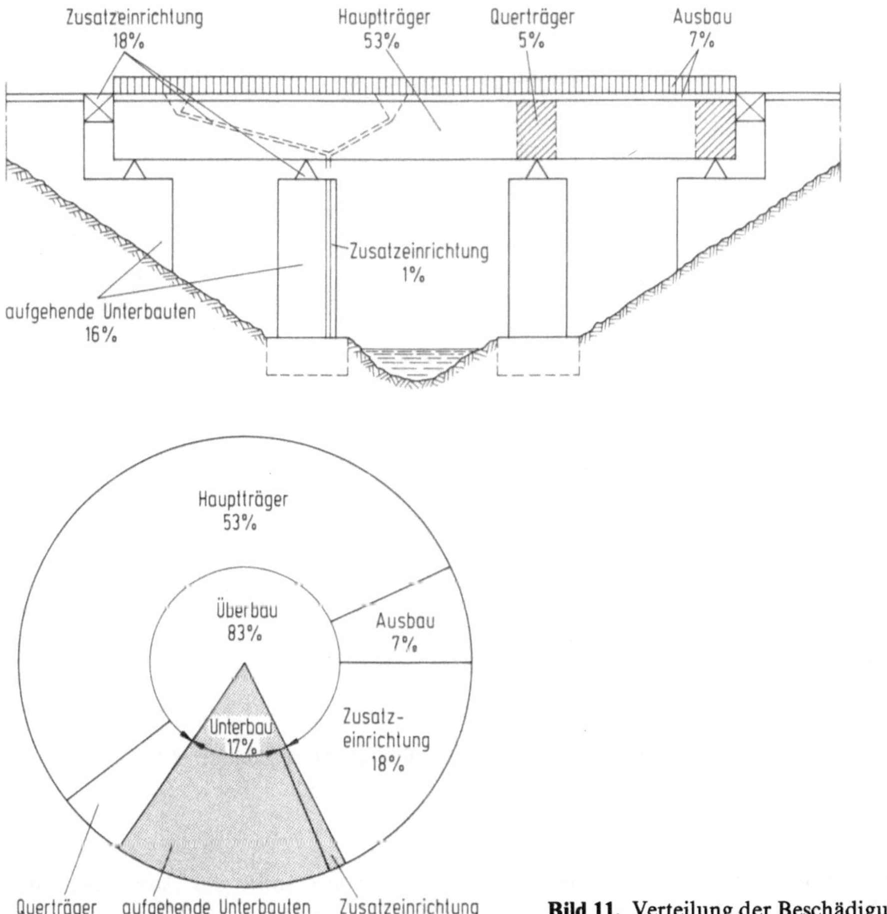

Bild 11. Verteilung der Beschädigungen

Das Beispiel eines Fehlerbaums zu Koppelfugenbeschädigungen macht (s. Bild 10) deutlich, daß oft Fehler in der Vorphase, d.h. bei der Erstellung von Regeln, zum Schaden beitragen.

Erste Ergebnisse zu Häufigkeitsverteilungen von Beschädigungen und Schadensklassen sind in Bild 11 und 12 dargestellt.

3 Vorläufige Schlußfolgerungen und Ausblick

Der Phase der Normerstellung (Vorphase) kommt eine große Bedeutung zu. Wie sich zeigt, ist es möglich, den Großteil zukünftiger Schäden schon in der Vorphase zu verhindern, wenn die Beobachtung der bestehenden Bauwerke weiterhin sorgfältig erfolgt. Dies bedeutet, die Rückkopplung aus der Bauwerksüberwachung muß eher ausgebaut als abgebaut werden. Die Gefahr des „zuviel“ bei der Regelerarbeitung muß erkannt werden.

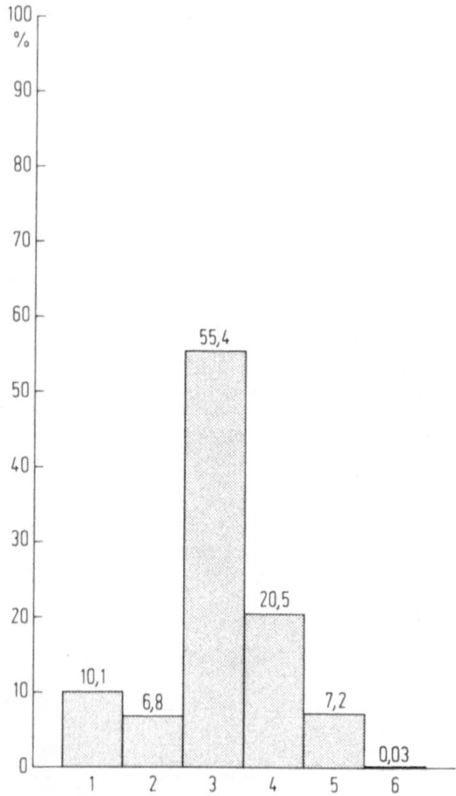

Bild 12. Häufigkeit der Schadensklassen

Statt auf die Vollständigkeit von Regeln zu vertrauen, sollte der Anwender im Einzelfall diese Vollständigkeit kritisch prüfen. Regeln erfasen jeweils nur das bisher Bekannte. Neuentwicklungen bedürfen gesonderter Behandlung.

Weiter ist festzustellen, daß viele kleine Beschädigungen bisher nicht auszuschließen sind. Durch eine entsprechende Unterhaltung der Bauwerke kann man jedoch verhindern, daß sie zu Auslösern größerer Schäden werden. Bei gewissenhafter Ausführung mit geeigneter Kontrolle könnte allerdings ein Großteil dieser kleinen Beschädigungen verhindert werden, da sie überwiegend auf Fehler während der Bauphase zurückgehen.

Literatur

1. Deinhard, J. M.; Kordina, K.; Molzahn, R.; Storkebaum, K. H.: Der Schadensfall an der Mainbrücke bei Hochheim. Beton- und Stahlbetonbau 1 (1977)
2. Schneider, J.: Ausfälle im Bauwesen – ein geeigneter Ausgangspunkt für Sicherheitsüberlegungen. Inst. f. Baustatik und Konstruktion ETH Zürich, Bericht Nr. 120 (Okt. 1981)

Neuere Entwicklungen in der Zuverlässigkeitstheorie – insbesondere von Tragsystemen

R. Rackwitz

1 Einleitung

Die Entwicklung einer Theorie der Zuverlässigkeit von Bauwerken, deren Anfänge bis in die 20er Jahre dieses Jahrhunderts zurückreichen (Forsell, 1924; Mayer, 1926) nahm sehr frühzeitig einen anderen Weg als der aus der Theorie der Bedienungssysteme hervorgegangene „klassische Zweig". Die wichtigsten konzeptionellen Grundlagen wurden von Freudenthal (1947, 1967), Johnson (1952), Turkstra (1962), Rosenblueth (1964) und Cornell (1967) gelegt. Seither ist eine stürmische Weiterentwicklung der Konzepte für die Bildung von Modellen für unsichere Größen und der numerischen Verfahren zu beobachten. Sie hat inzwischen einen Stand erreicht, die sie in vielen Ländern zur Grundlage einer neuen Generation von Bemessungsnormen machte. Im Unterschied zur klassischen Zuverlässigkeitstheorie, in welcher der Unsicherheitscharakter über den tatsächlichen Zustand einer Komponente eines Systems durch die Verteilungsfunktion der Zeit bis zum ersten Versagen dargestellt wird (Bild 1), mußte man für den Aufbau einer wirklichkeitsnahen Theorie der Tragwerkszuverlässigkeit davon ausgehen, daß der Zustand einer Komponente von vielen unsicheren Faktoren abhängt, die sich z. T. in der Zeit ändern können. In manchen Fällen ist die gesamte Beanspruchungsgeschichte einer Komponente von Bedeutung. Die Verteilungsfunktion der Zeit bis zum ersten Versagen ist praktisch nicht durch Beobachtungen ermittelbar und nur bei Kenntnis des Unsicherheitscharakters der Einflußparameter mittels bekannter physikalischer Ursache/Wirkungs-Beziehungen bestimmbar. Wie in der klassischen Zuverlässigkeitstheorie ist es meist ausreichend, die Zustände von Systemen bzw. ihren Komponenten binär in Versagen und Nichtversagen (defekt-intakt,

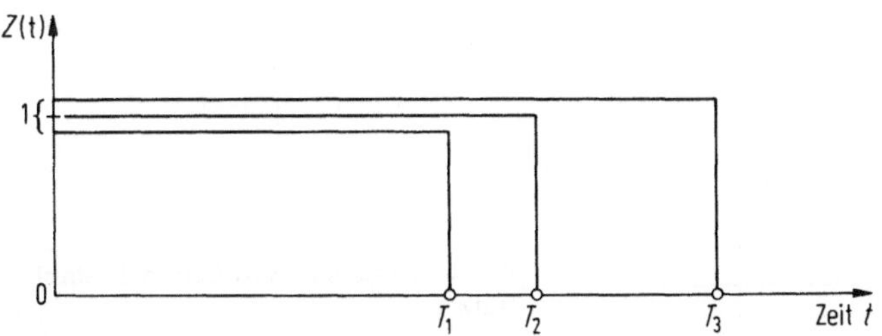

Bild 1. Zufällige Zeiten bis zum Versagen von operativen Systemkomponenten

unsicher-sicher, etc.) einzuteilen. Eine Theorie für eine mehrwertige Beschreibung der Zustände einer Komponente wird an verschiedenen Stellen bearbeitet und scheint einen wesentlich höheren Komplexitätsgrad als die einfache binäre Theorie zu besitzen. Darüber soll hier nicht berichtet werden. Da Tragsysteme im wesentlichen als nicht reparierbare Systeme aufgefaßt werden – zumindest bis vor kurzem innerhalb des Bauwesens – sollen die folgenden Erörterungen auch auf diesen Fall beschränkt bleiben. Aus Raumgründen können weiter nur einige wichtige Ergebnisse vorgestellt werden. Details mögen gegebenenfalls in der zitierten Literatur nachgelesen werden. Abschließend wird auf die Interpretation von rechnerisch ermittelten Versagenswahrscheinlichkeiten und ihre Verwendung beim Entwurf und Betrieb von technischen Systemen eingegangen.

2 Grundtypen von Versagensmodellen für Systeme und ihre Komponenten

2.1 Wahrscheinlichkeitsinhalt beliebiger Versagensbereiche

Um die Grundaufgabe der Berechnung der Versagenswahrscheinlichkeit einer Tragwerkskomponente zu veranschaulichen, stelle man sich eine Stahlstütze mit I-Profil vor (Bild 2). Versagen trete ein, wenn der Stahl in Stützenmitte ins Fließen kommt. Die das Grenztragverhalten beschreibende, hier geringfügig vereinfachte mechanische Beziehung lautet:

$$g(\boldsymbol{x}) = \sigma - P\left(\frac{1}{A} + \frac{f}{W}\right) = 0\,, \tag{1}$$

worin $A = (x_4 + x_5)\, x_6$; $W = (x_4 + x_5)\, x_3$; $f = x_7/(1 - x_2/P_{\mathrm{E}})$; $P_{\mathrm{E}} = x_8\,(x_4 + x_5) \cdot (x_3/2)^2\,(\pi/L)^2$; $\sigma = x_1$ und $P = x_2$. Der Vektor der als unsicher angenommenen Größen $\boldsymbol{X} = (X_1, \ldots, X_8)^T$ umfaßt die Fließgrenze X_1, die Last X_2, die Stützentiefe X_3, die Flanschdicken X_4 und X_5, die Stützenbreite X_6, die Anfangsauslenkung X_7 und den Elastizitätsmodul X_8. Versagen tritt ein, wenn der Vektor $\boldsymbol{X}$ in den Versagensbereich $F = \{g\,(\boldsymbol{X}) \leqq 0\}$ fällt. Andernfalls wird ihr Zustand als sicher

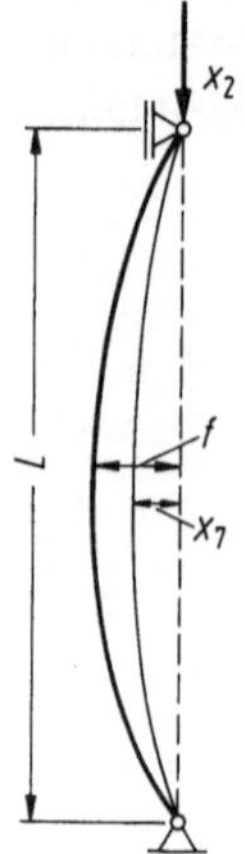

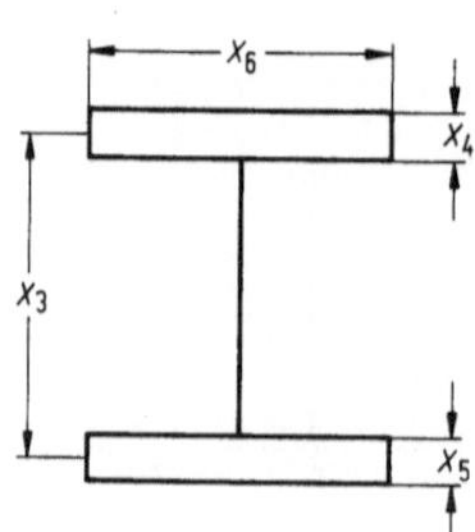

Bild 2. Unsichere Größen bei Stahlstützen

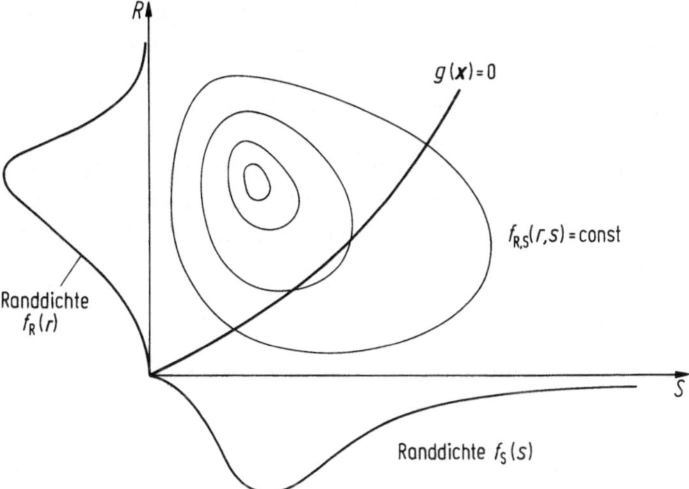

Bild 3. Versagenswahrscheinlichkeit als Volumenintegral

bezeichnet. Ist mithin die gemeinsame Verteilungsfunktion von $\boldsymbol{X}$, d.h. $F_{\boldsymbol{X}}(\boldsymbol{x}) = P\left(\bigcap_{i=1}^{8} X_i \leq x_i\right)$ gegeben, stellt sich die Versagenswahrscheinlichkeit als 8-dimensionales Integral über die Wahrscheinlichkeiten im unsicheren Bereich dar:

$$P_f = \int_F dF_{\boldsymbol{X}}(\boldsymbol{x}) = \int_F f_{\boldsymbol{X}}(\boldsymbol{x})\, d\boldsymbol{x}\,. \tag{2}$$

Bild 3 veranschaulicht dies für den zweidimensionalen Fall. Die Linien konstanter Verteilungsdichte von $\boldsymbol{X}$ sind ebenfalls angedeutet. Die Verteilungsfunktion von $\boldsymbol{X}$ ist in der Regel relativ kompliziert. Die meisten Variablen können nur positive Werte annehmen. Stochastische Abhängigkeit mag zwischen Fließgrenze und geometrischen Größen bestehen. Die Verteilungsfunktion der Last ist die Verteilungsfunktion des Maximums der im allgemeinen zeitabhängigen Last innerhalb eines vorgegebenen Zeitraums, z. B. der beabsichtigten Nutzungsdauer des Objekts.

Man erkennt, daß selbst dieses von der Mechanik her sehr einfache Problem eine hochdimensionale, auch mit den heutigen und zukünftigen Rechenanlagen, kaum zu bewältigende Integration erfordert. Die numerischen Schwierigkeiten werden u. a. deshalb so groß, weil den Tragwerkskomponenten in der Regel nur relativ kleine Wahrscheinlichkeiten zwischen 10^{-3} und 10^{-8} zukommen dürfen und weil analytische Resultate praktisch nicht vorliegen. Vereinfachungen wurden notwendig und in drei Richtungen gesucht:

a) Vereinfachungen des stochastischen Sachverhalts, z. B. durch Beschreibung der unsicheren Größen mittels erster und zweiter statistischer Momente.
b) Näherung des physikalischen Sachverhalts durch mathematisch einfachere Beziehungen, die einer Lösung zugänglich sind.
c) Beschränkung auf Probleme mit hoher Zuverlässigkeit und Entwicklung von Schranken und asymptotischen Resultaten, die nicht notwendigerweise auch für den Bereich größerer Versagenswahrscheinlichkeiten gut sind.

Obwohl Richtung a) zu rechnerisch einfachen Lösungen führt, können solche Verfahren kaum befriedigen, da der Einfluß der Form der Verteilungsfunktionen für unsichere Variable in den extremen Wertebereichen prinzipiell nicht berücksichtigt werden kann und Wahrscheinlichkeitsaussagen allenfalls vom Typ der Tschebyscheffschen Ungleichung sind. Ausgangspunkt für ein allgemeines Verfahren sind vielmehr zwei Lösungen für normalverteilte Variable. Ist insbesondere der Vektor $\boldsymbol{X}$ der unsicheren Variablen ein unabhängiger standardnormaler Vektor und die Grenzzustandsfunktion eine Hyperebene, d. h. der Versagensbereich gegeben durch

$$F = \{g(\boldsymbol{X}) \leqq 0\} = \{\boldsymbol{\alpha}\, \boldsymbol{X} + \beta \leqq 0\} = \{Z \leqq -\beta\}\,, \tag{3}$$

so erhält man die Versagenswahrscheinlichkeit aus dem Integral der Standardnormalverteilung

$$P_{\mathrm{f}} = \Phi(-\beta) = \int_{-\infty}^{-\beta} \varphi(t)\,\mathrm{d}t = \frac{1}{\sqrt{2\pi}} \int_{-\infty}^{-\beta} \exp(-t^2/2)\,\mathrm{d}t\,, \tag{4}$$

worin β offensichtlich der Abstand zum Koordinatenursprung ist und mit Sicherheitsindex bezeichnet wird (Hasofer/Lind, 1964; Rackwitz, 1976). Ist der Zufallsvektor nicht unabhängig standardnormal, muß dieser mittels einer geeigneten Verteilungstransformation in einen unabhängigen standardnormalen Vektor überführt werden (Hohenbichler/Rackwitz, 1982). Wird die Grenzzustandsfunktion hierdurch nichtlinear oder ist sie vom physikalischen Sachverhalt her im Raum der ursprünglichen Variablen nichtlinear, so wird sie durch eine Beziehung nach Gl. (2) linearisiert, wobei der Sicherheitsindex β sich aus

$$\beta = \min\{(\Sigma\, x_{\mathrm{i}}^2)^{1/2}\} \quad \text{für } \{\boldsymbol{x}: g(\boldsymbol{x}) = 0\} \tag{5}$$

ermittelt und Gl. (3) in erster Näherung gilt. Berücksichtigt man im „β-Punkt" auch die zweiten Ableitungen der Grenzzustandsfunktion, so gilt asymptotisch (Breitung, 1982)

$$P_{\mathrm{f}} \sim \Phi(-\beta) \prod_{i=1}^{n-1} (1 - \beta\, \varkappa_{\mathrm{i}})^{-1/2}\,, \tag{6}$$

ein Ergebnis, was letztlich auf Laplace (1820), der gewisse asymptotische Entwicklungen für die Berechnung von Integralen des interessierenden Typs vorschlug, zurückgeht. Hierin sind die $\varkappa_{\mathrm{i}}$ die Hauptkrümmungen der Grenzzustandsfunktion im β-Punkt.

Die so aus Gl. (3) mit Gl. (4) erhaltenen Schätzungen der Versagenswahrscheinlichkeit erweisen sich in Anwendungen als voll befriedigend und können gegebenenfalls durch Ermittlung von Gl. (5) überprüft werden. Bild 4 veranschaulicht die Vorgehensweise an einem einfachen Beispiel, in dem auch deutlich wird, warum Näherungen der Grenzzustandsfunktion im β-Punkt nach gegebenenfalls vorgenommener Verteilungsfunktion gut sein sollten. Dort nämlich ist die Verteilungsdichte des standardnormalen Vektors, die bekanntlich vom Ursprung weg mit dem Abstand ständig abnimmt, am größten. Jede Integration der Wahrscheinlichkeitsmasse im Versagensbereich könnte sich auf den unmittelbaren Nachbarbereich beschränken.

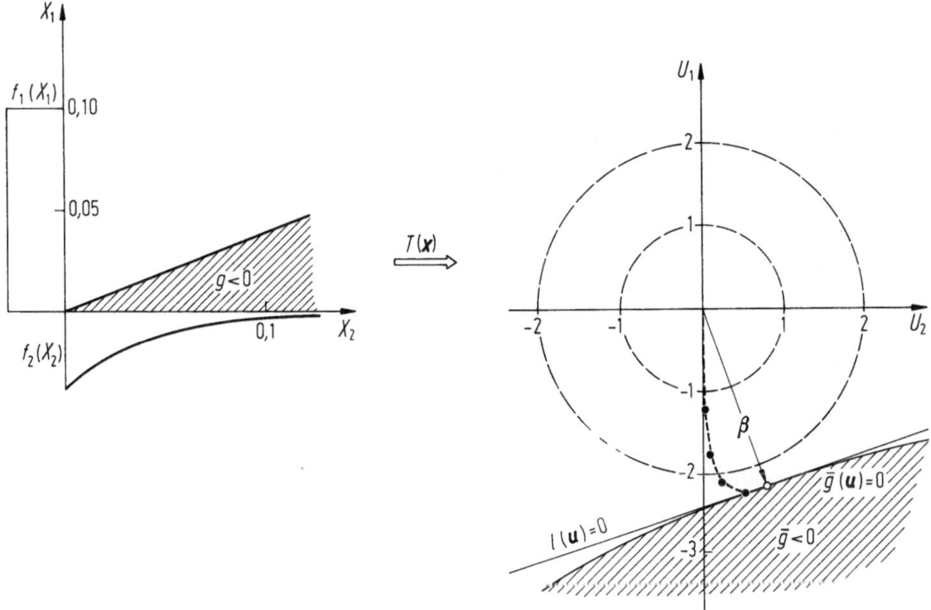

Bild 4. Verteilungstransformation and Linearisierung im wahrscheinlichsten Versagenspunkt

Durch diese Formulierung ist das ursprüngliche Problem einer mehrdimensionalen Integration auf eine Verteilungstransformation und ein Problem der nichtlinearen Optimierung, das ist die Bestimmung des Sicherheitsindex nach Gl. (4), zurückgeführt. Für die Suche des β-Punktes liegen effiziente Algorithmen vor, wobei erwähnt werden sollte, daß die Verteilungstransformation und die Grenzzustandsfunktion nur punktweise bekannt zu sein brauchen. Verglichen mit numerischer Integration bleibt der numerische Aufwand um Größenordnungen kleiner. Natürlich wurde das Verfahren in der Vergangenheit in verschiedener Hinsicht wieder vereinfacht und vergröbert, worauf hier aber nicht eingegangen werden soll.

Ein weiterer wesentlicher Fortschritt gelang kürzlich dadurch, daß auch Vereinigungen und Durchschnitte von linear begrenzten Versagensbereichen in sehr guter Näherung berechenbar wurden (Bild 5). Bekanntlich entspricht die Vereinigung einem Seriensystem, welches versagt, wenn eine Komponente versagt. Die Durchschnittsoperation gehört zu einem Parallelsystem, welches versagt, wenn alle seine Komponenten versagen. Man hat z. B. für das Parallelsystem

$$P_{\mathrm{f,p}} = P\left(\bigcap_{i=1}^{n} F_{\mathrm{i}}\right) = P\left(\bigcap_{i=1}^{n} \{g\,(\boldsymbol{X}) \leqq 0\}\right)$$

$$P\left(\bigcap_{i=1}^{n} \{\boldsymbol{\alpha}_{\mathrm{i}}^{T}\boldsymbol{X} + \beta_{\mathrm{i}} \leqq 0\}\right) = \Phi_{\mathrm{n}}(\boldsymbol{\beta}; \boldsymbol{R})\,. \tag{7}$$

Darin ist Φ_{n} die Multinormalverteilung mit der Korrelationskoeffizientenmatrix $\boldsymbol{R} = \boldsymbol{\alpha}_{\mathrm{i}}^{T}\boldsymbol{\alpha}_{\mathrm{j}}$ (Hohenbichler/Rackwitz, 1983).

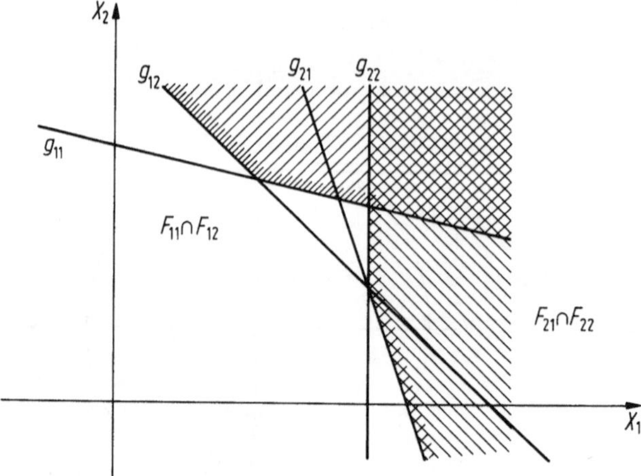

Bild 5. Versagenswahrscheinlichkeit eines Systems $P_f = P(\{F_{11} \cap F_{12}\} \cup \{F_{21} \cap F_{22}\})$

Ist schließlich das Versagensereignis eines beliebigen Systems als minimale Schnittmenge, z. B. über eine Störfall- oder Fehlerbaumanalyse und nachfolgender Reduzierung mit Hilfe der bekannten Methoden (Barlow/Proschan, 1975) gegeben, so kann man die Systemversagenswahrscheinlichkeit wie folgt abschranken (Ditlevsen, 1981):

$$\begin{aligned} P_f = P(F) &= P\left(\bigcup_{i=1}^{m} \bigcap_{j=1}^{n_i} F_{ij}\right) \\ &\leqq P\left(\bigcap_{j=1}^{n_1} F_{1j}\right) + \sum_{i=2}^{m} \left(P \bigcap_{j=1}^{n_i} F_{ij}\right) - \max_{k<i} P\left(\bigcap_{j=1}^{n_i} F_{ij} \cap \bigcap_{j=1}^{n_i} F_{kj}\right) \\ &\leqq P\left(\bigcap_{j=1}^{n_1} F_{1j}\right) + \sum_{i=2}^{m} \max\left\{0, P\left(\bigcap_{j=1}^{n} F_{ij}\right) - \sum_{k<i} P\left(\bigcap_{j=1}^{n_i} F_{ij} \cap \bigcap_{j=1}^{n_i} F_{kj}\right)\right\}. \end{aligned} \tag{8}$$

Verwendet man eine Darstellung in Form von disjunkten Schnittmengen $E_i = \bigcap \{F_j, \bar{F}_k\}$, so ist (s. Corynen, 1982):

$$P_f = P\left(\bigcup \bigcap F_{ij}\right) = P\left(\bigcup E_i\right) = \sum P(E_i). \tag{9}$$

Damit ist, sowohl von der Formulierung her als auch bezüglich der numerischen Durchführung, ein sehr allgemeines Resultat erzielt, welches in der Sicht des Autors eine wesentliche Verallgemeinerung der in der klassischen Zuverlässigkeitstheorie üblichen Modelle abgibt. Kann doch nicht nur das Versagensereignis einer Komponente als Funktion eines Vektors vieler unsicherer Variablen dargestellt werden, sondern auch an die numerische Durchrechnung von komplexen Systemen mit beliebiger Abhängigkeitsstruktur der Komponenten herangegangen werden. Diese Feststellung soll natürlich nicht darüber hinwegtäuschen, daß bei großen Systemen der Aufwand erheblich werden kann und man meist bei Inkaufnahme größerer Ungenauigkeit Vereinfachungen suchen muß. Glücklicherweise lassen sich solche so bewerkstelligen, daß man Systemversagenswahrscheinlichkeiten von oben und unten abschranken kann und damit bei Fortgang der Rechnungen Kontrolle über die Vereinfachungen und Näherungen behält. Da diese rein rechnerischen Ungenauigkeiten aber angesichts einiger weiter unten angesprochener Probleme von untergeordneter Bedeutung erscheinen, kann auf ihre ausführliche Diskussion verzichtet werden. Wir wenden uns stattdessen der Berechnung der Versagenswahrscheinlichkeit von Systemen zu, deren Eigenschaften zeitinvariant oder nur „langsam" in der Zeit veränderlich sind und die durch zeitlich zufällig veränderlichen Lasten beaufschlagt werden.

2.2 Austrittswahrscheinlichkeiten

Hierzu nehmen wir an, daß die Tragwerkskomponente durch einen zeitabhängigen Vektor zufälliger Belastungen beansprucht wird. Versagen tritt auf, wenn der Zufallsvektor den sicheren Bereich verläßt. Bild 6 veranschaulicht dies. Die lastenbeschreibenden Zufallsprozesse sind von verschiedenem Typ. Bild 7 gibt einige Beispiele, aus denen auch hervorgehen mag, in welcher Weise tatsächlich auftretende Lasten durch stochastische Modelle beschrieben werden. Es sei angemerkt, daß solche Beschreibungsmodelle natürlich nicht nur in der Tragwerkszuverlässigkeit vorkommen, sondern z. B. auch in der Beschreibung des zeitlichen Verlaufs von toxischen Einwirkungen aus verschiedenen Quellen auf den menschlichen Organismus.

Ist ein Zeitraum vorgegeben, für den die Versagenswahrscheinlichkeit berechnet werden soll, so ist die Versagenswahrscheinlichkeit gleich eins minus der Wahrscheinlichkeit, daß der Zufallsvektor den sicheren Bereich in diesem Zeitraum nicht verläßt. Leider ist auch diese Aufgabe exakt für nur wenige uninteressante Fälle lösbar, so daß Näherungen gesucht werden müssen – und hier wiederum solche von guter Qualität, wenn Austrittsereignisse an sich selten sind. Man geht hierzu auf den Zählprozeß der Austritte über (Bild 8). Die Versagenswahrscheinlichkeit ergibt sich dann als die Wahrscheinlichkeit, daß der Prozeß zum Zeitpunkt $\tau = 0$ im sicheren Bereich startet zuzüglich der Wahrscheinlichkeit, daß wenigstens ein Austritt bis zum Zeitpunkt $\tau = t$ erfolgt, unter der Bedingung, daß

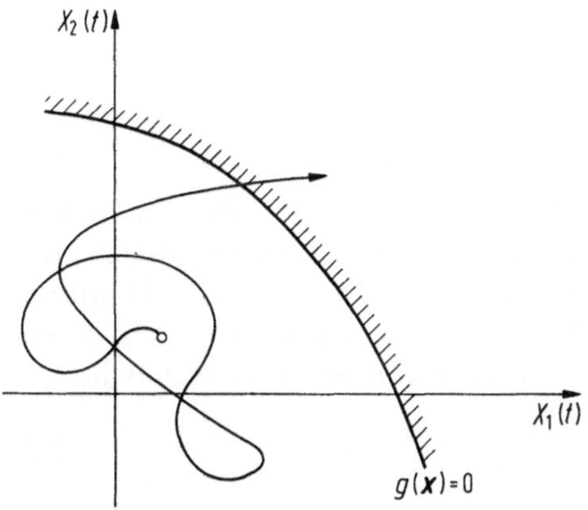

Bild 6. Austritt eines Zufallsprozesses aus sicherem Bereich

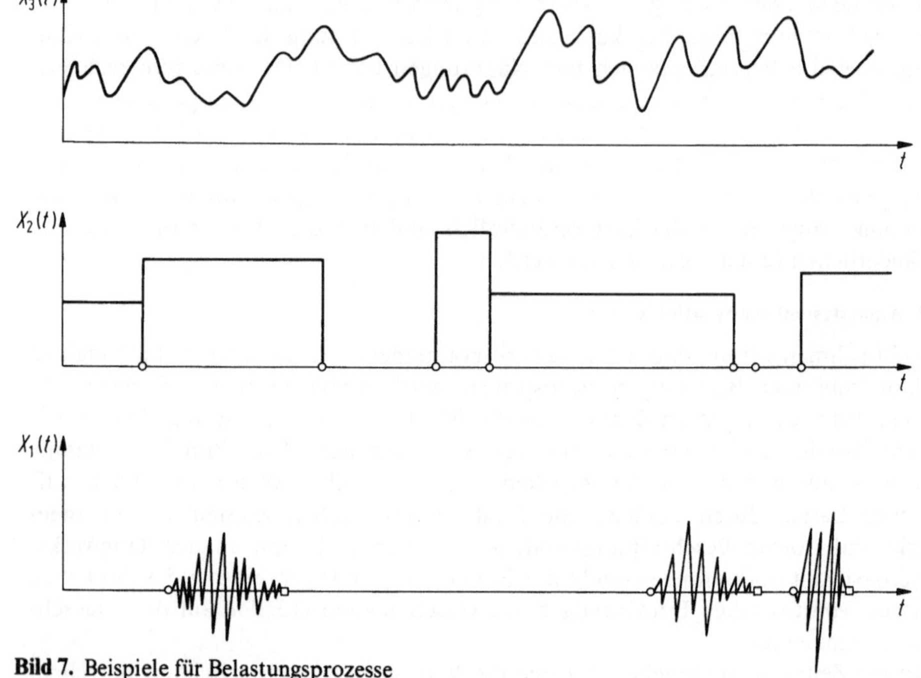

Bild 7. Beispiele für Belastungsprozesse

der Prozeß im sicheren Bereich startete. Wegen der Bedeutung des Ergebnisses ist dieses nachstehend formelmäßig abgeleitet.

$$
\begin{aligned}
P_f(t) &= 1 - P(\boldsymbol{X}(\tau) \in S;\ \tau \in [0, t]) \\
&= P(\{\boldsymbol{X}(0) \in F\} \cup \{N(t) > 0\}) \\
&= P(\{\boldsymbol{X}(0) \in F\}) + P(\boldsymbol{X}(0) \in S)\, P(N(t) > 0 \mid \boldsymbol{X}(0) \in S) \\
&= P_f(0) + P_s(0) \sum_{j=1}^{\infty} P(N(t) = j \mid \boldsymbol{X}(0) \in S) \\
&\leqq P_f(0) + P_s(0) \sum_{j=1}^{\infty} j\, P(N(t) = j \mid \boldsymbol{X}(0) \in S) \\
&= P_f(0) + P_s(0)\, E[N(t) \mid \boldsymbol{X}(0) \in S] \\
&\leqq P_f(0) + E[N(t)]\,.
\end{aligned}
\tag{10}
$$

Für seltene Austritte ist die angegebene obere Schranke sehr nahe am exakten Ergebnis. Die Schranke läßt sich im allgemeinen Fall nur bei hohem zusätzlichem Aufwand verbessern. Man erkennt, daß der Ausdruck $E[N(t) \mid \boldsymbol{X}(0) \in S]$ mit der sogenannten Erneuerungsfunktion identisch ist. Diese ist jedoch schwierig zu berechnen. Dagegen ist die unbedingte mittlere Anzahl der Austritte bekanntlich:

$$E[N(t)] = \int_0^t \nu(\tau)\, d\tau\,, \tag{11}$$

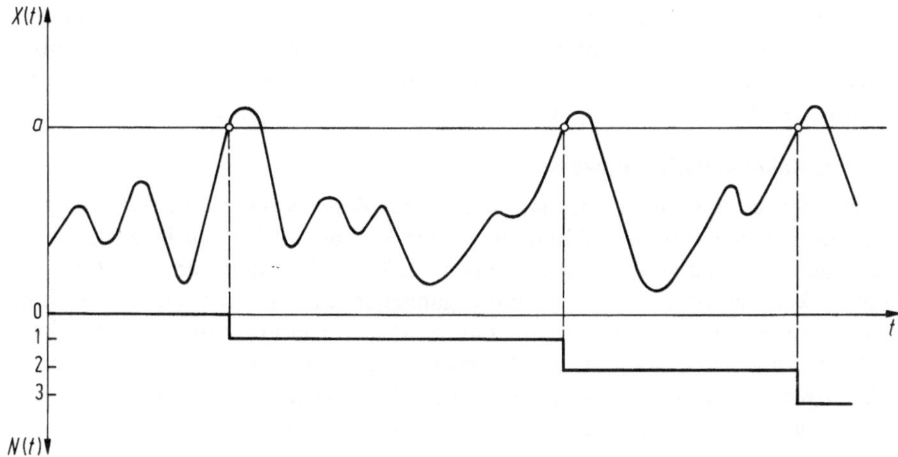

Bild 8. Austritte des Prozesses $X(t)$ aus dem sicheren Bereich $\{X(t) \leqq a\}$ und Zählprozeß $N(t)$

worin $\nu(\tau)$ die sogenannte Austrittsrate ist. Letztere ist durch die folgenden Ausdrücke definiert:

$$\begin{aligned}\nu(\tau) &= \lim_{\Delta \to 0} \frac{1}{\Delta} E\,[N(\tau, \tau + \Delta)] \\ &= \lim_{\Delta \to 0} \frac{1}{\Delta} P\,(N(\tau, \tau + \Delta - 1) \\ &= \lim_{\Delta \to 0} \frac{1}{\Delta} P\,(\{\boldsymbol{X}(\tau) \in S\} \cap \{\boldsymbol{X}(\tau + \Delta) \in F\})\,. \end{aligned} \qquad (12)$$

Unter bestimmten Voraussetzungen kann Gl. (10) zu

$$P_{\mathrm{f}}(t) \sim 1 - \exp\left[-\int_0^t \nu(\tau)\,\mathrm{d}\tau\right] \qquad (13)$$

verschärft werden. Dieser Ausdruck entspricht dem Fall, daß die Austritte einem Poisson-Prozeß folgen. Auf Details der Berechnung der Austrittsrate kann hier nicht näher eingegangen werden. Es sei aber erwähnt, daß die meisten analytischen Resultate für einen linear begrenzten Versagensbereich im standardnormalen Zustandsraum vorliegen und daß, zumindest asymptotisch, Austritte, wenn sie erfolgen, am häufigsten in der Nähe des β-Punktes stattfinden (Lindgren, 1980; Breitung, 1983). Ein Schlüssel zur Berechnung von Austrittsraten ist also auch hier, den Zustandsraum in einen unabhängigen standardnormalen Raum zu transformieren, dort den β-Punkt zu suchen und die Grenzzustandsfunktion in diesem Punkt linear oder quadratisch zu approximieren. Die im vorangegangenen Abschnitt entwickelten numerischen Methoden bleiben gültig. Damit ist das Problem der gleichzeitigen Einwirkung verschiedener Lastprozesse auf Tragwerkskomponenten gelöst. In der einschlägigen Literatur findet man eine große Anzahl spezieller, zum Teil sehr einfacher Lösungen, deren Brauchbarkeit bei der Entwicklung von Bemessungsnormen und in Zuverlässigkeitsberechnungen verschiedener Anlageteile in Kernkraftwerken unter Erdbebeneinwirkung bewiesen wurde. Weniger gut entwickelt sind die Verfahren zur Behandlung von Systemen. Doch können für die numerische Berechnung geeignete Ansätze ebenfalls angegeben werden.

2.3 Schadensakkumulationsprozesse

Die Annahme zeitinvarianter oder langsam in der Zeit veränderliche Systemeigenschaften (z. B. durch Alterung, Abnutzung oder Korrosion) ist häufig wenig wirklichkeitsnah und Schadensstatistiken zeigen, daß ein Teil der Versagensfälle auf Schadensakkumulationen infolge vorangegangener Belastungen zurückzuführen sind. Leider steckt gerade auf diesem Gebiet das Verständnis für den physikalischen Prozeß und seine stochastische Struktur trotz intensivster Forschung noch in den Anfängen. Es muß daher genügen, einen Spezialfall anzugeben, der rechnerisch gut handhabbar ist, leider aber die physikalischen Gegebenheiten nicht immer richtig erfaßt. Man kann z. B. annehmen, daß eine Systemkomponente versagt, wenn ein Schadensindikator $X(t)$ eine Grenze C überschreitet. Der Schadenszuwachs pro Zeiteinheit sei dem Schaden im Zeitpunkt t und einer Beanspruchungsgröße $Z(t)$ proportional. Also gilt folgende separierbare Differentialgleichung (Bild 9):

$$\frac{dX(t)}{dt} = g[X(t)]\, h[Z(t)]\,, \tag{14}$$

und nach Integration und Einsetzen der Anfangsbedingungen

$$\int_{X_0(t_0)}^{X(t)} \frac{dX(\tau)}{g(X(\tau))} = G(X(t)) - G(X_0(t_0)) = \int_{t_0}^{t} h(Z(\tau))\, d\tau\,. \tag{15}$$

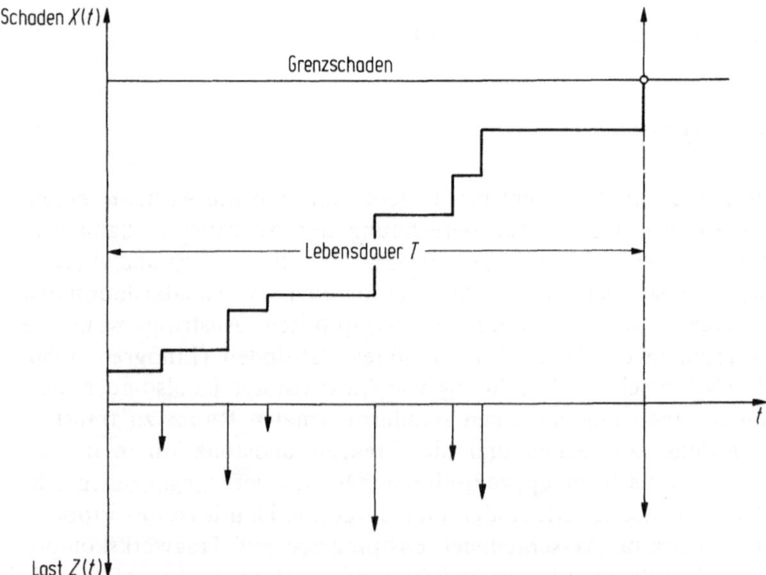

Bild 9. Zufällige Lebensdauer bei Schadensakkumulation

Man zeigt leicht, daß unter gewissen recht allgemeinen Voraussetzungen für den Belastungsprozeß $Z(t)$ die rechte Seite der Gleichung asymptotisch normalverteilt ist. Hieraus läßt sich die Verteilungsfunktion von $X(t)$ gewinnen und daraus die zufällige Zeit bis zum Überschreiten des vorgegebenen Grenzwertes (Bolotin, 1981). Hier ergibt also ein physikalisch begründetes Modell auch ein Modell für den Zufallscharakter des Versagens.

Die Versagenszeit kann von weiteren unsicheren Parametern, wie z.B. den Materialeigenschaften, den Anfangsbedingungen oder auch den Grenzbedingungen abhängen. Auch in diesem Fall läßt sich das Versagensereignis so formulieren, daß die unter 2.1 vorgestellte Zuverlässigkeitsmethodik für die numerische Lösung verfügbar ist. Systemaspekte sind für schadenakkumulierende Vorgänge noch nicht systematisch untersucht. Gleichwohl erscheinen Lösungen numerischer Natur möglich.

Bei der Darstellung der letzten beiden Abschnitte kann es dem Verfasser vor allem darauf an zu zeigen, daß es in vielen Fällen, bei Tragwerken wohl immer, notwendig ist, in der Formulierung der Zuverlässigkeitsaufgabe auf den physikalischen Prozeß zurückzugehen. Die Beschreibung des stochastischen Verhaltens allein aufgrund der beobachtbaren Ausfallszeiten ist, wenn überhaupt möglich, unbefriedigend und dann meist wenig informativ im Hinblick auf die den Zufallscharakter des Versagens bestimmenden Parameter. Die vorliegenden numerischen Methoden erlauben große Freiheit bei der physikalischen und stochastischen Modellierung. Sie sind besonders für Systeme hoher Zuverlässigkeit geeignet. Als Komponenten solcher Systeme kommen alle denkbaren Typen in Frage, u.a. Tragwerkskomponenten, Regeleinrichtungen und der Mensch als Konstrukteur, Operateur oder Kontrolleur. Daß dabei in der Modellierung des Systems und seiner logischen Analyse, bei der Anpassung von Rechenansätzen an den physikalischen Sachverhalt und der Formung von stochastischen Modellen Kompatibilität anzu streben ist, bedarf keiner weiteren Erörterung. Bedeutsam erscheint die Möglichkeit, die Wirkung redundanter Systemkomponenten auch für nichttriviale Fälle abzuschätzen und die Empfindlichkeit des Systems gegenüber seinen Parametern in bezug auf die Zuverlässigkeit zu quantifizieren.

3 Zur Interpretation von Ergebnissen von Risikoanalysen

Im Vorstehenden wurden einige wichtige neuere Entwicklungen für mathematische Modelle zur Berechnung der Zuverlässigkeit von technischen Systemen angedeutet und es darf wohl festgestellt werden, daß damit interessante Erweiterungen des mathematischen Rüstzeuges gelangen. Daß auch der numerische Teil bewältigt werden kann, ist ebenfalls positiv zu bewerten. Damit ist keinesfalls gesagt, daß alle mathematischen und numerischen Probleme bislang eine befriedigende Lösung gefunden haben. Fast immer kann aber „brutal" numerisch vorgegangen werden. Die Auswirkungen der dabei unvermeidlichen Näherungen und Vereinfachungen mögen meist in vertretbaren Grenzen bleiben und dürften durch die in der Zukunft immer preiswerter werdenden rechnerischen Möglichkeiten noch abgebaut werden.

Ein ganz wesentlicher Umschwung scheint sich darüber hinaus bei der Interpretation der Ergebnisse von Risikoanalysen anzubahnen. Daß Unsicherheiten mit

Hilfe statistischer Methoden in der Sprache der Wahrscheinlichkeitstheorie quantifiziert werden können, war schon Grundlage der frühen Risikostudien, deren Ergebnis z. B. eine Versagensrate war. Diese wurde zunächst als sogenannte Punktschätzung aufgefaßt und als solche der Bewertung einer technischen Anlage zugrunde gelegt. Der Mangel an Daten für verschiedene Parameter führte bald zu der Einsicht, daß wenigstens jene Unsicherheiten abgeschätzt werden müßten, welche bei der Extrapolation aus historischen Daten unausweichlich sind. Konfidenzintervalle für Versagensraten wurden abgeleitet; nicht selten erwiesen sich solche als unangenehm weit. Sie waren und sind dann Anlaß, den Wert von Risikoanalysen überhaupt in Zweifel zu ziehen. Einwendungen dieser Art sind jedoch vom Konzept her unrichtig. Die Weite eines Konfidenzintervalls gibt dem Ingenieur allenfalls ein Gefühl für den Anteil rein statistischer Unsicherheiten am Gesamten. Das läßt ihn gegebenenfalls eine Verbesserung der Datensituation suchen. Entwurfsentscheidungen kann der Ingenieur nur im Angesicht aller Unsicherheiten treffen, d. h. aufgrund der totalen Versagensrate. Ist

$$P_f(\boldsymbol{\theta}) = \int \mathrm{d}F_{\boldsymbol{X}\mid\boldsymbol{\Theta}}(\boldsymbol{x}\mid\boldsymbol{\theta}) \tag{16}$$

die bedingte Versagensrate, wobei hier der Vektor der Verteilungsparameter der unsicheren Einflußgrößen die Bedingungen umfaßt, so ist

$$P_f(\boldsymbol{b}) = \int\int \mathrm{d}F_{\boldsymbol{X}\mid\boldsymbol{\Theta}}(\boldsymbol{x}\mid\boldsymbol{\theta})\,\mathrm{d}F_{\boldsymbol{\Theta}\mid\boldsymbol{b}}(\boldsymbol{\theta}\mid\boldsymbol{b}) \tag{17}$$

die totale Versagensrate, die zur Verdeutlichung ebenfalls als bedingte Versagensrate geschrieben wird. Die Bedingungen sind nunmehr aber die objektiven Beobachtungen und gegebenenfalls subjektive a priori Informationen, aufgrund derer die Parameter festgelegt wurden, hier mit $\boldsymbol{b}$ bezeichnet.

Streng genommen ist hier ein weiterer Bedingungskomplex hinzuzufügen, das sind die verwendeten Modellannahmen für die physikalischen Zusammenhänge und den Unsicherheitscharakter der Einflußgrößen (Verteilungsfunktion). Die Tatsache, daß dieser Bedingungskomplex in den meisten Risikoanalysen zumindest im Ergebnisbericht einfach unterschlagen wird, verführt dann den weniger Eingeweihten zu der unrichtigen Schlußfolgerung, er könne die errechnete Versagensrate mit anderen allein durch umfangreiche Beobachtungen ermittelten Versagensraten vergleichen. Auch regulative Eingriffe bei der Planung und dem Betrieb technischer Anlagen neigen dazu, hier anzusetzen. Das ist jedoch erst dann zulässig, wenn im betrachteten Fall tatsächlich Übereinstimmung von Rechnung und Beobachtung nachgewiesen werden kann. In der Regel haben nicht alle Beziehungen innerhalb eines Modells Entsprechungen in der physikalischen Wirklichkeit und umgekehrt. Ingenieurmäßige Modelle weichen von der Wirklichkeit zum Teil bewußt ab. Die Wirklichkeit ist immer komplexer als ein Rechenmodell. Wichtig ist bei ihm nur, daß die maßgebenden Erscheinungen befriedigend richtig vorausgesagt werden können. Eine Quantifizierung der Abweichungen zwischen Modell und Wirklichkeit wird notwendig und bleibt in hohem Maße subjektiv. Risikoanalysen müssen diese Abweichungen z. B. durch Einführung von Modellunsicherheitsfaktoren berücksichtigen. Jede Risikoaussage enthält daher auch subjektive Elemente. Im Gegensatz zu den Parameterunsicherheiten, die im Prinzip objektiv beseitigt werden könnten, bleibt die Größe der Modellunsicherheiten erhalten und subjektiv. Die verschiedenen technischen Systeme erfordern ganz verschiedene Maßnahmen, diesen Teil der Unsicherheiten in den Griff zu bekommen und eine Bewertung des Risikos ist ohne ausdrücklichen Bezug auf das spezielle technische System bzw. seine zur Diskussion stehende physikalische Realisierung wenig sinnvoll. Die Verwendung subjektiver Wahrscheinlichkeiten dabei, in der Technik allgemein und überall dort, wo irgendwann einmal entschieden werden muß, ist längst vom theoretischen Standpunkt sanktioniert (Ramsey, 1950; Savage, 1954). Es folgt auch, daß der Sinn probabilistischer Risikoanalysen weniger in der Möglichkeit, die Ausbildung technischer Systeme regulativ zu beeinflussen liegt, als dem Ingenieur ein Hilfsmittel in die Hand zu geben, Art und Umfang sicherheitsrelevanter Maßnahmen optimal einzusetzen. Wenn gelegentlich bei in Massen produzierten technischen Artikeln Modell und Wirklichkeit so übereinstimmen, daß errechnete und beobachtete Versagensraten konvergieren und wenn ein solcher Zustand auch allgemein als erstrebenswert gilt, so dürfen die vorerwähnten Tatbestände bei allen Anwendungen auf Systeme, bei denen so günstige Voraussetzungen nicht gegeben sind, nicht außer acht gelassen werden.

Im Bauwesen kann besagte Kongruenz praktisch nirgends gezeigt werden. Man bedient sich hier eines Tricks, der probabilistische Risikoanalysen doch wieder für die Zwecke regulativer Risikofestsetzungen brauchbar macht. Man rechnet Bauteile oder Bauwerke, deren Sicherheitsniveau ganz offensichtlich befriedigte, unter festgeschriebenen Modellannahmen nach und klassifiziert die Bauwerke nach ihrem Sicherheitsniveau und anderen leicht zu verifizierenden Kriterien. Die damit implizit gegebenen Versagenswahrscheinlichkeiten sind operative Größen, die dann als Richtwerte für Bauwerke gelten können, die eindeutig klassifizierbar sind und für die die zur „Kalibration" verwendeten Modellannahmen noch als gültig angenommen werden können. Diese Prozedur hat sich als praktikabel herausgestellt. Sie ist umständlich, wenn neue Rechenmodelle einzuführen oder neue Unsicherheitsquellen zu berücksichtigen sind und wenn der Erfahrungsbereich spürbar verlassen wird, da dann neu zu kalibrieren ist. Sie erhebt nicht den Anspruch, daß ihre operativen Versagensraten ohne Bias statistisch verifizierbar sein müssen, aber erhält dem Ingenieur die Möglichkeit, das reiche Instrumentarium probabilistischer Risikoanalysen bei Planung und Betrieb baulicher Anlagen zu nutzen.

Literatur

Barlow, R. E.; Proschan, F.: Statistical theory of reliability and life testing. Holt, Rinehart & Winston 1975

Bolotin, V. V.: Wahrscheinlichkeitsmethoden zur Berechnung von Konstruktionen. VEB Verlag für Bauwesen 1981

Breitung, K.: An asymptotic formula for the failure probability. Proc. of the 155 Euromech on Reliability of Structures and Engineering Systems, Lyngby 1982

Cornell, C. A.: Bounds on the reliability of structural systems. J. Struct. Div., ASCE ST1, 93 (1967) 171–200

Corynen, C. A.: STOP – a fast procedure for the exact computation of the performance of complex probabilistic systems. Lawrence Livermore Laboratories, UCRL-53230, 1982

Ditlevsen, O.: Narrow reliability bounds for structural systems. J. Struct. Mech. 7,4 (1979) 435–451

Fossell, C.: Economy and construction. Sunt Fornoft 1924, pp. 74–77 (in schwedisch)

Freudenthal, A. M.: The safety of structures. Trans. ASCE 112 (1947) 125–180

Freudenthal, A. M.; Garrelts, J. M.; Shinozuka, M.: The analysis of structural safety. J. Struct. Div., ASCE, ST1, 92 (1966) 267–325

Hasofer, A. M.; Lind, N. C.: An exact and invariant first order reliability format. J. Eng. Mech. Div. ASCE, EM1, 100 (1964) 111–121

Hohenbichler, M.; Rackwitz, R.: Non-normal dependent vectors in structural safety. J. Eng. Mech. Div. ASCE, EM6, 107 (1981) 1227–1238

Hohenbichler, M.; Rackwitz, R.: First-order concepts in system reliability. Struct. Safety 1,3 (1983) 177–188

Johnson, A. I.: Strength, safety and economical dimensions of structures. Kungl. Techniska Högskola, Stockholm, Inst. f. Byggnadsstatik, Medd. No. 12 (1953)

De Laplace, P. S.: Théorie analytique des probabilités. Paris 1820

Lindgren, G.: Extreme value and crossings for the χ^2-Process and other functions of multidimensional Gaussian processes with reliability applications. Adv. Appl. Prob. 12 (1980) 746–774

Mayer, M.: Die Sicherheit der Bauwerke. Berlin: Springer 1926

Rackwitz, R.: Practical probabilistic approach to design. In: First-order reliability concepts for design codes. CEB-Bull. No. 112 (1976) 13–72

Ramsey, F. P.: Truth and probability, the foundations of mathematics and other logical essays. The Humanities Press 1950

Rosenbleuth, E.: Probabilistic design to resist earthquakes. J. Eng. Mech. Div. ASCE 90, EM5 (1964) 189–219

Savage, L. J.: The foundations of statistics. Wiley & Sons 1954

Turkstra, C.: Theory of structural design. University of Waterloo, Ontario, SM-Study No. 2 (1970)

Zur methodischen Bewertung von konstruktiven und verkehrstechnischen Risiken in der Seeschiffahrt

C. Östergaard

1 Einleitung

Die herausragenden Fortschritte auf dem Gebiet des konstruktiven Schiffbaus wurden in den letzten zwei bis drei Jahrzehnten im wesentlichen auf folgenden Gebieten erzielt:

- Einführung und Verwendung der Finite Elemente Technik für „Jedermann";
- weitgehende Beherrschung der theoretischen Vorhersage der Dynamik von Schiffen in regelmäßigen Wellen;
- intensive Nutzung der spektralen Betrachtungsweise zur statistisch-probabilistischen Bewertung von Seegangswirkungen am Schiff.

Auch wenn die Verknüpfung der genannten drei Bereiche heute noch nicht überall zufriedenstellend funktioniert, vor allem aus Gründen des numerischen Aufwands, so haben sich doch auf der Basis der spektralen Betrachtungsweise weltweit Methoden zur Bewertung der konstruktiven Sicherheit herausgebildet, die als semi-probabilistische Basis für sog. Level 1-Verfahren dienen, und die in diesem Sinne eine wesentlich flexiblere Beurteilung konstruktiver Risiken erlauben, als dies für Level 1-Methoden gemeinhin vorstellbar ist. Diese zunächst vielleicht nicht unmittelbar verständliche Aussage soll im folgenden Abschnitt 2 etwas näher begründet werden. Im Abschnitt 3 wird der Boden traditioneller Betrachtungsweisen von Risiko oder Sicherheit in der Schiffstechnik verlassen, um neuere Ansätze zur Erfassung von Transportrisiken im Seeverkehr zu diskutieren.

2 Methoden zur Bewertung konstruktiver Risiken

Die Standardfrage, die der praktizierende Konstrukteur im Schiffbau z. B. an die Klassifikationsgesellschaft, als eine in weiten Bereichen der Schiffstechnik zuständige Sachwalterin der Sicherheit auf See, richtet, lautet gewöhnlich:

„Welches sind die anzusetzenden Maximalwerte für Belastungen, Bewegungen, Beschleunigungen etc. . . .?"

Für Seegangswirkungen gibt es zwar einen Zusammenhang zwischen immer größeren Werten z. B. der Belastung und immer kleiner werdenden Überschreitensrisiken, aber es gibt hier keine Maximalwerte im eigentlichen Sinne des Wortes *Maximum*. Daher spricht man im Schiffbau stattdessen von „Entwurfswerten" und definiert ihre Größe auf einem als noch annehmbar erscheinenden Überschreitensrisiko. So wichtig und interessant die Diskussion der Frage der Annehmbarkeit eines Risikos auch sein mag, für die folgende Erörterung von im Schiffbau üblichen

Methoden zur Bestimmung von Entwurfswerten sei einmal angenommen, daß das Überschreitensrisiko vernünftig festgelegt werden kann. Am folgenden Beispiel sei kurz dargelegt, wie dann auf dieser Basis Entwurfswerte bestimmt werden können:

Angenommen, ein Gastanker soll längere Zeit in der Nordsee operieren, und es interessieren für die Auslegung bestimmter technischer Zusatzeinrichtungen zur Flüssiggasübernahme die Entwurfswerte der Seegangsbeschleunigungen an der Tankerback (d. h. ganz vorn).

Zunächst sind natürlich die hydrodynamischen Eigenschaften des Schiffes in regelmäßigen Wellen zu berechnen. Eingangsgrößen sind die Beladungszustände (W), Fahrtrichtungen gegen die Wellen (Ψ), Schiffsgeschwindigkeiten (V) und Wellenfrequenzen (ω). Die hydrodynamischen Berechnungen von Beschleunigungen können als linear von der Wellenhöhe (H) abhängig angesetzt werden, also z. B. auf eine einzige Wellenamplitude von 1 m bezogen werden: Es ergeben sich sog. Übertragungsfunktionen (Y) der Seegangswirkungen (im Beispiel steht Y für Vertikalbeschleunigungen (b_V) bzw. Querbeschleunigungen (b_Q) an der Tankerback). Es kann dabei heute als gesichert gelten, daß ein Schiff gewöhnlicher Abmessungen bezüglich einer ganzen Reihe von Seegangswirkungen als ein lineares System betrachtet werden kann, so daß es möglich ist, anhand von Seegangsspektren $S(\omega)$ die Spektren der Seegangswirkung nach der bekannten Beziehung

$$S_Y(W, \Psi, V, \omega) = S(\omega) \cdot Y^2(W, \Psi, V, \omega), \qquad \omega = 2\pi/T \tag{1}$$

herzuleiten. Im Beispiel können wir theoretisch recht genaue Angaben zu den Übertragungsfunktionen der Vertikalbeschleunigungen und zu Horizontalbeschleunigungen an der Tankerback machen (Bild 1 und 2) [1]. Die (linearen) Berechnungsmethoden für die Bewegungsgrößen von Schiffen in regelmäßigen Wellen wurden im Laufe der letzten drei Jahrzehnte laufend verfeinert, so daß dieser Berechnungsschritt auf dem Wege der Ermittlung von Entwurfswerten als relativ praxisnah anzusehen ist. Doch der Übergang zu natürlichen Seegangsverhältnissen

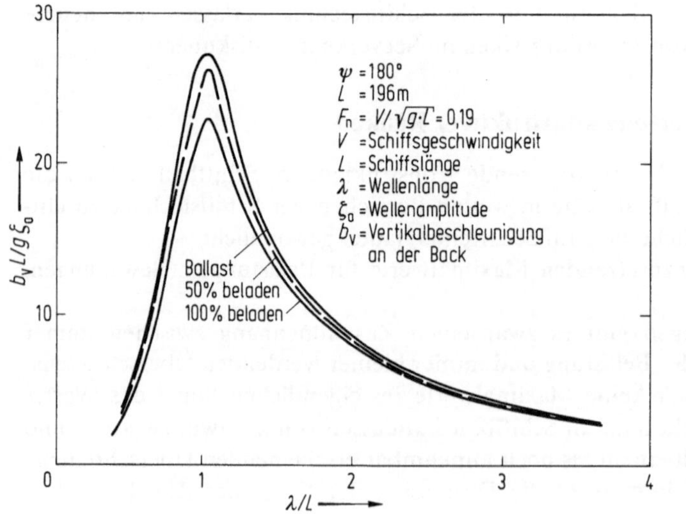

Bild 1.

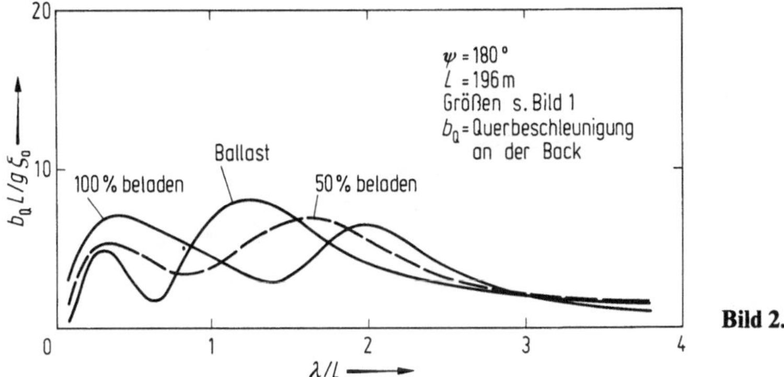

Bild 2.

wie er durch Gl. (1) vorgegeben ist, gilt natürlich nur für stationäre und ergodische Seegangsverhältnisse, die bestenfalls über ein bis zwei Stunden, z.B. im Einsatzgebiet „Nordsee" anzutreffen sind. Gesucht sind aber Entwurfswerte für Einsatzzeiten der Größenordnung 10 bis 20 Jahre.

Dazu bestimmt man unter der bisweilen vielleicht etwas künstlich erscheinenden Annahme schmalbandiger Spektren die Überschreitenswahrscheinlichkeit verschiedener Werte y als relative Häufigkeit: Es ergibt sich für die Gesamtheit aller denkbaren (statistisch beobachteten) Gaußschen Prozesse für Seegang und Seegangswirkungen:

$$P(Y > y) = \frac{\sum_W \sum_H \sum_T \sum_V \sum_\Psi \exp(-y^2/2\mu_{Y0}) \cdot P(\Psi, V \; H, T, W) \cdot P(H, T) \cdot P(W)/T_{Y0}}{\sum_W \sum_H \sum_T \sum_V \sum_\Psi P(\Psi, V \; H, T, W) \cdot P(H, T) \cdot P(W)/T_{Y0}} \tag{2}$$

Hierbei ist $T_{Y0} = 2\,\pi/(\mu_{Y2}/\mu_{Y0})^{1/2}$ die mittlere Periode zwischen zwei aufeinanderfolgenden Null-Aufwärtsstellen des jeweiligen Zufallsprozesses der Seegangswirkung, der durch eine sog. „Klasse" von Parametern W, H, T, V, Ψ definiert ist, und μ_{Y0} bzw. μ_{Y2} sind Fläche bzw. 2. Moment unter den jeweiligen Spektren. In der Schiffstechnik sind nocht weitergehende Vereinfachungen der Gl. (2) gebräuchlich:

Für die Berechnung der (absoluten) Überschreitenshäufigkeit m während einer (zunächst willkürlich definierbaren) Betriebszeit T_S ergibt sich für einen festgelegten Beladungszustand (W), eine bestimmte Geschwindigkeit (V) und der Annahme einer Gleichverteilung für die Fahrtrichtungen (Ψ) gegen die Hauptlaufrichtung des Seegangs aus Gl. (2), [2]:

$$m = \sum_H \sum_T T_S T_{Y0} \cdot \exp(-y^2/2\mu_{Y0}) \cdot P(H, T)\,. \tag{3}$$

Setzt man in Gl. (3) $m = 1$, so erhält man den Entwurfswert (y) für die durch W, V, T_S und $P(H, T)$ gegebenen Randbedingungen [$P(H, T)$], z.B. für das Wellenklima „Nordsee", wenn man die entsprechenden Seegangsstatistiken verwendet, z.B. [3]. Dabei wird zur Berechnung von T_{Y0} und μ_{Y0} ein mit (H, T) definierbares Standardspektrum (nach Piersson Moskowitz) zugrunde gelegt [4]. Variationen von m liefern sog. kumulative Häufigkeitsverteilungen für y, wie sie für das hier

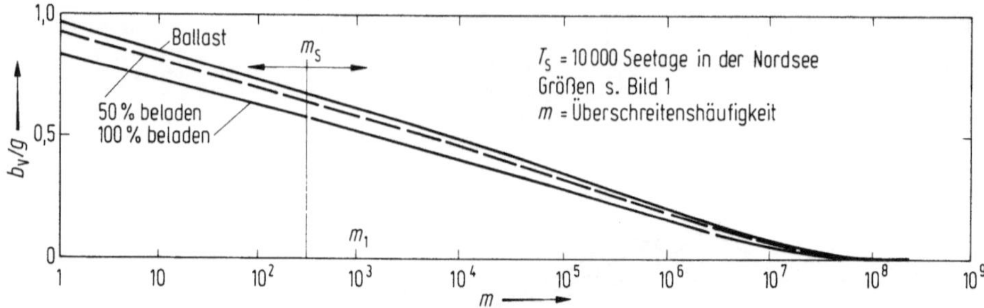

Bild 3.

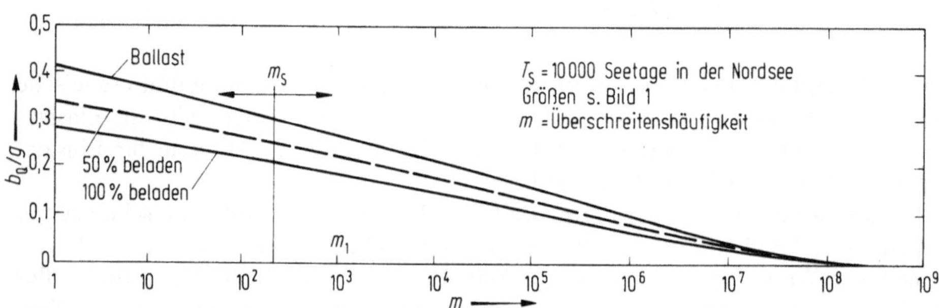

Bild 4.

betrachtete Beispiel (Entwurfswerte für Beschleunigungen an der Tankerback) in den Bildern 3 und 4 aufgetragen sind. Es sei hierzu ausdrücklich ergänzt: Die so erhaltenen Ergebnisse sind statistische Punktschätzungen der Beschleunigungen.

Des weiteren stellt sich die Frage, welche Beschleunigungsanteile (vertikal und quer) für die Bemessung als gleichzeitig wirkend anzunehmen sind. Bevor dieser Punkt erörtert werden kann, seien zunächst die Bemessungswerte nach den Bildern 3 oder 4 interpretiert. Entwurfswerte, die hier im Mittel einmal in 10 000 Seetagen (T_S) überschritten werden, könnten natürlich auch bereits nach einer Wartezeit von 1000 Seetagen, oder gar schon nach 100 oder noch weniger Seetagen überschritten werden. Das Risiko dafür, daß die Wartezeit bis zum Überschreiten des Wertes Y kleiner oder gleich einer beliebigen Referenzzeit (T_x) ist, ergibt sich aus der Annahme, daß die Überschreitungen größerer (d.h. seltenerer) Werte als Ereignisse eines Poisson-Prozesses angesehen werden dürfen. Ohne hier auf Einzelheiten ausführlicher eingehen zu können (siehe z. B. [5]), läßt sich zeigen, daß das Risiko

$$Q = 1 - \exp(-m/m_1), \quad m_1 = T/T_1 \tag{4}$$

als das Risiko dafür anzusehen ist, daß ein in Bild 3 oder 4 bei m abgelesener Beschleunigungswert noch innerhalb der Zeit T_1 überschritten wird.

Beispiel: Bei $T = 10\,000$ Seetagen und $T_1 = 10$ Seetagen (d. h. bei *einer* Mission in der Nordsee) ist $m = 1$; $m_1 = 10^3$; also $Q = 1 - \exp(-10^{-3}) \approx 0{,}001 = 0{,}1\%$. Folglich müssen unter 1000 gleichartigen Einsätzen dieser Art einmal Beschleunigungswerte erwartet werden, die größer sind, als bei $m = 1$ in Bild 3 oder 4 abzulesen. In dieser

Interpretation erweist sich also der (zunächst sehr hoch erscheinende) Bemessungszeitraum von 10 000 Seetagen für (im Mittel) eine Überschreitung des Entwurfswertes, als eine vernünftige Berechnungsgrundlage. (Im Schiffbau wird in diesem Zusammenhang häufig der Begriff „10^{-8}-Wert" verwendet, weil 10 000 Seetage *ungefähr* 10^8 Nullaufwärtsstellen im Prozeß der betrachteten Seegangswirkungen bedeuten).

Doch nun zur Frage einer vernünftigen Superposition von Entwurswerten für Vertikal- und Querbeschleunigungen: An den Bildern 3 und 4 können in Abhängigkeit von m Werte $b_V(m)/g$ bzw. $b_Q(m)/g$ abgelesen werden und für die gerade interessierende Referenzzeit (im obigen Beispiel $T_1 = 10$ Seetage, d.h. $m_1 = 10^3$) nach Gl. (4) die zugehörigen Risiken $Q = P(T \leqq T_1)$ berechnet werden. Die Ergebnisse sind für das Beispiel in Bild 5 zusammengestellt. Die (komplementären) Randverteilungen der Vertikal- und Querbeschleunigungen definieren unter der im Beispiel gut zu begründenden Annahme stochastischer Unabhängigkeit gemeinsame Überschreitensrisiken nach der Bezeichnung:

$$Q_{VQ} = Q(b_V/g, b_Q/g) = Q(b_V/g) \cdot Q(b_Q/g) = Q_V \cdot Q_Q. \tag{5}$$

Auf dieser Basis können durch Wahl bestimmter Werte für das gemeinsame Überschreitensrisiko (Q_{VQ}) aus Bild 5 die in den Bildern 6 und 7 dargestellten Kurven für beliebige Kombinationen von Vertikal- und Querbeschleunigungen bei konstantem Q_{VQ} ermittelt werden. (Das Verfahren ist in Bild 5 für ein Beispiel skizziert).

Die Bilder 6 und 7 zeigen recht gut, wie stark eine Beladungsänderung auf die Größe der Entwurfswerte Einfluß nimmt: 50% Beladungsänderung hat etwa den gleichen (prozentualen) Einfluß auf die Größe der Entwurfswerte wie eine Risikoänderung um 2(!) Zehnerpotenzen. Bei Wiederholung einer solchen Beispielrech-

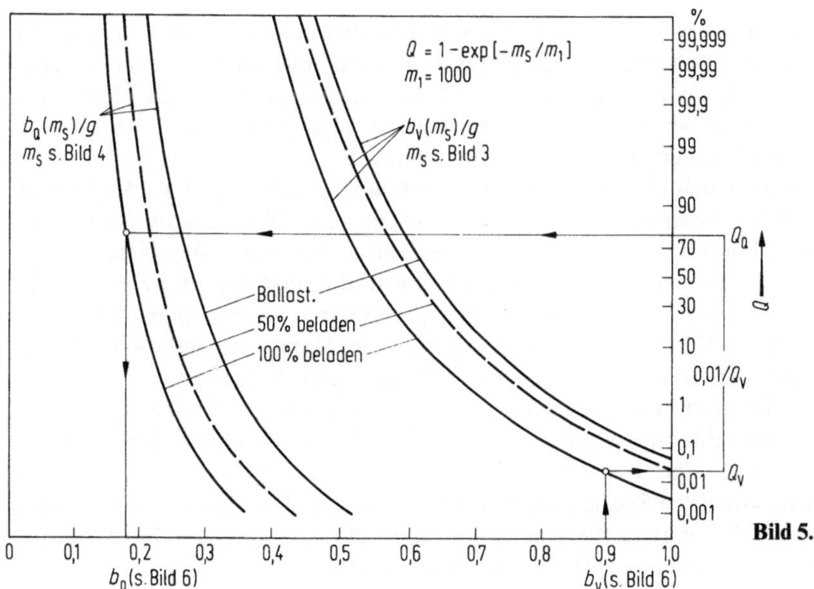

Bild 5.

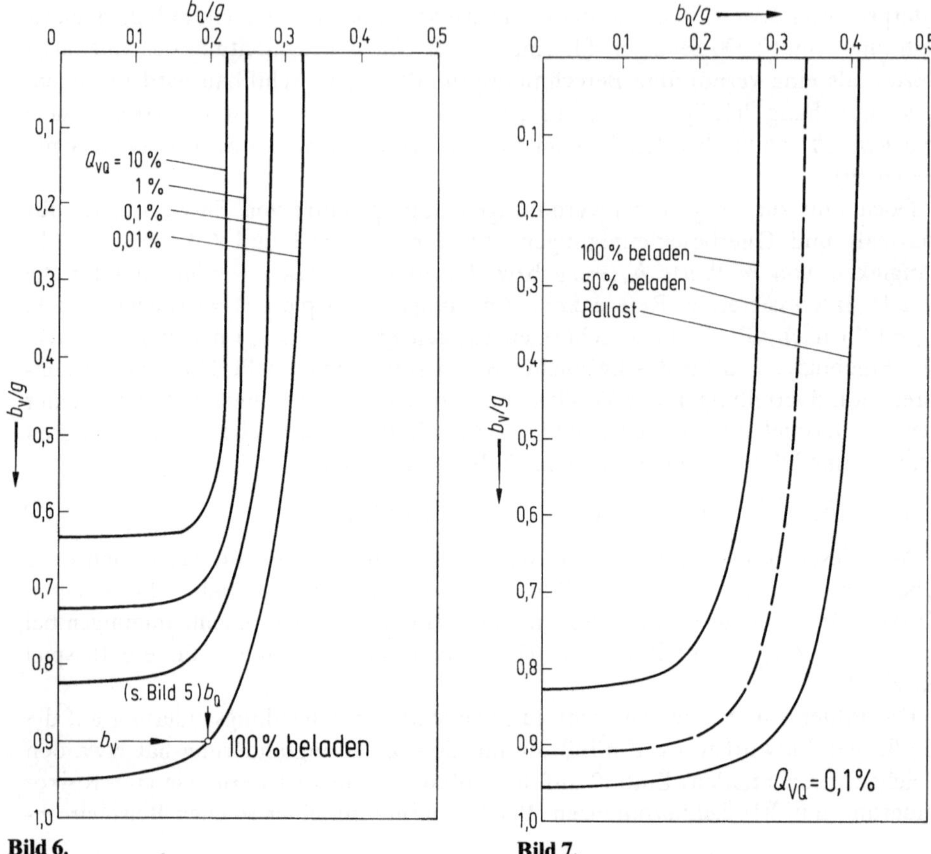

Bild 6.

Bild 7.

nung für eine andere Geschwindigkeit als hier berücksichtigt, könnte man einen ähnlichen Einfluß auch dieses Parameters feststellen. Die so erhaltenen Risikoaussagen haben also ein relativ geringes Vertrauensniveau. Praktisch interessant und wichtig ist hier aber die Form der Kurven $Q_{VQ} = \text{const}$, die – bei etwas Imagination – als Ellipsen angesehen werden könnten.

In der Tat haben sich eine Reihe von Klassifikationsgesellschaften in Anlehnung an dieses äußere Erscheinungsbild entschlossen, eine Zusammensetzung von Beschleunigungskomponenten nach dem Verfahren der sog. „Beschleunigungsellipse" in ihre Vorschriften aufzunehmen, siehe Bild 8 nach [6], und z. B. bei der Lagerung von LNG-Tanks oder der Auslegung von Containerzurrungen standardgemäß anzuwenden [7]. Im Zusammenhang mit dem Transport gefährlicher Güter auf See ist hier von Interesse, daß der Ursprung dieser Vorgehensweise bei der (international abgestimmten) Entwicklung von Gastankervorschriften zu finden ist. Dort hat man die Entwurfswerte der Vertikal- und Querbeschleunigung methodisch ähnlich wie bei dem am Beispiel gezeigten Verfahren auf rein rechnerischem Wege ermittelt, wobei die Seegangsstatistiken für den Nordatlantik zugrunde gelegt wurden, und die Ergebnisse für eine Reihe von Schiffsparametern durch lineare Regression zu „handlichen" Formeln verarbeitet werden konnten [8].

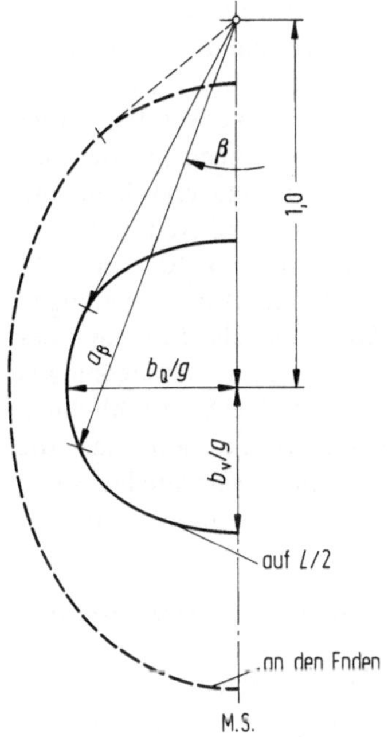

Bild 8.

Bei der Festigkeitsanalyse, die im Schiffbau eine etwas längere Entwicklungsgeschichte hat, als die Betrachtung der speziellen Probleme der Beschleunigungen im Segang, ist heute zwar eine internationale Abstimmung über die wichtigsten Entwurfswerte der Belastungen erreicht (vertikales Biegemoment und Querkraft) doch ist die Anwendung statistisch-probabilistischer Methoden noch auf sehr unterschiedlichen Niveaus angesiedelt. Die in Deutschland beim Germanischen Lloyd seit etwa zehn Jahren z. B. für Lukenecken von Containerschiffen standardmäßig verwendete Berechnungsmethode ist in dieser Hinsicht wahrscheinlich als die fortschrittlichste Vorgehensweise zu bezeichnen [9]. Es werden hier nämlich Übertragungsfunktionen der Spannungen (!) in der Konstruktion berechnet und nach Gl. (3) ff. ausgewertet, so daß eine phasenrichtige Superposition dreier wichtiger Belastungsanteile (vertikale Biegung (M_V), vertikale Querkraft (Q_V) und Torsionsmoment (M_T)) im Seegang möglich wird. Bei anderen bekannten Verfahren dieser Art werden zunächst Entwurfswerte für die Belastungsanteile getrennt berechnet und auch getrennt zur Ermittlung von Beanspruchungen (Spannungen, Dehnungen) herangezogen Im Nachgang werden dann diese Ergebnisse im allgemeinen in der folgenden Weise superponiert:

$$\sigma_{MQM} = \sqrt{\sigma_{M_V^2} + \sigma_{Q_V^2} + \sigma_{M_T^2}} \cdot \tag{6}$$

Diese semi-probabilistische Vorgehensweise läßt sich mit der Annahme stochastischer Unabhängigkeit der einzelnen Belastungsanteile begründen (eine beim Germanischen Lloyd durchgeführte Nachprüfung am Beispiel eines Binnenschiffs im Seegang, [10], zeigte auch eine recht gute Übereinstimmung der Superposition nach Gl. (6) mit dem vorgenannten genaueren Verfahren).

Damit wäre allerdings – das hat das Eingangsbeispiel wohl erkennen lassen – immer noch keine klare Zuverlässigkeitsaussage bezüglich extremaler Entwurfsbedingungen erreicht. Denn einerseits werden die Entwurfswerte der Belastung im sog. Level 1-Konzept in Verbindung mit Sicherheitsfaktoren verwendet, hinter denen zwar sehr viel Erfahrung steht (die sich also dementsprechend gut bewährt haben), die aber vom Konzept her keine Zuverlässigkeitsaussage erlauben, und andererseits ist die Festlegung der mittleren Überschreitenshäufigkeit (10^{-8} im obigen Beispiel für Entwurfswerte von Beschleunigungen, aber z. B. 10^{-5} bis 10^{-6} bei der Berechnung von Entwurfswerten für Belastungen und Beanspruchungen der Schiffskonstruktion durch den Seegang), ebenfalls nur als Ergebnis der Kalibrierung von modernen Analysemethoden mit lange bewährten Abmessungen gebauter Schiffe zu sehen, also letztlich nicht rational begründet. Und schließlich stellt man beim Vergleich verschiedener nationaler Regelwerke fest, daß die erwähnten Sicherheitsfaktoren bei vergleichbaren Problemen verschieden hoch ausfallen, was bei Verwendung unterschiedlich genauer Analysemethoden (mechanischer Modelle) noch am leichtesten verständlich ist.

Obwohl heute moderne Analysemethoden im Schiffbau eingesetzt werden, bliebe also noch viel zu tun, wenn die effektive Zuverlässigkeit schiffstechnischer Tragsysteme unter extremen Bedingungen wirklich sichtbar gemacht werden soll. Es ist fraglich, ob dies „im Regelfall" wirklich notwendig ist, solange das im Schiffbau hochentwickelte und bewährte System regelmäßiger Besichtigungen des Schiffs im Rahmen der sog. Klassifikation so wie bisher angewandt wird.

Wenn nun aber konstruktive Probleme anstehen, die nicht als „Regelfall" klassifiziert werden können, so steht auch im Schiffbau außer Frage, daß die Berechnung der Zuverlässigkeit dieser Tragsysteme einen intensiveren Einsatz moderner Methoden der Sicherheitstechnik notwendig macht. Erste Ansätze hierfür sind in der Schiffstechnik bekannt geworden, es fehlt eigentlich nur – das haben die eingangs vorgestellten Beispiele zur Definition von Belastungsgrößen vielleicht zeigen können – an einer probabilistischen Betrachtung der Festigkeitsparameter. Dies wird aber nach dem heutigen Stand des Wissens über die zuverlässigkeitstechnische Analyse von Tragsystemen vielleicht verständlich, wenn man sich einmal vergegenwärtigt, wie kompliziert eine schiffbauliche Konstruktion aussieht (Bild 9a) und wie komplex z. B. die zur Analyse dieser Konstruktion allgemein übliche Finite-Elemente-Idealisierung eines solchen Systems ausfällt (Bild 9b); (im Beispiel des Bildes 9 wurde der Einfluß der Schiffsverformungen auf die Lagerung der Lukendeckel untersucht – ein sicherheitstechnischer Aspekt, der bei den großen Luken von Containerschiffen deswegen besondere Bedeutung hat, weil die Lukendeckel selbst noch als erweiterte Stellfläche für Deckcontainer dienen). Im übrigen kann man aber in vielen Fällen durchaus davon ausgehen, daß die meisten Festigkeitsparameter bei Stahlkonstruktionen eine wesentlich geringere Streuung besitzen, als die Belastungsparameter, so daß sich das probabilistische Problem auf der Seite der Festigkeitsparameter oft genug auf die reinen Materialeigenschaften (zulässige Spannungen oder Verformungen) reduzieren läßt, und hier wird traditionell von *determinierten* Werten Gebrauch gemacht (sog. Garantiewerte des Herstellers), ein Verfahren, das z. B. bei Verwendung von Stahlbeton so wohl nicht akzeptabel wäre, und bei Betrachtung von Fertigungsstreuungen (z. B. bei der

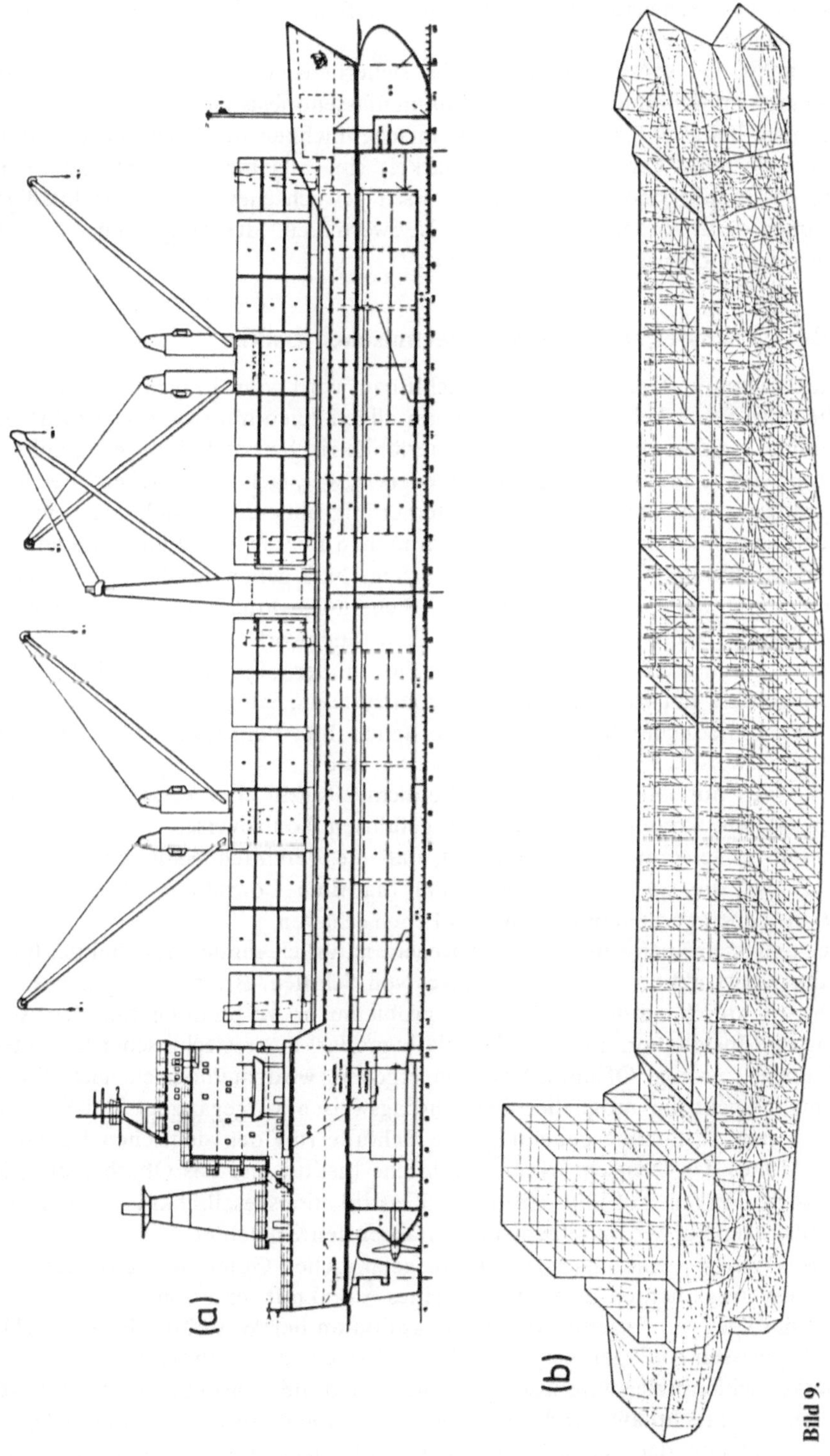

Bild 9.

Ausführung von Schweißnähten) auch im Schiffbau auf Dauer vielleicht nicht befriedigen wird.

Für den bis hier erörterten Bereich der sicherheitstechnischen Bewertung von Tragsystemen im Schiffbau läßt sich zusammenfassend feststellen, daß Zuverlässigkeitsaussagen heute auf Aussagen zur Wahrscheinlichkeit des Nichtüberschreitens von vorgegebenen Werten der Belastbarkeit (im allgemeinen zulässige Spannungen) beschränkt sind, wobei ein historisch gewachsenes System regelmäßiger Inspektionen dafür sorgen soll, daß die „Neuwertigkeit" des Tragsystems „Schiff" über die gesamte Dienstzeit gewährleistet ist.

3 Methoden zur Bewertung verkehrstechnischer Risiken

Der praktizierende Konstrukteur im Schiffbau wird von Fragen, die mit der Sicherheit des Seeverkehrs zu tun haben, im allgemeinen nur insofern berührt, als er bestimmte Forderungen an die Manövrierfähigkeit, Kursstabilität, seemännische Ausrüstung usw. „auf Bestellung" des Reeders bzw. „nach Vorschriften" der See-Berufsgenossenschaft und anderer Behörden erfüllt, ohne daß er sich oder anderen über den dadurch erreichten sicherheitstechnischen Beitrag zum Funktionieren des gesamten maritimen Transportsystems Rechenschaft geben müßte. Der Reeder optimiert (minimiert) natürlich die mit Sicherheitseinrichtungen verbundenen Transportkosten, wobei z. B. die unter dem Stichwort „Ausflaggen" bekannt gewordene Möglichkeit der Kostenreduktion zu der objektiv unbefriedigenden Situation geführt hat, daß die am Transportsystem „Schiffsverkehr" beteiligten Schiffe unterschiedlicher Nationalitäten bezüglich ihres Beitrags zur Gesamtsicherheit möglicherweise unterschiedlich zu bewerten sind.

Hier können nur international vereinheitlichte Regeln eine Versachlichung der heute in weiten Kreisen der Schiffahrt geführten kontroversen Diskussion bewirken, und es sei (am Rande) bemerkt, daß die Vereinten Nationen eigens zu diesem Zweck die sog. Intergovernmental Maritime Consultative Organization (IMCO) ins Leben gerufen haben und am Leben erhalten.

Dabei umfassen auch internationale Regeln natürlich immer nur Standardprobleme der Konstruktion oder des Einsatzes von Schiffen. Bei besonderen Fragen, die sich z. B. durch einmalige Transportprobleme in Verbindung mit der Ausbringung und Installation großer (oder relativ großer) meerestechnischer Einheiten vom Bauplatz zur sog. Offshore-Lokation ergeben, wird methodisch nach einem sehr breiten Spektrum möglicher Betrachtungsweisen vorgegangen. Dabei stützt sich die jeweils zuständige genehmigende Behörde (für den deutschen Festlandsockel sind dies das Deutsche Hydrographische Institut und das Oberbergamt) in den meisten Fragen auf die nationale Klassifikationsgesellschaft, als den für Sicherheitsfragen auf See im allgemeinen erfahrensten Gutachter.

Praktisch werden einmalige Transporte gefährlicher Güter, wie z. B. der Seetransport des ausgedienten Dampfkessels eines Atomkraftwerks von Norfolk an der Ostküste der USA via Panamakanal nach Astoria an der Westküste der USA, [11], nur unter gewissen Auflagen bezüglich der zulässigen Randbedingungen (Seegang, Windstärke, Schlepperleistung usw.) genehmigt, und die Fahrt ebenso wie das evtl. Aufsuchen von Fluchthäfen und dgl. erfolgt nach einem vorher genau festgelegten Plan. Die Aufgabe der genehmigenden Behörde bzw. ihres Gutachters besteht

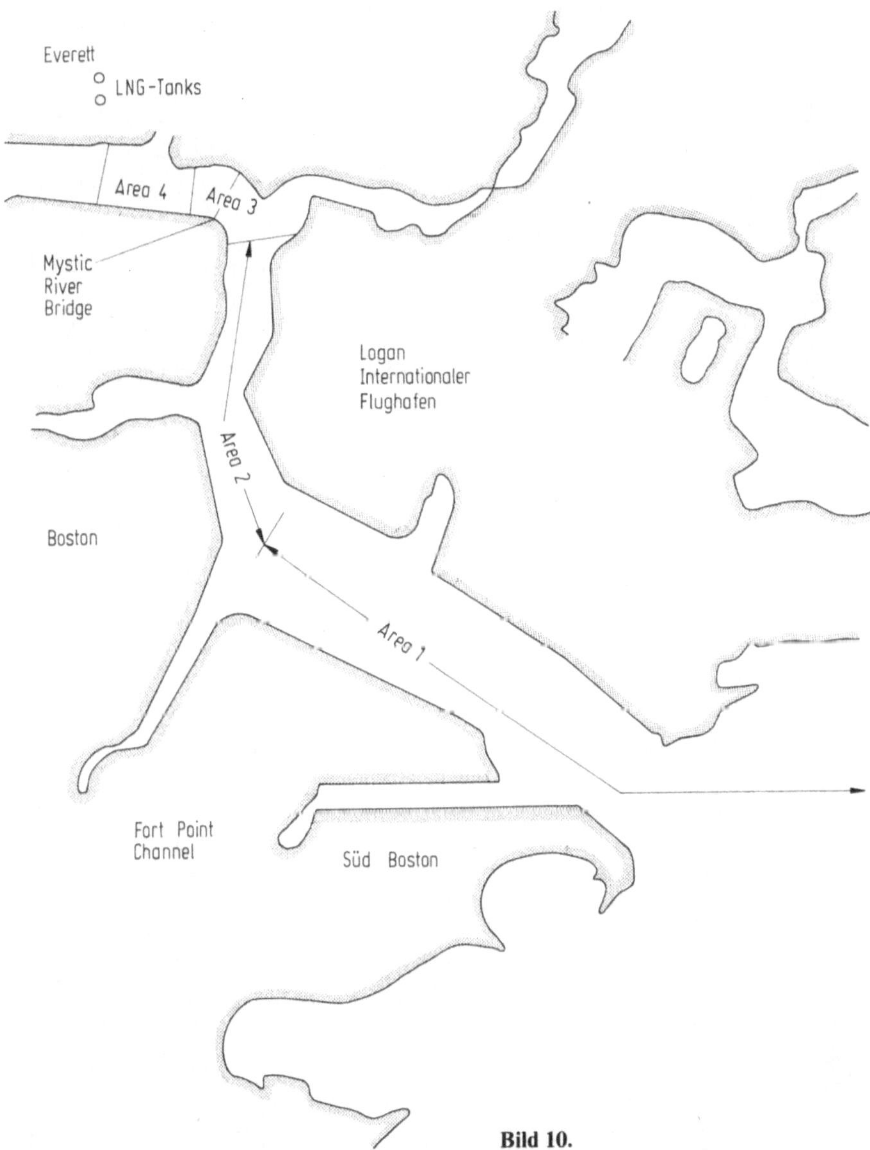

Bild 10.

daher in der Festlegung der zulässigen Randbedingungen, was einerseits durch Analyse der Eigenschaften der Transporteinheit (Ponton oder Schiff) mit dem (gefährlichen) Transportgut geschieht, und andererseits durch Definition zulässiger Werte (Entwurfswerte) beim Transport.

Verkehrstechnische Randbedingungen werden im Normalfall durch traditionell gewachsene, daher im allgemeinen bewährte Verkehrsregeln definiert. Bei neueren Transportproblemen steht man aber auch hier vor methodischen Bewertungsfragen, was hier einmal an Teilaspekten einer von der US Coast Guard geförderten Studie illustriert werden kann, bei der es um die Untersuchung des Effekts neuerer

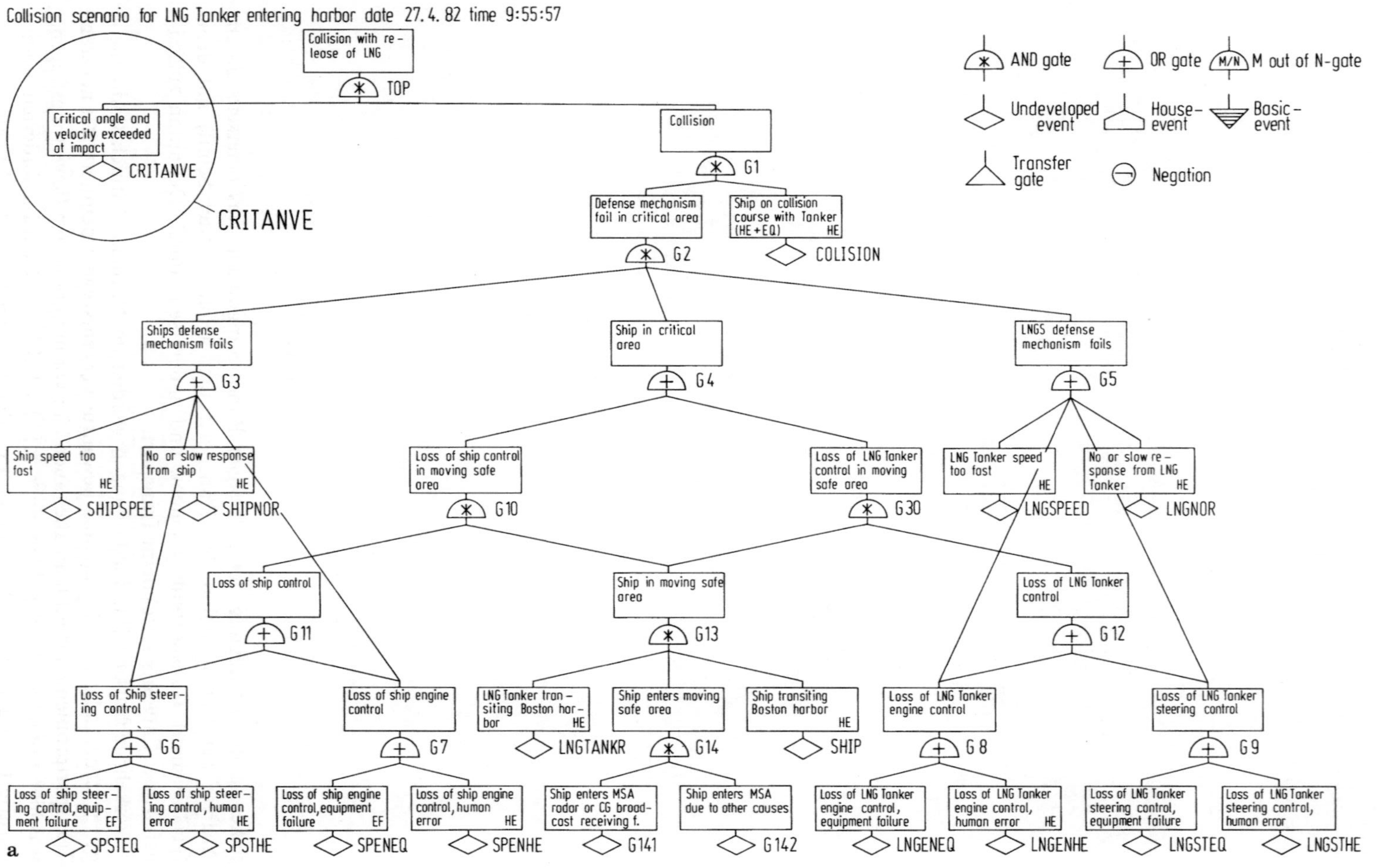

Collision scenario for LNG Tanker entering harbor date 27.4.82 time 9:55:57
Collision with release of LNG
TOP
Critical angle and velocity exceeded at impact
CRITANVE
CRITANVE
Collision
G1
Defense mechanism fail in critical area
G2
Ship on collision course with Tanker (HE+EQ) HE
COLISION
Ships defense mechanism fails
G3
Ship in critical area
G4
LNGS defense mechanism fails
G5
Ship speed too fast HE
SHIPSPEE
No or slow response from ship HE
SHIPNOR
LNG Tanker speed too fast HE
LNGSPEED
No or slow response from LNG Tanker HE
LNGNOR
Loss of ship control in moving safe area
G10
Loss of LNG Tanker control in moving safe area
G30
Loss of ship control
G11
Ship in moving safe area
G13
Loss of LNG Tanker control
G12
Loss of Ship steering control
G6
Loss of ship engine control
G7
LNG Tanker transiting Boston harbor HE
LNGTANKR
Ship enters moving safe area
G14
Ship transiting Boston harbor HE
SHIP
Loss of LNG Tanker engine control
G8
Loss of LNG Tanker steering control
G9
Loss of ship steering control, equipment failure EF
SPSTEQ
Loss of ship steering control, human error HE
SPSTHE
Loss of ship engine control, equipment failure EF
SPENEQ
Loss of ship engine control, human error HE
SPENHE
Ship enters MSA radar or CG broadcast receiving f.
G141
Ship enters MSA due to other causes
G142
Loss of LNG Tanker engine control, equipment failure
LNGENEQ
Loss of LNG Tanker engine control, human error HE
LNGENHE
Loss of LNG Tanker steering control, equipment failure
LNGSTEQ
Loss of LNG Tanker steering control, human error
LNGSTHE
AND gate
OR gate
M/N
M out of N-gate
Undeveloped event
House-event
Basic-event
Transfer gate
Negation
a

Collision scenario for LNG Tanker entering harbor date 27.4.82 time
G141
Ship enters MSA due to Radar failure
G15
Ship enters MSA, CG broadcast not received
G14
Ship radar turned off HE
SPRDOFF
Ship radar ignored HE
SPRDIGN
Ship has no radar EF
SPNORAD
Ship radio turned off HE
SPRADIOX
No early warning from coast guard HE
CGFAILS
Nonadherence to coast guard broadcast HE
NONADHER
Ship does not listen to broadcast, human error
SPNOLIST
b
Collision scenario for LNG Tanker entering harbor date 27.4.82 time
G142
Ship enters MSA, CG cutter order not received
G18
Ship in MSA, LNGS whistles not heard (Vis. siting)
G19
Ship enters MSA due to siting failure
G16
Ship enters MSA, LNGS whistles not heard (radar)
G20
Ship in MSA, LNG broadcast not heard (Vis. siting)
G21
Ship enters MSA, LNG broadcast not heard (radar)
G22
Coast guard cutter unavailable HE
CGCUNAV
Bad weather developing in Transit
BADWEAR
Whistles not sounded on LNG Tanker HE
LNNOWHIS
LNG whistles not heard on ship HE
LNWHISHX
No visual siting on ship HE
SPNOSITE
LNG Tanker radar turned off HE
LNRDOFF
Radar ignored on LNG Tanker HE
LNRDIGN
Radio failure on LNG Tanker EF
LNORADIO
Human error in listening to LNG radio message HE
LNRADHE

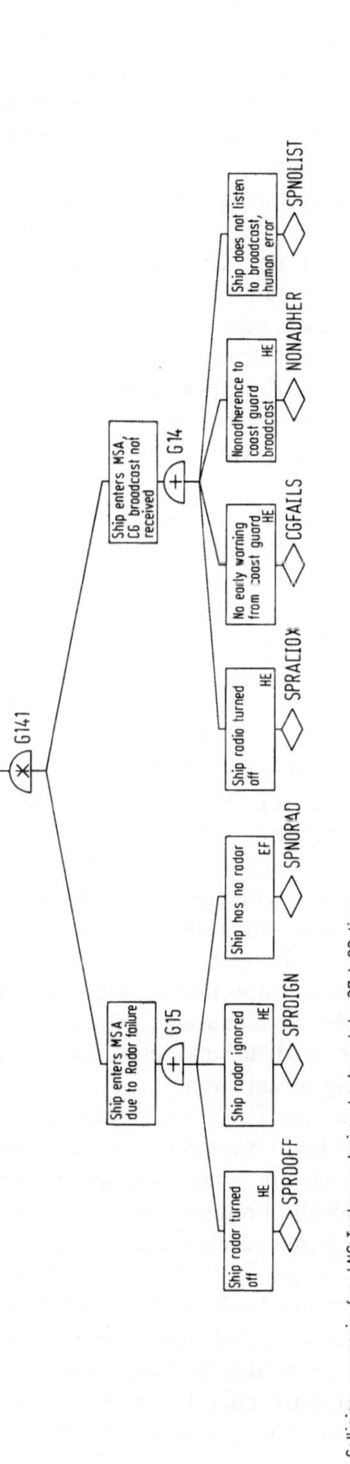

Bild 11 a, b.

Vorschriften auf die (beabsichtigte) Reduktion der Wahrscheinlichkeit von LNG-Tankerkollisionen im Gebiet des Bostoner Hafens ging [12] (Bild 10).

Betrachtet wird hier nur der Teilaspekt einer Schiffskollision im Revier, deren mögliche katastrophale Auswirkungen z. B. im Falle einer sich entwickelnden Gaswolke unschwer vorstellbar sind. Zur Berechnung der Zuverlässigkeit bietet sich die Erfolgsbaumanalyse an, die üblicherweise aber in ihrem dualen Erscheinungsbild als Fehlerbaumanalyse behandelt wird, so daß die in Bild 11 a, b dargestellten Ereignisszenarien nicht Grundlage einer Zuverlässigkeits- sondern einer sog. Risikoanalyse sind. Dabei interessiert aus praktischer Sicht eigentlich nicht so sehr das Risiko selbst (Wahrscheinlichkeitsaussagen der Größenordnung 10^{-6} u. ä. m. haben nach Wissen des Autoren bisher relativ wenig Einfluß auf praktische Entscheidungsprozesse im technischen, wirtschaftlichen oder politischen Bereich gehabt), sondern es geht um eine sicherheitstechnische Klärung des Einflusses von möglichen Maßnahmen (relativen Importanzen) auf die Eintrittswahrscheinlichkeit des sog. Hauptereignisses (im Beispiel: Kollision eines LNG-Tankers mit einem anderen Schiff in einem der Teilbereiche „Area 1“ bis „Area 4“ im Bereich des Bostoner Hafens).

Natürlich gibt es beim Einsatz der Fehlerbaumtechnik grundsätzliche, in der Theorie begründete Probleme (Unabhängigkeit der Ereignisse, Boolescher Charakter der Indikatorfunktionen, einfache Wahrscheinlichkeitsverteilungen etc.), die in diesem Beitrag nicht eingehender diskutiert werden können. Aber es soll hier verdeutlicht werden, wie komplex sich das behandelte Sicherheitsproblem darstellt, obwohl im Beispiel ein relativ leicht zu überschauender Fehlerbaum verwendet wird: Die Analyse (hier EDV-Programm FTAP) ergab bereits 3840 (!) sog. Minimalschnitte, das sind Untermengen von Ereignissen, deren gleichzeitiges Auftreten zum betrachteten Hauptereignis (Kollision) führt. Ein nachgeschaltetes EDV-Programm (hier IMPORTANCE) sortiert diese Minimalschnitte nach sog. Rängen, so daß eine reduzierte Anzahl wirklich signifikanter Ereignisszenarien erkennbar wird und sicherheitstechnische Entscheidungen auf dieser Basis möglich werden. Allerdings besteht letztlich die allgemein bekannte und von Kritikern probabilistischer Methoden immer wieder angeführte Datenunsicherheit. Hierzu läßt sich mit Hilfe der Fehlerbaumanalyse durch systematische Variation der Daten (z. B. Fehlerrate) in vernünftigen Grenzen z. B. über die ermittelten Importanzen sehr schnell erkennen, ob und inwieweit Datenprobleme für die Risikoaussage relevant sind (Empfindlichkeitsstudien), so daß das Problem der letztlich benötigten Statistiken durch Anwendung der Fehlerbaumanalyse vernünftig vorzuklären ist.

Ein wesentlich relevanteres Teilproblem für das im Fehlerbaum dargestellte Ereignisszenarium bildet allerdings das gleich unter dem Hauptereignis erkennbare Grundereignis „CRITANVE“ (*crit*ical *an*gle and *ve*locity exceeded), wobei hier unter einem Grundereignis jedes nicht weiter entwickelte Ereignis verstanden wird, für das also probabilistische (statistische) Aussagen bereitzustellen sind. Durch das Ereignis CRITANVE wird eine Situation beschrieben, die im Falle einer Kollision zu einer so starken Beschädigung des getroffenen LNG-Tankers führt, daß LNG freigesetzt werden kann, wobei Auftreffwinkel und relative Auftreffgeschwindigkeit von besonderer Bedeutung sind, aber natürlich auch die Verformbarkeit der Konstruktion sowie die Massen der beteiligten Kollisionsgegner. In der Automobilindustrie gibt es zu diesem Problem heute bereits eine Vielzahl von Versuchen im großtechnischen Maßstab, in der Schiffstechnik sind solche Pläne bisher nur im Modellmaßstab für sehr spezielle Konstruktionen realisiert worden z.B. [13], so daß im allgemeinen die Theorie als das einzige Mittel einer rationalen Beurteilung der kritischen Kollisionsbedingungen bleibt. Es gibt solche Theorien, für die sog. innere Dynamik bei Kollision, z. B. [14], und Weiterentwicklungen zur gleichzeitigen Erfassung der inneren und der sog. äußeren Dynamik (Bewegungsgrößen der Schiffe) des Kollisionsvorgangs bei Schiffskollisionen, doch werden dabei immer noch sehr pauschale Annahmen für die konstruktiven Gegebenheiten gemacht. Aus diesem Grunde konzentriert sich ein wesentlicher Teil der Anstrengungen, die im Rahmen eines vertiefenden Forschungsprogramms „Tankersicherheit" beim Germanischen Lloyd z.Z. unternommen werden, besonders darauf, zu einer ausreichend genauen Erfassung des Einflusses der Konstruktion des Bugs des rammenden Schiffs einerseits, bzw. der Seitenkonstruktion des gerammten Schiffs andererseits zu kommen. Dieser Schritt ist deterministisch und erst, wenn die relevanten Einflußgrößen in einem mechanischen Modell (implizit als EDV-Programm) erfaßt sein werden, kann die Frage der bei oder nach Kollisionen vorhandenen Zuverlässigkeit z. B. im Rahmen einer der sog. Methoden 2. Ordnung bis zum 2. Moment explizit dargestellt werden und schließlich im Fehlerbaum (als Risiko oder Fehlerrate) Berücksichtigung finden. Die Entwicklungen mechanischer Modelle für den Kollisionsvorgang, ebenso wie für das wichtige Problem „Strandung", laufen beim Germanischen Lloyd gegenwärtig parallel zur Entwicklung von Fehlerbaummodellen zur Erfassung des Verkehrssystems im Küstenbereich vor deutschen Häfen.

Dennoch, im hier angesprochenen Beispiel ebenso wie auch im gesamten Bereich der Sicherheitstechnik im Schiffbau, stehen probabilistische Methoden noch ganz am Anfang ihrer potentiellen Einsatzmöglichkeiten. Mit der Erstellung relevanter Daten und handhabbarer mechanischer Modelle für das komplizierte System Schiff, werden diese Methoden an Bedeutung gewinnen. Es gibt heute kaum eine bedeutende Klassifikationsgesellschaft, in der nicht versucht wurde, moderne Zuverlässigkeitstechniken dieser Art zur Lösung besonderer Fragen der Sicherheitstechnik einzusetzen, und wenn diese Methoden selbst einmal als zuverlässig beurteilt werden können, so wird die Bewertung konstruktiver ebenso wie verkehrstechnischer Risiken der Schiffahrt auf dieser Grundlage einen wesentlichen Fortschritt erfahren. Dann erst wird sich die eigentliche Problematik der Schiffssicherheit von Fall zu Fall behandeln lassen, nämlich die Frage, welches der jeweils geeigneteste (d.h. z.B. wirtschaftlichste) Ansatzpunkt zur Gewährleistung der Sicherheit schiffstechnischer Systeme ist: Die Konstruktion (Festigkeit), die maschinentechnischen Anlagen (Manövrierfähigkeit) oder verkehrstechnische Maßnahmen (Lotseneinsatz, Radar, Verkehrstrennung und dgl.)?

Literatur

1. Östergaard, C.: Transferfunktionen für 50 000-m^3-LNG-Tanker an der Tankerback. Germanischer Lloyd, Bericht STB 705, 1979
2. Germanischer Lloyd: Vorschriften für Konstruktion und Prüfung von Meerestechnischen Einrichtungen Bd. 1, 1976
3. Hogben, N.; Lumb, F. E.: Ocean wave statistics. Nat. Phys. Lab. 1967

4. International Ship Structures Congress: Rep. of Committee 1, Vol. 1 1964
5. Östergaard, C.; Schellin, T. E.: An approach to assess the seaworthiness of offshore structures using risk analysis. Schiff Hafen 12 (1979)
6. Germanischer Lloyd: Vorschriften für Klassifikation und Bau von stählernen Seeschiffen Bd. 1, 1978
7. Germanischer Lloyd: Vorschriften für die Stauung und Zurrung von Containern an Bord von Schiffen, 1981
8. Germanischer Lloyd: Vorschriften für Klassifikation und Bau von Schiffen für die Beförderung verflüssigter Gase als Massengut
9. Söding, H.: Berechnung der Beanspruchung von Schiffen im Seegang. Schiff Hafen 10 (1971)
10. Östergaard, C.: Zur Seefähigkeit von Binnenschiffen. Germanischer Lloyd, Bericht 1974
11. Hutchison, B. L.: Risk and operability analysis in the marine environment. Soc. Nav. Arch. and Marine Eng. Jahreshauptvers. 1981
12. Barlow, R.; Lambert, H.: The effect of US coast guard rules in reducing the probability of LNG-tanker-ship collision in Boston harbor. Proc. 4th Int. Syst. Safety Conf. San Francisco, 1979
13. Woisin, G.: Die Kollisionsversuche des GKSS. Jahrb. Schiffbautech. Ges. Bd. 70, 1976
14. Minorski, V. V.: An analysis of ship collisions with reference to protection of nuclear power plant. J. Ship Res. (1959)

Zusammenfassung der Diskussion über den Themenkreis „Bauwesen und Schiffbau"

S. Lange

Die Diskussion über Bauwesen und Schiffbau kreiste um die Fragen

- Welchen Beitrag leistet die quantitative Risikoanalyse?
- Welcher Aufwand sollte in quantitative Risikoanalysen gesteckt werden?
- Lohnt es sich, das Instrumentarium der quantitativen Risikoanalyse weiterzuentwickeln?
- Wie sicher ist uns sicher genug?

Welchen Beitrag leistet die quantitative Risikoanalyse?

Wie Lindackers in seinem Beitrag ausführt, muß eine Risikoanalyse Antwort auf die drei folgenden Fragen liefern:

- Welche Störungen und Versagensfälle können auftreten?
- Wie groß sind gegebenenfalls die Auswirkungen?
- Wie häufig gibt es solche Auswirkungen?

In den Diskussionsbeiträgen wurde deutlich, daß schon die Lösung der ersten Aufgabe, mögliche Versagensfälle überhaupt zu erkennen, zu ihrer Verhinderung führen kann, sei es durch konstruktive Veränderungen, die eine bestimmte Störung überhaupt ausschließen, sei es durch redundante Auslegung, die die Wahrscheinlichkeit von Störungen herabsetzt oder vorbeugende Kontrolle und die Erleichterung der Kontrolle von Bauwerken durch entsprechende konstruktive Maßnahmen, wie König in seinem Beitrag ausführt.

Die Ermittlung der Auswirkungen des Einsturzes eines Bauwerks stellt keine große Schwierigkeit dar. Anders sieht es mit der Ermittlung der Versagenswahrscheinlichkeit aus. Wie Rackwitz zeigt, muß schon für einfache Störfälle ein hoher Rechenaufwand betrieben werden.

Die wichtige Frage ist, in welcher Weise redundante Komponenten die Versagenswahrscheinlichkeit vermindern. Die analytischen Methoden der quantitativen Risikoanalyse könnten zur Überprüfung von Redundanzen einen Beitrag leisten, auch wenn der Rechenaufwand noch recht hoch ist. Der Stellenwert der analytischen Methoden wird nicht darin gesehen, daß sie die Erfahrung ersetzen, sondern daß sie in Verbindung mit der jahrtausendealten Erfahrung im Bauwesen und Schiffbau angewandt werden, um Sicherheitsfaktoren genauer zu bestimmen.

Immer wieder angesprochen und nicht klar beantwortet wurde die Frage, was geschieht, wenn man den Erfahrungsbereich verläßt, zumal nicht klar genug wurde, wann man den Erfahrungsbereich verläßt, z.B. doppelt so lange Schiffe baut wie bisher. Reichen hier Extrapolationen auf der Grundlage der Erfahrung und regelmäßige Inspektionen der so gebauten neuen Schiffe?

Der Beitrag der Risikoanalyse zur Überprüfung von Sicherheitsfaktoren wird in der Diskussion zu Teil I noch einmal aufgegriffen.

Welcher Aufwand sollte in quantitative Risikoanalysen gesteckt werden?

Die Beschaffung von Informationen kostet Geld. Mit der gewünschten Genauigkeit wächst der finanzielle Aufwand. Es fragt sich, wieviel Aufwand betrieben werden sollte. Die Diskussion brachte die folgenden Ergebnisse:

Die Risikoanalyse ist ein einziger Schritt in dem umfassenderen Entscheidungsprozeß. Die Erhöhung der Genauigkeit ist deswegen nur dann sinnvoll, wenn sie zu einer Verbesserung des Entscheidungsprozesses beiträgt. So gibt es manche Kernkraftgegner, die auch nicht das kleinste Risiko eingehen wollen; um diesen Leuten Sicherheit zu vermitteln, wäre die Erhöhung der Genauigkeit bei der Ermittlung der Wahrscheinlichkeit von Störungen ein ungeeignetes Mittel. Zur Senkung des Aufwands lohnt es sich andererseits festzustellen, von welcher Höhe an bestimmte Risiken für vernachlässigbar klein gehalten werden. Hier sind Werturteile über Sicherheitsgrenzen nötig, über die hinaus die Sicherheit nicht weiter erhöht zu werden braucht. Die Entscheidung über die erforderliche Genauigkeit ist also letzten Endes eine politische Entscheidung. Auf diese Weise hängen Teil I dieses Bandes über Methoden und Modelle und Teil II über die Handhabung von Risiken in Politik und Gesellschaft eng miteinander zusammen, worauf Menkes in seiner Einführung zu Teil II ausdrücklich hinweist.

Lohnt es sich, das Instrumentarium der quantitativen Risikoanalyse weiterzuentwickeln?

Die Fachleute aus Bauwesen und Schiffbau halten eine Weiterentwicklung für notwendig. Östergaard setzt sich vor allem dafür ein, um ein Instrument in der Hand zu haben, das bei der Entscheidung hilft, wie die Sicherheit im Rahmen des wirtschaftlich vertretbaren Aufwands erhöht werden kann, z. B. durch den Bau einer Doppelhülle oder durch eine Erhöhung der Manövrierfähigkeit oder bessere Verkehrsführung auf stark befahrenen Schiffahrtswegen. Auch wenn eine Doppelhülle bei Schiffen, die Gefahrengut transportieren, die Sicherheit erhöhen würde, so könnte es sein, daß es preiswertere Möglichkeiten gibt, das Risiko entsprechend zu vermindern. Das analytisch zu ermitteln, gelingt heute noch nicht, sollte aber möglich gemacht werden. Analytische probabilistische Methoden werden gegenwärtig im Schiffbau nur zur Seegangsberechnung eingesetzt. Wie die Diskussion zeigt, gibt es wie überall Ursachen für mögliche Störfälle, die ohne quantitative Risikoanalysen beseitigt werden könnten, wie der unterschiedliche Aufbau der Kommandobrücke, der wechselnde Schiffsführungen dazu zwingt, sich immer erst mit der Brückengestaltung vertraut zu machen.

Wie sicher ist uns sicher genug?

Diese Frage wurde nicht nur in dieser Diskussion immer wieder gestellt. Die Frage ist Ausdruck der Suche nach einem einfachen allgemeinen Maßstab zur Beurteilung der Maßnahmen zur Risikosenkung. Für den Ingenieur ist diese Frage normalerweise nicht von zentraler Bedeutung, da er seine Sicherheitsmaßnahmen aus der bisher gewonnenen Erfahrung ableitet. Ihm muß wichtig sein zu wissen, welche Bedeutung jedes Konstruktionselement für die Systemsicherheit hat, und durch welche konstruktiven Eingriffe sich die Systemsicherheit signifikant oder nur noch marginal ändert. Darüberhinaus hilft ihm sehr oft die Erfahrung in Bauwesen und Schiffbau, keine Risiken einzugehen, die man als unverantwortlich bezeichnen müßte. Angesichts der Schwierigkeit, genügend verläßliche Daten zu gewinnen und die geeigneten Modelle zur Erfassung der statistischen Verteilung der Daten, vor allem der Extremwerte, zu verwenden, läßt sich nicht genau ermitteln, ob ein vorgegebener Risikogrenzwert eingehalten wird. Deswegen handelt es sich bei der Entscheidung darüber, an welchen Stellen Mittel in welchem Umfang zur Erhöhung der Sicherheit ausgegeben werden sollen, um eine Entscheidung angesichts von Unsicherheit, die auf Erwartungswerten basieren muß. Solche Optimierungsrechnungen sind in der Regel zu aufwendig. Der Ingenieur kann sich stattdessen mit operativen Versagenswahrscheinlichkeiten als Richtwerten behelfen, die für vorhandene Bauwerke berechnet werden. Trotzdem ist die Frage, wie sicher sicher genug ist, nicht sinnlos. Ihr Sinn kann darin gesehen werden, daß man sich implizite Wertungen bei der Beurteilung der Sicherheit bewußt macht.

Chemische Anlagen

Planung, Entwicklung und Betrieb sicherer Produktionsverfahren in der chemischen Technik

V. Pilz

1 Einige Charakteristiken chemischer Produktionstechnik und der Ursprung der Sicherheitsprobleme

In der Chemie werden Stoffe umgewandelt. Aus ursprünglich naturgegebenen (inerten) Stoffen werden letztlich Stoffe mit bestimmten erwünschten Eigenschaften hergestellt, die als Pharmazeutika, Pflanzenschutzmittel, Farbstoffe, Kunststoffe, Fasern, etc. Verwendung finden.

Für die beabsichtigte, chemische Stoffumwandlung müssen die Ausgangsstoffe in einen „reaktionsfreudigen" Zustand versetzt werden, in dem sie sich gern mit anderen Stoffen umsetzen oder verbinden. Dieser reaktionsfreudige Zustand kann z. B. durch thermische oder katalytische Anregung erreicht werden.

Eine unvermeidliche Nebenerscheinung der Eigenschaft „reaktionsfreudig" ist, daß Stoffe mit dieser Eigenschaft auch aggressiv gegenüber Menschen und Sachen sein können. Bekanntlich können die in Chemieanlagen verarbeiteten Stoffe

- brennbar,
- explosionsfähig,
- ätzend,
- toxisch

sein, in der Regel allerdings nur, wenn sie in geeigneter Weise

- aufbereitet,
- verteilt oder konzentriert und
- angeregt

sind.

Diese letztere Tatsache ist jedem verständlich, der beispielsweise weiß, daß es unmöglich ist, ein Braunkohlebrikett mit einem Streichholz zum Brennen zu bringen, der aber andererseits schon einmal davon gehört hat, daß es ausreicht, dieses Brikett

- fein zu mahlen (aufbereitet),
- mit Luft zu verwirbeln (verteilen und geeignet konzentrieren),
- mit einem Funken zu zünden (anregen),

um eine verheerende Explosion einzuleiten.

Auch die Erkenntnis von Paracelsus (1493–1541), daß die jeweils richtige Antwort auf die Frage, ob ein Stoff „Gift" ist, von der Dosis (Konzentration!)

abhängt, ist eine Bestätigung für den oben skizzierten einschränkenden Sachverhalt.

Folgendes ist also festzuhalten:

Sicherheitsprobleme in der chemischen Technik gehen von den mit der Reaktionsfreudigkeit gekoppelten Eigenschaften der gehandhabten Stoffe aus. Sie sind insofern ein immanentes Spezifikum der Chemie. Gefahren können sich ergeben durch

- direkte Einwirkung von Stoffen auf Menschen,
- mittelbare Einwirkung durch Freisetzung von Energie als Folge einer heftigen chemischen Umsetzung (z. B. Brand, Explosion).

Zur Vermeidung solcher Gefahren (Risiken) bildet deshalb die Ermittlung der physikalisch-chemischen Eigenschaften der Stoffe eine wichtige Grundlage chemischer Sicherheitstechnik.

Wegen der Vielfalt der gehandhabten Stoffe und Verfahren stellt sich das Stoffproblem ständig neu. Seine Lösung ist nur über naturwissenschaftliche Experimente möglich.

Ein zweites Charakteristikum chemischer Produktionstechnik wirkt sich auf die Erkennung und Beherrschung von Risiken in der Chemieproduktion aus:

Da Stoffe erst aufbereitet werden müssen, ehe sie miteinander reagieren können, und da ein vollständiger Umsatz in das gewünschte Produkt nie erreichbar ist (weil z. B. Nebenprodukte entstehen), besteht jede Chemieanlage aus mehreren Teilabschnitten, in denen z. B. Wärme übertragen wird und in denen Stoffe gemischt, getrennt (mechanisch und thermisch) und gekühlt werden müssen.

Eine Chemieanlage besteht also im Normalfall aus vielen Apparaten (Behältern) mit verbindenden Rohrleitungen, in denen jeweils unterschiedliche Stoffe, in unterschiedlicher Zusammensetzung und bei verschiedenen Bedingungen gehandhabt werden.

Dementsprechend gibt es in einer Chemieanlage eine Anzahl in der Regel mittelgroßer, räumlich verteilter, z. T. völlig unterschiedlicher Gefahrenpotentiale, so wie das in Bild 1 schematisch angedeutet ist. Art und Größe dieser Gefahrenpotentiale, die es zu beherrschen gilt, müssen für jeden Einzelfall – aufbauend auf Messungen im Labor – ermittelt werden (hier zeigt sich ein ganz deutlicher Unterschied zu einer Kernkraftanlage, in der man es im wesentlichen mit einem einzigen, sehr großen und a priori in seiner Art bekannten Gefahrenpotential zu tun hat).

2 Die Gestaltung sicherer Chemietechnik

2.1 Das grundsätzliche Vorgehen

Die beiden wichtigsten Sicherheitsmaßnahmen in der chemischen Produktionstechnik sind:

- Der dichte Einschluß der Stoffe,
- die Handhabung der Stoffe außerhalb gefährlicher Zustandsbereiche.

„Dichter Einschluß“ verlangt: Sorgfältige Planung und Konstruktion (oft auch Sonderkonstruktionen, wie z. B. gekammerte Dichtungen und Faltenbälge statt

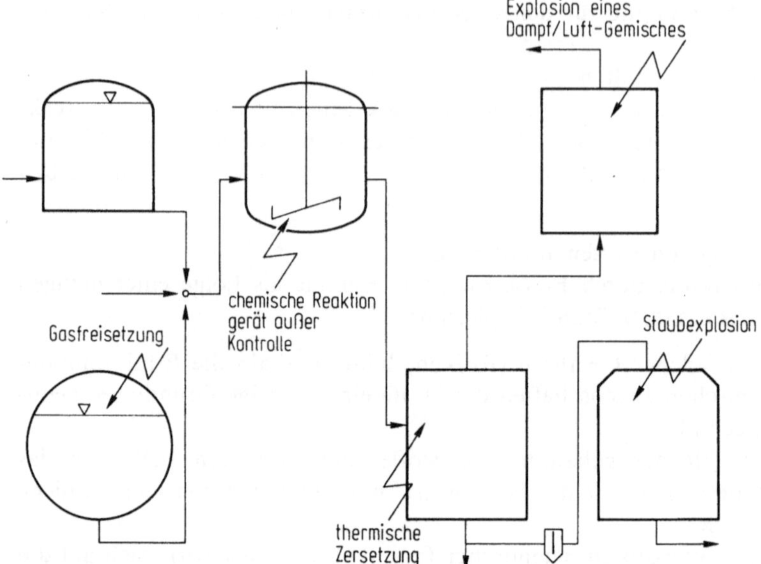

Bild 1. Einige typische Gefahrenquellen in einer Chemieanlage (Bayer)

Stopfbuchsen an Ventilspindeln), die Verwendung geeigneter Werkstoffe sowie sachgemäßen Einbau und intensive Pflege (Wartung) der Geräte und Apparate.

Die Handhabung der Stoffe außerhalb gefährlicher Bereiche erfordert: Einerseits eine umsichtige Ermittlung der Stoffeigenschaften in Laboratoriumsexperimenten und andererseits Meß-, Steuer- und Regelungseinrichtungen für die Einhaltung der als sicher erkannten Betriebsparameter und für den Ausgleich von Störungen.

Da die Sicherheit eines chemischen Prozesses von vielen verschiedenen Dingen abhängt und von vielen Händen und Köpfen beeinflußt wird, ist eine systematische Vorgehensweise mit vielen Kontrollen bei Planung, Entwicklung und Betrieb solcher Prozesse unumgänglich.

In der chemischen Industrie hat sich deshalb ein Vorgehen in kleinen Schritten herausgebildet, dessen wesentliche, immer wiederkehrende Elemente sind [1]:

- Analyse der Gefahren,
- Planung von Gegenmaßnahmen zur Vermeidung der Gefahren,
- Überprüfung der Wirksamkeit der Maßnahmen.

Während der einzelnen Entwicklungsstufen eines chemischen Verfahrens (Bild 2) von der Entwicklung im Labor über Technikumsversuche, Planung, Errichtung und Inbetriebnahme der technischen Anlage bis hin zum Produktionsbetrieb durchläuft ein solches Verfahren und die zugehörige Anlage eine große Zahl von Sicherheitsprüfungen, die sich je nach Entwicklungsstand mit jeweils anderen Problemschwerpunkten befassen.

Während der Entwicklung des Verfahrens im Laboratoriumsmaßstab wird die Ermittlung der sicherheitstechnisch bedeutsamen Stoffeigenschaften durchgeführt (z. B. Brennbarkeit, Zersetzlichkeit, Explosionsfähigkeit, Toxizität). Auf der Kenntnis dieser Eigenschaften in Abhängigkeit von Temperatur, Druck, Konzentration,

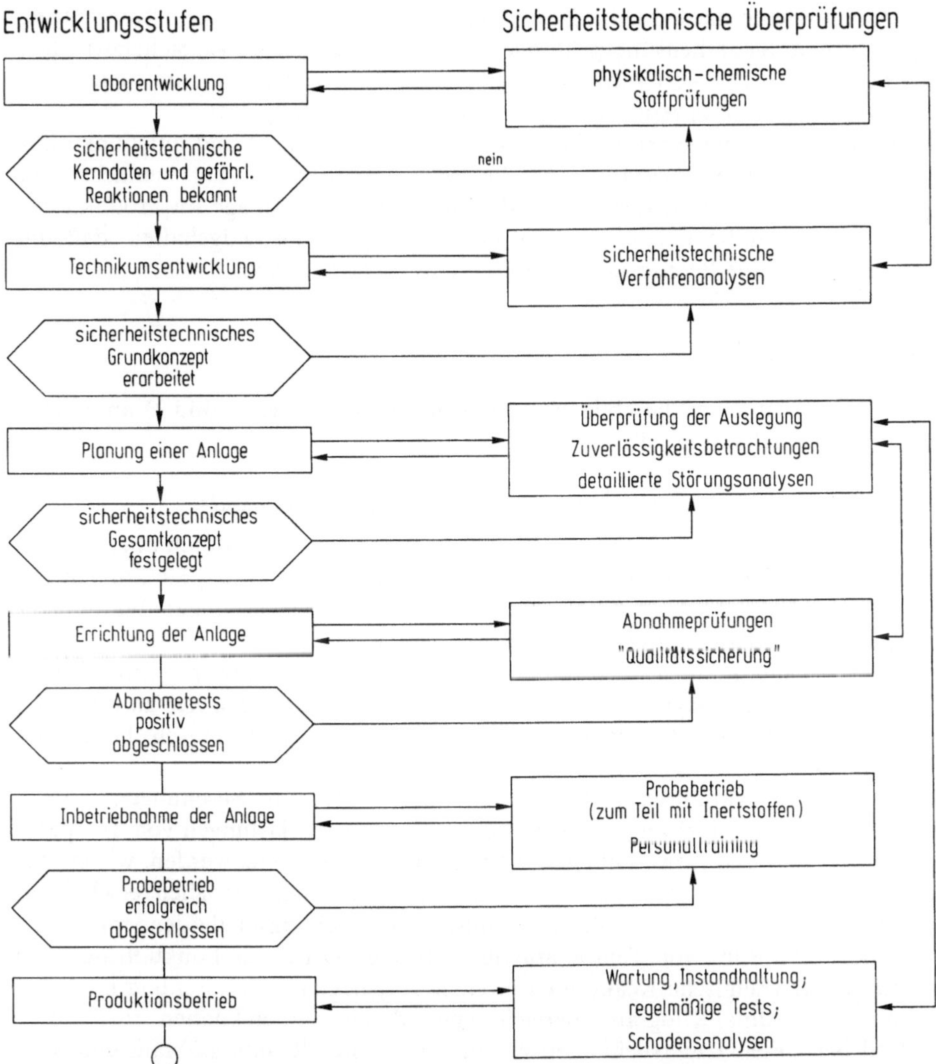

Bild 2. Sicherheitsüberprüfungen eines Chemieverfahrens auf dem Weg vom Laboratorium in den Produktionsbetrieb (Bayer)

etc. kann die Festlegung sicherer Verfahrensparameter und die Auslegung geeigneter Apparate und Steuerungssysteme erfolgen.

Der nächste Schwerpunkt – während der Verfahrenserprobung im (kleinen) „halbtechnischen" Maßstab (sog. Technikumsentwicklung) – sind die systematischen Störungsanalysen, deren Ziel es ist, den Einfluß von Störungen auf die Sicherheit des Verfahrens (sicherheitstechnische Verfahrensanalysen) zu erkennen und mit geeigneten Maßnahmen unschädlich zu machen.

Detailliertere Störungsanalysen und Zuverlässigkeitsbetrachtungen an Sicherungssystemen finden mit dem Ziel der Optimierung der Sicherheit während der Planungsphase statt.

Mit dem Beginn der Errichtung der Anlage bis hinein in den Produktionsbetrieb finden weitere Sicherheitsüberprüfungen statt, deren Zweck es ist, sicherzustellen, daß nun alles so realisiert wird und dann auch erhalten bleibt, wie im sicherheitstechnischen Gesamtkonzept während der Planungsphase festgelegt.

Deshalb wird jeder Apparat vor seinem Einbau untersucht und auf Funktionstüchtigkeit überprüft, deshalb wird die Anlage schrittweise und zunächst mit Inertstoffen in Betrieb genommen, und deshalb wird die Anlage im Produktionsbetrieb auch ständig überwacht und so gewartet und instandgehalten, daß die Sicherheit durch die Beanspruchungen des Betriebs nicht leidet.

2.2 Einige Beispiele

Schwerpunktmäßig sei die eben beschriebene Vorgehensweise (Bild 2) an einigen Beispielen vertieft dargestellt.

2.2.1 Erkennung und Beherrschung unerwünschter Reaktionsabläufe

Unerwünschte Reaktionsabläufe in Stoffgemischen können z. B. durch übermäßiges Erhitzen oder durch Kontakt mit Fremdstoffen ausgelöst werden. Sie können zur Gefahrenquelle werden, wenn bei diesen chemischen Umsetzungen Wärme frei wird, die den Vorgang weiter „anheizt" (also beschleunigt).

Solche Abläufe können aufgrund chemischer Sachkenntnis zwar vermutet, aber nicht sicher vorhergesagt werden. Die einzige Möglichkeit, sie sicher zu erkennen und in ihrer potentiellen Brisanz auszuloten, ist das systematisch betriebene Experiment!

Die in einem Verfahren vorkommenden Stoffe und ihre Mischungen müssen deshalb vorher in Laborversuchen systematisch *solchen* Belastungen von Temperatur, Druck, Zeit und Anwesenheit von Fremdstoffen ausgesetzt werden, wie sie bei kritischer Prüfung des technischen Verfahrens gerade noch möglich erscheinen. Bild 3 zeigt schematisch das Prinzip einiger Untersuchungsmethoden, mit deren Hilfe durch Messung von Temperatur und oft auch Druck als Funktion der Zeit unerwünschte chemische Reaktionen in einer vorgelegten Stoffmischung im Milligramm- bis maximal Kilogrammbereich sicher erkannt werden können.

Wird bei diesen Untersuchungen ein unerwünschter Reaktionsablauf entdeckt, so müssen Verfahrensparameter und gegebenenfalls auch Sicherheitssysteme so ausgewählt werden, daß der unerwünschte Reaktionsablauf entweder ganz vermieden wird oder daß er bei Eintritt zumindest ungefährlich bleibt (also beherrscht wird). Für die Lösung dieser Aufgabe sind je nach Schärfe des Problems weitere, detailliertere Messungen bis hin zu präzisen kinetischen Analysen und verfahrenstechnischen Berechnungen notwendig (als Ergebnis solcher Untersuchungen kann sich auch einmal die Notwendigkeit zu einer Änderung des Verfahrens ergeben).

2.2.2 Absicherung gegen Abweichungen und Störungen im Produktionsprozeß

Für den Ablauf eines Verfahrens in einer Chemieanlage genügt es nicht, „sichere" Betriebsbedingungen festzulegen. Das Verfahren muß auch noch unter dem Einfluß von Abweichungen (z. B. in der Zusammensetzung der Einsatzprodukte) und von Störungen (z. B. bei Versagen einer Regelung) sicher sein. Diese Forde-

experimentelle Untersuchungsmethoden

Differenzthermoanalyse

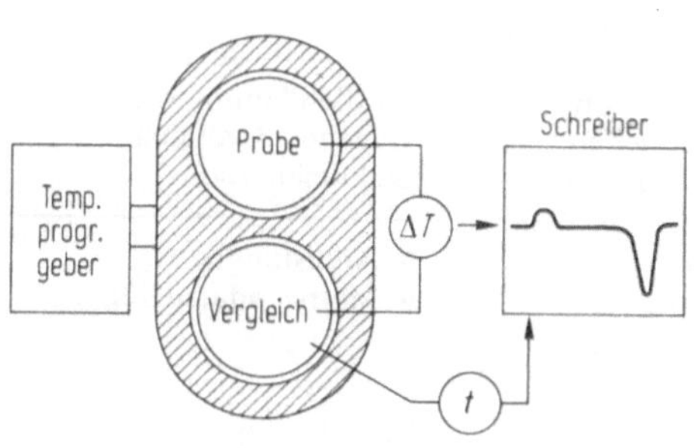

Warmlagerung Reaktionskalorimetrie

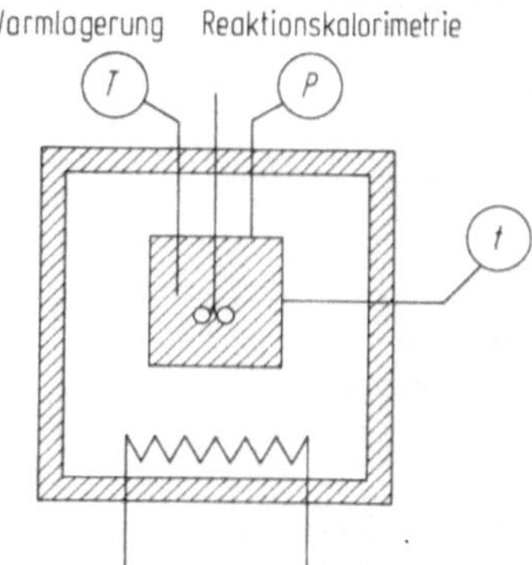

Messung

Temperaturdifferenz : $\Delta T = f(t)$
großer Temperaturbereich
Stoffmenge: mg ... g

Temperatur, Druck u.a. (Funktion der Zeit)
nur eine bestimmte Temperatur
Stoffmenge: mg...g

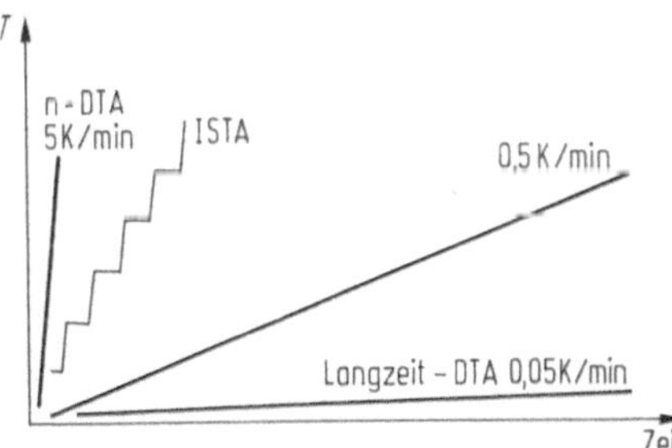

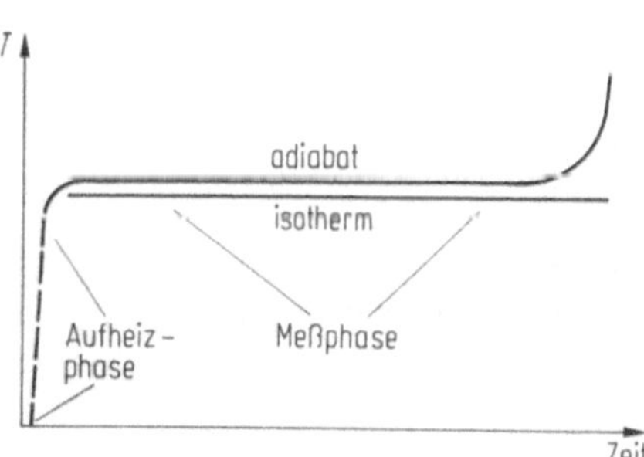

Bild 3. Experimentelle Untersuchungsmethoden zur Erkennung und Bewertung unerwünschter Reaktionsabläufe (Bayer) (DTA = Differenzthermoanalyse; ISTA = Isothermstufen-DTA)

rung ist nur erfüllbar, wenn man die technisch möglichen Abweichungen vom Normalfall und deren Auswirkungen auch wirklich erkannt und erforderlichenfalls durch Sicherungsmaßnahmen unschädlich gemacht hat.

Die Lösung dieser Aufgabe, die Sachkenntnis und Vorstellungsvermögen erfordert, kann durch die Anwendung systematischer Hilfsmittel („Suchhilfen"), d.h. durch bestimmte Analysentechniken (sog. „Sicherheitsanalysen") erleichtert und vervollkommnet werden. Tabelle 1 gibt einen Überblick über einige der bekanntesten Methoden.

Checklisten und *Matrizen*darstellungen (Bild 4) können Denkanstöße durch Aufzeigen von Problembereichen geben. Bei Matrizendarstellungen geschieht das z.B. dadurch, daß in Form einer Matrix dargestellt wird, welche Stoffe und Werkstoffe grundsätzlich miteinander wechselwirken können, mit der Möglichkeit, durch Eintragungen in die Matrixfelder zu dokumentieren, wo Gefahren gegeben sind, wo noch untersucht werden muß und was als Maßnahme vorgesehen werden kann. Statt solcher Stoff- und Werkstoff-Wechselwirkungs-Matrizen können auch Störungsursachen und -wirkungen in einer Matrix identifiziert, miteinander korreliert und veranschaulicht werden.

Tabelle 1. Systematische Sicherheitsanalysen für die Feststellung von Gefahrenquellen und die Planung von Gegenmaßnahmen

Methode	Verwendete Hilfsmittel	
	für die Identifikation von Gefahrenquellen: systematische „Suche“	für die Planung von Gegenmaßnahmen: Dokumentation
Vorläufige Gefahrenanalyse	• Checklisten, • Wechselwirkungsmatrizen als Denkanstöße	• Auflistungen, • Matrizendarstellungen
Bedienungsfehleranalyse Operabilitätsanalyse (HAZOP [2], PAAG [3])	• Leitworte für die Charakterisierung von Abweichungen	Tabellen für: • Störung • Ursache • Wirkung • Maßnahme
Ausfall-Effekt-Analyse (DIN 25443)	• Ableitung von Ausfällen aus Funktionselementen von Geräten	

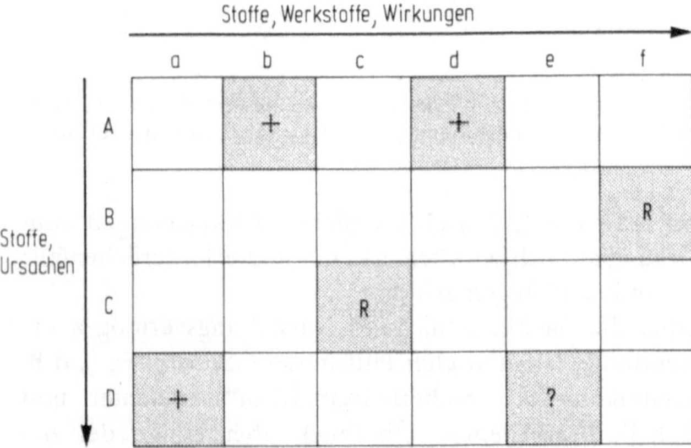

Bild 4. Die Hilfsmittel der vorläufigen Gefahrenanalyse (Bayer)

Der Einsatz der anderen Methoden aus Tabelle 1 sei am Beispiel der Operabilitätsanalyse für die Durchführung einer exothermen (d. h. wärmeerzeugenden) chemischen Reaktion in einem Rührkesselreaktor ausschnittsweise demonstriert.

Bild 5 zeigt die Schemazeichnung eines Rührkessels, in dem ein Stoffgemisch A mit einem Stoff I vermischt und chemisch umgesetzt werden soll.

Hat man aus systematischen Laboruntersuchungen ermittelt, daß die Reaktion außer Kontrolle geraten (d. h. sich selbst u. U. bis zur Explosion beschleunigen)

kann, wenn das Reaktionsgemisch zu heiß wird, oder wenn die Komponente I in zu großer Menge vorgelegt wird, so sind die Temperatur im Kessel und der Mengenstrom I offensichtlich kritische Parameter in diesem Verfahren. In einer Operabilitätsanalyse ist dann zu untersuchen, auf welchen Wegen es zu unerwünschten Abweichungen in diesen Größen kommen kann.

Die Systematik der Analyse besteht, wie Tabelle 2 zeigt, erstens darin, daß ein bestimmter Satz von Leitwörtern für Abweichungen (z.B. „mehr", „weniger",

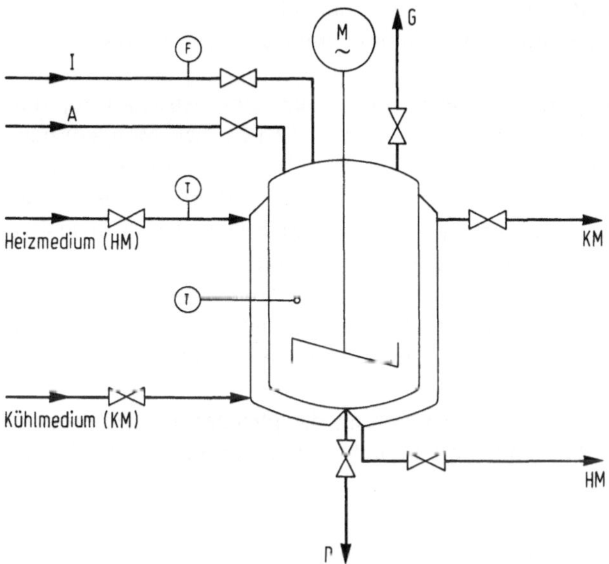

Bild 5. Rührkesselreaktor für die Durchführung einer exothermen chemischen Reaktion (Bayer)

Tabelle 2. Beispielhafter Auszug aus einer Operabilitätsanalyse (Anwendung von Leitworten („mehr", „weniger") für die Identifikation von Abweichungen)

Störung	Ursache	Erkennung	Auswirkung	Maßnahmen	Bemerkungen
„Mehr"					
Heiztemperatur zu hoch	Fehler in Heiztemperaturregelung	Temp.-Anzeige Heizmittel; Temp.-Anstieg im Reaktor	chem. Reaktion außer Kontrolle	Heizung aus, Kühlung ein	Temp.-Alarm im Heizkreis
Komponente I im Überschuß	Fehldosierung	verspätet am Temp.-Anstieg im Reaktor	Temp.-Anstieg; Reaktion außer Kontrolle	Zufluß zu, Heizung aus, Kühlung ein	Mengenmessung mit Alarm! Druckentlastung vorsehen!
„Weniger"					
	...	...	...	...	...

„kein", usw.) auf Sollfunktionen und -parameter des Verfahrens angewandt wird, zweitens in der schrittweisen Anwendung auf alle wesentlichen Prozeßfunktionen anhand eines Fließbildes und drittens in der Dokumentation der Analysenergebnisse als Basis für weitere Maßnahmen.

Beispielsweise führt die Anwendung des Leitwortes „MEHR" auf die Heizmitteltemperatur („mehr" Temperatur = höhere Temperatur!) oder auf den Mengenstrom der Komponente I („mehr" → Überschuß) zu den in der Tabelle dargestellten Ketten von den Ursachen bis zur Wirkung und zur Festlegung der in der Tabelle beschriebenen Maßnahmen.

Das Sicherungssystem für die Durchführung der chemischen Reaktion in unserem Rührkessel (s. Bild 5) könnte als Ergebnis einer solchen Analyse wie in Bild 6 gezeigt aussehen.

Ohne näher ins Detail zu gehen, erkennt man, daß eine Abschaltung des Reaktors (Abstoppen der Reaktion) vorgesehen ist, nämlich bei Mengenüberschreitung der Komponente I, bei Temperaturüberschreitung im Heizmittel und im Reaktor selbst und bei Rührerstillstand (behinderte Wärmeabfuhr). Das Sicherungssystem ist redundant (zwei Temperaturmessungen im Reaktor) und diversitär ausgelegt (Verhinderung eines Temperaturanstiegs im Reaktor durch unterschiedliche Maßnahmen, wie z. B. Zuflußabstellung, Heizungsabstellung, Kühlung).

Den Ablauf der in Tabelle 2 behandelten Störungen und das Eingreifen der Sicherungsmaßnahmen kann man sich auch anhand einer Störfallablaufanalyse [4], wie in Bild 7 gezeigt, veranschaulichen.

Wie man sieht, enthält die graphische Darstellung die gleichen Informationen, die in Tabelle 2 erarbeitet worden sind, und berücksichtigt nur zusätzlich (die an

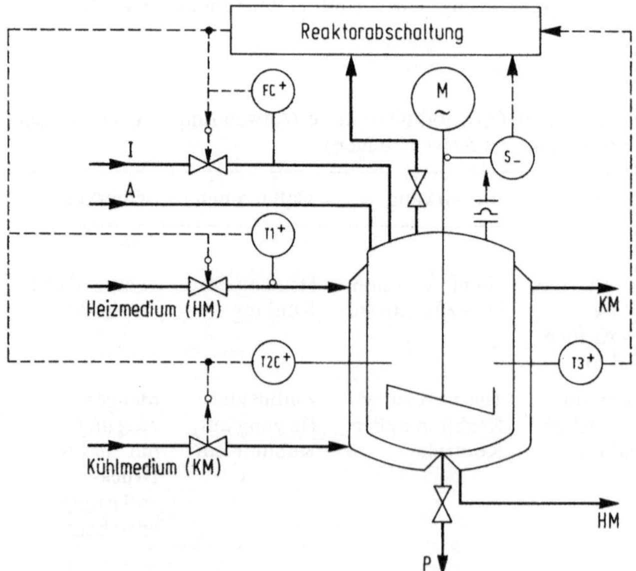

Bild 6. Sicherungssystem für einen Rührkessel bei exothermer Reaktion (Bayer)

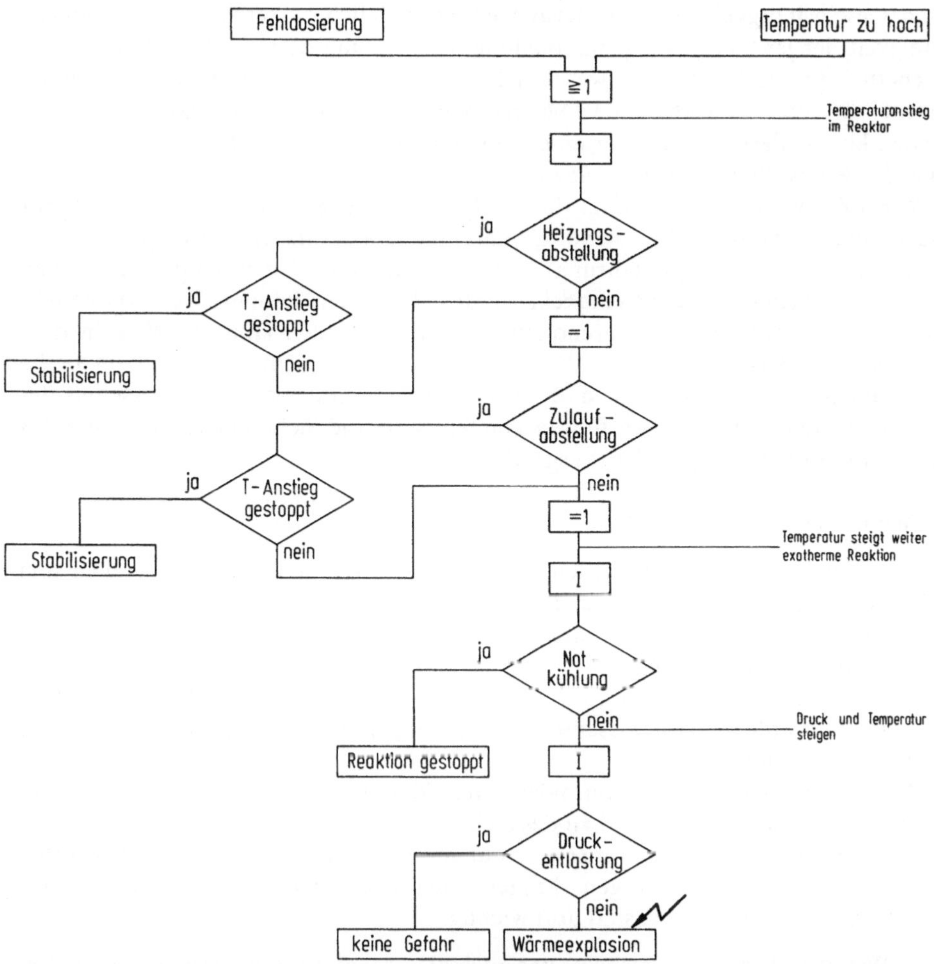

Bild 7. Störfallablaufanalyse für den Fall der Einleitung einer unerwünschten (exothermen) chemischen Reaktion im Rührkesselreaktor (Bayer)

sich bekannte Tatsache), daß eine Maßnahme auch einmal nicht verfügbar oder nicht wirksam sein kann. Dies wird z. B. durch die Fallunterscheidungen:

Heizungsabstellung	JA oder NEIN und
Temperaturanstieg (dadurch) gestoppt	JA oder NEIN

im Ablaufdiagramm berücksichtigt und könnte nach Vorschlag der DIN-Norm [4] auch mit Wahrscheinlichkeiten bewertet werden.

Einfachheit und Klarheit der Darstellung dürfen aber nicht darüber hinwegtäuschen, daß die Wirklichkeit viel komplizierter ist: Ob die Heizungs- oder Zulaufabstellung wirksame Maßnahmen sind, hängt von physikalisch-chemischen und technischen Gegebenheiten ab und ist ganz sicher eine Frage der Intensität und Geschwindigkeit einer Änderung und der Zeitcharakteristik und Leistungsfähigkeit der jeweiligen Gegenmaßnahme. Zur Lösung des in Bild 7 dargestellten Sicherheitsproblems ist also wesentlich mehr, als dort zum Ausdruck kommt, notwendig. Eine Bewertung der Maßnahmen allein anhand von Wahrscheinlichkeiten könnte deshalb nur über eine Pauschalierung sicherheitstechnisch bedeutsamer Einzeltatsachen hinweg erfolgen.

Noch ein Weiteres ist wichtig: die Analyse in Tabelle 2 oder in Bild 7 kann nur durchgeführt werden für solche Gefahrenmomente, die im Prinzip (z. B. aus Experimenten oder aus Erfahrung) bekannt sind. Neue Gefahrenquellen können mit diesen Methoden *nicht* entdeckt werden, höchstens können Wege dargestellt werden, auf denen die Gefahrenquellen aktiviert werden können. Wäre in dem behandelten Beispiel (Bilder 5 bis 7 und Tabelle 2) nicht durch systematische Experimente erkannt worden, daß zu hohe Temperatur oder ein Überschuß der Komponente I zu Problemen führen können, wäre die Sicherheitsanalyse und das Sicherungssystem völlig anders ausgefallen.

Wir dürfen deshalb festhalten:

- Die hier behandelten Methoden der Sicherheitsanalyse (Tabellen 1 und 2) sind im wesentlichen ein Mittel der Darstellung (Veranschaulichung) von im Prinzip bekannten Gefahrenquellen und der Identifikation von Wegen, auf denen diese wirksam werden können.
- Das Erkennen und Bewerten von Gefahrenquellen in einem chemischen Verfahren erfordert naturwissenschaftliche Experimente und ingenieurmäßige Berechnungen.
- Die soeben vorgestellten formalen Methoden können deshalb auch nur *ein* Hilfsmittel sein in Teilbereichen des Sicherheitsproblems.
  Sichere Prozesse verlangen mehr als nur wahrscheinlichkeitsbehaftete Antworten auf simple JA/NEIN-Fragen. Fragen nach dem „wie“, „wo“, „wann“, „wie schnell“, „wie stark“, etc. sind dort wichtig.

Weil das alles so ist, erscheint uns auch die probabilistische Risikoanalyse, d. h. die Bewertung von möglichen Gefahren durch Wahrscheinlichkeitsangaben für ihr Auftreten und durch Abschätzung des entstehenden Schadens für chemische Prozesse kaum durchführbar und für die Sicherheitstechnik wenig hilfreich [5]: Zu viele für den Einzelfall wichtige Aspekte würden pauschal durch den probabilistischen Ansatz verwischt, ganz abgesehen von der chemietypischen Problematik, daß angesichts der Stoff- und Typenvielfalt einerseits und des singulären Charakters von Chemieanlagen andererseits eine wesentliche Voraussetzung für die Durchführung wahrscheinlichkeitstheoretischer Betrachtungen fehlt: nämlich die ausreichend große Zahl vergleichbarer Zustände.

2.2.3 Zuverlässigkeit und Verfügbarkeit technischer Systeme

Es gibt in der chemischen Technik nur einen Bereich, wo der Einsatz probabilistischer Analysen gerechtfertigt und sogar gewinnbringend für die Sicherheitstechnik sein kann: Das ist bei technischen *Systemen* (z. B. Sicherheitseinrichtungen) der Fall, deren Zuverlässigkeit oder Verfügbarkeit – fern vom systematischen Einfluß des chemischen Angriffs – durch *stochastische* Ausfälle der einzelnen Komponenten

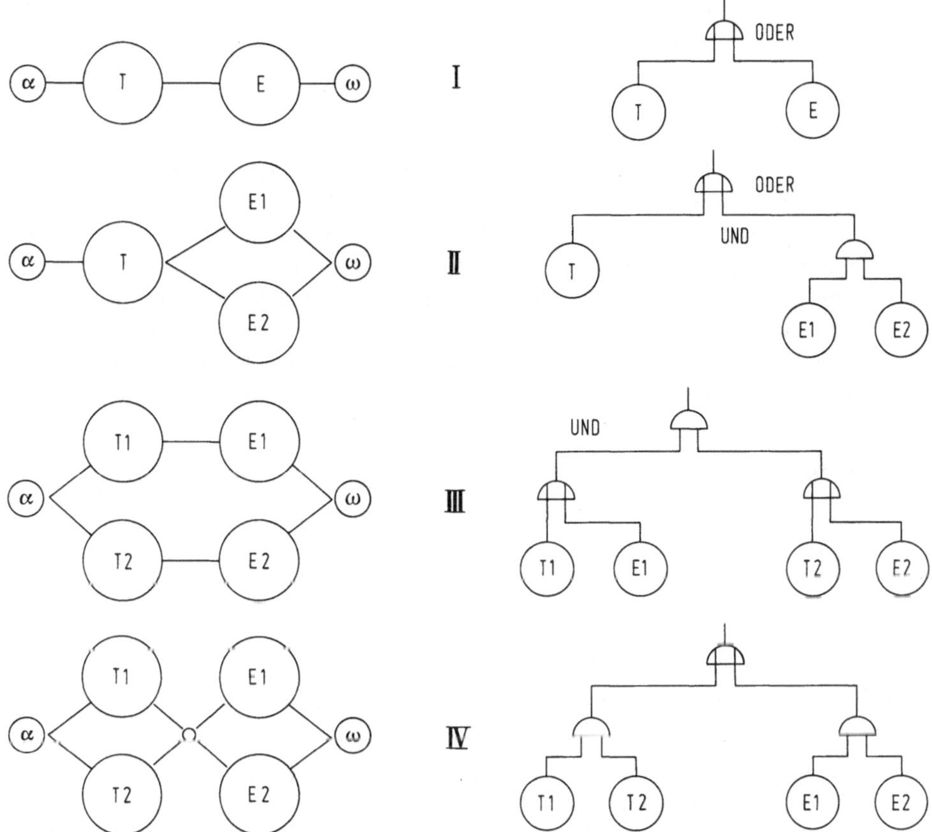

Bild 8. Verfügbarkeitsanalyse: Alternativenvergleich mit Hilfe von Fehlerbäumen (Bayer)

mit *binärer* Charakteristik (Ausfall: JA oder NEIN) bestimmt ist und mit Hilfe der Fehlerbaumanalyse [6] aus den unter vergleichbaren Bedingungen ermittelten Einzeldaten seiner Komponenten (Ausfallraten, Zeitdauer bis zur Fehlererkennung) und aus den geplanten Reparaturdaten (Reparaturdauer, Instandhaltungszyklen) als statistischer Erwartungswert prinzipiell errechnet werden kann.

Ziel einer solchen Analyse könnte die Eliminierung von Schwachstellen im Konzept (bei stark unterschiedlicher Zuverlässigkeit in Teilsystemen) oder die Auswahl der Bestlösung aus verschiedenen Alternativen sein. Bild 8 deutet eine solche Möglichkeit an: Durch Verfügbarkeitsanalyse der Teilsysteme (T und E), eines Entsorgungssystems und durch Vergleich mit verschiedenen Anordnungsmöglichkeiten kann durch Anwendung der Fehlerbaumanalyse das für das Entsorgungsproblem bestgeeignete Lösungskonzept gefunden werden.

Dabei ist zu beachten, daß eine solche Bewertung auf der Basis von Gütekriterien erfolgt, die für idealisierte Systeme und Komponenten, die mit gleicher Qualität hergestellt und gewartet und unter gleichartiger Belastung betrieben werden, *im Mittel* gelten. Für die Gültigkeit des Vergleichs müssen die verwendeten Eingabedaten verläßlich und der untersuchte idealisierte Zustand dem realen ähnlich sein.

auch wenn nur auf relativer Basis bewertet wird (wo sich Fehler zum Teil kompensieren).

Welche Zuverlässigkeit (in Absolutzahlen) notwendig ist, vermag generell niemand zu sagen. In der chemischen Technik erfolgt die Auslegung der Zuverlässigkeit und Verfügbarkeit von Sicherheitssystemen aufgrund von Erfahrungen mit vergleichbaren Systemen und in Relation zu den Schutzzielen sowie zur möglichen Gefährdung [7].

Natürlich ist auch die statistisch erfaßbare Zuverlässigkeit oder Verfügbarkeit wieder nur *ein* Aspekt im Sicherheitsproblem, der eigentlich eher die Richtigkeit eines Konzepts in einem Teilbereich bewerten kann. Für den konkreten Einzelfall wichtig sind die ingenieurmäßig richtige Auslegung, der korrekte Einbau und die adäquate Wartung und Pflege. Zuverlässigkeitsbetrachtungen sind wertlos, wenn diese Dinge nicht stimmen.

3 Das Risiko der chemischen Technik und Schlußfolgerungen

Die Erkennung, Bewertung und Beherrschung von Gefahren (Risiken) bei Planung, Entwicklung und Betrieb sicherer Produktionsverfahren in der chemischen Technik erfordert – so ist gezeigt worden –:

- Sorgfältige naturwissenschaftliche Experimente,
- systematische Analysen,
- ingenieurtechnische Berechnungen und Auslegungen,

also in erster Linie deterministische Methoden. Diese Methoden kommen in einem stufenweisen Vorgehen zum Einsatz, in dem jeweils auf den Erkenntnissen und Erfahrungen der vorangehenden Stufe aufgebaut wird.

Die chemische Sicherheitstechnik wird geprägt durch eine Reihe von Besonderheiten, die typisch für die Chemie sind und sie von anderen Technologien unterscheiden. Diese Besonderheiten sind:

- Der Schwerpunkt Stoffprüfungen, der im Vergleich zu anderen Technologien eine zusätzliche Dimension darstellt, weil mögliche Gefahrenquellen überhaupt erst in Experimenten ermittelt werden müssen;
- die Vielfalt spezieller Probleme, die bedingt ist durch die große Zahl unterschiedlicher Stoffe mit verschiedenen Eigenschaften und die Vielzahl unterschiedlicher Verfahren;
- die Tatsache, daß jede Anlage eine Sonderanfertigung ist mit jeweils unterschiedlich großen, über die Anlage verteilten Gefahrenpotentialen.

Der Schwerpunkt Stoffeigenschaften und die dadurch bedingte Vielfalt spezifischer Probleme machen die Anwendung probabilistischer Methoden zur Bewertung von Gefahren (Risiken) in der chemischen Industrie in aller Regel wenig sinnvoll, weil wesentliche Voraussetzungen dieser Betrachtungsweise, wie z. B.

- vergleichbare Zustände und Bedingungen,
- Unabhängigkeit der Ereignisse voneinander,
- ausreichend große Zahl vergleichbarer Ereignisse

in der chemischen Technik *nicht* gegeben sind.

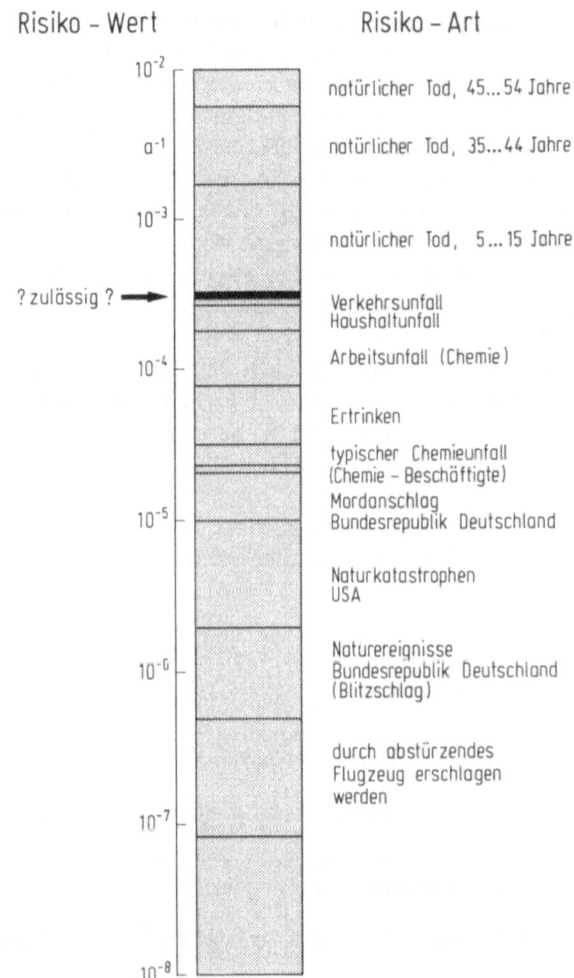

Bild 9. Skala für den Vergleich verschiedener Individualrisiken [8] (Wahrscheinlichkeit, innerhalb eines Jahres an einer der angegebenen Ursachen zu Tode zu kommen)

Probabilistische Risikoanalysen, wie sie gelegentlich trotz der bekannt großen Ungenauigkeiten bei ihrer Ausführung zur Beurteilung der Sicherheit einer Technik vorgeschlagen werden, halten wir deshalb – und weil durch die über Wahrscheinlichkeiten pauschalierende Betrachtung viele wichtige Aspekte der Sicherheit verloren gehen – für die chemische Sicherheitstechnik für ungeeignet.

Aus der jahrzehntelangen Erfahrung in der chemischen Industrie wissen wir außerdem, daß die chemische Technik mit vertretbarem Risiko arbeitet [8].

Die in Bild 9 dargestellte Risikoskala [1, 8], die das letale Unfallrisiko eines Chemiebeschäftigten mit anderen (tödlichen) Risikoarten vergleicht, erlaubt auch den Schluß, daß *Nachbarn* eines Chemiewerks sich vor Störfällen aus diesem Werk wesentlich *sicherer* fühlen dürfen als (beispielsweise) vor der tödlichen Gefahr eines Mordanschlags (!), eines Haushalts- oder Verkehrsunfalls. Dies deshalb, weil das chemiebedingte Risiko von Chemieanrainern deutlich unter dem eines Chemiebeschäftigten liegen muß, denn dieser ist ja erstens der Gefahr viel näher, und zweitens setzt sich das in der Skala aufgeführte Risiko eines Chemieunfalls zum weitaus größten Teil aus kleinen, lokal eng begrenzten Ereignissen zusammen, die sich schon außerhalb der Chemieanlage nicht mehr auswirken.

Für eine Technologiebewertung allerdings sind Risikovergleiche aus verschiedenen Gründen (Unsicherheiten der Risikoermittlung, Fehlen von allgemein anerkannten Maßstäben, Irrationalitäten in der Risikoperzeption) wenig brauchbar. Zu beachten ist außerdem, daß Technologien in aller Regel nicht nur Risiken erzeugen, sondern auch (andere) Risiken vermeiden und einen feststellbaren Nutzen erbringen.

Eine sinnvolle Technologiebewertung muß deshalb auch den Nutzen (und die eliminierten Risiken) mit einschließen. Gerade hier kann die chemische Industrie durch ihre Produkte, die der Gesundheitsvorsorge, der Sicherung der Ernährung und der Erleichterung und Verschönerung des Lebens der Allgemeinheit dienen, sehr viel Positives vorweisen.

Dennoch wird auch in Zukunft in der chemischen Technik keine Anstrengung unterlassen werden, die der weiteren Verbesserung der Sicherheit der Produktionsprozesse dient.

Literatur

1. Lippert, A.; Pilz, V.: Grundlagen einer sicheren Chemieproduktion. Chem. Ing . Tech. 53 (1981) 587–591; Basic principles of safety in chemical production. Ger. Chem. Eng. 5 (1982) 116–120
2. A guide to hazard and operability studies (HAZOP), Chemical Industries Association, London 1977
3. Der Störfall im chemischen Betrieb. Verhütung durch: *P*rognose, *A*uffinden der Ursachen, *A*bschätzen der Auswirkungen, *G*egenmaßnahmen (PAAG), Heidelberg: BG Chemie, 1979, 56 S.
4. Störfallablaufanalyse, DIN 25419, Teil 1 Juni 1977, Teil 2 Februar 1979, Berlin, Köln: Beuth
5. Pilz, V.: Risk analysis for chemical production processes? – Some remarks on meaningful application of available methods and limitations thereof. Angew. Systemanalyse 2 (1981) 175–178
6. Fehlerbaumanalyse, DIN 25424, Juni 1977, Berlin, Köln: Beuth
7. Sicherung von Anlagen der Verfahrenstechnik. Klassifizierung von Sicherungseinrichtungen. VDI/VDE-Richtlinie 2180, Blatt 3, Entwurf, Mai 1981
9. Pilz, V.: Risikoermittlung und Sicherheitsanalysen in der chemischen Technik, Chem. Ing. Tech. 52 (1980) 703–711

Prognostische Konsequenzermittlung bei größeren Störfällen

S. Hartwig

1 Einleitung

Trotz der vielen Diskussionen hat sich die Risikoanalyse zumindest in Teilbereichen unserer technischen Gesellschaft durchgesetzt. Sind doch in den letzten Jahren eine ganze Reihe von solchen Analysen für Techniken oder Teilbereiche einer Technik durchgeführt worden. Beispiele sind, als einer der Vorreiter, die Rasmussen-Studie (WASH 1400), darauf folgend

- die deutsche Risikostudie (DRS),
- der Canvey-Island Report,
- die Rijnmond-Studie,
- die Risikoanalyse für die Everett LNG-Anlage,
- Cove Point LNG Operations; Review of the Risk,
- die BF-Transportrisiko-Studie,
- die Lysekill-Studie,
- die Risk Assessment for Operation of Anhydrous Hydrogen Fluoride Facility

und viele andere.

In den meisten dieser Studien wird als ein Ergebnis ein Risikospektrum angegeben, bei dem über dem Ausmaß der Schäden die Eintrittswahrscheinlichkeit, meist im logarithmischen Maßstab, eingetragen ist. Bild 1 zeigt das Prinzip dieser Darstellungsweise.

In Bild 2 sind aus einigen der erwähnten Risikoanalysen solche tatsächlichen Risikospektren dargestellt. Gemeinsam ist bei allen diesen Risikospektren, daß für Ereignisse mit großer Eintrittswahrscheinlichkeit eine Auswirkung und für die Ereignisse mit kleinerer Eintrittswahrscheinlichkeit eine größere Auswirkung zugeordnet beziehungsweise ermittelt wird. Das entspricht auch einer Forderung, die Farmer schon vor vielen Jahren an das Risiko einer Technik gestellt hat (Farmer-Diagramm), nämlich, daß Unfälle mit sehr großen Auswirkungen eine entsprechend kleine Eintrittswahrscheinlichkeit haben sollen.

Für das Thema dieses Vortrages ist es jetzt wesentlich, festzuhalten, daß entsprechend den Bildern 1 und 2 das Risiko einer Technik in der überwältigenden Zahl der Fälle von der Vielzahl der Unfälle mit kleinen Auswirkungen bestimmt wird – und nicht von den außerordentlich seltenen katastrophalen Großunfällen. – Das wird aber in der Öffentlichkeit nicht wahrgenommen.

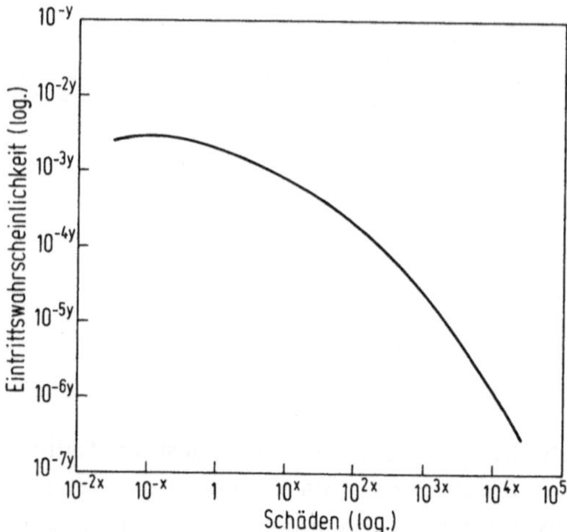

Bild 1. Prinzip eines Risikospektrums mit y/y = wählbare Größen

Unter dem Gesichtspunkt des ökonomischen Einsatzes vorhandener Mittel wäre es vernünftig, die Eintrittswahrscheinlichkeit und Konsequenzen der häufigeren der kleineren Unfälle zu mindern. Trotzdem ist es sinnvoll, auch den Blick und die Aufmerksamkeit auf die wenig wahrscheinlichen größeren Unfälle zu lenken.

Größere Unfälle haben oft Auswirkungen, die über das Gebiet der betrachteten Industrieanlagen hinausreichen. Man spricht dann von Unfällen mit Konsequenzen jenseits des Zaunes.

Es gibt nun mehrere Gründe, sich mit diesen Unfällen jenseits des Zaunes zu beschäftigen:

- Sie werden, wie gesagt, von der Öffentlichkeit als das eigentliche Risiko einer Technik wahrgenommen.
- Die Wahrscheinlichkeit von Synergismen (oder Dominoeffekt) ist größer. Hiermit ist gemeint, daß es in unserer dichtbesiedelten Industrielandschaft im Falle der Freisetzung gefährlicher Stoffe aus der Anlage I zu Auswirkungen auf andere Industrieanlagen kommen kann, die wiederum zu Unfällen mit Freisetzungen in der Anlage II führen können.
  Damit wird zweierlei bewirkt:
  - das statistische Spektrum der Eintrittswahrscheinlichkeit für Störfälle in der Anlage II wird zu größeren Werten verschoben,
  - die Unfallauswirkungen bei Störfällen in der Anlage I können zu größeren Werten verschoben werden.

Hier wird nicht weiter auf die Synergismen und Common Mode-Fehler eingegangen.

Es liegt in der Natur der Sache der größeren Unfälle, daß uns wegen der geringen statistischen Eintrittswahrscheinlichkeit wenig Material über Auswirkung und Hergang solcher Unfälle zur Verfügung steht. Deshalb sind wir bei Aussagen weitgehend auf theoretische Modelle und Untersuchungen angewiesen.

Deswegen wird hier darzulegen sein, inwieweit wir heute in der Lage sind, mit Hilfe solcher theoretischen Modelle Konsequenzen größerer Störfälle vernünftig vorherzusagen.

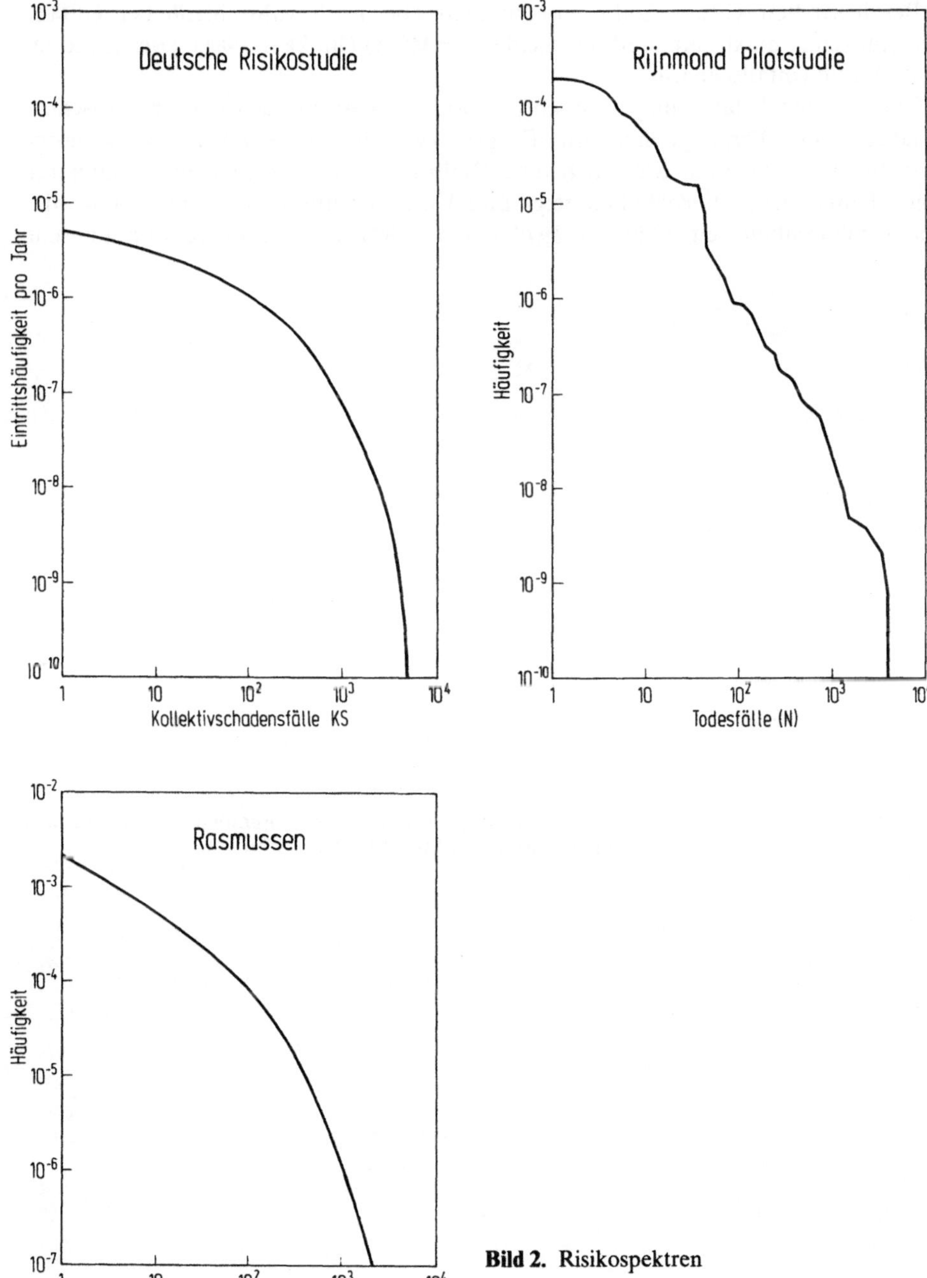

Bild 2. Risikospektren

Bei dieser Betrachtung sind die maximalen, aber noch wahrscheinlichen Unfälle gemeint (engl. maximum credible accidents = MCA) (Blokker 1981), aber nicht das schlechteste Unfallscenario.

Zur weiteren Erläuterung gehe ich jetzt auf die – wenn auch sehr sporadische – Erfahrung der Vergangenheit ein. Es gibt zwar bei weitem keine vollständige Statistik dieser Großunfälle, noch eine Definition, was darunter zu subsumieren wäre. Unter diesen Vorbehalten zeigt Bild 3 die Verteilung von bekanntgewordenen Großunfällen seit 1920 bis 1979 (Lees 1980) auf brennbare und toxische

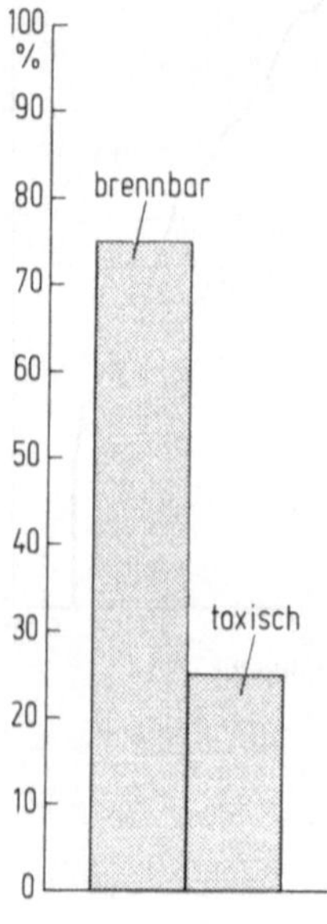

Bild 3. Verhältnis der Großunfälle mit brennbaren und toxischen Stoffen (unvollständige Statistik 1920–1979)

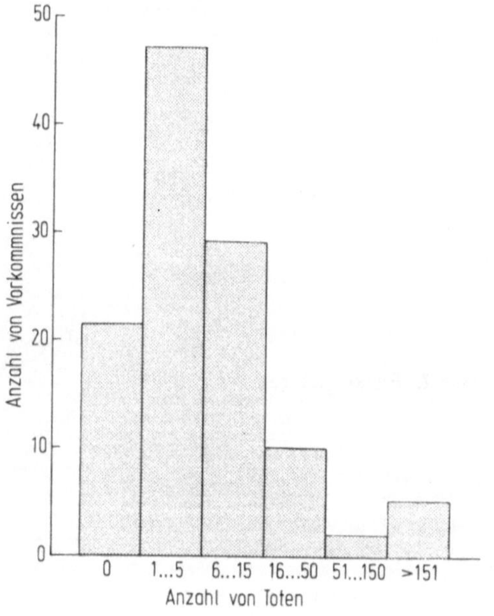

Bild 4. Auswirkungen von Großunfällen mit brennbaren Stoffen (unvollständige Statistik 1920–1979)

Materialien. Dreiviertel der Unfälle werden durch brennbare Stoffe, ein Viertel durch toxische Stoffe verursacht.

Werden die Unfälle mit brennbaren Substanzen nach ihren Auswirkungen gegliedert, so zeigt sich, daß der Schwerpunkt bei einem bis fünf Letalfällen liegt, es kommen aber auch einige Unfälle mit mehr als 150 Toten vor (Bild 4). Hier sind Vorfälle wie Los Alfaques in Spanien (1978) oder Texas-City (1947) (Ammoniumnitrat-Explosion) gemeint.

Werden die Unfälle mit toxischen Materialien nochmals gegliedert (Bild 5), so sieht man, daß etwas mehr als die Hälfte dieser Unfälle auf Chlor zurückzuführen ist.

Der nächstwichtige Stoff ist Ammoniak.

Werden die toxischen Unfälle ebenfalls nach ihren Auswirkungen klassifiziert (Bild 6), so sieht man deutlich, daß bis jetzt die, wenn auch dürftige Statistik aussagt, daß toxische Unfälle geringere Auswirkungen als Explosionsunfälle haben.

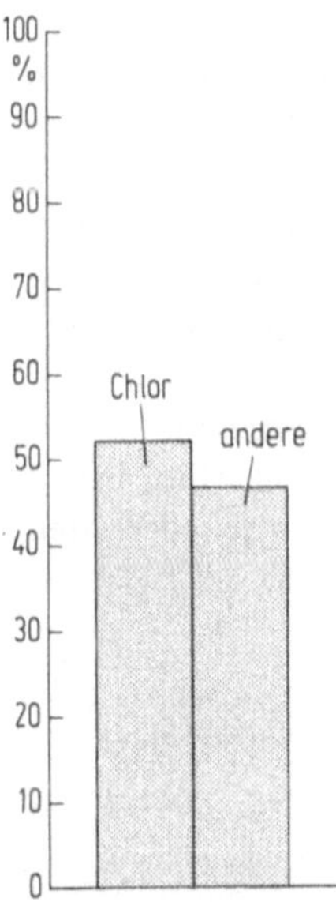

Bild 5. Verhältnis der toxischen Großunfälle mit Chlor und anderen toxischen Stoffen

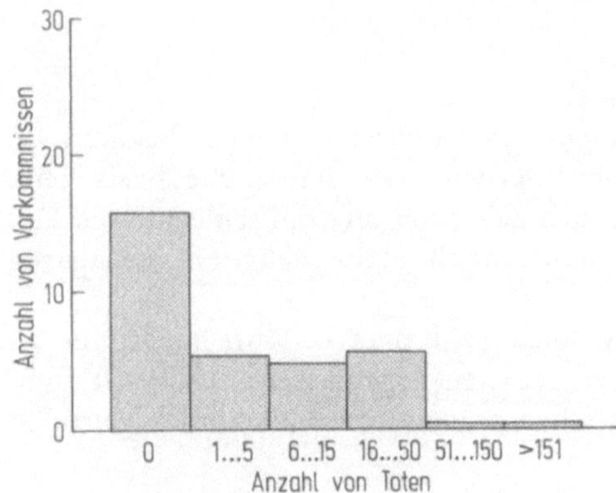

Bild 6. Auswirkungen von Großunfällen mit toxischen Stoffen (unvollständige Statistik 1920–1979)

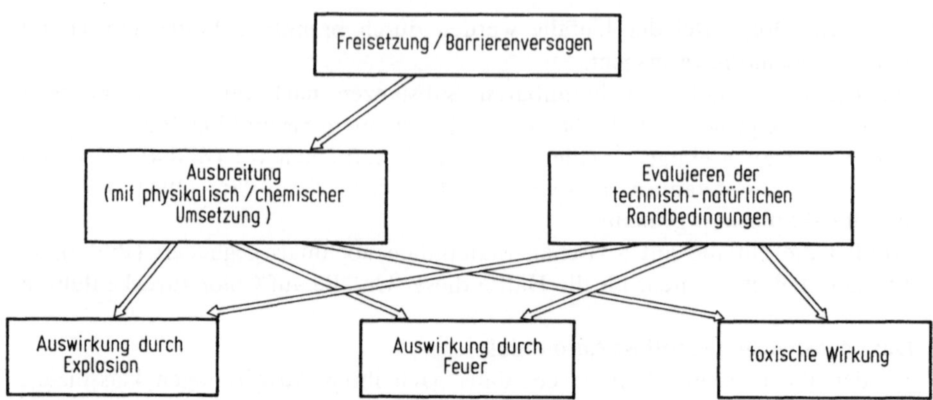

Bild 7. Stufen der Konsequenzmitteilung bei größeren Störfällen

Ich habe schon erwähnt, daß die statistische Basis für die hier zur Diskussion stehende Art der Unfälle bei weitem nicht zu einer prognostischen Konsequenzermittlung ausreicht. Das wird durch die aufgeführten Zahlen mitbelegt, da diesen 154 Unfällen sehr viele Zehntausend ungestörter Betriebsjahre gegenüber stehen. Wollen wir also mehr über die möglichen Konsequenzen von solchen größeren Unfällen mit Auswirkungen jenseits des Zaunes wissen, so sind wir auf Modelle und theoretische Methoden angewiesen.

Aus diesem Grunde soll nachfolgend dargelegt werden, welche Methoden für die Konsequenzanalyse verfügbar und wie gut diese Methoden entwickelt sind. Bild 7 zeigt die prinzipiellen Stufen, die bei der Konsequenzermittlung bearbeitet werden müssen: Es sind dies:

- Die Freisetzung der Schadstoffe,
- die Ausarbeitung,
- Festlegen der technisch-natürlichen Randbedingungen,
- Auswirkung durch Explosion,
- Auswirkung durch Feuer,
- Auswirkung durch toxische Materialien.

2 Freisetzung

Da von der Vielzahl der Möglichkeiten bei einer Freisetzung nicht bekannt ist, welche wohl eintreten wird, und da auch meistens eine statistische Basis fehlt, werden Freisetzungsscenarios angesetzt. Auch geht man oft vom schlechtesten Fall aus, oder stellt sich vor, daß der gesamte Inhalt eines Behälters schlagartig freigesetzt wird.

Diese Methode – so naheliegend sie auch sein mag – führt nicht nur zu konservativen, sondern auch manchmal zu falschen Ergebnissen; falschen Ergebnissen insofern, als auf diese Weise die falschen präventiven Maßnahmen getroffen werden können.

Gerade die Freisetzung, durch den Freisetzungsimpuls und durch umliegende technische Konstruktionen bedingt, erzeugt Turbulenz, die zur Anfangsvermischung führt. Es gibt zwar Jetmodelle und Modelle für Anfangsentrainment, es ist aber zu sehen, daß unser Wissenstand noch sehr unvollkommen ist.

Hier gibt es keine generellen Methoden, das Problem zu lösen, sondern von Fall zu Fall neue Überlegungen.

3 Ausbreitungsrechnung

Ich komme jetzt nochmals auf eine Bemerkung in der Einleitung zurück, nämlich, daß es eine Rolle spielt, daß über die Hälfte der toxischen Spills in der Vergangenheit Chlor freisetzten.

Chlor ist ein schweres Gas, d.h., seine Dichte ist größer als die der Umgebungsluft; das macht die Vorhersage des Verhaltens bei Störfallfreisetzungen schwieriger und die Auswirkungen sind im allgemeinen größer als bei einem neutralen Gas.

Wird ein schweres Gas in die bodennahe Grenzschicht der Atmosphäre freigesetzt, so tritt eine außerordentlich starke Stratifikation dieser Grenzschicht ein, die zu wesentlich höheren und in der Natur nicht vorkommenden Richardson-Zahlen als 1 führen kann (Hartwig 1982). Als Konsequenzen davon wird die Turbulenz, die normalerweise für gute Durchmischung sorgt, verringert oder sogar unterdrückt, und selbst die Advektion wird behindert.

Existiert zufällig zur gleichen Zeit eine Schwachwindwetterlage, so kann es zu langanhaltenden, hochgradig gefährlichen Konzentrationen des Schwergases in der Umgebung der Industrieanlage mit weitreichenden Folgen kommen. Unangenehmerweise sind schwere Gase nicht die Ausnahme bei Störfallfreisetzungen, eher das Gegenteil.

Nicht nur Chlor ist ein schweres Gas, sondern der Stoff mit dem nächsthöheren Anteil bei Störfallfreisetzungen, Ammoniak, wenn es flashverdampft und abgekühlt Aerosolwolken bildet, auch. Es gibt noch eine weitere Anzahl toxischer schwerer Gase (HF, Phosgen, CO_2 usw.), aber auch unter den brennbaren Gasen ist ein wesentlicher Anteil schwer, sei es wegen des Molekulargewichts (höhere Kohlenwasserstoffe), sei es, daß diese Gase kalt sind (LNG, LPG).

Schwergasausbreitung spielt also oft eine entscheidende Rolle bei größeren Störfallfreisetzungen. In den letzten Jahren ist sehr viel Forschung auf diesem Gebiet betrieben worden. Der Wissensstand ist der, daß heute wohl die wesentlichen auftretenden Prozesse verstanden sind, aber deren Gewichtung zueinander nicht. Das zweite Problem ist, daß diese Prozesse wegen der komplizierten Randbedingungen nicht mehr analytisch gut beschreibbar sind. Deswegen müssen für vernünftige Prognosen die Differentialgleichungssysteme numerisch gelöst werden. Ungelöst ist zusätzlich noch der Einfluß der technischen Strukturen einer Fabrikanlage auf die Schwergasausbreitung. Das Gleiche gilt in einem gewissen Maße auch für die Tracerausbreitung, die sich an die Schwergasausbreitung anschließt. An dieser Stelle ist es nützlich, darauf hinzuweisen, daß die Anforderungen an die Ausbreitung bei brennbaren und toxischen Stoffen verschieden sind. Bei brennbaren Stoffen genügt schon eine Verdünnung um den Faktor 100, bis sie unter einen ungefährlichen Wert sinken (LFL = untere Zündgrenze). Toxische Stoffe müssen dagegen bis zu 6 Größenordnungen verdünnt werden.

An die Schwergasausbreitung schließt sich die Traceausbreitung an. Für Traceausbreitung sind zwar noch nicht alle Probleme gelöst, aber der Wissensstand und die potentiellen Möglichkeiten können als befriedigend bezeichnet werden, wenn man weiß, für welche atmosphärischen Bedingungen die Ausbreitung berechnet werden soll.

Obwohl es bessere Methoden gibt, nämlich die numerische Lösung von parabolischen Differentialgleichungen, werden heutzutage für Ausbreitungsrechnungen oft noch simple Gauß-Modelle benutzt, die oft zu konservative Werte liefern und zu krassen Fehleinschätzungen führen können.

Die Verwendung von Gauß-Modellen ist aber kein prinzipielles Problem, sondern nur eine Frage der richtigen Werkzeugwahl.

Nach der Freisetzung und Ausbreitung skizziere ich nachfolgend unser Wissen über die Vorhersage von Auswirkungen.

4 Wirkung toxischer Stoffe

Wie in der Einleitung schon erwähnt, betrifft die Mehrheit der Vorkommnisse mit toxischen Stoffen Chlor. Das spiegelt sich auch in unserem Wissen nieder. Dosis Wirkungs-Beziehungen toxischer Stoffe über die Zeit gesehen sind normalerweise nicht linear. Unser Wissen darüber ist aus naheliegenden Gründen sehr mangelhaft. Die einzige Kurvenschar, die existiert, bezieht sich auf Chlor und wurde von der ICI zusammengestellt (Bild 8).

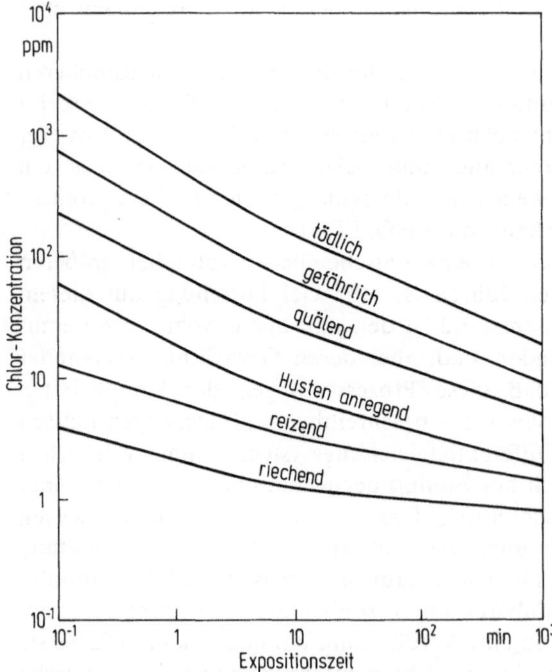

Bild 8. Dosis/Wirkungs-Beziehungen für Chlor nach ICI

Bei allen anderen Stoffen sind wir auf Übertragen von Tierdaten und auf konservative Abschätzungen angewiesen. Erschwerend kommt hinzu, daß die Ausbreitungsrechnung uns günstigenfalls Konzentrationsmittelwerte liefert, die in der Bodengrenzschicht wegen möglicher Fluktation nicht zu stimmen brauchen, durch Lebensgewohnheiten, aber auch durch Aufenthalt in Häusern stark geändert sein können. Für dieses Gebiet sind also unsere Wissenslücken noch sehr groß.

Auswirkungen von Feuer

Neben den Bränden von freitreibenden Gaswolken ohne das Auftreten wesentlicher Druckwellen, kann es zum Auftreten von Poolbränden von Vorratstanks mit Strahlungswirkung jenseits des Zaunes kommen.

Kletz (1971) hat die Wahrscheinlichkeit für Feuer oder Explosion eines Tanks mit fixiertem Deckel mit 1 : 833 Tank-Jahren angegeben, für Tanks mit beweglichem Deckel existieren keine Daten.

Der wesentliche Effekt großer Poolbrände entsteht durch die Strahlung am Aufpunkt, die Menschen- und Sachschäden anrichten kann. Die Strahlungswärme kann berechnet bzw. abeschätzt werden.

Die gesamte von der Flamme abgestrahlte Wärme ist gleich der Wärme, die von der brennenden Pooloberfläche ausgeht. Für die Auswirkungsberechnung werden meist zwei Näherungen benutzt. Einmal wird die Flamme als Punktquelle angegeben (bei größeren Entfernungen), zum anderen als regelmäßige geformte Fläche, z. B. als Zylinder oder Kegel. Die ankommende Strahlung wird proportional zur Emissivität gesetzt (T^4-Gesetz), wobei die Rußabsorption und bei Infratorabsorption in der Luft vorhandene Spurengase (H_2O, CO_2) berücksichtigt werden müssen. Die letztere ist noch eines der offenen Probleme, da die Emissionsspektren größerer Poolbrände nicht bekannt sind. Als Konsequenz davon werden deshalb bei der Hitzeeinwirkung von Strahlung üblicherweise konservative Abschätzungen gemacht.

Ähnlich wie bei der Explosionswirkung sind bei a-priori-Berechnungen der Auswirkungen von Poolbränden die Details der technischen Randbedingungen nicht bekannt. Zwar ist der Einfluß nicht so groß wie bei Explosionen, doch erheblich. Die Ungenauigkeiten bei gegebenen Freisetzungsscenarien dürften sich meiner Einschätzung nach um den Faktor 2 bis 3 bewegen, also günstiger als bei Explosionen.

6 Auswirkung bei der Zündung von freigesetzten brennbaren Gaswolken

Werden brennbare Gaswolken freigesetzt, so kann es bei der Zündung dieser Wolken zu Auswirkungen in größeren Entfernungen kommen.

Größere Entfernungen können entweder dadurch überbrückt werden, daß die Wolke durch Dispersion und/oder Advektion verfrachtet wird, oder daß im Falle der brennbaren Wolke oder einer Explosion die Explosionsdruckwelle entfernte Gebiete erreicht.

Beispiele sind Flixborough (UK 1974), wo das Zerstörungsmuster deutlich von der Windrichtung abhängig ist (Marshall 1980), Pernis, Holland (1968) oder Port Hudson, USA (1970), wo eine LPG-Pipeline gebrochen ist und 24 Min. nach dem

Bruch eine Explosion erfolgte. Nachträgliche Abschätzungen unter Berücksichtigung der Wetter- und orographischen Bedingungen zeigten, daß sich ungefähr 10 t Propan zur Zeit der Explosion durch Mischung mit Luft zwischen der unteren und der oberen Explosionsgrenze befanden und an der Explosion beteiligt waren.

Kommt es zu einer Zündung einer Gaswolke (Explosion ist der Oberbegriff von Detonation und Deflagration, die sich durch die Stärke der Druckwelle unterscheiden), dann bestimmt die Flammengeschwindigkeit den Überdruck in der Explosionswelle. Diese Flammengeschwindigkeit bestimmt die freisetzbare Verbrennungsenergiemenge als Funktion der Zeit. Die durch die Explosion ausgelöste Druckwelle, mit einer Geschwindigkeit nahe der Schallgeschwindigkeit, transportiert die freigesetzte Energie in die Umgebung. Da die Flammengeschwindigkeit sich über zwei Größenordnungen ändern kann und die Schallgeschwindigkeit hier nahezu konstant ist, ist es einsichtig, daß mit der Flammengeschwindigkeit der Überdruck in der Explosionswelle und der mögliche Schaden steigen.

Die Flammengeschwindigkeit in Abhängigkeit der Zeit ist also die wichtigste Größe, um den Schaden bei einer Gaswolkenexplosion abschätzen zu können. Die Flammengeschwindigkeit im voraus abschätzen zu können, ist schwierig, wenn nicht gar unmöglich. Die meisten Modelle versuchen, dieses Problem zu umgehen (Wiekema 1982), indem eine Flammengeschwindigkeit definiert wird oder eine sogenannte TNT-Äquivalenzmethode herangezogen wird. Letzteres ist mit Fragezeichen zu versehen, da die Detonation in TNT bei sehr hohen Geschwindigkeiten, verglichen mit Flammengeschwindigkeit in Gaswolken, stattfindet.

Flammengeschwindigkeit und Spitzenüberdruck hängen außerordentlich stark von den technischen und physikalischen Randbedingungen ab, die bei der Zündung einer Gaswolke herrschen. Hierzu gehören vorhandene und erzeugte Turbulenz, Windgeschwindigkeit, Verdämmung, Konzentrationsverteilungen, Zündart usw. Bild 9 zeigt die Abhängigkeit des Spitzenüberdrucks in in Abhängigkeit des Zündortes.

Modelle, die eher idealisierte Bedingungen voraussetzen, prognostizieren untereinander sehr verschiedene Werte für den Spitzenüberdruck, wie Bild 10 zeigt.

Experimente mit brennbaren Gaswolken (Hirst et al., 1982) über vollkommen ebenem Gelände, z. B. die Maplin Sands Experimente der Shell auf Wasseroberflächen, zeigen außerordentlich kleine Spitzenüberdrücke im Verhältnis zu den Theorien, die vermutlich ihrerseits durch sehr idealisierte Randbedingungen erzeugt worden sind.

Es wird verständlich, daß bei den erwähnten Tests die Randbedingungen idealisiert waren, damit überhaupt definierte Experimente durchgeführt werden konnten.

Im Gegensatz dazu zeigen nachträgliche Auswertungen an größeren Explosionsunglücken (Wiekema 1982, Giesbrecht, 1980), daß Drücke bis zu 0,5 bar aufgetreten sein müssen; d. h., die Flammengeschwindigkeit ist unter realen Verhältnissen tatsächlich wesentlich höher als unter idealisierten Bedingungen.

Die Schadensanalysen werden meist, auch wenn diese Methode sehr unvollkommen ist, mit Hilfe von Schadenskriterien bei dynamischer Belastung von Strukturen durch Blastwellen durchgeführt (Giesbrecht 1980, Schardin 1954).

Für die Zeit von 1920 bis 1980 hat Wiekema (1982) in einer Auswertung von 165 Gaswolkenexplosionen wichtige Daten zusammengetragen, die in den Bildern 11

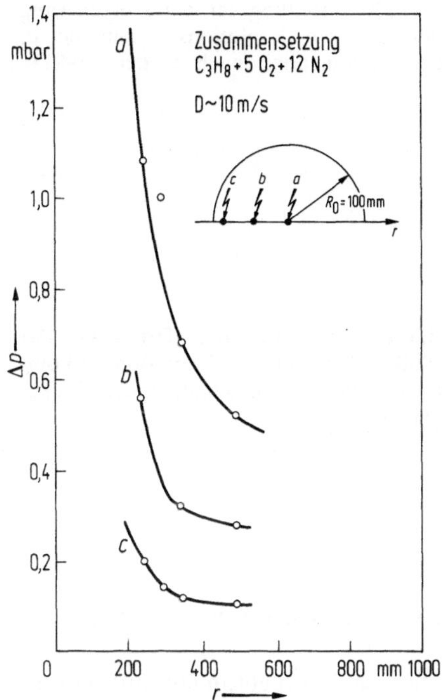

Bild 9. Abhängigkeit des Spitzenüberdrucks vom Zündort (nach Geiger 1982)

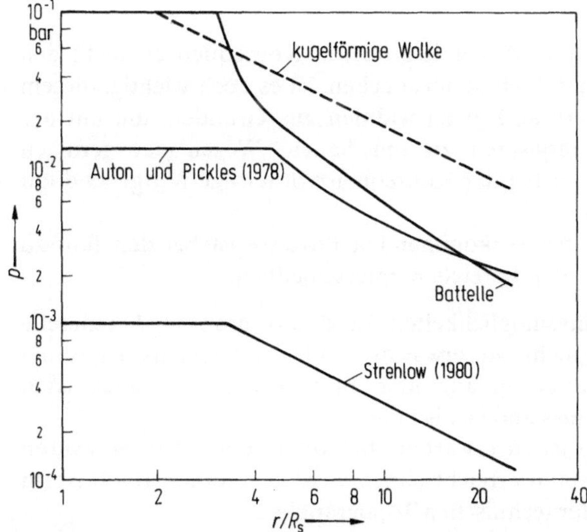

Bild 10. Vorhersage von Spitzenüberdrücken nach verschiedenen Modellvorstellungen (nach Geiger 1982)

Verzögerung min	Explosion %	Flash fire %
< 1	25	14
1 ... 5	35	48
6 ... 15	25	14
16 ... 30	15	0
> 30	0	24

Bild 11. Verteilung der Zündverzögerung bei größeren Explosionsvorkommen in der Vergangenheit (nach Wiekema 1982)

Driftweite m	Explosion %	Flash fire %
$< 10^2$	67	73
$10^2 \ldots 10^3$	33	25
$> 10^3$	0	2

Bild 12. Verteilung der Driftweite der Wolken bei größeren Explosionsvorkommen in der Vergangenheit (nach Wiekema 1982)

und 12 zu sehen sind: Massenverteilung, Zeit von Freisetzung bis zur Zündung, Letalschäden, Verletzte.

Was können, nach diesen Ausführungen, für Schlußfolgerungen auf unsere Fähigkeiten gezogen werden, Spitzenüberdrücke und Schäden bei Gaswolkenexplosionen vorauszusagen? Prinzipiell sind wohl die involvierten Prozesse verstanden. Die tatsächlichen Drücke hängen aber so stark von den einzelnen kaum vorhersagbaren Randbedingungen ab, so daß wir uns im Augenblick mit Durchschnitts- oder Maximalwerten zufrieden geben müssen.

7 Zusammenfassung

Obwohl wir gesehen haben, daß Unfälle mit größeren Konsequenzen nicht den wesentlichen Teil des Risikos einer Technik ausmachen, ist es doch wichtig, diesem Teil des Risikospektrums Aufmerksamkeit zu widmen aus Gründen, die mit der Perzeption, aber auch mit Synergismen zu tun haben. Wegen der geringen Eintrittswahrscheinlichkeit sind wir bei der Konsequenzvorhersage weitgehend auf theoretische Modelle angewiesen.

Der Wissensstand über die dabei vorkommenden Prozesse ist bei den fünf zu einer Konsequenzanalyse gehörenden Bereichen unterschiedlich.

1. Das Spektrum der Freisetzungsmöglichkeiten ist derart groß, daß generelle Lösungen auch in Zukunft nicht zu erwarten sind. Andererseits kann die Methode konservativer Scenarien gerade hier zu zweifelhaften Ergebnissen führen; ein verbesserter Kenntnisstand ist also nötig.
2. Bei der Ausbreitungsrechnung ist zu erwarten, daß wir in den nächsten Jahren einen befriedigenden Wissensstand erreicht haben werden; problematisch ist im Augenblick noch der Einfluß der technischen Topographie.
3. Unser Wissen über Dosis-Wirkungs-Beziehungen toxischer Stoffe ist mangelhaft und erlaubt nur unvollständige oder konservative Konsequenzaussagen.

4. Das Wissen über die Auswirkung von Bränden ist bei gegebenen Randbedingungen ausreichend.
5. Bei Explosionsauswirkungen ist, ähnlich wie bei der Ausbreitung, der Einfluß der technischen Topographie noch nicht beherrscht. Es besteht Klarheit über die prinzipiellen Prozesse. Diese in einer aktuellen Prognose bei vorherrschenden Randbedingungen zu berücksichtigen, ist aber noch nicht möglich.

Literatur

Bayer, A.; Heuser, F. W.: Basic aspects and results of the German risk study. Nucl. Saf. 22, No. 6 (Dec. 1981)

Blokker, E. F.; The use of risk analysis in the Netherlands. Angew. Systemanalyse 2/4 (1981)

Blokker, E. F. et al.: Evaluation of risk associated with process industries in the Rijnmond area. A pilot study. 3rd Int. Symp. on Loss Prevention and Safety Promotion in the Process Industries, Basel, Sept. 15–19, 1980

Der Bundesminister für Forschung und Technologie: Deutsche Risikostudie Kernkraftwerke. Eine Untersuchung zu dem durch Störfälle in Kernkraftwerken verursachten Risiko. Köln, TÜV-Rheinland: 1979

Geiger, W.: Present understanding of the explosion properties of flat vapour clouds; 2nd Symp. on Heavy Gases and Risk Assessment, May 25/26, 1982, Battelle-Institut e.V., Frankfurt/Main

Giesbrecht, H. et al.: Analyse der potentiellen Explosionswirkungen von kurzzeitig in die Atmosphäre freigesetzten Brenngasmengen in heavy gas and risk assessment. Dordrecht: Reidel 1980

Hartwig, S.: Identification of problem areas related to the dispersion of heavy gases. Lect. Ser, March 8–12, 1982 von Kármán Institut for Fluid Dynamics, Brüssel

Hartwig, S.; Flothmann, D.: Open and controversial problems in the development of models for the dispersion of heavy gas, in heavy gases and risk assessment. Dordrecht: Reidel 1980

Health and Safety Commission: Advisory Committee on Major Hazards. Second Rep. 1979

Hirst, W. J. S.; Eyre, J. A.: Maplin sands experiments 1980: Combustion of large LNG and refrigerated liquid propane spills on the sea; 2nd Symp. on Heavy Gases and Risk Assessment May, 26/26, 1982, Battelle-Institut e.V., Frankfurt/Main

Kletz, T. A.: Hazard analysis – a quantitative approach to safety. In: Major Loss Prevention 1971

Lees, F. P.: Loss prevention in the process industries. London: Butterworths 1980

Little, Arthur D., Inc.: Assessment of risk control options associated with liquefied natural gas trucking operations from distrigas terminal. Everett, Mass. 1979

Margulius, T. S.: Cove point liquefied natural gas operations. A preliminary review of the risk. The Johns Hopkins University, Rep. Dec. 1980

Marshall, V. C.: In: Chem. Eng. (Febr. 1980)

Nuclear Regulatory Commission, Reactor Safety Study: An assessment of accident risks in US Commercial Nuclear Power Plants. NRC Rep. WASH-1400, Oct. 1975

Rijnmond Authority; Risk analysis of six potentially hazardous industrial objects in the Rijnmond area. A pilot study. Dordrecht: Reidel 1981

Schardin, H.: Wirkung von Spreng- und Atombomben auf Bauwerke. Ziviler Luftschutz Heft 12, 293/291 (1954)

Schnatz, G.; Hartwig, S.; Hofmann, J.: Risk assessment for nuclear reactor accidents with non-Gaussian dispersion models in probabilistic risk assessment. ANS/ENS-Meeting, Sept. 20–24, 1981, Port Chester

Uppuluri, V. R. R.: Rare events – a state of the art. ORNL/CSD-73, Dec. 1980

Wickema, B. J.: An analysis of vapour cloud explosions based on accidents. 2nd Symp. on Heavy Gases and Risk Assesment, May 25/26, 1982, Battelle-Institut e.V., Frankfurt/Main

Zielenbach, W. J. et al.: Risk assessment for operation of the anhydrous hydrogen fluoride facility. Report to Goodyear Atomic Corp., Febr. 1980

Beurteilung von Kosten, Vollständigkeit und Nutzen von Risikoanalyseverfahren

J. R. Taylor

1 Einführung

Die meisten Risikoanalytiker, die sich aus dem Laboratorium in die Industriepraxis hinausgewagt haben, wissen aus Erfahrung, daß kurz nach dem Abschluß einer Analyse eine Unfallart eintritt, mit der man vorher überhaupt nicht gerechnet hatte. Das ist auch dem Autor passiert. Es trifft auf den Canvey-Bericht zu und gilt für die Reaktorsicherheitsstudie WASH 1400.

Dem Risikoanalytiker ist bewußt, daß seine Aufstellungen von Gefahren zwangsläufig unvollständig sind. Erstens ist es ungeheuer zeitraubend und aufwendig, eine wirklich gründliche Gefahrenanalyse zu erstellen. Zweitens wird selbst bei unbegrenztem Aufwand manches übersehen, entweder weil der Analytiker darüber nichts weiß oder weil es in Technik und Wissenschaft insgesamt unbekannt ist.

Dennoch sollte man für die Gründlichkeit von Analysen eine Art Norm aufstellen. Wenn man keine Angaben über die Qualität, also die Vollständigkeit und Gewißheit, machen kann, muß man sich fragen, was eine Risikoanalyse überhaupt wert ist.

Zur Untersuchung dieser Fragen wurde 1978 mit Unterstützung des Technischen Forschungsrats in Dänemark ein Projekt begonnen. Im Mittel haben bisher drei Mitarbeiter vier Jahre lang daran gearbeitet.

Die Vorgehensweise der Studie war folgende:

- Strenge Definition einer Abfolge von Risikoanalyseverfahren in Form eines Handbuchs;
- Verfeinerung dieser Verfahren in einer Reihe von vorläufigen Studien, so daß sie möglichst wirkungsvoll eingesetzt werden können;
- systematische Anwendung dieser Verfahren in den entsprechenden Stadien der Konstruktion und Errichtung einer chemischen Anlage.
- Vergleich der Ergebnisse dieser Verfahren und Vergleich mit Erfahrungen bei der Inbetriebnahme und beim Betrieb der Anlage.

Genaue quantitative Maßstäbe wurden zur Messung der „Qualität" im Hinblick auf den „Grad der Vollständigkeit" und die „Anzahl der Anlagenveränderungen" definiert. Der „Grad der Vollständigkeit" wurde in Versagensarten von Komponenten bestimmt, die wiederum im Vergleich zur durch Anwendung aller Methoden festgestellten Gesamtzahl gemessen wurden. Der „Grad der Vollständigkeit" ist mithin kein absolutes, sondern ein relatives Maß.

Folgende Verfahren wurden untersucht:

1. Eine Art von Gefahren- und Funktionsfähigkeits-(Operabilitäts-)studien auf der Grundlage von Störungen thermodynamischer Variabler und des Versagens von Wandungen.
2. Eine Fehlerart-Analyse sowie eine Ursachen/Wirkungs-Analyse; damit sollten mögliche Bedienungsfehler ermittelt werden.
3. Eine allgemeine Gefahrenbaumanalyse, in der ein sehr detaillierter Fehlerbaum für Gefahrenklassen als Checkliste gebraucht wird.
4. Eine Checkliste für die Inbetriebnahme-Überprüfung.
5. Analyse von Handlungs-Fehler-Mechanismen, ein Verfahren ähnlich dem unter Pkt. 2 geschilderten, das sich jedoch in diesem Fall auf den Bedienungsmann, nicht auf die Maschinenschnittstelle konzentriert.
6. Automatische Erstellung von Fehlerbäumen.
7. Eine Analysenmethode auf der Ebene von Einheiten (einer höheren Ebene als derjenigen der Einzelkomponenten), nämlich die Methode IFAL des „Insurance Technical Bureau".

Das Experiment wurde durch eingehende Überprüfung von zwei vollständigen kommerziellen Risikoanalysen ergänzt, für die der Autor federführend war.

2 Anforderungen an die Risikoanalysen

2.1 Allgemeiner Rahmen für die Vollständigkeit der Analyse

Wenn in einer Analyse Gefahren identifiziert werden, kann damit zweierlei geschehen: Entweder werden sie hingenommen, oder sie werden ausgeschaltet. Es wäre jedoch töricht, eine vollständige Identifizierung zu erwarten. Manche Gefahren bleiben unerkannt, weil die zur Identifikation angewandten Verfahren unvollkommen sind. Aber selbst mit vollkommenen Verfahren werden manche Gefahren nicht entdeckt, weil der Wissensstand nicht ausreicht.

Ein Beispiel dafür, wie aus mangelnder Kenntnis Versäumnisse entstehen können: Das Phänomen der Zinkversprödung bei heißem Stahl war vor der Flixborough-Untersuchung außerhalb der Forschungslaboratorien nahezu unbekannt. Ein weiteres Beispiel: Die Störung von Computerschaltungen durch kosmische Alphateilchen ist erst in den letzten Jahren bekannt geworden.

Auch wenn eine vollständige Gefahrenanalyse durchgeführt worden ist, kann ihr Wert darunter leiden, daß in der Praxis nicht genügend für die Sicherheit getan wird. Neue Gefahren können durch Maßnahmen oder Unterlassungen der Betriebsleitung entstehen. Wenn man eine Risikoanalyse durchführt, muß man von bestimmten Voraussetzungen ausgehen, darunter auch Annahmen über die künftige Betriebsführung einer Anlage. Dabei kann man zum Beispiel voraussetzen, daß zur Beseitigung entzündlicher Gase vor der Aufnahme von Schweißarbeiten sichere Vorgehensweisen angewandt werden. Wenn die Betriebsleitung zuläßt, daß solche Verfahren nicht angewandt werden, entstehen neue Gefahren, die im ursprünglichen Sicherheitsbericht überhaupt nicht erfaßt sind.

Deshalb weist jede Untersuchung der Vollständigkeit einer Gefahrenanalyse immer gewisse Unsicherheiten aufgrund mangelnder Kenntnisse und bestimmte Annahmen über die Hinlänglichkeit der getroffenen Sicherheitsmaßnahmen auf.

2.2 Detailliertheit der Analyse

Unfallgefahren in Prozeßanlagen lassen sich in solche durch Explosionen, Brände, Überflutungen und Erstickungen sowie mechanische Einwirkungen einteilen. Diese Aufstellung ist vollständig; lediglich der „Unfall" ist in seiner Definition umstritten. Allerdings ist die Aufstellung nicht sehr detailliert und auch nit besonders nützlich.

Mit wachsender Detailliertheit einer Analyse wachsen auch die Möglichkeiten von Auslassungen. Im allgemeinen nimmt dabei gleichzeitig auch die Vollständigkeit ab. Wenn man also über die Vollständigkeit einer Analyse diskutieren will, muß man erst einmal festlegen, wie detailliert sie sein soll.

Bei der Diskussion über versuchsweise durchgeführte praktische Risikoanalysen, von denen später noch die Rede sein soll, geht man, was die Detailliertheit betrifft, von den Ausfallarten einzelner Komponenten auf der typischen Gliederungsebene von Ventilen, Pumpen, Filtern und Schaltern aus. Analysen mit noch feinerer Auflösung sind durchaus möglich; z.B. erfassen sie dann die einzelnen Flansche an Behältern, Transistoren oder Schalterfedern. Man kann Analysen sogar bis zu den Ursachen von Komponentenausfällen treiben, also beispielsweise Korrosion, Schwingungen, Überlastung, Unterdimensionierung usw. Bei der folgenden Behandlung praktischer Erfahrungen werden diese detaillierteren Analysen allerdings nicht zur Sprache kommen.

Risikoanalysen lassen sich auch weniger detailliert durchführen, wenn z.B. Teilsysteme wie Destillationskolonnen, Speicherbehälter und chemische Reaktoren als Komponenten betrachtet werden. Bei noch geringerem Auflösungsgrad gilt vielleicht eine vollständige Raffinerie oder ein Ammoniakspeicher als Einheit. Die Risikoanalysen gründen sich in solchen Fällen auf statistische Daten aus ähnlichen Anlagen, vielleicht mit Skalierungsfaktoren, die Unterschiede in der Anlagengröße berücksichtigen.

Derartige Analysen bieten im allgemeinen ein vollständiges Bild von den verbreiteten Risiken, je nachdem, wieviel Erfahrung vorliegt. Wenn z.B. einige hundert Systemjahre Erfahrung zur Verfügung stehen, dürften Risiken verhältnismäßig gut abgedeckt sein, die alle zehn Jahre einmal auftreten. Allerdings zeigen derartige Analysen nicht, wie man im Detail Konstruktionsverbesserungen erzielen kann, und sie können vollständig über den Haufen geworfen werden, wenn auch nur ein paar Konstruktionsdetails von der Norm abweichen.

2.3 Meßgrößen für die Vollständigkeit

Ein einfaches Maß für die Vollständigkeit einer Gefahrenanalyse wäre folgendes Verhältnis:

$$\frac{\text{Anzahl der ermittelten Gefahren}}{\text{Anzahl der möglichen Gefahren}}$$

Wenn dieses Verhältnis den Wert 1 aufweist, kann man sagen, die Analyse ist absolut vollständig. Eine solche Meßgröße ist in der Praxis allerdings sinnlos, denn man weiß ja nicht, wann alle möglichen Gefahren festgestellt worden sind.

Eine praktische Meßgröße ist die *historische Vollständigkeit.* Sie ist definiert als das Verhältnis von

$$\frac{\text{Anzahl der nach einem bestimmten Verfahren ermittelten Gefahren}}{\text{Anzahl der in einer Anlage nach einer Standardliste alter Fälle zu ermittelnden Gefahren}}$$

Das ist die vom Verfasser bei praktischen Untersuchungen angewandte Meßgröße. Als historische Grundlage diente dabei eine Sammlung von Fällen in „Loss Prevention“ und im „Loss Prevention Bulletin“. Zu Studienzwecken wurden die betreffenden Gefahren herausgezogen und als „allgemeiner Fehlerbaum“ gezeichnet [1].

In manchen Methoden zur Ermittlung von Gefahren wird eine bestimmte Gefahrenklasse behandelt, die logisch in sich abgeschlossen ist. Diese Vollständigkeit innerhalb einer methodisch definierten Gefahrenklasse läßt sich als *interne Vollständigkeit* bezeichnen. Die Analyse von Ausfallarten und Folgen ist z. B. eine Methode, bei der zumindest der Ausgangspunkt (die Ausfallarten von einzelnen Komponenten) logisch vollständig ist.

Bei im Prinzip in sich vollständigen Verfahren ergeben sich zwei interessante Fragen. Erstens: In welchem Umfang wird die theoretische Vollständigkeit in der Praxis erreicht (einfache Schreibfehler oder Versäumnisse können bewirken, daß der Idealfall nicht erreicht wird). Zweitens: Wenn eine Gefahrenklasse vollständig aufgedeckt worden ist, muß man sich fragen, welche Gefahren außerhalb dieser Klasse liegen. Diese zweite Frage ist sehr wichtig, denn die Antwort darauf zeigt, wie bestimmte Gefahrenanalysen mit Alternativmethoden ergänzt werden sollten.

In manchen Fällen werden Gefahren absichtlich von der Analyse ausgenommen, um den Aufwand zu verringern. So können z. B. nur die Gefahren eines einfachen oder doppelten Ausfalls einbezogen werden oder nur Ausfallkombinationen, die häufiger als einmal in 1000 Jahren auftreten. Solche Abbruchvorschriften dienen im allgemeinen dazu, Analysen nicht mit zuviel bedeutungslosen Details zu überfrachten.

Wenn solche Abbruchvorschriften verwandt werden, ist ein besseres Maß für die Vollständigkeit der Prozentsatz der analysierten historischen Risiken, definiert durch:

$$\frac{\Sigma f_i c_i \text{ für alle identifizierten Gefahren}}{\Sigma f_i c_i \text{ für alle Gefahren aus einer Fallsammlung, die sich identifizieren ließen.}}$$

2.4 Selektivität / Ausscheidungsvermögen

Wenn eine Gefahr als potentielle Risikoquelle ermittelt worden ist, müssen oft weitere Berechnungen durchgeführt werden, um zu bestätigen, daß diese Gefahr tatsächlich entstehen kann. So kann z. B. der Ausfall einer Kühlpumpe dazu führen, daß sich ein chemischer Reaktor überhitzt. Ob die erreichte Temperatur so hoch ist, daß die Reaktion durchgeht, hängt von der Aufheizungsgeschwindigkeit und der Naturumlaufkühlung ab. Die Feststellung, ob es sich um eine wirkliche Gefahr handelt, erfordert recht umfangreiche Berechnungen und möglicherweise auch einige Versuche. Es kann aber auch ein Urteil über den Grad der Gefährdung abgegeben werden.

Solche Urteile, die zur Vermeidung von Rechenarbeit abgegeben werden, lassen nur allzu oft bestimmte Gefahren unberücksichtigt, die in einer Analyse berücksichtigt werden müßten. Sie machen es außerdem möglich, daß in einer Analyse Gefahren berücksichtigt werden, die in der Praxis überhaupt nicht vorkommen können.

Als Maß für die Selektivität in einer Gefahrenanalyse läßt sich folgender Ausdruck definieren:

$$\frac{\text{Anzahl der Gefahren aus der Gefahrenliste einer Anlage, die tatsächlich auftreten können}}{\text{Gesamtzahl der in der Gefahrenliste für eine Anlage identifizierten Gefahren.}}$$

Diese Meßgröße läßt sich mittels einer Gefahrenanalyse und eingehender Überprüfung der aufgelisteten Gefahren bestimmen. Es hat sich gezeigt, daß bei Anwendung guter Gefahrenanalyseverfahren der größte Unterschied zwischen erfahrenen und unerfahrenen Analytikern darin besteht, daß die erfahrenen Analytiker einen höheren Grad an Selektivität erreichen.

Der Wunsch nach möglichst umfassender Vollständigkeit steht im Gegensatz zum Wunsch nach hoher Selektivität, besonders wenn zur Analyse nur eine begrenzte Zeit zur Verfügung steht, wie es bei Arbeiten für die Industrie oft der Fall ist.

Die Vollständigkeit läßt sich durch Vergleichen verschiedener Analysen, Vergleichen mit Fallsammlungen und Beobachtungen der analysierten Anlage bis zur Inbetriebnahme und im Betrieb beurteilen. Alle diese Ansätze sind in den hier beschriebenen Analyseversuchen benutzt worden.

3 Ergebnisse der Risikoanalysen

Die Analyseverfahren wurden in den Anfangsstadien der Auslegung, bei der Detailkonstruktion und Inbetriebnahme einer Vielkomponenten-Destillationsanlage angewandt, die von der Firma Grinsted Products A/S errichtet wurde. Der Anlagenkonstrukteur, der Sicherheitsbeauftragte und zwei Risikoanalyseforscher gehörten dem Analyseteam an. An die Analyse schlossen sich detailliertere Untersuchungen sowie Überprüfungen von älteren Unfallberichten an.

3.1 Die Destillationsanlage

Die eigentliche Destillationsanlage besteht aus folgenden Hauptteilen:

- Einem mit Dampf beheizten und (zur Verbesserung des Wärmeübergangs) gerührten Destillationskessel;
- einem Vorratsgefäß, das der Destillationsanlage einen kontinuierlichen Einspeisestrom zuführen kann;
- einer kurzen Füllkörperkolonne zur Phasentrennung;
- einem Kondensator mit gesteuertem Rücklauf in die Kolonne;
- einem weiteren Kühler zur Temperaturregelung der kondensierten Flüssigkeiten;
- vier Destillataufnahmebehältern für Methanol, verunreinigtes Methanol, verunreinigtes Urethan und reines Urethan;
- einer Vakuumpumpenanlage, mit der die letzten Destillationsstufen im Vakuum durchgeführt werden. Zur Vakuumanlage gehört auch ein mit Brüden gekühlter Kondensator als Dampfabscheider.

Die Anlage wird mit einem programmierten logischen Steuerteil PM 550 von Texas Instruments gefahren, das sowohl sequentiell als auch stetig steuert. Bei sequentieller Steuerung wird eine feste Folge von Steuerstufen mit nur geringen

Abweichungen durchlaufen, wobei der Operateur den Zeitpunkt der Sequenzen bestimmt. Der Operateur kann also den Beginn des nächsten Verfahrensschritts bestimmen und einen Prozeß auch abschalten. Umfangreiche Sicherheitsverriegelungen sind vorgesehen, die dafür sorgen, daß ein Prozeß nicht unter unsicheren Bedingungen anlaufen kann.

3.2 Praktische Beurteilung der Vollständigkeit

3.2.1 Gefahren- und Funktionsfähigkeitsanalyse

Die Gefahren- und Funktionsfähigkeitsanalyse (Hazard and Operability Analysis) ist einer der verbreitesten Ansätze zur Ermittlung von Gefahren in Prozeßanlagen. Die hier behandelte Fassung ist eine Weiterentwicklung des ursprünglichen Verfahrens von Lawley (in Deutschland unter dem Namen PAAG-Verfahren der BG Chemie bekannt); damit soll ein definierter Grad an Vollständigkeit erreicht werden. Die Anlage wird in „Behälter" oder „Volumina" unterteilt, und für jede dieser Unterteilungen wird eine Reihe von Variablen untersucht. Die gewählten Variablen sollten eine thermodynamisch vollständige Menge bilden; in unserem Fall sind Temperatur, Druck, Konzentration verschiedener Substanzen, Durchmischungsgrad, Oberflächenspannung, Füllung usw. gewählt worden. Für jeden dieser Parameter werden die Ursachen und die Folgen von Schwankungen untersucht. Zusätzlich wird als Variante der Fall „Bruch der Druckumschließung" mitgeprüft. Die Ursachen und Folgen werden in Tabellen zusammengestellt.

Im Verlauf von rund zehn Analysen ist eine Checkliste mit Ursachen entstanden und in Standardanalyseblätter eingearbeitet worden. Dabei hat sich herausgestellt, daß die Vollständigkeit dadurch erheblich verbessert wird (etwa um den Faktor 2), selbst wenn man sie mit Analysen vergleicht, die von erfahrenen Ingenieuren durchgeführt worden sind.

Das Verfahren wird üblicherweise bei Fließschemata und Rohrleitungs- und Instrumentenplänen angewandt. Das schränkt die Gefahrenanalyse schon ein, da Höheneffekte wie z. B. Luftschleusen, Staudruckwirkungen, Effekte der Nähe und mechanische Einzelheiten nicht ausreichend erfaßt werden.

Mit Hilfe der besten zur Verfügung stehenden Checkliste als Unterstützung wurden für eine im Chargenbetrieb arbeitende Destillationsanlage nach diesem Verfahren dreißig Gefahrenpunkte ermittelt. Im Anschluß daran wurde die Gefahrenliste auf 137 Punkte erweitert, so daß der Vollständigkeitsgrad des Verfahrens in diesem Fall bei rund 22% lag [2].

Die Anwendung der Gefahren- und Operabilitätsmethode bei einem Chargenprozeß ist vielleicht ein unangemessener Test. Eigentlich sollte man damit ja Abweichungen von einem stationären Betriebszustand bestimmen. Der Ausgangspunkt für das Verfahren ist in sich logisch vollständig, sofern die Anlage genügend fein in einzelne Volumina aufgegliedert ist. Die Hauptschwierigkeit, die das Verfahren einschränkt, scheint darin zu liegen, daß sich der Analytiker dabei nicht an die richtige Folge von Funktionsschritten der Anlagenteile erinnert und infolgedessen auch Abweichungen von der richtigen Funktion nicht feststellen wird.

Wenn in einer Anlage komplizierte Rohrleitungen oder Steuer- und Regelkabel vorhanden sind, kann das Ausfüllen der Spalten „Ursachen" und „Folgen" in

Analysetabellen sehr kompliziert werden. Es bietet sich in diesen Fällen eher an, die Analyse so zu erweitern, daß sie Leitung für Leitung durchgeführt wird und als Hinweise zur Fehlersuche hohe und niedrige Temperaturen, Konzentrationen, Verunreinigungen sowie hohe, niedrige, keine und in umgekehrter Richtung fließende Strömungen verwendet werden. Andererseits kann man Fehlerbäume auch zur Ausfüllung der Spalten „Ursachen" konstruieren und Folgendiagramme zur Ausfüllung der Spalten „Folgen" erstellen. Durch diese Erweiterung kamen zu den dreißig nach dem Volumen und dem Volumenverfahren ermittelten Gefahren noch zwei weitere hinzu.

Auf jeden Fall sollten Untersuchungen von Gefahren und der Funktionsfähigkeit durch Untersuchungen des Reaktionspotentials (Reaktionsmatrizen) ergänzt werden, da das Verfahren selbst für die Behandlung dieser beiden Faktoren nicht viel hergibt.

3.2.2 Analyse von fehlerhaften Handlungen

Dieses Verfahren ist eine Version der Analyse von Ursachen und Folgen, mit der man Betriebsweisen behandeln kann. Betriebsweisen werden Schritt für Schritt schriftlich niedergelegt, und die Auswirkung jedes Schritts auf die Gesamtanlage wird festgehalten. Dann werden die Auswirkungen einer Reihe möglicher Fehler bei jeder Maßnahme berücksichtigt, und die Auswirkungen der richtigen Maßnahme auf eine ganze Reihe anomaler Zustände in den durch die Maßnahme betroffenen Komponenten werden beschrieben. Die falschen Maßnahmen und die Vorgänge in der Anlage werden in Diagrammen erfaßt, für die vorgedruckte Formulare hergestellt worden sind.
Folgender Fehlerbereich wird behandelt:

Maßnahme – zu früh
zu spät
zu viel
zu wenig
zu lang
zu kurz
falsche Richtung
am falschen Objekt
falsche Maßnahme.

Diese Fehlermenge ist logisch vollständig, aber die Liste der falschen Maßnahmen muß aus praktischen Gründen irgendwie begrenzt werden. Im allgemeinen muß auch die in jeder Sequenz behandelte Anzahl von Ausfällen und Fehlern auf drei oder vier beschränkt werden, denn sonst wird die Analyse zu lang und verwirrend.

In der Praxis hat für die Analyse der im Chargenbetrieb arbeitenden Anlage die im Anschluß an die Gefahren- und Funktionsfähigkeitsmethode durchgeführte Untersuchung der falschen Maßnahmen weitere 82 Gefahren aufgezeigt und damit eine Vollständigkeit von rund 60% erzielt. Die Vollständigkeit der Gefahren- und Funktionsfähigkeitsmethode sowie der Analyse falscher Maßnahmen steigt damit zusammen auf 82% an. Zwölf Veränderungen wurden in der Anlage anhand der Analyse der Gefahren und der Funktionsfähigkeit vorgenommen, weitere dreißig auf der Grundlage der Analyse von falschen Maßnahmen.

3.2.2 *Untersuchungen vor Ort*

Viele Gefahren lassen sich nur durch eine Besichtigung der Anlage feststellen. So kann man z. B. über scharfe Kanten geführte Kabel auf Zeichnungen ebensowenig erkennen wie Schmutz, der Sicherheitsabläufe verstopft.

Bei der Untersuchung der im Chargenbetrieb arbeitenden Destillationsanlage wurden Inspektionschecklisten und eine Stück-für-Stück-Inspektion verwandt. Auf diese Art und Weise wurden weitere zwanzig Gefahren ermittelt. Drei zusätzliche Gefahren wurden lediglich aufgrund von Störungen bei der Inbetriebnahme indentifiziert.

3.2.4 *Wahrscheinlichkeitsrechnungen*

Die Umwandlung von Gefahrenermittlungslisten in Wahrscheinlichkeitsrechnungen verbessert nachweislich sowohl die Vollständigkeit als auch die Selektivität. Die Gefahren werden besser eingeordnet, und wenn man einer Gefahr Wahrscheinlichkeiten zuerkennt, werden andere mögliche Ursachen aufgezeigt. Bei in der Wirtschaft insgesamt durchgeführten Untersuchungen dieses Effekts hat sich die Vollständigkeit nachweislich um 1 bis 2% verbessern lassen.

3.2.5 *Fehlerbaumanalyse*

Die von Hand auf der Ebene der Komponentenausfallarten durchgeführte Fehlerbaumanalyse ist nachweislich mit einigen Problemen behaftet, besonders im Hinblick auf die schlechte Erfassung von Kurzschlüssen, Rohrbrüchen, irrtümlich geöffneten Ventilen oder geschlossenen Schaltern sowie Schwierigkeiten in der Ablaufsteuerung. Ganz einfache Aufgaben, die als Schulbeispiele gestellt wurden, sind selbst von erfahrenen Analytikern falsch gelöst worden. In der praktischen Anwendung hat sich bei Problemen im Zusammenhang mit Rohrleitungen und Verkabelungen eine Vollständigkeit von rund 80% ergeben, für Probleme in der Ablaufsteuerung und im Anlagenbetrieb lag der Grad der Vollständigkeit wesentlich niedriger.

Automatische Konstruktion von Fehlerbäumen und Folgendiagrammen

Diese Verfahren werden z. Z. in der oben beschriebenen Destillationsanlage angewandt. Dabei werden die Gefahren unmittelbar mit Störungen verknüpft, die anhand von Massen- und Energiebilanzgleichungen und ähnlichen physikalischen Gleichungen sowie von gründlichen Aufstellungen der Ausfallarten einzelner Komponenten beschrieben werden. Diese Verfahren sind in sich vollständig und erfassen exakt sämtliche Störungen in Anlagenvariablen durch Komponentenausfall und die weiter oben beschriebenen falschen Maßnahmen.

Ein Vergleich mit der manuellen Analyse der im Chargenbetrieb arbeitenden Destillationsanlage zeigt, daß die durch die Gefahren- und Funktionsfähigkeitsanalyse sowie die Analyse von falschen Maßnahmen nachgewiesenen Gefahren auch hier aufgezeigt werden und daß außerdem auch zwei der bei Überprüfung vor Ort festgestellten Fehler gefunden wurden. Allerdings war die Selektivität geringer. Die Untersuchungen laufen noch. Die vorläufigen Ergebnisse lassen darauf schließen, daß wahrscheinlich eine Vollständigkeit von 80% zu erreichen ist; zusammen mit Prüfungen vor Ort dürfte sie 95% betragen.

Theoretisch sollten die Verfahren dort zu Lücken führen, wo ein der Analyse zugrunde liegendes Modell nicht der tatsächlichen Anlage entspricht. Das ist der Fall, wenn die Pläne nicht dem Ausführungszustand entsprechen und die Ausführung selbst in Details schlecht erfolgte. Außerdem werden bei den benutzten Verfahren Gefahren nicht mit erfaßt, die sich aus einer potentiellen Energie der Höhe ergeben. Wie bei allen Methoden, die auf Fließschemata oder Rohrleitungs- und Instrumentierungsplänen aufbauen, werden hier Massen- und Energiespeicher und -ströme sowie Substanzen und Reaktionen nicht erfaßt, die nicht im Modell des Analytikers enthalten sind. Das scheint jedoch in unserer Studie keine große Rolle gespielt zu haben.

4 Probleme bei der Schlußprüfung und Inbetriebnahme

Ehe ich die Probleme aufzähle, die bei der Inbetriebnahme entstanden, sollte ich vielleicht darauf hinweisen, daß diese Anlage vergleichsweise schnell in Betrieb ging; man kann die Inbetriebnahme als erfolgreich und verhältnismäßig störungsfrei bezeichnen.

4.1 Die einzelnen Schwierigkeiten

Folgende Schwierigkeiten traten auf:

1. Einige Flansche und Ventilsitze wurden während der Inbetriebnahme undicht, nachdem die Unterdruckprüfung erfolgreich abgeschlossen worden war. Bei den Flanschen war dies eine Folge der ersten Aufheizung der Anlage. Bei den Ventilsitzen zeigte sich, daß die Sitze (Kugelventile mit Teflonsitz, 2″-Leitungen) mit Oxidablagerungen verstopft waren. Infolgedessen bekamen die Sitze Kratzer und dichteten nicht mehr richtig ab. In manchen Fällen mußten die Sitze zweimal ausgetauscht werden.

Das muß als übliche Inbetriebnahmeschwierigkeit betrachtet werden, zeigt jedoch, daß Zuverlässigkeits- und Risikoanalysen in den Anfangsstadien des Anlagenbetriebs nicht gelten. Eine besonders gute Vakuumdichtigkeit ist bei derartigen Anlagen im allgemeinen anzustreben, damit entzündliche Gasgemische in Behältern der Anlage nur kurzzeitig auftreten.

2. Bei der Überprüfung der Anlage erwies es sich als notwendig, den PLC-Regler dreimal auszuwechseln, bis ein ordnungsgemäß funktionierendes Gerät zur Verfügung stand. Das ist sicherlich ein extremer Fall von Kinderkrankheiten, muß jedoch auch als „normales“ Inbetriebnahmeproblem betrachtet werden und läßt sich kaum durch eine Risikoanalyse verhindern. Durch die Überprüfungsverfahren war sichergestellt, daß die Ausfälle des PLC-Reglers die Sicherheit nicht beeinträchtigten.

3. Zum Anfahren wie zum Abschalten der Füllpumpen waren dieselben Schaltpunkte bei hohem Füllstand gewählt worden. Durch Wellenbildung (Schwappen) im Zulaufbehälter lief die Ladepumpe mehrmals an und stellte wieder ab, während sich der Behälter füllte.

Durch eine einfache Veränderung, nämlich die Schaffung von zwei etwas gegeneinander verschobenen Schaltpunkten für das Anlaufen und Abschalten der Pumpe, wurde diese Störung beseitigt.

Diese Problemlösung ist durchaus üblich, und die Ursache der Störung war wohl nur ein Versehen. Es ist aber umstritten, ob man in einer Risikoanalyse derartige Detailprobleme erfassen sollte; vielleicht ist es besser, solche Fragen auf den Checklisten für die Geräteüberprüfung aufzuführen.

Probleme dieser Art können u. U. auch Folgen für die Sicherheit haben, denn durch das schnelle Einschalten und Ausschalten von Pumpen können Sitze beschädigt werden und Flüssigkeiten austreten (in diesem Fall sogar brennbare Flüssigkeiten).

4. Eine Ausgangsschaltung in einer PLC-Schnittstelle war nicht in Ordnung. Statt dessen wurde eine Reserveschaltung hergestellt. Auch das ist als übliche Inbetriebnahmeschwierigkeit zu betrachten, zeigt jedoch die Flexibilität einer rechnergestützten Instrumentierung. Der Fehler wurde einschließlich der Neuprogrammierung in einer Viertelstunde behoben.

5. Ein Mischventil für heißes und kaltes Wasser war verkehrtherum eingebaut worden. Von außen war schwer zu sehen, wie es eingebaut werden mußte.

Aufgrund dieses Fehlers konnte in einen Kondensator nur kaltes Wasser fließen; kaltes Wasser konnte jedoch auch in den Heißwasserkreislauf einströmen. Dadurch wurde nicht nur das gerade geprüfte Anlagenteil in Mitleidenschaft gezogen, sondern auch andere Einrichtungen. Es dauerte einige Zeit, bis die Ursache dieser Störungen erkannt war.

Fehler beim Ventileinbau werden bei Inbetriebnahme häufig festgestellt und kommen auch nicht unerwartet. Unser Fall zeigte aber, daß solche Probleme auch bei sorgfältigster Überprüfung schwer zu beseitigen sind. Das betreffende Ventil war von mehreren Ingenieuren mehrfach untersucht worden, ehe der falsche Einbau schließlich festgestellt wurde, denn der Einbau habe „immer richtig ausgesehen".

6. Eine Reihe von Auslösepunkteinstellungen an den Instrumenten mußten nach dem ersten Betrieb der Anlage korrigiert bzw. neu vorgenommen werden.

7. Ablaßhähne für den Dampfmantel des Destillationskessels waren sehr sauber, aber leider so eingebaut worden, daß beim Öffnen ein Heißwasserstrahl auf die Isolation eines benachbarten Rohrs traf und den Operateur vollspritzte. Der Fehler wurde sehr schnell durch den Einbau einiger kurzer Rohrstücke und Krümmer behoben. Diese Lösung funktionierte einwandfrei.

erste Anordnung

revidierte Anordnung

Solche Dinge lassen sich mit einer Risikoanalyse in der Auslegungsphase kaum erfassen, denn auf den Plänen stehen selten derartig detaillierte Angaben über die Verlegung von Rohrleitungen und Ablaufrohren.

Wenn nach Fertigstellung der Pläne die Verlegung und die Platzverhältnisse überprüft würden, ließen sich solche Schwierigkeiten vielleicht eher vorhersagen. Allerdings wären derartige Prüfungen praktisch nur sinnvoll, wenn mit Computerunterstützung konstruiert wird. Man könnte derartige Probleme auch bei der Konstruktionsüberprüfung oder auf Checklisten vor der Inbetriebnahme festhalten, aber selbst dort lassen sich derartige Detailfragen in einer Vielfalt von Rohrleitungen kaum je „erkennen". Eine direktere Lösungsmöglichkeit bestünde darin, Standardzeichnungen solcher Konstruktionsdetails mit den erforderlichen Abständen usw. herzustellen.

8. Im Ablaufsteuerungsprogramm zeigte sich ein Fehler, der dazu führte, daß ein Zweiwege-Ablaßventil (T-Ventil) nur in einem Stadium des Destillationsprozesses verstellt werden konnte. Das war der Schritt im Verfahren, bei dem die Umschaltung normalerweise notwendig gewesen wäre. Allerdings erwies sich diese Einschränkung bei der Inbetriebnahme als hinderlich und verhinderte eine ins Auge gefaßte Sicherheitsmaßnahme (Ableitung von austretendem Methanol in ein Ablaufrohr). Damit wurde kein Sicherheitszweck erfüllt.

Diese Schwierigkeit ergibt sich unmittelbar aus einer sonst sehr guten Sicherheitsphilosophie bei der Auslegung von sequentiellen Prozeßsteuerungen, wonach „nur Maßnahmen zulässig sind, deren Sicherheit man ausdrücklich kennt." Bei diesem Auslegungsgrundsatz müßte man jedoch in der Auslegung der sequentiellen Prozeßsteuerung noch einen Schritt weiter gehen und fragen: „Welche weiteren Freiheitsgrade sind außer dem Normalbetrieb noch erwünscht?" (Eine Alternative besteht darin, die sequentielle Prozeßsteuerung so auszulegen, daß nur unsichere Maßnahmen verhindert werden; diese Auslegungsmethode ist allerdings viel komplizierter; siehe [1]).

9. Ein Ventil vom „Fail-steady"-Typ war eingebaut worden. Das bedeutete, daß es mit der üblichen Ventilsteuerung, wie sie im FLC vorgegeben war, nicht geregelt werden konnte, da diese bei der Abschaltung zu Störungen geführt hätte. Wenn die PLC-Steuerung die Ventilstellung nicht mehr erkennt, schaltet sie das Ventil in die falsche Stellung. Dieses Problem ließ sich dann durch Änderungen der Software beseitigen. „Fail-steady/Fail-leave"-Ventile sollten mit Stellungsgebern und Alarmeinrichtungen ausgerüstet werden, die anzeigen, wenn ein Ventil in einer „falschen" Stellung steht. Mit Hilfe der Software sollten mögliche Zustandsänderungen erfaßt werden, die nicht vom Computer herbeigeführt wurden. In unserem Fall wurde das Ventil mit einer selektiven Stellung „Ausfall zur sicheren Seite" versehen.

10. Wenn die Sonne auf die Leuchtdiodenanzeige der PLC-Steuerung scheint, ist nichts mehr zu erkennen. Sonnenblenden sind erforderlich.

11. Durch eine Verriegelung ist das Neuanfahren nach einem Stillstand in Schritt 7 des PLC-Programms nicht möglich; Programmänderungen mußten durchgeführt werden.

12. Wenn zwei aktive Alarme an der PLC-Schleifenanzeige anliegen, ist jeweils nur einer zu sehen. Das ist bedauerlich, ist jedoch ein Merkmal des gewählten Reglers.

13. Der Produktzustrom wies einen unerwartet hohen Wassergehalt auf. Zuerst dachte man an Störungen im Destillationsvorgang. Als der Fehler jedoch mehr oder minder ständig auftrat, wurde das Destillationsprogramm umgestellt. Die erste Fraktion wurde für den Speicher für „verunreinigtes Methanol" destilliert; im Anschluß daran kam „reines Methanol" für den ersten Zwischenbehälter, danach noch einmal „reines Methanol".

14. Es stellte sich heraus, daß durch einen einzigen Ausfall in den PLC-Ausgangsschaltungen das Bodenventil am Destillationskessel jederzeit geöffnet werden konnte!! Das schloß sogar die Möglichkeit ein, daß siedendes Methanol austrat! Dieses sehr schwerwiegende Versehen wurde bei einer einfachen Überprüfung der Umschließung der analysierten Anlage festgestellt. Bei Durchsicht der Maßnahmenblätter war man schon einmal auf dieses grundsätzliche Problem gestoßen. Es führte zu einer Veränderung bei den Verriegelungen für die Entleerungsventile; aufgrund dieser Überlegungen wurden in den meisten Sammeltanks selbstschließende Stutzen an den Aus- und Einlaßleitungen eingebaut. Aber schon da war die Frage umstritten, ob man ein zweites Ventil in die Kesselausgangsleitung einbauen sollte, weil sich in diesem Ventil u. U. Rohöl festsetzen konnte (der zähflüssige Rückstand konnte erstarren).

Weil das Maßnahmenblatt nicht eindeutig abgefaßt war und auch einige Sicherheitsumstellungen vorgenommen wurden, um das Problem zu entschärfen, wurde in der ersten Auslegung keine vollständige Lösung mehr erreicht.

Das zeigt deutlich, wie sorgfältig alle Maßnahmen überprüft werden müssen und welchen Wert eine automatische Analyse haben kann. Es illustriert ferner den Wert der Überprüfungsmaßnahmen während der Inbetriebnahme.

Ein guter allgemeiner Grundsatz lautet:

„Wenn man eine Lösung für ein Sicherheitsproblem gefunden hat, sollte man sie noch einmal analysieren."

In diesem Fall mußte wegen der Terminplanung der verschiedenen Analysesitzungen diese Nachanalyse bis auf die letzten Tage der Anlagenerprobung verschoben werden.

15. Wenn die Anlage still stand, wurde ein Thermoelement nicht mehr von der Destillatströmung umspült und zeigte infolgedessen die Temperatur der Begleitheizung, nicht die des Destillats an. Durch einfache Schaltungsänderung wurde der Fehler behoben.

Die Anbringung von Instrumenten ist allgemein schwierig, besonders bei Thermoelementen und Druckgebern an Außenleitungen, die sich zusetzen können. Fragen zur Anbringung stehen in den Prüflisten für die Inbetriebnahme, aber es ist nicht immer einfach, auf diese Fragen auch die richtigen Antworten zu finden.

16. An den Pumpen wurden Abläufe angebracht, damit sie während der Anlagenerprobung, die mit Wasser durchgeführt wurde, auch wieder entleert werden konnten, denn sonst hätte sie der Frost in einer kalten Novembernacht wahrscheinlich zum Platzen gebracht. Vermutlich werden diese Abläufe später,

wenn die Pumpen mit Methanol gefüllt sind, nicht mehr gebraucht, aber sie können auch bei der Wartung ganz nützlich sein. Allerdings erhöhen sie das Risiko geringfügig, denn sie können ja auch einmal offen bleiben; aber das ist längst nicht so schlimm wie eine geplatzte Pumpe. Dies ist ein typisches Problem, das man mit Standardzeichnungen lösen sollte.

17. Ein falsches Vorzeichen in einem Temperaturregelkreis wurde korrigiert (eine Frage dazu stand bereits in der Checkliste).

18. Bei den ersten Risikoanalysen war eine Verriegelung vorgeschrieben, damit ein Rückstandsbehälter beim Füllen gewogen werden konnte. Sobald das Gewicht 100 kg überschritt, sollte durch die Verriegelung der Füllvorgang unterbrochen werden. Da in diesem Verfahrensschritt eine Störung keine großen Folgen hat (wenn es zu einem Ausfall käme, also der Behälter überfüllt werden würde, müßte nur saubergemacht werden), würde diese Lösung bei einer Analyse als ausreichend bezeichnet.

Bei den Erprobungen der Anlage stellte sich allerdings heraus, daß noch 5 bis 10 kg Rückstand nach Schließung des Auslaßventils aus dem Auslaßrohr austraten. Dabei handelte es sich um das Volumen des Rohrs hinter dem Ventil, und der Vorgang war auch nicht unerwartet. Der Ablesemechanismus an der Wägemaschine war jedoch ein induktiver Geber, der so angebracht war, daß er den Zeiger der Wägemaschine abtastete. Dadurch hörte der Füllvorgang zwar genau bei Erreichen der 100-kg-Marke auf, aber der Zeiger lief noch weiter bis auf 107 kg. Wenn man den Füllknopf noch einmal drückte, konnte man denselben Behälter immer weiter füllen, und dabei wäre durch die Verriegelung der Füllvorgang nicht unterbrochen worden. Das Problem wurde dadurch „gelöst", daß man eine zweite Verriegelung einbaute, die eine Füllung unmöglich machte, solange kein leerer Behälter untergestellt war. Das war nicht weiter aufwendig, da durch die eine, bereits vorhandene Verriegelung schon dafür gesorgt wurde, daß überhaupt ein Behälter angeschlossen war (später wurde diese „Lösung" wieder abgeschafft, weil ein zusätzlicher leerer Behälter gebraucht wurde, um die Tropfen aus dem Rohr aufzufangen).

Dieser Fall ist für ein allgemeines Problem in der Sicherheitsanalyse bezeichnend: Das Ausfallverhalten von Instrumenten und Betätigungselementen, die mit Impulssignalen arbeiten, ist schwer vorherzusagen. Oft kann man nicht erkennen, welche Instrumente mit Impulsen arbeiten. Bei der Instrumentierungsanalyse ist dieser Frage besondere Aufmerksamkeit zu widmen.

19. Wegen langsamer Schaumbildung im Rückstand konnten die Behälter nicht sofort bis auf 100 kg, sondern erst nur zu einem Viertel, später dann bis zur Hälfte gefüllt werden. Diese Schwierigkeit hätte man auch bei einer Analyse kaum vorher erkennen können, und sie ist selbst jetzt noch schwer zu erklären. Analysen können nicht alles genau vorhersagen, und besonders bestimmte Eigenschaften von Substanzen oder Nebenreaktionen sind nur schwer im voraus zu erfassen.

20. Bei der Analyse wurde auch berücksichtigt, daß sich der Kondensator zusetzen könnte. Es wurde die Möglichkeit in Betracht gezogen, daß er wegen zu starker Abkühlung, also durch Erstarren des Produkts, verstopft werden könnte. Allerdings hielt man das nicht für eine besonders schwerwiegende Störung, denn

man ging davon aus, daß das Kühlwasser für den Kondensator normalerweise über dem Erstarrungspunkt des Produkts liegen müßte und außerdem die Berstscheibe jeden Überdruck ableiten würde, der sich aus einer Blockade ergeben würde.

In der Praxis tritt das Problem jedoch viel häufiger auf als erwartet. Erstens war die Warmwasserversorgung manchmal kälter als gedacht. Deshalb muß die Strömung sorgfältig geführt werden, damit es nicht zu einem Erstarren im Kondensator kommt. Das zweite Problem wurde in der ursprünglichen Analyse wahrscheinlich deshalb nicht voll erkannt, weil es nicht klar in Erscheinung trat. Bei der Bearbeitung einer anderen Frage (Blockade aufgrund eines Ausfalls in der Begleitheizung) befaßte man sich nicht nur mit dem Wärmetauscher (in der Checkliste für „Volumina" gehen einige Wärmeaustauscherprobleme sehr leicht unter, und es dürfte sinnvoll sein, ein getrenntes Gefahrenanalyseblatt für die Wärmetauscher zu erstellen). Wenn ein Kondensator mit einem Dampf beaufschlagt wird, der erstarren kann, entstehen einige potentielle Probleme. Wenn die Kondensatortemperatur zu niedrig ist und gleichzeitig ein zu hoher Kühlmitteldurchsatz, ein zu niedriger Dampfstrom oder eine zu niedrige Dampftemperatur vorliegen, kommt es zur Blockade im Kondensator. Bei zu hohem Dampfstrom, zu hoher Dampftemperatur, zu hoher Kühlmitteltemperatur oder zu niedrigem Kühlmitteldurchsatz verringert sich die Kondensation. Der Dampf strömt durch den Kondensator.

In unserem Fall strömt er durch den Kondensator in die Kühlfalle, kondensiert und führt dort zu Blockaden.

Eine Störung ist mittlerweile festgestellt worden, die dies bewirken kann. Wenn die Anlage während der Produktdestillation unter Vakuum abgefahren wird, steigt der Druck. Beim Wiederanfahren des Destilliervorgangs kann durch die Heizung aus dem Dampfmantel die Produktcharge schneller erwärmt werden, als die Vakuumpumpe ein Vakuum aufbauen kann. Die Folge: Sieden bei höherer Temperatur, da der Partialdruck von Urethan im Destillationskessel schnell den Gesamtdruck im ganzen Destillationsapparat erreicht. Das wiederum führt zu einer übermäßig hohen Dampftemperatur für den Kondensator. Man kann diese Schwierigkeit lösen, indem man die Regelanlage in verschiedener Hinsicht anpaßt. Es kommt vor allen Dingen darauf an, sicherzustellen, daß die Regelung alle wahrscheinlichen Störungen erfassen kann.

Dieses Beispiel zeigt eine allgemeine Schwierigkeit bei der Auslegung von Steuer- und Regelanlagen für Prozeßeinrichtungen: Man kann auf einfacher struktureller Grundlage, z. B. mit Hilfe von Risikoanalyseverfahren, die *Möglichkeit* von Störungen vorhersagen. Es ist jedoch schwierig, deren Größe, quantitative Wirkung und Bedeutung vorauszusagen. Die Methoden zur Auslegung von Steuer- und Regelanlagen und zur Risikoanalyse reichen vorläufig für die Behandlung dieses Problems noch nicht aus.

4.2 Auslassungen und Lücken bei Risikoanalysen

Auslassungen bei Risikoanalysen kann man aufgrund einer theoretischen Untersuchung der Methoden und ihrer gedanklichen Grundlagen in verschiedene Kategorien einteilen [3]. Die theoretischen Ergebnisse entsprechen den experimentellen Beobachtungen. Eine solche Einteilung ist nützlich, denn sie zeigt, wo die Methoden noch ergänzungsbedürftig sind.

Der einfachste Grund für Lücken besteht darin, daß bei den meisten Methoden die Pläne, nicht die Anlage analysiert werden. Das führt typischerweise dazu, daß manches übersehen wird: Fallen und Taschen, in denen sich gefährliche Substanzen halten, Syphone, Luftschleusen, Verstopfungen durch Schmutz, Überlastungen, scharfe Kanten und Wechselwirkungen zwischen Komponenten, wie das Abfallen von Tropfen von einem Bauteil auf ein anderes.
Physikalische Modellanalysen lassen zu, daß eine Reihe von Dingen übersehen werden, beispielsweise

- eine Substanz, z. B. ein vagabundierender, unerwünschter Katalysator;
- eine Speichermöglichkeit, z. B. eine Tasche, die Gift zurückhält;
- eine Transportmöglichkeit, z. B. ein vergessenes Rohr, das nur zu Prüfzwecken eingebaut war;
- einen Impuls, z. B. Schwingungen oder Hammereffekte;
- eine Reaktion, z. B. eine Zersetzungsreaktion bei der Lagerung;
- eine Eigenschaft, z. B. die Schaumbildung.

Funktionsanalysen und Funktionsstörungsanalysen werden oft deshalb falsch, weil die Funktion von Komponenten und die Funktionsanforderungen unvollständig spezifiziert werden (z. B. das Impulsverhalten der weiter oben beschriebenen Wägemaschine).
Hier begehen die Analytiker folgende typische Fehler:

- Unbegründete Annahmen, besonders an den Nahtstellen zwischen verschiedenen technischen Disziplinen;
- nicht nachanalysierte Änderungen und Verbesserungen;
- die „Überbrückung" einer Gefahr durch eine andere, auf die sich der Analytiker konzentriert.

5 Tatsächliche Kosten und Nutzen von Analysen

5.1 Hazop-Analyse

Die Gefahren- und Funktionsfähigkeitsanalyse (Hazop) ist ein wirksames Verfahren zur Gefahrenerkennung. Wir haben seine Wirksamkeit durch die Aufstellung von Standardtabellen und Checklisten anhand unserer Erfahrungen aus früheren Analysen noch verbessern können.

In der Praxis wird das Verfahren von einem „Brainstorming-Team" aus drei oder vier Personen einschließlich eines Sekretärs angewandt. Der Sekretär muß dafür sorgen, daß die Methodik streng eingehalten wird, er muß Ergebnisse protokollieren und sicherstellen, daß nicht zuviel Zeit mit Einzelproblemen verschwendet wird, und er muß außerdem schwierige Probleme (schriftlich) einzelnen Mitgliedern der Gruppe zur Bearbeitung zuleiten. Der über sieben bis acht Analysen gemittelte Zeitaufwand beträgt eine halbe bis eine Stunde pro „Behälter" bei drei Personen (länger, wenn vier Personen mitarbeiten!).

In den ersten Stadien der Auslegung einer Anlage muß bei diesem Verfahren fast noch einmal die gleiche Zeit für Problemlösungen außerhalb der Hazop-Sitzung verwandt werden („sich ergebende Maßnahmen").

Insgesamt betragen die Kosten damit pro Behälter ca. 3 bis 6 Mannstunden.

Der Nutzen ist schwieriger zu quantifizieren. Bei der Analyse einer Chargenanlage (Destillationsanlage) wurden zwölf Änderungen vorgenommen, als die Analyse in den Anfangsstadien der Auslegung durchgeführt wurde. Die Anlage enthielt etwa acht „Behälter". Rund die Hälfte der Probleme wäre ohnehin festgestellt worden.

Bei der Analyse einer vorhandenen Anlage (Chlorverflüssigung) wurden etwa vierzehn Empfehlungen ausgesprochen; einige davon hatten sich allerdings aus anderen Analysen ergeben. Rund die Hälfte wurde in einem Prozeß herausgearbeitet, der ähnlich wie der eben beschriebenene ablief. Die Anlage umfaßte zwölf Behälter.

Damit betrug der Nutzen für diese bereits existierende Anlage pro Behälter ein bis zwei Änderungen.

Der Nutzeffekt ist also nicht wesentlich anders als bei einer neu konstruierten Anlage. Eine typische Änderung kann wenige Stunden, aber auch einige Tage Stillstandszeit zur Folge haben; wenn man also das Problem durch eine Analyse während der Anlagenkonstruktion noch umgehen kann, bringt die Analyse mindestens den Wert einiger Produktionsstunden (pro Behälter) ein.
Die Kosten betragen dann:

2 bis 6 Stunden pro Behälter × ca. Kr. 200 pro Ingenieurstunde = ca. Kr. 1000.

Der Nutzen beläuft sich *mindestens* auf einige Stunden zusätzlicher Produktion pro Behälter.

Die Analyse rentiert sich, wenn die Anlage mehr als ein par hundert Kronen pro Stunde Produktionswert liefert. Wenn wir von einer Alagenrentabilitätszeit von rund zwei Jahren ausgehen, macht sich für die Anlage mit einem Kostenaufwand von 3 Millionen Kronen der Preis der Risikoanalyse *allein* in den Einsparungen bei den Inbetriebnahmekosten bezahlt. Die Analyse ist damit schon während des Anfahrens der Anlage bezahlt. Wenn Betriebspersonal untätig herumstehen muß, während die Anlage umgebaut wird, ist eine Analyse auch weniger kostspieliger Anlagen vielleicht schon sinnvoll.

Die Hazop-Analyse ist ein typisches Verfahren, bei dem unnötiges Gerät schon bei der Auslegung ermittelt werden kann; auch dadurch machen sich die Analysekosten oft bezahlt.

Zusätzliche Vorteile, wie z. B. geringes Risiko, weniger Unfälle, weniger Produktionsausfall, lassen sich z. Z. noch nicht quantifizieren, weil es keine gut dokumentierte und quantifizierte Risikoanalyse einer vorhandenen (schon gebauten) Anlage gibt.

Man kann den Nutzen auch durch die Annahme ermitteln, daß ein Fehler erster Ordnung eine Eintrittswahrscheinlichkeit von 10^{-2} pro Jahr aufweist (das ist typisch) und während der Inbetriebnahme vielleicht nicht gefunden wird. Die Erfahrung zeigt, daß etwa einer dieser Fehler bei einer Anlage mit acht Volumina auftritt (guter Durchschnitt!). Bei Analysekosten in Höhe von 4 Mannstunden pro Volumen betragen die Kosten 1000 Kronen pro Volumen oder 8000 Kronen pro gefundenem Fehler. Wenn der Fehler zur Zerstörung der Anlage führt, sind die Anlagenkosten, bei denen sich die Analyse „rentiert":

$$8000 = 10^{-2} \cdot C \cdot 3$$

(wenn man von einer Rentabilitätszeit der Analyse von 3 Jahren ausgeht).

Die Analyse ist wirtschaftlich rentabel, wenn die Anlage $C = 250\,000$ kostet. Dabei sind Produktionsausfälle, Personenschäden usw. nicht berücksichtigt.

5.2 Analyse falscher Handlungen

Bei der Analyse von falschen Handlungen werden Betriebsweisen Schritt für Schritt aufgeschrieben. Dann werden mögliche Fehler bei einzelnen Maßnahmen betrachtet.

Um das Verfahren zu beschleunigen, sind vorgedruckte Analyseblätter entwickelt worden.

Im Gebrauch hat sich herausgestellt, daß das Analyseverfahren eine halbe bis eine Ingenieurstunde pro Betriebsschritt erfordert.

Wenn es noch während der Auslegungsphase durchgeführt wird, zeigt es nachweislich (auf der Grundlage von zwei Analysen) einen bis zwei Konstruktionsfehler für jeden Verfahrensschritt auf. Andererseits sind diese Fehler im allgemeinen sehr schnell zu beheben, selbst bei Anlagen, die schon stehen; es müssen nur die Steuer- und Regeleinrichtungen modifiziert werden.

Die Kosten/Nutzen-Rechnung läßt sich also folgendermaßen aufstellen:

Eine halbe bis eine Ingenieurstunde pro Fehler
ca. 100 bis 200 Kronen pro Fehler,
ca. eine bis zwei gerettete Produktionsstunden pro Fehler.

Die Analyse ist also wirtschaftlich für eine Anlage, die für lediglich 100 Kronen pro Stunde produziert oder deren Investitionskosten 1¾ Millionen betragen. Wenn die Zeit mit eingerechnet wird, die ein Ingenieur oder Monteur zur Fehlerbehebung braucht, ergeben sich *unter dem Strich schon Einsparungen bei den Errichtungskosten.* Die Analyse macht sich also schon mehrfach bezahlt, ehe die Anlage in Betrieb geht.

5.3 Detaillierte Wahrscheinlichkeitsberechnungen bei bestimmten Anlagenproblemen

Es hat sich als vorteilhaft erwiesen, anhand der Hazop-Blätter ermittelte Probleme herauszusuchen, ausführlich in Textform zu beschreiben und dann dafür Wahrscheinlichkeitsrechnungen anzustellen. Dieser Vorgang ist zeitraubend. Nur selten wird eine Kontruktionsentscheidung als direkte Folge der Analyse verändert (z. B. einfache oder doppelte Sicherheit). Aber die hierbei aufzubringende Disziplin zeigt oft neue Probleme auf, die sich direkt lösen lassen.

Die Beobachtung von Hazop-Analysen und ihre spätere Beobachtung zeigt ein Verhältnis rund 1 : 10 für die bei einer detaillierten Wahrscheinlichkeitsanalyse gefundenen Fehler im Vergleich zu einer vorangehenden Hazop-Analyse. Oft ist das allerdings der Schritt, bei dem sich herausstellt, daß bestimmte Sicherheitseinrichtungen überflüssig sind.

Die zur Dokumentation und Durchführung der Rechenaufgaben erforderliche Zeit liegt bei einer bis zwei Ingenieurstunden pro „Behälter" oder 10 bis 20 Ingenieurstunden pro gelöstem neuen Problem. Die Produktionseinsparungen müssen hier erheblich höher sein als vorhin, wenn die auftretenden Kosten zu rechtfertigen sein sollen. Im Vergleich zu früheren Berechnungen müßte die Anlage

Investitionskosten in Höhe von 5 bis 10 Millionen oder 500 bis 1000 Kronen pro Stunde an Personalkosten und Produktionsmehrwert aufweisen.

5.4 Analysen ganzer Anlagen auf der Grundlage von Zuverlässigkeitsdaten einzelner Einheiten

Es gibt Verfahren zur Analyse des Anlagenrisikos auf der Basis einzelner Einheiten; aus der Störungsrate pro Einheit werden dann zahlenmäßige Werte abgeleitet. Die Standardrisikowerte werden je nach den Merkmalen der analysierten Anlage gewichtet. Der Autor hat ein solches IFAL-Verfahren für ein petrochemisches Werk angewandt.

Mit dieser Methode lassen sich detaillierte Konstruktionsprobleme nicht aufzeigen; sie kann jedoch als Grundlage für Entscheidungen in der Auslegungsphase dienen, beispielsweise

- Anlagenlayout und Abstand zwischen den einzelnen Baugruppen,
- einzubauende Brandbekämpfungsanlagen,
- einzubauende Feueralarmanlagen,
- einzubauende Umgehungsleitungen oder Produktzwischenlager,
- Anzahl von Paralleleinheiten/einfach ausgelegten Einheiten.

In der Praxis erfordert die IFAL-Methode (bei Handbetrieb) ca. 20 Manntage für 28 Anlageneinheiten (Tanks, Pumpen, Wärmeaustauscher, Kolonnen). Bei Einsatz eines Computers dauert dieselbe Analyse etwa drei Manntage. Mit anderen Worten: Etwa drei Ingenieurstunden oder 2 bis 1000 Kronen müssen pro Anlageneinheit aufgewandt werden. Die Analyse wäre wirtschaftlich rentabel, wenn man von einer unsicheren Investition in Sicherheitseinrichtungen im Wert von 200 bis 2000 Kronen pro Pumpe/Wärmeaustauscher/Tank/Reaktor/Kolonne usw. ausgeht, wenn es überhaupt Fragen zur Anlagenauslegung gibt.

5.5 Versteckte und unerwartete Kosten

Es sei zur Warnung angemerkt, daß die oben beschriebenen Kosten die untere Grenze darstellen. Zusätzliche Kosten können aus folgenden Gründen entstehen:

- Aktualisierung der Anlagenpläne (bei einer Analyse war dies doppelt so teuer wie die Ermittlung von Gefahren und die Risikoberechnung);
- Feststellung von Ausfalldaten;
- Abfassung von Berichten;
- erneute Analyse nach Anlagenänderungen;
- Überarbeitung und erneute Überarbeitung von Berichten nach Durchführung von Änderungen in der Anlage;
- Gespräche (Verhandlungen!) mit Betriebsingenieuren, die der Meinung sind, daß Risiken über- oder unterschätzt worden sind (je nachdem, ob sie ihre Anlage umbauen wollen oder nicht);
- Sitzungen, auf denen den Mitarbeitern der Firma die Ergebnisse erklärt werden müssen;
- Pressenotizen, öffentliche Veranstaltungen usw.

Die Abfassung von Berichten und Vorträgen spielt im allgemeinen nur bei Analysen eine Rolle, die zu Planungs- oder Genehmigungszwecken durchgeführt werden bzw. in umfangreichen Anlagenprojekten, bei denen administrative Diskussionen erforderlich sind.

5.6 Wie können Kosten gesenkt werden?

Die bei der Durchführung von Risikoanalyseverfahren entstehenden Kosten sind nicht nur aus rein wirtschaftlichen Gründen wichtig. Oft ist die Anzahl der Mitarbeiter begrenzt, die qualifiziert genug sind, solche Analysen vorzunehmen. Im Idealfall sollten die Analysen von Mitarbeitern im Konstruktionsteam durchgeführt werden, aber deren Zeit ist ohnehin kostbar. Die Analysen sind vorzugsweise von in Sicherheitsfragen ausgebildeten Ingenieuren durchzuführen; die für die Analyse aufgewandte Zeit geht natürlich von der Zeit ab, die für sonstige Sicherheitsaufgaben zur Verfügung steht. Aus diesen Gründen sollte man die für die Risikoanalyse in Anspruch genommene Ingenieurzeit möglichst effektiv nutzen. Um das in den richtigen Rahmen zu setzen, sei folgendes Beispiel angeführt: Die für Risikoanalyseverfahren von Hazop bis zu ausgewachsenen Fehlerbaum- und Folgenanalysen erforderliche Zeit nimmt im typischen Fall 0,5 bis 10% der für die Anlagenkonstruktion vorgesehenen Mittel in Anspruch.

Die Kosten der Risikoanalyse oder die dafür erforderliche Zeit sind in den siebziger Jahren erheblich zurückgegangen. Das liegt unter anderem daran, daß die Analysen jetzt häufiger von Betriebsingenieuren und nicht mehr so oft von Mitarbeitern in der Forschung durchgeführt werden. Dadurch verringert sich auch ganz erheblich die Zeit, die Mitarbeiter brauchen, um sich mit den Problemen vertraut zu machen.

Analysen mit Hilfe des Hazop-Verfahrens und der Untersuchung von falschen Handlungen eignen sich für einfache Prozeßanlagen besser als frühere Methoden, z.B. die Fehlerbaumanalyse. Sie müssen aber durch aussagekräftige Techniken ergänzt werden, z.B. die Fehlerbaumanalyse oder die Ursachen-Folgen-Analyse, wenn in solchen Anlagen Redundanzen oder komplexe Rückführungsströme vorhanden sind.

Eine der wichtigsten Veränderungen, die zu Kostensenkungen geführt hat, ist die bessere Verfügbarkeit von zumindest allgemeinen Daten über die Zuverlässigkeit von Komponenten. In den achtziger Jahren werden Computerprogramme, die die stärker standardisierten Rechnungen durchführen können, die Kosten noch weiter senken.

Was kann man darüber hinaus noch zur Verbesserung der Effektivität tun?

- Summarische Verfahren wie IFAL, die Erfahrungen verdichten und zu Experimenten und Theorien in Beziehung setzen, verbessern die Effektivität quantitativer Analysen. Diese Verfahren müssen weiterentwickelt und ausreichend wirksam gemacht werden.
- Es muß Übereinstimmung darin hergestellt werden, wie die Ergebnisse qualitativer Analysen zu interpretieren und wie Annahmen aufzuzeichnen und zu behandeln sind.
- Analysen „typischer“ Anlagen lassen sich durchführen und als Modelle einsetzen, die dann im Einzelfall zu modifizieren sind.
- Standardzeichnungen und Konstruktionsanleitungen für typische Anlageneinheiten mit bekannten Sicherheitseigenschaften lassen sich häufig heranziehen. In

diesen Fällen können Analysen auf die Stellen konzentriert werden, an denen von diesen Standards abgewichen wird.

Alle diese Ansätze werden gegenwärtig in gewissem Umfang weiterentwickelt.

Eine Kritik gegen diese geplanten Verbesserungen der Effektivität zielt darauf ab, daß die Methoden dann zu standardisierten Routineverfahren werden und infolgedessen die Phantasie, das Vorstellungsvermögen und die Initiative unterdrückt werden. Die hier beschriebenen Versuche unterstützen diese Befürchtung allerdings nicht. Es wäre aber vielleicht wertvoll, einmal direkte Untersuchungen durchzuführen und die stärker mit den weniger stark systematisierten Methoden zu vergleichen. Das ist hier nicht möglich gewesen.

6 Zusammenfassung

Gleichgültig, welche Methode wir zur Ermittlung von Gefahren anwenden: Wir können nicht damit rechnen, eine absolut vollständige Analyse zu erhalten.

In der Praxis ist es allerdings doch überraschend, festzustellen, wie weit die mit den verschiedenen Methoden erstellten Analysen von der Vollständigkeit entfernt sind.

Bei der Untersuchung der während der Inbetriebnahme festgestellten Probleme zeigt sich deutlich, daß diese Unvollständigkeit nicht darauf zurückzuführen ist, daß der Einsatz von Erkennungsprozessen vielleicht nicht genügend in Betracht gezogen worden ist. Eine ganze Reihe von Problemen beziehen sich auf die ersten Einstellvorgänge in der Anlage, aber sie alle hätte man auch übersehen oder nur unzureichend lösen können und damit ein zusätzliches Risiko hervorgerufen. Nur die Probleme 8, 9, 14 und 20 hätte man auch am Schreibtisch analytisch einigermaßen genau vorhersagen können, und unter ihnen hätten die Probleme 8, 9 und 20 Verbesserungen in den Verfahren erfordert (diese Verbesserungen sind mittlerweile in die Standardanweisungen für Analysen eingeflossen).

Mit anderen Worten: Die Unvollständigkeit liegt im wesentlichen an besonderen Anpassungsproblemen während der Inbetriebnahme sowie an Wissenslücken, die sich erst beheben lassen, wenn die Anlage läuft.

Ein wichtiger Schluß ist daraus zu ziehen: Zu gründlichen und effektiven Analysen gehört eine Kombination von Methoden. Eine Reihenfolge von Methoden führt zu einer Schritt für Schritt zunehmenden Zahl erkannter Probleme. Da jedoch die angewandten Methoden immer komplizierter werden, sinkt die Zahl noch zu erkennender Probleme. Die Folge: Gewöhnlich gibt es eine „Rentabilitätsschwelle", jenseits der sich zusätzliche Aufwendungen für die Analyse nicht mehr durch eine weitere Verringerung der Probleme bezahlt machen.

Es ist möglich gewesen, eine erste (und vorläufige) Quantifizierung dieses Kosten/Nutzen-Verhältnisses über die Ingenieurzeit vorzunehmen. Ein großer Teil des finanziellen Nutzens von Gefahrenermittlung und Sicherheitsverbesserung ergibt sich aus einer Verringerung der Inbetriebnahmezeit und der erforderlichen Stillstandszeiten in den ersten Betriebsmonaten. Das liegt daran, daß diese Nutzeffekte schnell eintreten, während sich eine Risikominderung über eine lange Zeit verteilt.

Bild 1 zeigt, wie Kosten (Ingenieurzeit) und Nutzen (relative Vollständigkeit) zueinander in Beziehung stehen. Tabelle 1 ist eine Zusammenfassung dieser Daten.

Tabelle 1. Zusammenstellung der Ergebnisse von drei ausführlichen Risikoanalyseversuchen

Methode	Chargen-Prozeß		Kontinuierlicher Prozeß		Kosten
	relative Vollständigkeit	sich ergebende Konstruktionsänderungen	relative Vollständigkeit	sich ergebende Konstruktionsänderungen	
HAZOP	ca. 22%	1,5 pro Behälter	ca. 80%	1 . . . 2 pro Behälter	2 . . . 6 Mannstunden (1 . . . 3) pro Behälter
Falsche Handlungen	ca. 60%	3 pro Behälter	ca. 20%	2 pro Schritt	½ . . . 1 Mannstunden pro Schritt
Allgemeine Beobachung nach Fehlerbaum	ca. 1%				5 Minuten pro Schritt
Inbetriebnahmeprüfung	ca. 14%				3 Stunden pro Behälter
Im Betrieb festgestellt	ca. 2%		ca. 1%		
Automatische Errichtung von Fehlerbäumen	80% Versuch noch nicht abgeschlossen				

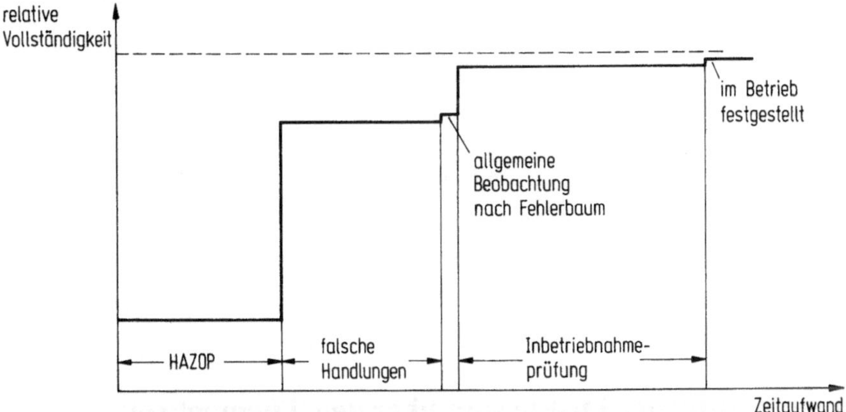

Bild 1. Aufwand und Vollständigkeit bei unterschiedlichen Analysen

Wie typisch sind diese Ergebnisse? Wenn Standardanlagen gebaut werden, für die es schon viel Erfahrung gibt, sind natürlich nur noch wenige Probleme zu lösen, und entsprechend gering ist der Bedarf an Risikoanalysen. Ein Vergleich mehrerer Projekte zeigt jedoch schon ein relativ konstantes Bild der Probleme und auch der Effektivität in der Erkennung von Gefahren, so oft neue Rohrleitungsführungen oder neue Steuer- und Regelanlagen dabei eine Rolle spielen.

In dem hier vorgetragenen Stoff wird ein signifikanter Gesichtspunkt der Qualität von Risikoanalysen nicht behandelt, nämlich die Genauigkeit oder die Gewißheit quantitativer Analyseverfahren. Dies ist ein umfassendes Problem, das auch die Frage einschließt, wie die Ergebnisse genutzt werden: zu Vergleichszwecken oder für absolute Werturteile. Die Antworten auf diese Fragen bedürfen noch weiterer Untersuchungen.

Literatur

1. Taylor, J. R.: A background to risk analysis. Riso Nat. Laboratory, 1979. Beim Verfasser erhältlich.
2. Taylor, J. R. et al.: Risk analysis of a batch distillation plant. Riso-M-2319.
3. Taylor, J. R.: Oversights and lacunae in risk analyses. Riso-Bericht im Druck.

Zusammenfassung der Diskussion über den Themenkreis „Chemische Anlagen“

S. Lange

Die erforderliche Genauigkeit von Risikoanalysen wurde wie in der Diskussion über „Bauwesen und Schiffbau“ wieder zum Thema. Es ging um zwei Fragen:

- Welche Genauigkeit ist mit welchen Methoden erreichbar,
- welche Entscheidungen sind angesichts der mangelnden Genauigkeit möglich?

Welche Genauigkeit ist mit welchen Methoden erreichbar?

Nach Auffassung von Taylor läßt sich für Bereiche mit historischer Erfahrung mit Hilfe der dargestellten einfachen Methoden preiswert eine ausreichende Genauigkeit erreichen. Diese Aussage wurde von anderen Diskussionsteilnehmern für den Fall seltener Ereignisse bezweifelt; es gibt Fälle, in denen auch die historische Erfahrung keine ausreichend langen statistischen Reihen liefert. Auf Bereichen mit zu wenig Erfahrung müssen analytische Modelle, in die Erkenntnisse über Ursache/Wirkungs-Beziehungen eingehen müssen, angewandt werden. Prognosen auf der Basis analytischer Modelle sind unsicher und teuer, die Unsicherheitsbandbreite schwankt noch um einen Faktor zwischen 30 und 100. Nach Taylor muß man auf einen Faktor 3 kommen, wenn Risikoanalysen zur Entscheidungsfindung beitragen sollen. Sollte das nicht gelingen, würde man auf die rein qualitative Risikoanalyse zurückgeworfen. Ob man eine solche Verringerung der Unsicherheitsbandbreite erreichen kann, wird skeptisch beurteilt.

Eine Aussage findet allgemeine Zustimmung: Je mehr unterschiedliche Methoden man verwendet, desto mehr potentielle Versagensfälle können entdeckt werden. Aber Vollständigkeit wird man nicht erreichen.

Welche Entscheidungen sind angesichts der mangelnden Genauigkeit möglich?

Die gegenwärtig festzustellende große Unsicherheitsbandbreite gestattet es wohl nur, Risiken ähnlicher Anlagen miteinander zu vergleichen, nicht aber die absolute Höhe von Risiken neuartiger Anlagen genau genug zu bestimmen, als daß auf dieser Basis Entscheidungen getroffen werden könnten.

Die Frage, wie risikobereit eine Gesellschaft sein sollte, wird in Teil II ausführlich diskutiert.

Chemikalien

Anwendung und Grenzen der quantitativen Risikoabschätzung in der Industrie

F. M. Parker, III

Einleitung

Welche Erfahrungen haben wir in der Industrie in bezug auf Anwendbarkeit und Nützlichkeit der quantitativen Risikoabschätzung (QRA)? Der Bereich der Industrie ist so groß und vielfältig, daß ein einzelner unmöglich alles darüber wissen kann. Ich glaube, daß die Erfahrungen, die das American Petroleum Institute (API) in der Bearbeitung der OSHA[1]-Benzol-Frage und anderer QRA-Arbeiten gesammelt hat, diese Fragestellung und ihren heutigen Entwicklungsstand recht deutlich beschreiben. Meine persönlichen Erfahrungen in der letzten Zeit beziehen sich auf einen Mischkonzern, Tenneco, und auf meine Mitwirkung bei der Ausarbeitung von Vorschriften über Gesundheit und Sicherheit im Rahmen des API, ganz besonders über Benzol; schließlich beruhen sie auf QRA-Arbeiten, die ich vor meiner privaten Beratertätigkeit durchgeführt habe.

Fragen

Folgende Fragen über die Rolle der QRA in der Industrie haben wir uns zu stellen:

1. Lassen sich QRA durchführen?
2. Werden QRA durchgeführt?
3. Wo liegen die Stärken der QRA?
4. Wo liegen die Schwächen der QRA?
5. Auf welchen Gebieten muß noch weiter gearbeitet werden?
   Welche Schlüsse können wir über die Rolle der QRA in der Industrie ziehen?

Ich werde einige nichtakademische Ansichten zu diesen Fragen darstellen; sie beruhen auf den bisher in der Industrie gewonnenen Erfahrungen.

1 Lassen sich QRA durchführen?

Ohne größeres Zögern möchte man auf diese Frage gleich mit Ja antworten. Aber für jeden einzelnen, jede Firma, jeden Industriezweig, die jemals eine QRA durchgeführt haben, liegen die Dinge nicht so einfach. Erst die Durchführung einer QRA kann einem die Augen für die Stärken, die Schwächen und den Nutzen dieses Verfahren öffnen.

---

1 OSHA: Occupational Safety and Health Administration

Um eine stichhaltige Antwort auf unsere Frage zu finden, darf man sich nicht auf philosophische Überlegungen zur Bedeutung der QRA abdrängen lassen. Das Grundprinzip der QRA erfordert es, daß man sich erst auf quantitative Fragen konzentriert. Typische quantitative Fragen, die sich hier stellen, sind etwa folgende:

- Worin besteht die potentielle Bedrohung von Gesundheit oder Sicherheit (Chemikalien usw.)?
- Wo tritt sie auf?
- Wieviele Mitarbeiter sind potentiell betroffen?
- In welchem Ausmaß sind sie betroffen?
- Wie hoch ist das Gesundheits-/Sicherheitsrisiko (Toxikologie, Epidemiologie usw.)?
- Welche wirtschaftlichen Folgen ergeben sich?

Keine dieser Fragen ist trivial. Wenn sie genügend Mittel darauf verwendet, kann sich die Industrie diese Daten durchaus beschaffen. Wenn die Angaben vorliegen, setzt man sie in eine Formel ein und quantifiziert das Risiko. Ich möchte mich auf einige praktische Aspekte konzentrieren.

In der Industrie lauten die praktischen Fragen immer wieder: Wieviel, wie lange und was kommt bei dem Aufwand für mich heraus? Mit anderen Worten: Hat die Industrie die Zeit, die Hilfsmittel und die Fähigkeiten, eine QRA durchzuführen? Nach meiner Meinung können nur die ganz großen Firmen eine vollständige QRA in Angriff nehmen. Sie sind die einzigen Organisationen, die sich die internen Mittel leisten und den durch eine QRA geschaffenen Zwängen widerstehen können.

Eine vollständige QRA über eine Situation oder über ein Produkt dauert etwa ein Vierteljahr und die Kosten liegen, wenn sie von externen Beratern durchgeführt wird, normalerweise in der Größenordnung von 75 000 US-Dollar. Ich bin zu dem Schluß gekommen, daß QRA durchgeführt werden können. Ob es in der Praxis wirklich dazu kommt und wie oft sie durchgeführt werden, muß abgewartet werden.

2 Werden QRA durchgeführt?

Im allgemeinen führt die Industrie QRA durch. Die Bandbreite reicht vom zwanglosen bis zum streng formalisierten Verfahren. Die weitaus meisten QRA werden nicht als solche erkannt oder bezeichnet und liegen im allgemeinen außerhalb des Interessengebiets derer, die sich in diesem Band mit QRA beschäftigen. Als bestes Beispiel bietet sich die Versicherungswirtschaft mit ihren Verfahren zur Risikoquantifizierung bei der Festsetzung von Prämien für ihre Versicherungsnehmer an. Die meisten dieser QRA beziehen sich auf mögliche klassische Unfälle: Brand, Explosion, Ausrutschen, Hinfallen und alle Krankheiten, die nicht Berufskrankheiten sind. Die Gründe dafür sind historisch. Solche Unfälle wirken sich im allgemeinen unmittelbar auf den finanziellen Zustand der Versicherungsgesellschaft, des versicherten Unternehmens und seiner Mitarbeiter aus. Brände und Explosionen können die Produktionskapazität einer Firma ganz erheblich reduzieren oder sogar völlig zunichte machen und dadurch zu schwerwiegenden Folgen bis zum Konkurs führen. Alle Industriefirmen, die ich kenne, haben große Programme, die Versicherungsfragen und der Verhütung von Katastrophen und Unfällen gewidmet sind.

Bei den chronischen Berufskrankheiten stellt sich die Situation gerade umgekehrt dar. In der Industrie werden heute hierzu nur wenige QRA durchgeführt, weil sie so schwierig sind und unsere Datenbasis so klein ist.

Die heute vorgenommenen QRA liegen generell auf drei Gebieten:

- Existierende Produkte,
- neue Produkte,
- Ermittlung von Gesundheitsrisiken.

Im allgemeinen fangen die Firmen am liebsten bei einem vorhandenen Produkt an. Sie wollen QRA-Erfahrungen in einer bekannten Umwelt sammeln, in der große Diskrepanzen hoffentlich deutlich erkennbar werden. Sie können dann ein Team aus dem Hause zusammenstellen und einarbeiten sowie im allgemeinen mit einem externen Berater, den sie vorher gewählt haben, zusammenarbeiten und seine Leistung besser beurteilen. Solche QRA-Verfahren liegen auf einem Gebiet, das nur wenig Risiken bietet und auf dem neue Informationen zu vernünftigen Änderungen führen können.

QRA über neue Produkte fallen den meisten Leuten als erstes ein. QRA über neue oder geplante neue Produkte können der Firma auch am ehesten bei der Überwindung damit zusammenhängender Risiken helfen. Man darf nicht vergessen, daß von einem neuen Produkt vieles abhängt, manchmal sogar die Zukunft eines Unternehmens. Deshalb kann sich niemand eine schlechte oder unvollständige QRA leisten. Eine Organisation und die Teammitglieder müssen wissen, welche Auswirkungen auf ein empfindliches neues Produkt eine QRA haben kann. Wenn man eine QRA in einer Organisation durchführt, die mit dieser Technik noch nicht umgehen kann, kann das für die Firma ebenso wie für die Mitglieder des Teams und die Zukunft des QRA-Prozesses selbst u. U. verhängnisvoll sein.

Die Beurteilung von Gesundheitsrisiken ist eines der Hauptziele von QRA, gleichzeitig aber auch besonders schwierig. Wie groß ist das Risiko der Krankheit XYZ? Haben wir es mit einem „tatsächlichen“ Gesundheitsproblem zu tun, wenn Ratten von Dimethyl-Hühnerdraht Magenkrebs bekommen? Welche Produkte sind wegen ihrer gesundheitlichen Auswirkungen gefährlich? Alle diese Fragen sind wichtig, und QRA unter dem Blickwinkel der gesundheitlichen Folgen kann sehr nützlich sein.

Wenn eine große Firma ein QRA-Team zusammenstellt, umfaßt es normalerweise folgende Mitarbeiter:

Toxikologe,
Fachmann für Arbeitsschutz und -sicherheit,
Epidemiologe,
klinischer Forscher (Mediziner),
Verkauf/Marketing-Experte,
Betriebsleiter.

Der Purist in Fragen QRA hat sicher etwas dagegen, daß auch die geschäftliche Seite des Hauses vertreten ist. Hier darf man allerdings einige Dinge nicht außer acht lassen. Zum einen muß eine Firma, die eine QRA durchführen will, berücksichtigen, daß sich die Untersuchung unter Umständen auf den Umsatz auswirkt. Zum anderen muß die geschäftliche Seite eines Hauses, wenn sie die QRA-Empfehlungen in die Praxis umsetzen soll, auch am QRA-Prozeß beteiligt sein.

In der Praxis steuern die Mitarbeiter von der betriebswirtschaftlichen Seite oft wichtige Daten bei (Kundenzahl, erwartetes Umsatzvolumen usw.), und ihre technischen Beiträge sind im allgemeinen für die Genauigkeit einer QRA von entscheidender Bedeutung. Es wäre nicht zu rechtfertigen, sie auszuschließen.

QRA-Berater arbeiten im Normalfall mit zwei bis drei Personen, im wesentlichen Interviewern und Statistikern. Ihr Vorteil liegt in ihrer Neutralität, den guten Fragetechniken und darin, daß sie der Firma Zeit und Geld sparen.

Alle mit QRA Befaßten sind sich darin einig, daß mehrere Wechselwirkungen eintreten müssen. Da QRA Systemanalysen ähneln, weiß jeder mit Systemanalysen Vertraute, wie wichtig es ist, erst das Modell aufzubauen, dann zu untersuchen und zu forschen, und erst danach endgültige Schlüsse zu ziehen. Zumindest zwei Interaktionen müssen hier erfolgen, mehr als drei sind vielleicht schon zuviel. Man verzettelt sich dann in „Tatsachen“ und verliert die „Antworten“ völlig aus dem Blick.

3 Wo liegen die Stärken der QRA?

Quantitative Risikoabschätzungen zwingen eine Organisation, sich förmlich mit einer Frage auseinanderzusetzen. Alle Energien, Spekulationen und Vorurteile fließen in einen Prozeß ein, der die Organisation zu vernünftigem und verständlichem Handeln führen soll.

Beim QRA-Prozeß muß der „kritische Weg“ frühzeitig bestimmt werden. Wenn das Team einen „kritischen Weg“ entwickelt hat, kann es sich auch mit der schwierigsten Frage auseinandersetzen, nämlich dem Wert weiterer Daten. In allen Entscheidungsprozessen, die auf Daten aufbauen, will man immer mehr Daten zur Verfügung haben. Wenn zusätzliche Daten gebraucht werden, sollte man mit Hilfe der QRA den Wert und die Notwendigkeit dieser Daten beurteilen und auch feststellen können, ob sie auf dem „kritischen Weg“ liegen. Wenn die Daten diesen Kriterien nicht genügen, brauchen sie auch nicht ermittelt werden. Im Verlauf einer QRA ist das Team immer bestrebt, sich auf die kritischen Fragen zu konzentrieren.

Der QRA-Prozeß liefert der Organisation den Grund und das Material, ein multidisziplinäres Team zur Bearbeitung der Frage aufzustellen. Arbeitsgruppen neigen zwar dazu, viele Unsicherheiten ans Licht zu bringen, sind aber auch eine Möglichkeit, Synergismen zu schaffen. Die eigentliche Stärke eines Teams liegt in der Entscheidung, was jeweils als nächstes zu tun ist. Wenn das Team richtig zusammengesetzt ist und auch zusammenarbeitet, ist die Entscheidung über den nächsten Schritt und dessen Durchführung im allgemeinen einfach.

Bei QRA im staatlichen Sektor ist häufig die Ansicht anzutreffen, daß man den „wissenschaftlichen Teil“ der Fragestellung von der „Politik“ trennen muß. Ich bin derselben Ansicht. Ein Industriebetrieb ist aber keine Regierung, und ich glaube, wenn man die „Wissenschaft“ vom „Geschäft“ trennt, ist der betreffenden Organisation damit überhaupt nicht gedient, wenn sie ihr Hauptziel erreichen will: das

Problem zu erkennen und das eigene Verhalten zu ändern, wenn es geboten erscheint. Die „Wissenschaftler“ können vielleicht das Risiko definieren, aber nur die „Geschäftsleute“ können eine Verhaltensänderung in der Organisation bewirken. Es liegt wohl in der menschlichen Natur, daß „Geschäftsleute“ das Verhalten ihrer Organisation kaum ändern werden, wenn man sie von der Problemdefinition ausgeschlossen hat.

Der QRA-Prozeß greift über die einzelnen Teammitglieder hinaus. Er stellt ihnen nicht nur andere Meinungen und andere Bereiche der eigenen Organisation vor, sondern zwingt sie durch Interaktionen auch dazu, ihre eigene Stellung zu erkennen und deutlich und überzeugend zu erklären. Er macht sie selbst zu einem Teil der Lösung.

Unsicherheiten werden klar herausgearbeitet. Je umfangreicher die Fragestellung umso größer die Unsicherheiten und umso größer auch die Fehlermöglichkeiten. Die von der Betriebswirtschaft herkommenden Mitglieder können Unsicherheiten ertragen, wenn sie nur minimale Folgen haben. Für den Wissenschaftler ist das unmöglich. Auch hier bietet QRA wiederum ein Forum, um ein Gleichgewicht zwischen Unsicherheiten und Folgen herzustellen.

Wenn das Team zusammenkommt, ist jedes einzelne Teammitglied physisch von seinen engeren Fachkollegen getrennt. Das zwingt jedes Teammitglied, seine eigenen Schätzungen anzustellen, sie vorzutragen und zu verteidigen. Dazu gehört auch, daß man zur abschließenden Stellungnahme die Unterstützung aller anderen Teammitglieder sucht. Wenn das richtig gemacht wird und alle mitarbeiten, aber niemand dominiert, zwingt der QRA-Prozeß zu einer rigorosen Beurteilung der anstehenden Fragen. Dadurch werden „wolkiges“ Denken oder Nicht-zu-Ende-Denken ebenso wie vorschnelle Urteile ausgeschlossen.

Schließlich liegt eine der Stärken der QRA auch noch darin, daß hier ein Entscheidungsprozeß geboten wird, der nach Abschluß der Organisation vernünftige und annehmbare Richtlinien liefert. Das ist der einzig stichhaltige Grund dafür, daß sich eine Organisation dem Trauma aussetzt, das eine QRA u. U. nach sich ziehen kann.

4 Wo liegen die Schwächen der QRA?

Wo Stärken sind, sind auch Schwächen. Natürlich muß man die Schwächen und Stärken abwägen, um zu einer ausgewogenen Position zu kommen.

Die erste und verbreiteste Schwäche liegt darin, daß eine Person oder eine Disziplin dominiert und eine Entscheidung praktisch vorantreibt. Wenn ein Team derartig aus dem Gleichgewicht gerät, sind auch die Ergebnisse nicht befriedigend. Was noch wichtiger ist: Durch das Ergebnis wird die Firma auch nicht in die bestmögliche Lage versetzt, eine Frage anzugehen. Am Ende wird ein Kardinalfehler aufgedeckt und die Schlußfolgerungen des Teams werden in Mißkredit geraten. Wenn man einer Arbeitsgruppe ihr Mandat erteilt, muß man unter allen Umständen verhindern, daß eine Person oder eine Disziplin dominieren; das muß auch ein Hauptziel des Teamleiters sein.

Die Formulierung von Wahrscheinlichkeiten kann u. U. einengend wirken und das Ergebnis schon vorher bestimmen. Der Nenner ist wohl der empfindlichste

Bereich. Wo liegt der Unterschied zwischen einer Chance von 1 : 100 und einer Chance von 1 : 1 000 000? Mathematisch gesehen, ist er riesengroß. Für die persönliche Wahrnehmung besteht da aber vielleicht gar kein Unterschied. Nehmen wir ein Teammitglied, das die Ansicht vertritt, eine entfernte Chance sei 1 : 100. Bei einer Firma mit 300 Mitarbeitern kann sich das Team mit den daraus zu errechnenden drei negativen Fällen durchaus zufrieden geben. Wenn man aber denselben Prozentsatz auf eine Weltbevölkerung von 4 Milliarden anwendet, muß man fragen, ob das Team bei 40 Millionen Fällen auch noch zufrieden wäre.

Es besteht die große Gefahr, QRA als Selbstzweck zu betreiben. Die Ergebnisse haben dann überhaupt keine Beziehung mehr zur wirklichen Welt. Das klassische Kartenhaus entsteht, in dem Wahrscheinlichkeiten aufeinandergetürmt werden. Wenn die Verbindung zur realen Welt nicht bestehen bleibt, kann das Ergebnis einer QRA ein böses Erwachen bewirken.

QRA ist aufwendig. Wie schon oben gesagt, kostet eine vollständige QRA für ein wichtiges Produkt um 75 000 US-Dollar. Wenn die Firmenorganisation von den Ergebnissen nichts hat, ist es zweifelhaft, ob für künftige QRA noch Mittel zur Verfügung gestellt werden.

Wenn schließlich kein Maßstab für ein normalerweise akzeptables Risiko vorliegt, das in eine QRA einbezogen wird, kann das zur Folge haben, daß keine vernünftigen Geschäftsentscheidungen getroffen werden können. Infolgedessen muß das Team auch einen solchen Maßstab schaffen, und die einer QRA ohnedies innewohnende Ungenauigkeit wird durch die Schwierigkeiten der Entwicklung dieses Maßstabs noch vergrößert.

5 Künftige Arbeiten

QRA zur Untersuchung von Auswirkungen auf die Gesundheit steckt noch in den Kinderschuhen. Wenn das Verfahren hier etwas bringen soll, muß es weiterentwickelt, genutzt und in seinen Ergebnissen in die Praxis umgesetzt werden.

Durch QRA sind bisher schon einige Fragen aufgeworfen oder in den Brennpunkt des Interesses gerückt worden. Da ist nach meiner Meinung vor allem die Frage der Definition und Akzeptanz des Begriffs „normales“ oder „annehmbares“ Risiko. Ohne eine solche Definition haben wir nichts, woran wir die Ergebnisse der QRA messen können. Außerdem leidet darunter auch die Unterstützung für QRA. Wer will schon einen Prozeß fördern, der immer nur schlechte Nachrichten hervorbringt?

Was ist ein Leben wert, lautet die nächste Frage. Wir müssen diese Frage lösen, wenn QRA wirklich nützlich sein soll. Gleichzeitig können wir aber die ethischen Probleme nicht außer acht lassen, die sich daraus ergeben, daß man einem Menschenleben einen wirtschaftlichen Wert zumißt. Ich meine, daß ein Parallelsystem zur angemessenen Entschädigung von wirklich Geschädigten notwendig ist, wenn wir öffentliche Unterstützung für die Definition eines „annehmbaren“ Risikos gewinnen wollen.

Wie erhalten wir schließlich Informationen über Auswirkungen auf die Gesundheit in der Dritten Welt, in denen die Belastungen der Industrie erheblich sein können. wir haben auch mit ethischen Problemen zu kämpfen, wenn wir uns in diese Situation begeben und nur Daten erheben und dann wieder abreisen. Bisher haben wir uns um diese Frage herumgedrückt. Ich glaube, daß es jetzt an der Zeit ist, sich ernsthaft zu überlegen, wie man diese wichtige Datenbasis erfassen kann.

Zusammenfassung

Zusammenfassend kann ich sagen, daß die QRA kein Allheilmittel ist. Wenn man sie richtig und adäquat durchführt, kann sie eine große Hilfe sein. Sie dient dazu, ein Problem zu definieren und den nächsten Schritt aufzuzeigen. Aber man sollte eine QRA nicht anfangen, ehe man nicht weiß, wie die Chancen aussehen, weil sonst die Ergebnisse nicht schlüssig sind.

Formalisierte QRA-Prozesse sollten nur selten eingesetzt werden. Sie bedeuten erhebliche finanzielle Aufwendungen und einen großen Aufwand an hauseigenem Personal. Unter den heutigen Wirtschaftsbedingungen spielen Kosten eine große Rolle, und wir müssen QRA als Hilfsmittel entwickeln, mit dem wir uns wirtschaftlich und technisch an die Zeitläufe anpassen können. Schließlich brauchen wir mehr und bessere Daten, wenn wir QRA optimal nutzen wollen.

Ich möchte mich ganz besonders bei Dr. S. Swanson und Frau M. Beauchamp und ihren Mitarbeitern im API und bei einer Reihe von Mitarbeitern aus der Industrie für ihre Beiträge und die kritische Durchsicht dieses Referats bedanken.

Die wissenschaftlichen Grundlagen des Risikomanagements in der chemischen Industrie

E. H. Blair

In diesem Beitrag geht es um Entscheidungsprozesse in der chemischen Industrie, insbesondere um solche im Zusammenhang mit der Handhabung von Risiken. Ich beschränke mich dabei auf die Gesundheits- und Umweltwissenschaften und die Produktsicherheit. Ich möchte unseren Ansatz zur Antizipation potentieller Risiken von neuen Chemikalien beschreiben sowie die andauernde Abschätzung von Risiken, die mit der größeren Menge der schon existierenden Chemikalien verbunden sind.

1 Das veränderte Umfeld

Im letzten Jahrzehnt haben vielfältig zusammenwirkende Faktoren verstärkt das Interesse auf Risiken im Zusammenhang mit der Auswirkung von Chemikalien auf die Gesundheit und die Umwelt gelenkt. Zu diesen Faktoren gehören Fortschritte in der Gesundheits- und Umwelttechnik, ein erhöhtes Bewußtsein der Industrie für ihre Verantwortung im Gesundheitswesen und gegenüber der Umwelt, das Bekanntmachen von neuesten Informationen und von Störfällen in den Medien sowie eine wachsende Beteiligung des Staates und der Öffentlichkeit an Risikoentscheidungen.

Die Fortschritte in der Gesundheits- und Umwelttechnologie in den siebziger Jahren waren wahrlich dramatisch. Die Analyseverfahren, mit denen früher Chemikalien in der Größenordnung von einigen Zehntel Prozent bis zu einigen ppm nachgewiesen wurde, können heute Chemikalien im Bereich von ppb bzw. ppt nachweisen. Biologische Karzinogenitätsuntersuchungen sind in den siebziger Jahren erst richtig zum Zuge gekommen und werden heute durch eine Vielfalt von Schnelltests ergänzt. Mutagene und teratogene Wirkungen, Auswirkungen auf die Fortpflanzung sowie die Verhaltenstoxikologie sind nur einige wenige Unterdisziplinen der Toxikologie und der klinischen Medizin, denen man sich heute in gesteigertem Maße widmet. Die Epidemiologie ist sowohl für die industrielle als auch für die staatliche Forschung eine Selbstverständlichkeit geworden.

Es gibt heute toxikologische Daten über mehr als 25 000 Chemikalien. Allerdings sind diese Daten nicht überall gleich vollständig. Sie sind sehr umfassend bei Arzneimitteln, Pestiziden und ein paar hundert gängigen Chemikalien und Lebensmittelzusätzen, aber höchst fragmentarisch bei den übrigen zigtausend Substanzen. Allerdings variiert die Vollständigkeit und Zuverlässigkeit dieser Datenbasis stark: Für Arzneimittel, Pestizide und ein paar hundert gängige Chemikalien und Lebensmittelzusatzstoffe sind sie relativ zuverlässig; für die übrigen zigtausend

Substanzen sind sie ziemlich fragmentarisch. Dies sorgt für ein Klima der Spekulationen über Risiken und stellt sicher, daß die Fortschritte in der Gesundheits- und Umwelttechnologie auch in diesem Jahrzehnt fortgesetzt werden.

Bei dem Versuch, die Bedeutung des Risikomanagements in der chemischen Industrie zu erörtern, muß ich erst einmal einige der Abläufe beschreiben, die über die Produktentwicklung bis zum Verkauf einer Industriechemikalie führen, wobei besonders die Sicherheitsaspekte in ihrer ganzen Breite berücksichtigt werden sollen: für den Verbraucher und die Öffentlichkeit, den Hersteller und die Handhabung der Produkte durch den Kunden.

2 Die Pflicht der Industrie

Ich möchte unterstreichen, daß die chemische Industrie im allgemeinen die Verpflichtung akzeptiert, alte Produkte nachträglich vertiefter zu testen, das Risikopotential neuer Produkte sorgfältig zu ermitteln sowie chemische Unfälle und unannehmbar hohe Risiken von Gesundheits- bzw. Umweltschäden auf ein Mindestmaß zu beschränken. Die Industrie ist sich der Umwälzungen sehr wohl bewußt und nimmt auch aktiv an ihnen teil, die sich in der Haltung der Gesellschaft in Gesundheits- und Umweltfragen herausgebildet haben. Neu entdeckte technische Möglichkeiten und Geräte werden heute intensiv dazu eingesetzt, selbst winzigste Mengen zu messen, die Unwägbarkeiten seitens der staatlichen Gesetzgebungsbürokratie in Kauf zu nehmen sowie eigene Maßnahmen und Standpunkte zu erklären – nicht nur gegenüber dem Gesetzgeber, sondern auch gegenüber den Medien, der Öffentlichkeit und den wissenschaftlichen Gremien.

Die chemische Industrie ist ein Wirtschaftssektor, der Produkte herstellt, die die Bedürfnisse des Markts zu decken vermögen. Nur in der westlichen Welt entstehen Produkte durch Innovation und durch die Kräfte von Angebot und Nachfrage. Alle übrigen Teile der Welt, der Ostblock, die Entwicklungsländer und die erwachende Dritte Welt, benutzen westliche Technologien, um sich gesellschaftlich weiter zu entwickeln.

Um Entscheidungsprozesse und Risikomanagement angemessen zu diskutieren, muß man sich erst einmal vor Augen führen, wie sich die verantwortungsbewußte Industrie der Besorgnisse um die Umwelt und die Gesundheit der Öffentlichkeit angenommen hat und welche Systeme sie entwickelt hat, um ihre Produkte und Prozesse möglichst ohne negativen Einfluß auf den Menschen und das Ökosystem zu realisieren.

Der Schlüssel zu all dem sind zuverlässige Daten. Mit den Daten gekoppelt sind zuverlässige Technologien, d.h. Technologien, die sowohl verläßlich als auch reproduzierbar sind und mit denen die Industrie Produktionsanlagen für heute und morgen errichten kann. Von gleicher Bedeutung sind sachkundige Mitarbeiter – Chemiker, Physiker, Toxikologen, Ingenieure, Arbeitsschutzfachleute und Umweltwissenschaftler, die diese Daten interpretieren und Empfehlungen aussprechen können.

3 Ein Plan für Produktentwicklung

Wenn die Fortschritte in der Forschung auf eine mögliche kommerzielle Nutzung zusteuern, kommt die Zeit, in der die volle Bedeutung einer chemischen Substanz, einer Zubereitung oder eines Fertigprodukts beurteilt werden muß. Jede Firma hat ihr eigenes Beurteilungssystem, doch für alle Firmen ist es unerläßlich, immer mehr Personen in diesen Vorgang einzubeziehen. Multidisziplinäre „Ressourcen" und Talente sind erforderlich, die sich mit der Beschaffung, den biologischen Auswirkungen oder potentiellen Gefährdungen durch das Material, mit der vorgesehenen Formulierungs- oder Fabrikationsmethode befassen und sogar damit, wie das Produkt vermarktet werden soll und welche Teile der Gesellschaft es nützlich finden werden. Ich spreche hier vom richtigen Einsatz von „Ressourcen" im Sinne des Managements: Geldmittel, berufliche Fähigkeiten (Menschen) und Einrichtungen (Analysegeräte, Pilotanlagen usw.).

Industrielle Forschung und kommerzielle Entwicklung eines Produkts gliedern sich häufig in vier Stufen:

Stufe I: Voruntersuchung und Synthese.
Stufe II: Charakterisierung des Produkts und seiner Anwendung.
Stufe III: Pilotprozeß und Feldentwicklung.
Stufe IV: Kommerzialisierung.

Auf Stufe I, der Voruntersuchung, konzentrieren sich die Wissenschaftler auf eine Aufgabenstellung, deren Lösung für die Firma einen wirtschaftlichen Vorteil erbringt und gleichzeitig einen Bedarf deckt, den der Benutzer erkennt und für dessen Deckung er zu zahlen bereit ist. Die Wissenschaftler suchen nach neuen Konzepten, möglicherweise nützlichen Verbindungen und neuen Wegen, existierende Produkte zu modifizieren und spielen dabei die Möglichkeiten des Innovierens und Erfindens durch. Auf der zweiten Stufe werden die Ressourcen auf ein bestimmtes Produkt bzw. eine bestimmte Technologie konzentriert. Auf der dritten Stufe werden Anlagen gebaut, noch mehr Disziplinen beteiligt und ggf. Fachleute von außen hinzugezogen. Das führt dann schließlich zur Kommerzialisierung auf der vierten Stufe.

Untersuchen wir einige unterschiedliche Aspekte dieses Vierstufenprozesses.

Die Firma arbeitet sich Schritt für Schritt von vielen Ideen bis zu einer Chemikalie vor, die in einer oder mehreren Zubereitungen für einen oder mehrere Verwendungszwecke enthalten ist. Potentielle Anwendungsmöglichkeiten werden in dieser Entwicklung immer klarer herausgearbeitet. So wird die Firma z. B. nach einer einfachen Untersuchung der Zugfestigkeit bei einem Polymer sicherheitshalber auch noch andere Parameter mitprüfen, wie z. B. die Sprödigkeit, die Hafteigenschaften, die Lichtbeständigkeit und viele andere. Die Suche nach einem vielseitig anwendbaren Produkt engt sich dann häufig auf eine ganz bestimmte Anwendung ein.

Auch die toxikologischen Daten durchlaufen eine solche Prüfung. Neu synthetisierte Verbindungen kann man vielleicht nur im Hinblick auf ihre akute Toxizität bei der Ratte charakterisieren oder nur auf eine ganz bestimmte Wirkstoff- oder Pestizidaktivität hin untersuchen. Mit fortlaufender Entwicklung und größerer Aussicht auf wirtschaftlichen Erfolg wird jedoch die toxikologische Datenbasis ebenfalls erweitert, und notfalls wird an weiteren Spezies getestet und werden weitere Langzeittests angesetzt.

Einen ähnlichen Weg nehmen Umweltdaten. Gewisse Kenntnisse über die Verfrachtung und das Verbleiben von Substanzen lassen sich aus einfachen chemischen und physikalischen Daten gewinnen, die auf den Stufen I und II gesammelt worden sind. Der Dampfdruck, die Wasserlöslichkeit, die Dissoziationskonstanten, die Hydrolyse- und Oxidationshalbwertszeit sowie ein einfacher Test zur biologischen Oxidation lassen begründete Urteile über das Umweltverhalten zu.

Globale Überwachungs- und Modellstudien, die kinetische Analyse von Abbauprozessen sowie langfristige Untersuchungen an Wildbeständen kommen für die wenigen Massenchemikalien in Frage, die u. U. in großen Mengen in die Umwelt gelangen können, die relativ persistent sind und eine verhältnismäßig hohe Toxizität aufweisen.

Wenn eine neue Verbindung aussichtsreich genug erscheint, vielleicht sogar in diesem frühen Stadium schon wirtschaftliche Nutzungsmöglichkeiten aufzeigt, sind Sicherheit für Gesundheit und Umwelt die nächsten Fragen von unmittelbarem Belang. An Säugetieren werden dann Versuche durchgeführt, um die toxikologische Einstufung einzugrenzen. Mit Hilfe dieser Untersuchungen soll die Fähigkeit des Stoffs bestimmt werden, bei akuter Einwirkung, z. B. durch Nahrungsaufnahme, Kontakt mit den Augen oder der Haut oder durch Einatmung Schäden auszulösen. Solche Untersuchungen werden durchgeführt, um alle signifikanten Gefahren durch zufällige Einwirkung der Verbindung zu ermitteln. Man braucht diese Angaben für die sichere Handhabung der Substanz durch Chemiker und Chemieingenieure, und sie sind außerdem bei der Auslegung von Pilotanlagen von Nutzen. Diese Informationen werden im übrigen auch Bestandteil der Daten, die dem Kunden, dem Staat und anderen Bereichen der Gesellschaft zur Verfügung gestellt werden.

Zu Anfang der Stufe II liegen gewöhnlich genügend Daten über die Sicherheit und Wirksamkeit vor, so daß eine erste Entscheidung darüber getroffen werden kann, ob die neue Verbindung ernstlich als Produkt in Frage kommt. Fällt die Entscheidung positiv aus, beginnen die Umweltprüfungen. Die Umweltanalyse schließt Versuche ein, aus denen sich die Tendenz der Verbindung ableiten läßt, aus Wasser zu verdunsten. Die Wissenschaftler überprüfen auch die Abbaubarkeit, d. h. ob die Verbindung leicht im Boden, in der Luft oder im Wasser zerfällt, und untersuchen ferner mögliche Anreicherungen in der belebten Natur. Versuche werden durchgeführt, um die Grundtoxizität der neuen Verbindung gegenüber im Wasser lebenden Indikatororganismen festzustellen.

4 Gruppenentscheidungen bei der Produktbegutachtung

Zu einem späteren Zeitpunkt findet die erste entscheidende Produktbegutachtung statt; an ihr nehmen viele Personen teil. Bis dahin werden Entscheidungen im allgemeinen von Einzelpersonen getroffen, die selbst an der Produktentwicklung beteiligt sind. Sobald ein Produkt Gestalt annimmt, kommt es zu einer Gruppenbegutachtung und damit zu einer Managemententscheidung.

Wenn die Verbindung nur ein geringes Potential für Umweltschädigungen aufweist und sich auch als sehr wenig toxisch erwiesen hat, besteht die Möglichkeit, ohne weitere umfangreiche Tests schneller zur Markteinführung zu kommen, besonders wenn das Produkt standortbegrenzt ist, sich als Hilfsstoff zur Herstellung anderer Stoffe eignet oder kaum mit dem Menschen und der Umwelt in Berührung kommt. Wenn jedoch erhebliche Einwirkungen der neuen Verbindung möglich sind oder die Verbindung mit hoher Wahrscheinlichkeit in die Umwelt gelangen kann, müssen subchronische Toxizitätsversuche durchgeführt werden. Es werden die Aufnahmewege Schlucken und Einatmen untersucht; diese Untersuchungen können ein Viertel- bis zu einem halben Jahr dauern. Außerdem müssen u.U. Hautsensibilisierungstests an Meerschweinchen durchgeführt werden. Gleichzeitig werden die Untersuchungen zur Produktbeurteilung in den Laboratorien verstärkt, und häufig werden auch potentielle Kunden gebeten, das Produkt für ihre speziellen Verwendungszwecke zu beurteilen.

Wenn das Produkt der Markteinführung näherkommt, werden weitere entscheidende Konferenzen für die Begutachtung abgehalten. Mit Leuten aus der Forschung, Entwicklung und dem Marketing besetzte Ausschüsse überprüfen die zusätzlichen Daten und entscheiden, ob noch weitere Unterlagen, auch über Auswirkungen auf Gesundheit und Umwelt, erforderlich sind oder ob man gleich auf den Markt gehen kann.

In diesen wenigen Fällen kann die Möglichkeit bestehen, daß Menschen oder die Umwelt dem Stoff stärker ausgesetzt sind, und wenn aus den ersten Toxizitäts- und Umweltprofilen Hinweise auf bestimmte Effekte zu entnehmen sind, müssen u.U. noch intensivere Untersuchungsreihen durchgeführt werden, die drei Jahre oder länger dauern können. Diese Untersuchungen werden dann aus einem Spektrum von Tierversuchen ausgewählt, darunter Untersuchungen der Stoffwechselvorgänge, der pharmakokinetischen Parameter, des teratogenen, mutagenen und karzinogenen Potentials sowie der Auswirkungen auf die Fortpflanzung. Normalerweise werden die erforderlichen Tests unter dem Gesichtspunkt der vorgesehenen Verwendung und der Ähnlichkeit mit bereits charakterisierten Verbindungen ausgewählt. Diese Entscheidungen erfordern ein fachkundiges Urteil höchst erfahrener Experten.

Während diese zusätzlichen Gesundheits- und Umwelttests laufen, werden weitere Arbeiten zur Fortführung der Produkt- und Prozeßentwicklung durchgeführt.

Alle gesammelten Informationen müssen in ein Gesundheitsprogramm eingeordnet werden, das sich mit der Belastung der Mitarbeiter beschäftigt (Betriebspersonal, Arbeitsschutz, Überwachungssystem usw.). Zusammen mit den Daten aus den Betriebsmessungen liegen ausführliche Umweltbeurteilungen der Arbeitsschutz- und Sicherheitsgruppen, aus der regelmäßigen Auswertung der Belastungsstatistiken und den tatsächlichen Arbeitsunterlagen der Mitarbeiter vor. Diese Gesundheitsdaten müssen zusammengefaßt werden, und dann kommt es zu einer abschließenden Beurteilung durch Ärzte und epidemiologische Fachleute.

Ich hoffe, Sie haben jetzt eine Vorstellung davon, wie die Firma in Sachen Umwelt vorgeht und gleichzeitig daran denkt, wie sie die gewonnenen technischen Informationen nutzen kann.

5 Firmenentscheidungen anhand von Risikoermittlungen

Ich möchte als nächstes etwas über Firmenentscheidungen auf der Grundlage von Risikoermittlungen sagen. Zweierlei Firmenentscheidungen können Risikoermittlungen widerspiegeln:

- Entscheidungen über Projekte, Investitionen und Vorhaben;
- Entscheidungen über langfristige Personalpläne und Beziehungen zu den Mitarbeitern, Kunden und der Öffentlichkeit.

Bei der Bestimmung von Gesundheits- und Umweltrisiken haben wir es mit beiden Arten von Entscheidungen zu tun. Wie stark sie zum Tragen kommen, hängt von den jeweiligen Gegebenheiten ab. Dabei spielen die Produktpalette der Firma und die jeweils durchgeführte Tätigkeit eine Rolle, d.h. ob die Firma Hersteller, Verarbeiter oder Vertriebsorganisation ist.

Fast jede Firma steht irgendwann einmal vor der Frage, ob sie ein Produkt oder eine Aktivität aufgrund neuer Feststellungen oder Risikowahrnehmungen fortführen oder abbrechen soll. Das häufigere Problem ist die Entscheidung darüber, ob man verschärfte Verfahren oder strengere Normen anwenden soll, um Risiken zu verringern. Häufig wird eine Investitionsentscheidung durch Unsicherheit oder Vorstellungen von Unsicherheiten in der Risikoermittlung oder einfach durch Lücken in den Angaben über Risiken erschwert. Die wirtschaftliche Entwicklung eines neuen Produkts oder eines neuen Vorhabens hängt oft von der Risikoabschätzung und einer Bewertung des möglichen Umfangs von Haftungsansprüchen und Gerichtskosten ab. Die Wahl eines neuen Standorts für ein Werk muß ebenfalls durch die Ermittlung der verschiedenartigsten Risiken beeinflußt werden. Oft steht die Geschäftsführung vor schwierigen Entscheidungen, wenn sie die geeignetste Kommunikationspolitik über neue Risikodaten bestimmen soll. Normalerweise werden neue Angaben über Gesundheitsauswirkungen Stück für Stück bekannt, so daß eine einheitliche Risikopolitik schwer aufrechtzuerhalten ist, gehe es um die Unterrichtung von Mitarbeitern, Kunden, des Staats oder anderer öffentlicher Sektoren.

6 Geschäftspolitik bezüglich Risikoermittlung

Durch vorsichtige Planung, durch einen Evolutionsprozeß oder durch Unterlassung findet ein Unternehmen gewöhnlich zu einer Anzahl bestimmender Strategien und Praktiken bezüglich Risiko. Vor dem Hintergrund der Ergebnisse der vergangenen Dekade und der fortschreitenden Trends der Auseinandersetzung mit Risiken, erfordert eine wesentliche Strategieentscheidung die Festlegung des Personalbedarfs. Ein Unternehmen muß die Ressourcen an Technikern und Spezialisten entwickeln, um

- sich über alle Informationen bezüglich der Risiken seiner Produkte und Aktivitäten stets bewußt zu sein,
- geeignete Maßnahmen zur Risikominimierung festzulegen,
- geeignete Informationen für Kunden auszugeben,
- mit Kunden sowie verschiedenen Institutionen aus Regierung und Öffentlichkeit bei deren Festlegung von Praktiken und Standards zusammenzuarbeiten.

Beinahe genauso wichtig ist die Entscheidung darüber, ob man auch Ressourcen für Forschung und Prüfung bereitstellen soll, um weitere Risikodaten zu beschaffen. Eine Firma kann auf die von verschiedenen Sektoren der Industrie, der Wissenschaft und des Staats produzierten Unterlagen reagieren oder sich selbst an der Entwicklung solcher Informationen beteiligen. In diesem Falle dringt sie tiefer in die komplizierte Technik ein, weil sie sich mit eigenem Fachwissen an diesem Austausch beteiligt. Die Mitarbeiter, Kunden und die Öffentlichkeit kennen die Nachrichten über die Wirkungen von Chemikalien und reagieren oft sehr empfindlich darauf. Eine Firmenpolitik der Offenheit, des direkten Dialogs und der gemeinsamen Problemlösung hat sich in den siebziger Jahren herausgebildet und wird wahrscheinlich auch in Zukunft bestehen bleiben.

7 Das Risiko im Vergleich zu anderen firmeninternen Überlegungen

Nehmen wir hier einmal an, daß das mit einer bestimmten Substanz oder Aktivität zusammenhängende Risiko objektiv sehr niedrig eingestuft wird. Selbst dann ist noch eine Reihe anderer Faktoren in Betracht zu ziehen.

Es hat sich mittlerweile immer deutlicher herausgestellt, daß die Vorstellung vom Risiko in der Öffentlichkeit nicht an objektive statistische Risikoabschätzungen gebunden ist. So sind z.B. mehrere Untersuchungen durchgeführt worden, in denen die Öffentlichkeit gebeten wurde, einige Industriezweige oder Tätigkeiten nach dem Risiko einzustufen, z.B. Pestizide, Kernenergie, Fliegen, Rauchen, Tauchen und anderes. Diese Einstufung der Risiken durch die Öffentlichkeit korrelierte keineswegs gut mit den statistischen Unterlagen und den sachkundigen Feststellungen von Technikern und Wissenschaftlern. Interessant ist die Feststellung, daß die Verwendung von Asbestisolationen in Haartrocknern wahrscheinlich nur ein unbedeutendes Risiko darstellt. Dennoch ist heute wohl kaum eine Firma mehr bereit, diese Praxis wieder einzuführen.

Häufig ist der Nachweis, daß ein Risiko geringfügig ist, nur mit ungeheurem Aufwand zu erbringen. Man kann z.B. theoretisch behaupten, daß ein Treibstoffzusatz im Prinzip dieselben gesundheitlichen Auswirkungen hat wie Benzol. Wenn es sich dabei um ein neues chemisches Projekt handelte, wären die Aufwendungen, dieses niedrige Risiko richtig einzuordnen, fast nicht zu erbringen. Die Firma Proctor & Gamble verkauft Nitrilotriessigsäure (NTA) als Bestandteil von Haushaltswaschmitteln schon rund zehn Jahre in Kanada und anderen Ländern. Erst vor kurzem hatte sie aber nach eigener Einschätzung genügend Unterlagen gesammelt, um auch die US-amerikanischen Behörden stellvertretend für die Öffentlichkeit davon zu überzeugen, daß dem Verkauf in den USA nichts im Wege stünde. Der Grund waren einige Veröffentlichungen Anfang der siebziger Jahre und eine Richtlinie des amerikanischen Gesundheitsministers, in der äußerste Vorsicht bei der Verwendung dieser Substanz verlangt worden war. Produkte mit kleinerem Volumen und weniger Marktpotential als NTA oder Benzol und Benzin rechtfertigen den erforderlichen Aufwand nicht, wenn sich die öffentlichen Ansichten über das Risiko von den objektiv festgestellten Risiken wesentlich unterscheiden.

8 Unterscheidung zwischen Risikobeurteilung und annehmbarem Risiko

Sowohl Firmenentscheidungen als auch staatliche Entscheidungen über das Risiko beziehen sich letztendlich auf die Risikohöhe, die die Gesellschaft akzeptieren kann. Wegen der verbreiteten Uneinheitlichkeit in den Risikofestlegungen, wie sie durch politische Faktoren im Gesetzgebungsprozeß und durch Unterschiede in den Gesetzen hervorgerufen werden, weisen gesetzliche Entscheidungen Unterschiede im tatsächlich erreichten Maß an Risikominderung auf. Diese Unstimmigkeiten haben zu einer Weiterentwicklung von Methoden geführt, mit denen Risiken besser abgeschätzt werden können. Wichtig ist dabei der Hinweis, daß man die objektive Risikoabschätzung nur als Hilfsmittel im Entscheidungsprozeß ansehen sollte; keine Methode führt zu einer einfachen Entscheidungsformel.

9 Risikoermittlung – ein multidisziplinärer Vorgang

Eine solide Risikoabschätzung muß als multidisziplinäre Aufgabe betrachtet werden, die sich auf Daten und Erfahrungen in der Toxikologie, Epidemiologie, klinischen Medizin und dem Arbeitsschutz oder der technischen Arbeitssicherheit stützt, die samt und sonders auf die Einwirkung bestimmter Substanzen oder Wirkstoffe bezogen sind.

Die Risikoabschätzung sollte von einer Gruppe von Fachleuten auf ihrem Gebiet durchgeführt werden, die zusammen ein Wissenschaftlerpanel ergeben. Die Fachleute im Gesundheitswesen in diesem Panel können Angestellte der Firma sein und heißen im Betriebszusammenhang u. U. Arbeitssicherheitsausschuß. In anderen Fällen besteht das Gremium aus Mitarbeitern einer von außen hinzugezogenen Beraterfirma, oder es sind Berater von Hochschulen.

Für die Praxis wäre die einfachste Möglichkeit einer multidisziplinären Risikobeurteilung die Aufstellung einer Risikoabschätzung im Entwurf durch einen oder zwei Wissenschaftler; dieser Text würde dann von einem Hochschulgutachter kritisch überprüft werden, der das betreffende Fachgebiet genau kennt.

10 Risikoermittlung – ein Stufenprozeß

Die Risikoermittlung ist natürlich kompliziert. Wenn es darum geht, ein Risiko objektiv zu bestimmen, sollte man diese Bestimmung als Stufenprozeß betrachten mit den folgenden Stufen:

- Wahrnehmung des Risikos,
- vorläufige Risikoermittlung,
- Sammlung von vorgeschlagenen Tatsachen und Forschungsprogramm,
- Begutachtung durch Fachkollegen,
- Durchführung der Faktensammlung und Untersuchung,
- Umfassende Risikoermittlung.

Manche Ereignisse lösen eine Risikowahrnehmung aus: neue toxikologische Feststellungen, damit zusammenhängende Ereignisse wie Krankheiten oder Schäden in der Fauna, Analysen von Datenbruchstücken oder eine Reihe von Anfragen oder Beschwerden von Kunden.

Derartige Wahrnehmungen schlagen sich im allgemeinen in einer ersten Risikofeststellung nieder, die man auf der Grundlage leicht erhältlicher Tatsachen vornehmen kann. Häufig sind die vorhandenen Daten aber so begrenzt, daß diese erste Abschätzung mit großer Unsicherheit verbunden ist. Wenn diese Unsicherheit verringert werden soll, was üblicherweise der Fall ist, müssen ein Datensammlungs- bzw. Forschungsprogramm geplant werden. Dazu sei angemerkt, daß die Verfeinerung der Risikoermittlung von der Qualität der Entscheidungen abhängt, die bei der Auslegung des Forschungsvorhabens und der Tatsachenermittlung getroffen werden. Ein Zusammenwirken mehrerer Disziplinen ist wichtig, wenn die Ergebnisse optimal nutzbar sein sollen. Auf den Zweck und die Einzelheiten von Protokollen, angesetzten Umweltkonzentrationswerten und eine ganze Reihe anderer pragmatischer Fragen ist unbedingt zu achten. Normalerweise werden einer oder mehrere Experimentalchemiker und ein Verantwortlicher das Forschungsprogramm aufstellen. Die Begutachtung durch einen oder mehrere Fachkollegen kann diesen Programmentwurf dann noch verbessern.

Nach der Datensammlung und Erarbeitung der Forschungsergebnisse ist alles für eine umfassende Risikobeurteilung vorbereitet. Man kann vielleicht behaupten, daß der hier beschriebene Prozeß Managemententscheidungen verzögern würde. Es trifft zwar zu, daß die Datensammlung länger dauern würde, aber die dadurch bewirkte klarere Risikoabschätzung würde bei der Behandlung von Alternativen die Genauigkeit erhöhen und in manchen Fällen auch die Verschwendung von Ressourcen verhindern, Verwirrung vermeiden und damit auch das Vertrauen und die Stichhaltigkeit der Entscheidung verbessern. Wenn man frühzeitig darauf hinweist, welche Vorbereitungen zur Entwicklung guter wissenschaftlicher Untersuchungen und einer hieb- und stichfesten Datensammlung notwendig sind, sorgt man in Wirklichkeit eher dafür, daß keine Zeit mit Leerlauf, Kurswechseln und dem Einbau von Reserven für Unvorhergesehenes vertan wird.

Ein Verfahren zur Risikoermittlung sollte aus folgenden Stufen bestehen:

- Sammlung der verfügbaren Daten,
- Versuche am Tiermodell,
  - Relevanz,
  - Qualität,
  - die bestimmenden Faktoren
    Stoffwechsel, Gewebeschädigung, Pharmakokinetik, DNS,
- Epidemiologie,
- Belastung,
- Schlußfolgerungen.

Die Einbeziehung aller zur Verfügung stehenden objektiven Daten ist sehr wichtig. Die gesundheitlichen Auswirkungen beim Tier sind im Hinblick auf ihre Relevanz und Qualität für das Versuchsprogramm zu untersuchen.

Bei den Daten aus Tierversuchen zeigt sich eine Dosis-Wirkungs-Beziehung. Normalerweise hat man es bei einer Risikoermittlung mit zweierlei Unsicherheiten zu tun:

- Einer Extrapolation der bei Versuchen gegebenen hohen Dosen auf die niedrigen Dosen, die für Umweltüberlagerunen repräsentativ sind;
- einer Übertragung der Ergebnisse vom Versuchstier auf den Menschen.

Bei reversiblen Effekten wie z. B. bestimmten Formen der Nierenschädigung oder Störungen des physiologischen Gleichgewichts hat sich der Begriff Schwellendosis mittlerweile allgemein durchgesetzt. Versuche werden normalerweise so angesetzt, daß eine Schwellendosis nachgewiesen wird, die beim Tier nicht mehr zu beobachtbaren Wirkungen führt. Diese sogenannte Null-Effekt-Schwelle läßt sich dann mit entsprechenden Umweltbelastungen vergleichen. Wenn die Schwelle für die Umwelt weit unterhalb der Null-Effekt-Schwelle liegt, kann man im allgemeinen daraus schließen, daß wohl kein Risiko auftritt. Wenn die Sicherheitsgrenze klein bis mittelgroß ist (beispielsweise 1 bis 10), liegt wahrscheinlich eine Unsicherheit vor, und es kommt zu Diskussionen darüber, ob solche Belastungen zulässig sind.

Im Gegensatz zu reversiblen Effekten sind karzinogene Wirkungen irreversibel. Der Begriff einer Schwellendosis für alle krebserregenden Wirkstoffe ist von der Wissenschaft nicht akzeptiert worden.

Obwohl eine heftige Diskussion darüber immer noch im Gange ist, sprechen doch immer mehr Beweise dafür, daß der Krebserregungsmechanismus je nach Wirkstoff verschieden ist, daß es also je nach Art dosisabhängende Unterschiede im Stoffwechselverhalten gibt und noch andere Faktoren bei der Interpretation und Umsetzung berücksichtigt werden müssen. Diese erklärenden Faktoren – Stoffwechseldaten, pharmakokinetische Daten und Angaben über DNS- und Gewebeschäden – müssen in Betracht gezogen werden, und man muß sich darüber klar werden, welches Gewicht ihnen zuzumessen ist. Es kann auch andere einschlägige biologische Informationen geben, die bei der Beurteilung bestimmter Risiken sehr nützlich sind. So werden hier z. B. Schäden an der DNS und im Gewebe besonders bei chemischen Karzinogenen für aussagekräftig gehalten. Mit Hilfe solcher Daten kann man u. U. bei einer bestimmten Chemikalie die Fähigkeit erkennen, in Tieren Tumore durch direkte Wechselwirkung mit der DNS, also einen genetischen Mechanismus, oder durch Gewebeschädigungen hervorzurufen, wodurch die Geschwindigkeit der DNS-Synthese und damit auch der kleinen, aber doch endlichen Anzahl von spontanen Mutationen ansteigt (ein nichtgenetischer Mechanismus).

Stoffwechseldaten und pharmakokinetische Angaben sagen etwas über die chemischen Veränderungen im verabreichten Material aus, die im tierischen Körper eintreten und auch über die Geschwindigkeit, mit der sie zustande kommen. Es hat sich gezeigt, daß sich bei einigen Substanzen das Stoffwechselverhalten mit der Dosis ändert. Wenn der normale Schutzmechanismus, mit dessen Hilfe der Körper Substanzen umbaut, durch die Gabe immer höherer Dosen überfahren wird, läßt sich ein Schaden aufgrund der ursprünglichen Verbindung feststellen.

Die Kenntnis der Dosis/Stoffwechsel-Beziehung und der direkten DNS-Schädigung bzw. Gewebeschädigung ist wichtig und ist in der Vergangenheit oft unterbewertet worden. Es ist viel einfacher, das Null-Schwellendosis-Konzept anzuwenden, also die Vorstellung, daß nur „keine Belastung" auch zu keinem Risiko führt.

Eine Ermittlung der epidemiologischen Daten oder klinischen Beweise für die Schädigung am Menschen ist ebenso wichtig wie die Berücksichtigung des Tiermodells. Schließlich muß auch noch das Belastungsprofil betrachtet werden. Häufig werden Risikobeurteilungen befürwortet, die sich nur auf biologische Signale stützen und kaum Daten oder Expertenschätzungen über die Belastungskomponente in dieser Risikogleichung enthalten. Schließlich müssen auch noch Abschluß und Zusammenfassung der Risikobeurteilung eindeutig bekanntgegeben werden. Im Idealfall würde die zusammenfassende Schlußfolgerung aus einer Risikobeurteilung zu folgender Aussage führen:

Das Risiko bei der Verwendung der Substanz X unter den heutigen Bedingungen (oder irgendwelchen anderen definierten Bedingungen) stellt höchstwahrscheinlich ein über die Lebensdauer geltendes Risiko von schätzungsweise Y Todesfällen (oder Erkrankungen) pro 10 000 dar. Die Unsicherheitsgrenzen in dieser Schätzung liegen zwischen Z pro 1000 und Z^1 pro 100 000.

Man kann das Risiko aber auch als lebensverkürzenden Effekt ausdrücken, d. h. ein bestimmtes Risiko entspricht einer Verringerung der Lebenserwartung um 0,4 Jahre. Dabei darf nicht vergessen werden, daß sich derartige Schätzungen sehr stark auf die Expertenurteile abstützen, die bei der Methode und der Vollständigkeit der Datenbasis eine Rolle gespielt haben. Normalerweise werden die Schlußfolgerungen aus einer Risikobeurteilung weniger quantitativ ausgedrückt, und wegen der Glaubwürdigkeit unter Fachleuten muß auch eine ausführliche Aufstellung der entscheidenden Annahmen und der Grenzen der Schätzung angegeben werden.

In vielen Fällen, besonders wenn es sich nur um eine vorläufige Risikoabschätzung handelt, ist wegen der begrenzten Daten die Abschätzung des wahrscheinlichsten Risikos nicht möglich. Aus diesen Gründen wird manchmal eine Schätzung der „oberen Risikogrenze" durchgeführt. Eine begrenzte Analyse von Schätzungen dieser Risikoobergrenze bei chemischen Karzinogenen läßt darauf schließen, daß diese Schätzungen u. U. zwei bis drei Zehnerpotenzen höher liegen als spätere genauere Schätzungen auf der Grundlage einer umfassenderen Datenbasis.

Die Experimente in den siebziger Jahren sollten keineswegs die für eine umfassende Risikoermittlung erforderlichen Daten entwickeln. Untere Karzinogenitätsprüfungen an Tieren befaßten sich zum größten Teil mit Bioassays zur Ermittlung der maximal vertragenen Dosis. Diese Bioassays haben sich nur mit der Frage beschäftigt, ob überhaupt ein Karzinogenitätsrisiko vorlag; die Quantifizierung des Risikos spielte dabei kaum eine Rolle. Selbst das amerikanische National Cancer Institute hat häufig vor Kongreßausschüssen und Genehmigungsbehörden betonen müssen, daß diese Ergebnisse nur zum Screenen von Daten dienen und nicht dazu benutzt werden können, eine Risikoabschätzung zu vermitteln.

Ähnlich sind viele epidemiologische Untersuchungen in den siebziger Jahren hauptsächlich durchgeführt worden, um festzustellen, ob eine erhöhte Krebshäufigkeit in verschiedenen menschlichen Populationen festzustellen war. Aus vielen dieser epidemiologischen Studien sind nur Informationen über eine vermutete Kausalbeziehung entstanden. Es gab keine Belastungsdaten und, was vielleicht noch wichtiger ist, die Technik hat bei der Schätzung von Belastungen in der Vergangenheit nur sehr wenig Phantasie aufgebracht. Das führt zwangsläufig zu einer Überschätzung des Risikos.

11 Aussichten für die Zukunft

In den letzten Jahren hat sich die Diskussion im wesentlichen an den Ungewißheiten bei Risikobeurteilungen, dem Konzept der stichhaltigen Annahmen, dem Konzept der geschätzten Obergrenzen, der Vertrauensgrenzen von 95% und anderen Faktoren entzündet, die mit der Unsicherheit der Daten zusammenhängen. Trotz aller dieser Diskussionen mußten viele Entscheidungen sowohl beim

Risikomanagement in der betrieblichen Praxis der Industrie als auch im gesetzgeberischen Rahmen getroffen werden.

Risikoermittlung muß darauf abzielen, die wahrscheinlichste Schätzung eines Risikos zu ermitteln. Durch die Verwendung eines Stufenverfahrens mit einer multidisziplinären Risikobeurteilung und Konzentration auf eine umfassende Datenbasis kommt man auf diesem Weg schon sehr weit.

Die Entscheidungen der Leitung, sowohl bei Industrieunternehmen als auch staatlichen Behörden, die sich auf die Entwicklung und Nutzung solider Risikobestimmungen stützen, werden damit immer wichtiger.

Wie schon gesagt: Wir brauchen solide Daten und Verfahren, um damit Risiken für die Gesundheit und die Umwelt entsprechend zu minimieren. Um das zu erreichen, brauchen wir besondere Fachkenntnisse, eine interdisziplinäre Interpretation und Beurteilung.

Gesetze, Vorschriften und die staatliche Autorität bilden heute den Rahmen für alle unsere Chemikalienentwicklungen. Durch legalistische und bürokratische Vorgänge wird oft eine Beweislast auferlegt, die normalerweise der wissenschaftlichen Interpretation und den Prüfungen der logischen Schlüssigkeit von Daten fremd ist.

Die Regierungen haben Szenarien entworfen, die neue Anforderungen an Prüfungen und Entscheidungskriterien zum Inhalt haben. Bei genauem Hinsehen erwecken viele dieser Szenarien die schreckliche Vorstellung, daß wir uns auch selbst kaputt testen könnten.

Wir sprechen im Rahmen einer großen Diskussion über Risikomanagement. Auf diesem Gebiet müssen wir umsichtig alle Komplexitäten erkennen und unsere wichtigen menschlichen, wirtschaftlichen und natürlichen Ressourcen ins Gleichgewicht bringen.

Perspektiven der Risikoabschätzung

J. B. Browning und K. Weis

1 Einleitung

Die Risikobeurteilung ist so alt wie die Menschheit und so neu wie die letzte Regierungsverordnung. Unser Leben wird bestimmt durch die Abwägung des Risikos, daß uns das Auto nicht überfährt, bevor wir die Straße überquert haben, daß die Brücke unser Gewicht trägt oder der Druckkessel nicht platzt. Neuerdings befassen wir uns eher gefühlsmäßig mit der Beurteilung des Risikos, das der menschlichen Gesundheit durch die Einwirkung von Chemikalien in unserer Umwelt, auch am Arbeitsplatz, droht. Daß ausgerechnet die Beurteilung des Chemikalienrisikos solche tiefgreifenden, emotionsgeladenen Reaktionen hervorruft, wenn man es mit den Reaktionen vergleicht, die sich bei der Beurteilung viel bedrohlicher und statistisch wahrscheinlicher Risiken einstellen, ist für die chemische Industrie ein Grund zu tiefer Besorgnis. Die Fähigkeit, ohne zu starke Gängelung unseren Geschäften nachgehen zu können, ist durch das beunruhigende Problem einer systematischen Beurteilung des durch Chemikalien entstandenen Risikos bedroht.

Seit Menschengedenken haben sich Ingenieure auf Sicherheitsfaktoren (oder Risikogrößen) geeinigt, die man beim Hausbau, der Errichtung von Bohrgestellen, der Herstellung von Autos und Flugzeugen hinnehmen kann. Einige dieser Absprachen sind in Vorschriften und Normen niedergelegt, andere werden durch allgemeine Anwendung akzeptiert. Dabei funktionieren sie nicht einmal immer:
Schiffe sinken, Brücken brechen zusammen, und Flugzeuge stürzen ab. Und doch ändern wir an den Vorschriften und Normen kaum etwas, sondern bauen und fliegen weiter. Wir nehmen das Risiko auf uns.

Anders ist es bei den Chemikalien. Hier treffen wir auf Vorschriften und auf Politiker, die auf ein „Null-Risiko“ zusteuern. Natürlich wird dieses Ziel nie so deutlich ausgesprochen, sondern hinter Bemühungen versteckt, bestimmte Werkstoffe zu verbieten oder Belastungswerte unerreichbar niedrig anzusetzen. Aber die Aussage ist dennoch eindeutig: Es gibt bei Chemikalien keinen akzeptablen Risikograd.

Alle Bemühungen, hierüber in eine geregelte Diskussion einzutreten, leiden unter mehreren Faktoren, darunter auch einem völligen Mißverständnis der Gründe für Risikoabschätzungen. Wer versucht, das Umweltrisiko einer Chemikalie zu beurteilen, dem wird von vornherein unterstellt, es gehe ihm letzten Endes doch nur darum, Leib und Leben in Geldbeträgen zu bewerten, und das ist definitionsgemäß moralisch. Selbst die Begriffsbestimmungen sind umstritten. Die in der

Risikobeurteilung tätigen Fachleute verzeihen einem Gegner auch nicht den kleinsten Ausrutscher in Fragen der Definition oder der zugrunde gelegten Annahmen. In einer Wissenschaft, der noch so viel von einer Kunst anhaftet, werden gegenteilige Ansichten an strengeren Normen gemessen als in reiferen Disziplinen.

2 Erfahrungen mit Risikoabschätzungen

Vier Fragen sollen uns den heutigen Stand der Risikobeurteilung in der chemischen Industrie der Vereinigten Staaten näherbringen. Erstens: Soll überhaupt eine Risikoabschätzung durchgeführt werden? Zweitens: ist eine Risikoabschätzung möglich? Drittens: Wer soll sie durchführen? Viertens: Welchem Zweck soll sie dienen?

Wenn man die erste Frage bejaht (soll man sie durchführen?), ist man auch geneigt, die zweite Frage zu bejahen (kann man sie durchführen?), allerdings vielleicht mit verschiedenen Vorbehalten. Verneint man die erste Frage, so ergibt sich daraus im allgemeinen auch ein Nein als Antwort auf die zweite Frage. Wenn die Positionen so festliegen, ist eine vernünftige Diskussion der Fragen drei und vier (wer sollte Risikobeurteilungen durchführen, und zu welchem Zweck sollten sie durchgeführt werden?) aussichtslos. Die anschließenden Erörterungen ähneln dann eher einem Freistilringen als wissenschaftlichen Untersuchungen. Die Beteiligten reden nicht miteinander sondern aufeinander ein. Den Grund dafür versteht man vielleicht ein bißchen besser, wenn man sich die vier Fragen genauer ansieht. Betrachten wir sie einmal in der oben aufgeführten Reihenfolge.

2.1 Soll eine Risikoabschätzung von Chemikalien durchgeführt werden?

Diese Frage wird im allgemeinen nach Maßstäben von Sitte und Ethik untersucht. Fragen der Ästhetik, der Umwelt oder der Gesundheit mit Geld zu beziffern, ist für manche abstoßend. Alle sind sich aber darin einig, daß eine Bewertung solcher Begriffe und Inhalte schwierig und ungenau ist. Überlegungen dieser Art gehen immer davon aus, daß die Bewertung zu einer starren Aufrechnung von Kosten und Nutzen dient, wobei ein Dollar Kosten gleich einem Dollar Nutzeffekt gesetzt wird. Vernünftige Beziehungen zwischen Nutzen und Kosten sind aber das einzige, was man in den meisten Fällen braucht oder überhaupt erreichen kann.

In den Vereinigten Staaten hat in vielen Fällen der Kongreß entschieden, ob eine Risikoabschätzung durchgeführt werden soll. So schreibt z.B. das Gesetz über die Überwachung toxischer Substanzen (Toxic Substances Control Act) vor, daß jeder, dem neue Erkenntnisse bekannt werden, wonach ein kommerzielles Produkt ein unangemessen hohes Risiko von Gesundheitsschäden oder Umweltschäden aufweist, dies der Umweltschutzbehörde (Environmental Protection Agency) melden muß. Damit diesem Gesetz Folge geleistet werden kann, sollte natürlich eine Risikoabschätzung stattfinden; nach dem Gesetz muß das sogar der Fall sein. Mir sind aber keine Einwendungen gegen das Gesetz bekannt, die darauf zielen, daß vielleicht eine Risikoabschätzung vorgeschrieben wird. Alle, die sich vielleicht sonst beschweren würden, werden wohl durch die Bestimmung beruhigt, daß Nichtbefolgung unter Strafe steht.

In einigen anderen amerikanischen Bundesgesetzen und Vorschriften ist nicht nur eine Risikoabschätzung, sondern sogar eine Abwägung von Nutzen und

Risiken vorgeschrieben. Dazu gehören z. B. das Gesetz über die Sicherheit von Verbrauchsartikeln und Teile des Gesetzes über Nahrungsmittel, Arzneimittel und Kosmetika (Consumer Products Safety Act; Federal Food, Drug and Cosmetic Act).

In allen diesen Fällen hat unser Staat die Frage eindeutig bejaht, ob Risikobeurteilungen vorgenommen werden sollten und die Industrie hält sich daran.

2.2 Ist eine Risikoabschätzung möglich?

Als nächstes betrachten wir die Frage, ob wir Risikobeurteilungen durchführen können, besonders bei Chemikalien. Die Sachlage wird umstritten, sobald man daran denkt, mit welcher Genauigkeit eine Risikoabschätzung erfolgen kann und sich überlegt, ob man überhaupt in einer klassischen Risiko/Nutzen- oder Kosten/Nutzen-Analyse ein Risiko gegen einen Nutzen abwägen kann.

Es dürfte klar sein, daß die Feststellung bestimmter Risiken in der chemischen Industrie möglich und manchmal auch ganz nützlich ist. Der Schutz von Personen gegenüber den üblichen Gefahren am Arbeitsplatz ist hier ein gutes Beispiel. Genügend Statistiken zeigen, daß die Häufigkeit akuter Personenschäden abnimmt, sicherlich als direkte Folge der häufigen Benutzung von Sicherheitsausrüstungen wie z. B. Schutzbrillen und anderen Personenschutzgeräten. Hier braucht man den Wert nicht unbedingt genau in Geld auszudrücken, der etwa dem Verlust eines Auges oder Gliedes entspricht. Risikobeurteilungen lassen sich durchführen, und die Kosten der Risikobeherrschung lassen sich auch mit einiger Genauigkeit berechnen. Wir haben es hier mit akuten Personenschäden zu tun, und in den meisten Industrieländern ist eine Entschädigung für derartige Verletzungen über die entsprechenden Berufsgenossenschaften geregelt. Die Gerichte befürworten regelmäßig bei Einbußen an Körperfunktionen aufgrund traumatischer Verletzungen einen Schadenersatz. Infolgedessen läßt sich auch mit großer Genauigkeit feststellen, welchen monetären Wert die Gesellschaft in einem bestimmten Rahmen akuten Verletzungen beimißt. Anhand derartiger Statistiken, die offenkundig von der Gesellschaft akzeptiert werden, kann man Kosten/Nutzen-Verhältnisse gut berechnen.

Schwieriger wird es bei chronischen Gesundheitsschäden. Hier wird behauptet, das Eintreten der Verletzung sei zeitlich von der Einwirkung der verursachenden Schadstoffe so weit entfernt, daß eine Berechnung des Risikos nicht mehr möglich ist. In vielen, wenn nicht in den meisten Fällen führt die Einwirkung nicht einmal langfristig zu Erkrankungen oder Beeinträchtigungen der Gesundheit. Jeder Mensch reagiert auf eine chronische Belastung anders; bei manchen treten Störungen auf, die bei den meisten Kollegen in einer ähnlichen Situation nicht auftreten. Aus diesen und anderen Gründen ist besonders bei chronischen Beeinträchtigungen der Gesundheit unsere Fähigkeit, Risikoabschätzungen vorzunehmen, am meisten umstritten.

Oft werden die mit der Durchführung solcher Untersuchungen verbundenen Schwierigkeiten als Grund dafür herangezogen, daß man sie gleich ganz lassen sollte. Zutreffender ist wohl die Ansicht, daß man aus einer richtig durchgeführten Risikobeurteilung von chronischen Belastungen etwas lernen kann. Auch wenn die endgültige Antwort über sichere Schadstoffwerte nicht aus einer Formel oder einem Computer zu beziehen ist, können die für die endgültige Entscheidung

Zuständigen oft einige Anhaltspunkte gewinnen. Wenn man andererseits Risikobeurteilungen und Risiko/Nutzen-Analysen überhaupt vermeidet, kann das zu einer erheblichen Fehlleitung von Ressourcen bei dem Versuch führen, dort einen Nutzen zu erzielen, wo das überhaupt nicht oder nur in geringem Maße möglich ist.

2.3 Wer soll die Risikoabschätzungen durchführen?

Risikobeurteilungen in Fragen der Sicherheit und Gesundheit werden von Industrieunternehmen schon lange durchgeführt. Fabriken werden so errichtet und Produktionsprozesse so organisiert, daß die Sicherheit bei den vielfältigsten äußeren Einflüssen nicht beeinträchtigt ist. Die Einflüsse können z.B. vom Wetter bis zu außergewöhnlichen Prozeßbedingungen reichen. Auf der Grundlage der Risikobeurteilung werden Entscheidungen über die Investitionen getroffen, die dem Ausgleich oder der Überwindung dieser Risiken dienen. Auch die chemische Industrie beschäftigt sich seit vielen Jahren mit toxikologischen und epidemiologischen Studien, in denen die Risiken der von ihr hergestellten und verkauften Produkte oder der in ihren Werken als Roh- oder Zwischenstoffe verwendeten Materialien beurteilt werden. Großenteils wurden diese Untersuchungen schon durchgeführt, ehe in den Vereinigten Staaten die Bundes- oder Länderbehörden Druck auszuüben begannen. Ich sage das nicht, um zu demonstrieren, daß die chemische Industrie in den Vereinigten Staaten die erst vor kurzem artikulierten gesellschaftlichen Besorgnisse um die Sicherheit von Chemikalien in der Umwelt seit langem erkannt hat, sondern um zu zeigen, daß die Risikoabschätzung in unserer Industrie schon viele Jahr gang und gäbe ist.

Uns ist, meine ich, nicht nur durch unsere eigene sittliche Überzeugung, sondern auch durch unsere Gerichte die Pflicht auferlegt, Risikoabschätzungen vorzunehmen. Wir sind gehalten, sichere Verfahren zu schaffen, um das Risiko bei der Handhabung unserer Produkte auf ein Mindestmaß zu beschränken. Die Aufstellung solcher Normen erfordert eine gewisse Bewertung der Kosten einer Risikominderung. Diese Berechnungen und die daraus hervorgehenden Empfehlungen sind bislang im allgemeinen in Datenblättern über die Sicherheit von Materialien, auf Etiketten und in Betriebsanleitungen verbreitet worden. Daraus scheint sich zu ergeben, daß sich die Risikoabschätzung, die einzelne Firmen für ihre Produkte vornehmen, und die Weitergabe dieser Information zusammen mit entsprechenden Empfehlungen zur sicheren Handhabung dieser Stoffe in unserer Gesellschaft durchgesetzt haben.

2.4 Welchem Zweck sollen Risikoabschätzungen dienen?

Die Abschätzung des Risikos von Chemikalien durch staatliche Aufsichtsorgane, die auf dieser Grundlage Normen über die Anwendung von Materialien am Arbeitsplatz oder ihrer Einleitung in die Umwelt erstellen wollen, schließt allerdings den politischen Prozeß ein. Diese neue Dimension führt zu Kontroversen, mit denen wir alle vertraut sind. Öffentliche Einrichtungen sollen die Gesellschaft schützen. Das Ausmaß des Schutzes und das Maß an Sicherheit, das eine Bevölkerung von ihren staatlichen Behörden verlangt, sind immer wieder Gegenstand heißer Debatten. In den meisten Fällen ist das Verlangen nach absoluter Sicherheit so deutlich, daß kein Bürokrat es wagen würde, einem Parlamentarier oder Wähler laut zu sagen, daß es überhaupt so etwas wie ein akzeptables Maß an Risiko gibt. Die Bürokraten wissen es besser, die Abgeordneten wissen es besser, und letzten Endes wissen es Gott sei Dank auch die meisten Leute besser, aber in einer öffentlichen Diskussion über diese Fragen sind diejenigen, die am lautesten nach absoluter Sicherheit schreien, meist auch diejenigen, denen man zuhört und denen man mindestens nach außen beipflichtet.

Wir befinden uns in der merkwürdigen Situation, daß die Verwaltung, die Abgeordneten und der größte Teil der Öffentlichkeit wissen, daß Vorschriften keine absolute Sicherheit gegen chemische Belastungen bewirken können und auch nicht bewirken. Gleichzeitig geben aber die Verwaltung, die Abgeordneten und ein großer Teil der Öffentlichkeit vor, daß alles nur Menschenmögliche getan worden ist, um die Öffentlichkeit absolut zu schützen. Bei diesem Stand der Dinge wird jede Schädigung oder drohende Schädigung, die vielleicht aus einer Verwendung von Chemikalien entstehen kann, so dargestellt, als sei sie die Folge eines beabsichtigten oder unbeabsichtigten Mißbrauchs der Chemikalie durch den Hersteller oder Benutzer bzw. darauf zurückzuführen, daß Informationen über das Risiko und den möglichen Schadensumfang entweder absichtlich zurückgehalten oder falsch dargestellt worden seien. Es gibt in unserer Gesellschaft wohl kein „Null-Risiko", aber man kann wetten, daß Politiker und Bürokraten um den Nachweis ringen, daß es für sie auf Dauer eine Welt ohne Risiko gibt. Um dieses öffentliche Getue um die absolute Sicherheit auf ein vernünftiges Maß zurückzuschrauben und dafür zu sorgen, daß die staatlichen Maßnahmen durchsichtiger werden, hat die Industrie in den Vereinigten Staaten die Risikoabschätzung und die Durchführung von Risiko/Nutzen-Analysen als Teil des Aufsichtsverfahrens befürwortet. Ein Industrieverband, der American Industrial Health Council, hat eine ganze Reihe von Entscheidungen staatlicher Behörden in Fragen der Gesundheit und des Umweltschutzes untersucht. Dem Verband gehören viele Firmen und Wirtschaftsverbände aus den verschiedensten Wirtschaftsbereichen an. Er hat festgestellt, daß Behördenentscheidungen oft auf zu stark vereinfachten Kriterien aufgebaut waren, die zwischen signifikanten und trivialen Risiken überhaupt keinen Unterschied machten. Um diesen Prozeß zu verbessern, schlug der Verband die Durchführung von Risiko/Nutzen-Analysen vor, zu denen auch eine Nachprüfung des Datenmaterials, eine Begutachtung der wissenschaftlichen Grundlagen durch Fachkollegen und ein offenes Verfahren gehören, das auch der Öffentlichkeit an entscheidenden Punkten ein Mitspracherecht gewährt. Der Verband hielt fest, daß die abschließende Entscheidung über ein akzeptables Risiko und über Risiko/Nutzen-Beziehungen immer allein bei der staatlichen Behörde liegt. Dennoch dürfte sich die Einschaltung der Öffentlichkeit in diesen Prozeß lohnen.

3 Vorschlag für Risikoabschätzungen und die Handhabung von Risiken

Der Verband hat vier Hauptschritte definiert, die in der Risikoabschätzung und bei der Handhabung von Risiken eine Rolle spielen.

- *Gefahrenerkennung:* Der wissenschaftliche Prozeß der Gewinnung und Nachprüfung von Daten über die Gefahr einer Substanz und die Klärung der Frage, ob überhaupt eine Gefahr besteht.

- *Gefahrenabschätzung:* Die wissenschaftliche Beurteilung, welche Art von menschlicher Reaktion zu erwarten ist.
- *Risikoabschätzung:* Die Feststellung, ob und in welchem Umfange die mögliche Gefährdung durch eine Substanz in der wirklichen Welt zum Tragen kommt.
- *Reaktion der Behörden:* Das Studium, in dem sich die Behörden mit den relevanten Faktoren beschäftigen und feststellen, ob Vorschriften zu erlassen sind, wie umfangreich und von welcher Art sie sein müssen.

Die ersten beiden Schritte tragen wissenschaftlichen Charakter, der dritte Schritt bedarf der Wechselwirkung zwischen Wissenschaft und Gesetzgebung, und der vierte Schritt ist einzig und allein der Gesetzgebung überlassen.

Im Herbst 1977 schlug die Behörde für Gesundheit und Sicherheit am Arbeitsplatz grundlegende Richtlinien zur Behandlung der Krebsgefahr am Arbeitsplatz vor. Im Rahmen der geplanten Verfahren sollte eine Chemikalie nach den Beweisen eingestuft werden, die der Behörde über ihre krebserzeugende Wirkung vorlagen. Sobald diese Einstufung erfolgt war, schlossen sich die Verfahren zur Kontrolle der betreffenden Belastungswerte und zum Schutz des Personals am Arbeitsplatz automatisch an, ohne daß die Verwaltung noch weiter einzugreifen brauchte. An diesem Vorschlag störte die chemische Industrie in den Vereinigten Staaten vor allen Dingen die Tatsache, daß keinerlei Begutachtung durch Fachkollegen, keine unabhängige Überprüfung der Feststellung vorgesehen war, daß ein bestimmtes Material für das Personal am Arbeitsplatz auch wirklich eine erhebliche Gefahr darstellte. Die Genehmigungsbehörden waren völlig frei und konnten ohne unabhängige Überprüfung der Qualität ihrer Informationen entscheiden.

Besorgnis erregte ferner, daß hier zwischen Karzinogenen kein Unterschied in bezug auf Wirkungsstärke oder Schadenspotential gemacht wurde. Toxikologische Daten wurden ohne Hinweis auf den Risikograd für den Menschen anhand von Materialien interpretiert, die im Tierversuch positive Reaktionen gezeigt hatten. Noch anderes, so z. B. die nicht vorgesehene Wertung negativer epidemiologischer Daten, war beunruhigend. Der schon erwähnte American Industrial Health Council machte sich daran, eine akzeptable Alternativpolitik zur Überwachung von Karzinogenen am Arbeitsplatz auszuarbeiten.

Schon bald wurde dem Council klar, daß die Hauptunterschiede zwischen der Industrie und den Aufsichtsbehörden in Fragen der wissenschaftlichen Glaubwürdigkeit lagen. Der Vorschlag der Regierung bot sich als bequeme Möglichkeit an, die Karzinogene gesetzlich zu erfassen. Die leichte Handhabung durch die Verwaltung war denn auch das Hauptargument, das immer wieder für die Annahme dieses Vorschlags vorgebracht wurde. Es war aber nicht vorgesehen, den Vorschlag je nach den Veränderungen im Stand der Wissenschaft zu überarbeiten.

Unter den Alternativvorschlägen, die zur Abänderung der vorgeschlagenen Vorschriften eingereicht wurden, befand sich auch die Begutachtung der von der Behörde in Betracht zu ziehenden toxikologischen und epidemiologischen Daten durch Fachkollegen. Damit sollte nicht gesagt werden, daß die Entscheidung darüber, ob ein Material ein Krebsrisiko bedeutete oder nicht, durch ein nichtstaatliches Gremium erfolgen sollte. Man ging davon aus, daß gerade diese Aufgabe in die Zuständigkeit und Verantwortung der staatlichen Stellen falle. Statt dessen wurde vorgeschlagen, die endgültige Entscheidung über die Karzinogenität von der Beurteilung der Datenbasis zu trennen, auf deren Grundlage die wissenschaftliche Entscheidung beruhen sollte. Als weitere Behörden, z. B. die Umweltschutzbehörde und die Kommission für die Sicherheit von Verbrauchsartikeln, ebenfalls an der Kennzeichnung und Überwachung von Karzinogenen arbeiteten, wurde der Vorschlag einer unabhängigen wissenschaftlichen Prüfung erweitert und schloß auch eine Prüfung der wissenschaftlichen Informationen ein, die bei der Entscheidung der Karzinogenitätsfrage für alle staatlichen Stellen von Belang waren. Dieser Vorschlag sollte dem Begriff karzinogen eine gemeinsame Bedeutung verleihen und auch eine gewisse Kontinuität in der Bearbeitung durch verschiedene Behörden erreichen, gleichzeitig aber auch die gesetzlichen Pflichten aller dieser Behörden gebührend berücksichtigen. Andere Teile des Alternativvorschlags befaßten sich mit Fragen, die nicht direkt mit der Risikoabschätzung und der Risiko/Nutzen-Analyse zusammenhängen und sollen deshalb hier nicht weiter behandelt werden.

Trotz der beharrlichen Forderung der Industrie wurde die OSHA-Krebspolitik gegen Ende der Amtszeit der letzten Regierung im wesentlichen in der Form angenommen, in der sie ursprünglich eingebracht worden war. Ein Vorschlag, dem es vor allem an wissenschaftlicher Glaubwürdigkeit mangelte, war vor allem der, eine Prioritätenliste von Chemikalien zur Prüfung und Behandlung als Karzinogene aufzustellen. Dabei sollten bestimmte Materialien allein wegen eines Verdachts auf karzinogene Wirkung benannt werden. Im Anschluß daran sollte dann die Behörde über einen längeren Zeitraum hinweg die Daten beurteilen, ehe sie zu einem endgültigen Beschluß darüber kam, ob das Material nun tatsächlich als karzinogen in einer der vielen Kategorien der Vorschrift geführt werden sollte.

Allein diese Auflistung der Chemikalien sollte auf die Akzeptanz eines Materials und eines Verfahrens im Markt abschreckend wirken, hätte damit aber bis auf die Erregung unbegründeter, unbestätigter Ängste vor möglichen gesundheitlichen Schäden keinen nützlichen Zweck erfüllt. Von der jetzigen Regierung ist diese Politik gegenüber krebserregenden Substanzen überprüft worden. Stellungnahmen sind vorgelegt worden und werden z. Z. geprüft, die sich mit der Frage befassen, ob diese Prioritätenliste von Chemikalien in ihrer ursprünglichen Form beibehalten werden soll. Außerdem ist um eine Gesamtstellungnahme zu den vorgesehenen Vorschriften gebeten worden; damit besteht erneut die Möglichkeit, Vorschläge einzubringen, wie es bereits früher in Fragen der Gesamtbegutachtung durch Fachkollegen der Fall war.

4 Die Exekutivanweisung 12291 von Präsident Reagan

In jüngster Zeit hat Präsident Reagan in der Exekutivanweisung 12291 den Regierungsbehörden die Aufgabe zugeteilt, für wichtigere Vorschriften Analysen der zu erwartenden Auswirkungen (regulatory impact analyses) durchzuführen.

Seine beiden Amtsvorgänger Ford und Carter hatten schon früher versucht, alle staatlichen Stellen zu einer Überprüfung der Folgen von Vorschriften zu veranlassen. Präsident Ford ordnete z. B. an, daß die Behörden inflationstreibende Auswirkungen ihrer Vorhaben zu ermitteln hatten.

Präsident Carter ging noch einen Schritt weiter. Er veranlaßte bei den Regierungsstellen eine Analyse wichtiger Vorschriften. Diese Analysen mußten Beschreibungen möglicher Alternativen und eine Erklärung für die schließlich im Vergleich zu allen anderen Möglichkeiten getroffene Wahl enthalten.

Dennoch stellte die Anordnung von Präsident Reagan einen großen Fortschritt dar, denn sie enthielt detaillierte Anweisungen für die Behörden und gab einer Sondergruppe des Präsidenten für Rechtsmittel und dem Verwaltungs- und Haushaltsbüro umfassende Vollmachten, festzustellen, inwieweit sich die Behörden an die Exekutivanweisungen hielten.

Sie war außerdem ein greifbarer Beweis für die Grundhaltung der Regierung, Vorschriften erst nach eingehender und gründlicher Abwägung zu erlassen. Das allein bedeutete schon eine grundlegende andere Haltung der Regierung in der Frage des Erlasses von Vorschriften.

Nach der Exekutivanweisung müssen staatliche Behörden beim Erlaß neuer und bei der Überprüfung alter Vorschriften

- Die Notwendigkeit der betreffenden Vorschrift nachweisen und ihre Folgen analysieren,
- dafür sorgen, daß der potentielle Nutzen größer ist als die potentiellen Kosten,
- den kostengünstigsten Weg bei der Aufstellung von Zielen und der Festlegung von Prioritäten einschlagen.

Die Folgen gesetzlicher Vorschriften brauchen nur für die wichtigsten Regelungen analysiert zu werden. Dabei handelt es sich um Regelungen, die einen Kostenaufwand von 100 Millionen Dollar oder mehr verursachen, einen signifikanten Einfluß auf die Preise ausüben oder eine Reihe anderer Aktivitäten in der Wirtschaft negativ beeinflussen.

Die Analyse muß detaillierte Angaben über die möglichen Auswirkungen der betreffenden Vorschriften enthalten. Alle Kosten und jeder Nutzen sind eingehend zu beschreiben, darunter auch die Frage, wer die Kosten trägt und wer den Nutzen hat. Außerdem müssen in der Analyse auch andere Ansätze zur Erreichung der in der Vorschrift enthaltenen Ziele angeführt werden.

4.1 Die Ansicht der chemischen Industrie

Mit der Exekutivanweisung 12291 wurde der Ansatzpunkt der Arbeiten über Risikoanalyse des Verbandes der chemischen Industrie (Chemical Manufacturers' Association, CMA) verlagert. Die Fragestellung war jetzt viel umfassender geworden und schloß auch den ganzen Bereich der Auswirkungen von Vorschriften und ihrer Analyse ein. So kam es zur Einrichtung des Sonderausschusses für die Analyse von Risiken für die Öffentlichkeit (Public Risk Analysis Special Committee) innerhalb des Verbandes, und der Verband arbeitete Grundsätze zur Analyse der Auswirkungen von Vorschriften im Gesundheits-, Sicherheits- und Umweltbereich aus.

Nach dieser Regelung sollten die staatlichen Behörden die Folgen von Vorschriften analysieren, damit die staatlichen Entscheidungsprozesse effektiver werden. Der Verband ist der Ansicht, daß eine bessere Analyse schon zu Beginn geplanter Vorschriften dazu führt, daß wirksame und einsatzfähige Regelungen schneller in Kraft treten können. Wissenschaftliche, technische und wirtschaftliche Fragen sollten geprüft werden, ehe wichtige Entscheidungen getroffen werden.

Der Verband der chemischen Industrie empfiehlt für die Analyse der Folgen von Vorschriften folgende Vorgehensweise:

- Vorschriften sollten erlassen werden, wenn
  - nachweislich die Notwendigkeit einer Regelung besteht,
  - die Kosten in einem vernünftigen Verhältnis zum Nutzen stehen
  - der kostengünstigste Weg gewählt wird.
- Die Analyse der Folgen von Vorschriften sollte keine finanzielle Quantifizierung immaterieller Werte einschließen.
- Die staatlichen Behörden sollten die Notwendigkeit einer Regelung und den von ihr zu erwartenden Nutzen in Form einer Risikominderung wissenschaftlich stichhaltig begründen.
- Die staatlichen Behörden sollten auch andere Ansätze zu einer Regelung beurteilen.

Diese Richtlinien unterstützen die Exekutivanweisung 12291 und fügen einige neue Vorstellungen hinzu.

Der Verband meint, daß Vorschriften nur dort erlassen werden sollten, wo sie ein Risiko signifikant herabsetzen. Sie sollten nicht dazu dienen, lediglich geringfügige Veränderungen herbeizuführen oder ohnehin kleine Risiken noch weiter zu verringern. Die Berechtigung einer Vorschrift sollte auf wissenschaftlichen Daten beruhen, die die zu verringernde Gefahr eindeutig identifizieren und gleichzeitig zeigen, in welchem Maße die geplante Vorschrift diese Gefahrenminderung bewirkt.

Die erwarteten Kosten einer Vorschrift sollten sowohl die direkten Kosten einer Einhaltung dieser Vorschrift als auch die indirekten Kosten für die ganze Volkswirtschaft einschließen. Ähnlich ist der anzurechnende Nutzen der aus einer Vorschrift hervorgehende direkte und indirekte Nutzen.

Der Verband ist der Ansicht, daß bei einer Vorschrift der am mühelosesten zum Ziel führende Weg gewählt werden sollte. Es ist eine Verschwendung von Mitteln, wenn in Vorschriften Auflagen gemacht werden, die mit den eigentlichen Zielsetzungen nichts zu tun haben.

In der Exekutivanweisung 12291 wird zwar die Frage einer Quantifizierung immaterieller Werte nicht angesprochen, aber der Verband der chemischen Industrie vertritt dazu die Ansicht, daß die staatlichen Behörden Menschenleben, Beeinträchtigungen der Gesundheit durch Schmerzen und Leiden oder ästhetische Folgen nicht in Mark und Pfennig beziffern sollten. Eine solche Quantifizierung ist für die Gesellschaft bedeutungslos, und die Benutzung eines mechanistischen Kosten/Nutzen-Verhältnisses im Entscheidungsprozeß wäre unklug. Die Analyse der Folgen geplanter Vorschriften sollte den Entscheidungsträgern so viel Informationen liefern, als praktisch möglich sind, um zu gewährleisten, daß die Vorschriften menschliche ebenso wie wirtschaftliche Werte ausdrücken.

In der Exekutivanweisung 12291 war auch die Notwendigkeit einer wissenschaftlichen Überprüfung nicht eigens erwähnt worden. Der Verband empfiehlt jedoch dringend den Einsatz quantitativer Risikoabschätzungen, die auf substantiellen Beweisen beruhen. Unbegründete Annahmen oder mit groben Fehlern behaftete wissenschaftliche Untersuchungen stellen eine schlechte Grundlage für Vorschriften dar.

Analysen sollten sowohl von unabhängigen Wissenschaftlern als auch von Wissenschaftlern der staatlichen Behörden überprüft werden, damit sichergestellt ist, daß die Daten stichhaltig und die Interpretationen korrekt sind.

Der Verband unterstützt die Vorstellung, daß die staatlichen Stellen auch die potentiellen Kosten und den potentiellen Nutzen vernünftiger Alternativen zur Erreichung der Regelungsziele analysieren sollten. Außerhalb des gesetzlichen Verordnungsweges liegende Mittel, so z. B. wirtschaftliche Anreize, können u. U. mehr bringen und weniger kosten als Vorschriften.

Die Behörden sollten auch an andere Methoden der staatlichen Regelung denken, darunter beispielsweise flexible Standards für die Einhaltung, Ausweichmöglichkeiten und Ausnahmen.

5 Verfahren der Handhabung von Risiken in der chemischen Industrie

Vor diesem Hintergrund staatlicher Mitwirkung beim Erlaß von Vorschriften über Karzinogene und Chemikalien im allgemeinen ist es vielleicht interessant, die Verfahren näher zu betrachten, die innerhalb der chemischen Industrie zur Überwachung der eigenen Arbeitsplatz- und Umweltbelastungen sowie zur Erfüllung der Verpflichtungen gegenüber den Kunden angewandt werden. Natürlich werden die Chemikalien, die jetzt in der Öffentlichkeit so umstritten sind, am Arbeitsplatz und in der Umwelt schon jahrelang überwacht und kontrolliert. Wie wird das gemacht?

Bei Union Carbide obliegt die Prüfung neuer Informationen nach dem Gesetz über die Kontrolle toxischer Substanzen, das wir weiter oben schon erwähnt haben, einem Ausschuß, der sich mit der Prüfung substantieller Risiken beschäftigt und dem alle diese Informationen zugeleitet werden. Binnen 15 Tagen nach Bekanntwerden der Information muß diese Gruppe nach dem Gesetz die betreffenden Angaben beurteilen und auswerten und dann feststellen, ob sie neu sind und wirklich darauf hindeuten, daß der betreffende Stoff ein signifikantes Risiko, d. h. eine Bedrohung der Umwelt oder der Gesundheit bedeutet. Die erste Feststellung wird von Wissenschaftlern getroffen. Dazu gehören Toxikologen, Ärzte, Epidemiologen und Fachleute für Arbeitsschutz. Die Ergebnisse ihrer Untersuchungen und Beobachtungen werden dem Ausschuß zugeleitet, der darüber zusammen mit Naturwissenschaftlern, Juristen, Leuten von der Produktion und den zuständigen Produktmanagern berät. Der Ausschuß empfiehlt den zuständigen Stellen in der Firma dann, der Aufsichtsbehörde Meldung zu machen oder nicht. Auf diese Empfehlung hin wird gehandelt, die entsprechenden Maßnahmen werden allen interessierten und betroffenen Mitarbeitern der Firma mitgeteilt.

Da vom Gesetz allen, die über derartige Informationen verfügen, bestimmte Verpflichtungen auferlegt sind, ist es jedem selbst überlassen, seine Erkenntnisse ohne Rücksicht auf Maßnahmen des Ausschusses oder der Firma selbst der Umweltschutzbehörde EPA zu melden. Es liegt in der Natur der Sache, daß die in solchen Fragen getroffenen Entscheidungen nicht von Anfang an einstimmig erfolgen. Bisher haben wir es zwar immer wieder fertiggebracht, in der eigenen Firma zu einem Konsens zu kommen, aber es gibt Fälle, in denen verschiedene

Firmen auf die gesetzlichen Anforderungen in ihrer Interpretation der eigenen Verpflichtungen verschieden reagiert haben. Das hat in mindestens einem mit bekannten Fall dazu geführt, daß eine Firma der EPA ein erhebliches Risiko gemeldet hat, während eine andere Firma auf der Grundlage derselben Informationen dazu keinen Anlaß gesehen hat.

Wenn über die Meldung nach dem Gesetz über die Überwachung toxischer Substanzen entschieden ist, muß die betreffende Firma die Belastungsgrenzen am Arbeitsplatz, die Verwendung und die Einsatzbedingungen für die an Kunden verkauften Produkte aufstellen. Ähnliche Fragen ergeben sich auch aus der ständigen Überprüfung von Daten aus allen erreichbaren Quellen, die sich auf die Toxizität von uns interessierenden Stoffen beziehen. Das Verfahren, das wir unter diesen Umständen anwenden, umfaßt in erster Linie eine Analyse und Interpretation der Daten durch wissenschaftlich geschultes Personal ohne die Mitwirkung von Juristen oder Mitarbeitern aus der Produktion oder von der Produktseite. Wir hoffen dabei, daß die Wissenschaftler unter sich und ohne zu starken Druck oder zu starke Beeinflussung durch andere Interessen arbeiten können; diese stehen manchmal der Interpretation entgegen oder können sie doch zumindest verzerren. Die hier mitwirkenden Fachleute sind Ärzte, Toxikologen, Fachleute für Arbeitsmedizin und Epidemiologen.

Natürlich wird hin und wieder die eine oder andere Disziplin nicht gefordert sein, aber sie alle stehen uns zur Verfügung, wenn wir sie brauchen, und im Bedarfsfall können auch noch weitere wissenschaftliche Disziplinen dazukommen. Die Risikobeurteilung durch den Toxikologen kann eine quantitative Risikobeurteilung einschließen, muß es aber nicht tun. In den meisten Fällen wird bei uns keine quantitative Risikobeurteilung vorgenommen, und wo sie erfolgt, wird sie nur als eine von vielen Schlußfolgerungen und Indikationen betrachtet, die dem Toxikologen und schließlich der Firma bei der endgültigen Risikoabschätzung als Anhaltspunkte dienen. Die Gruppe, die ich eben beschrieben habe, tritt regelmäßig zusammen, um Fragen von Interesse für die Firma zu behandeln. Sie heißt Toxicology Advisory Assessment Committee oder TAAC.

Das TAAC liefert seinen Bericht an einen anderen Ausschuß ab, dem dann Juristen, Leute aus der Produktion und Produktmanager angehören. Der Bericht und die anschließenden Diskussionen sollen den Grad der Sicherheit bzw. alle Elemente der Unsicherheit herausarbeiten, die in die Beurteilung eingehen. Es obliegt diesem zweiten Gremium, der Firma ein Verfahren für den Umgang mit den betreffenden Materialien zu empfehlen. Dieses zweite Gremium, der sogenannte Health Effects Review Board, wägt dabei auch Dinge ab wie z. B. die Unmittelbarkeit einer Gefahr, die Anzahl der gefährdeten Menschen und Alternativverfahren zur Ausschaltung oder Verringerung des Risikos. Aufgrund der Empfehlung dieses Ausschusses wird dann die Firmenpolitik für die Produktion, Verwendung und den Verkauf des betreffenden Materials bestimmt. Der letzte Akt ist schließlich eine Entscheidung. Es entspricht unserer Überzeugung, daß kein Computer und keine Formel die komplexe Wechselbeziehung zwischen vielen Variablen ausreichend erfassen kann, die bei einer Risikobeurteilung oder einer Risiko/Nutzen-Analyse mitwirken.

Aus diesen Ausführungen ergibt sich, daß nützliche Risikoabschätzungen und Risiko/Nutzen-Analysen stattgefunden haben und auch weiterhin stattfinden werden. In vielen Fällen schließen diese Entscheidungen Fragen über den akzeptablen Risikoumfang ein. Auf solche Fragen muß letzten Endes die Gesellschaft antworten, nicht der einzelne oder die Wirtschaft. Aber wer solche Entscheidungen für die Gesellschaft trifft, darf dabei nicht freie Hand in der Durchsetzung seiner eigenen Ansichten haben, seien sie noch so gut gemeint. Bei öffentlichen ebenso wie bei privaten Entscheidungen sollten Wissenschaftler durch die Begutachtung von Fachkollegen und die Erklärung ihrer Schlußfolgerungen in der Öffentlichkeit kontrolliert werden können. Nur so kann man erkennen, wieviel Unsicherheit in einer bestimmten Entscheidung steckt. Nur so kann man auch verstehen lernen, wie Risiko/Nutzen-Entscheidungen zu treffen und zu verbessern sind.

Die langfristige Entsorgung von gefährlichen Abfällen

J. P. Lehmann

1 Einleitung

Die unsachgemäße Entsorgung von gefährlichen Abfällen kann für die menschliche Gesundheit und die Umwelt erhebliche Risiken mit sich bringen. Das hat sich in den Vereinigten Staaten in zahllosen Fällen erwiesen, u.a. bei dem Zwischenfall in Love Canal im Staat New York, aber auch in ähnlichen Situationen, wie sie vor kurzem in mehreren europäischen Ländern zu Tage getreten sind.

Um die menschliche Gesundheit und die Umwelt vor den Folgen einer falschen Entsorgung gefährlicher Abfälle zu schützen, hat der amerikanische Kongreß 1976 das Gesetz über Ressourcenschonung und -rückgewinnung erlassen (Resource Conservation and Recovery Act, RCRA)[1]. Darin werden erstmals direkte Zuständigkeiten des Bundes beim Transport, der Behandlung, Lagerung und Entsorgung gefährlicher Abfälle in den Vereinigten Staaten vorgesehen. Die gesetzgebenden Körperschaften vieler europäischer Länder haben aus denselben Gründen in den sechziger Jahren ähnliche Gesetze geschaffen.

In den Vereinigten Staaten ist die Umweltschutzbehörde (Environmental Protection Agency, EPA) für die Durchführung des Gesetzes in Abstimmung mit den Regierungen der Bundesstaaten zuständig. Beim Erlaß von Vorschriften zur Entsorgung von gefährlichen Abfällen muß die EPA laut Verordnung 12291 von Präsident Reagan[2] die Auswirkungen aller vorgesehenen Vorschriften analysieren (Regulatory Impact Analyses, RIA). Diese Analysen sind eine Form der Risikoabschätzung.

In diesen Abschätzungen wägt die EPA sorgfältig die Vorteile der verschiedenen in Vorschriften festzulegenden Maßnahmen zur Verringerung des Risikos für die menschliche Gesundheit und die Umwelt gegenüber den Kosten ab, die der Gesellschaft aus diesen Maßnahmen entstünden. Damit soll zu möglichst niedrigen Kosten ein ausreichender Schutz der menschlichen Gesundheit und der Umwelt erreicht werden.

Ich möchte hier das Verfahren der Risikoabschätzung im Hinblick auf die Vorschriften über gefährliche Abfälle beschreiben, wie es die EPA zur Zeit durchführt (die Behörde veranstaltet ähnliche Analysen auch über andere Umweltvorschriften, auf die ich jedoch hier nicht eingehen kann). Diese Risiko-

---

1 Gesetz Nr. 94-580 vom 21. Oktober 1976.

2 Executive Order 12291, Federal Register, 19. Februar 1981.

analysen sind zwar etwas schmalspurig im Vergleich zu den klassischen Risikoanalysen, wie sie in den anderen Beiträgen dargestellt werden, aber meines Wissens sind es die ersten Arbeiten dieser Art und von diesem Umfang, und sie sind deshalb vielleicht für professionelle Analytiker von Wert und Interesse.

2 Das Verfahren der Risikoabschätzung in der EPA [3]

2.1 Hintergrund

Um den Rahmen für die Behandlung des RIA-Prozesses kurz abzustecken, möchte ich erst einmal umreißen, was hinter den Begriffen „gefährliche Abfälle" und „Entsorgung" steckt. In den Vereinigten Staaten werden gefährliche Abfälle in zweierlei Hinsicht definiert: durch vier allgemeine Abfalleigenschaften und anhand von Listen bestimmter Abfälle. Abfall ist gefährlich, wenn er in den EPA-Vorschriften aufgeführt wird oder wenn er entzündlich, korrosiv (mit hohem oder niedrigem pH-Wert), reaktionsfreudig (auch explosiv) ist, oder wenn ein ausgelaugter Auszug aus dem Abfall toxische Metalle oder Pestizide in hoher Konzentration enthält. Gefährliche Abfälle können Feststoffe, Flüssigkeiten, Schlämme oder Gaseinschlüsse sein. Gefährliche Abfälle entstehen bei vielen verschiedenen Industrieprozessen (z. B. in der Stahlindustrie, bei der Erdölraffinierung, in der chemischen Industrie, bei der Galvanisierung) ebenso wie außerhalb der Industrie (z. B. in Laboratorien, Krankenhäusern). Wir schätzen, daß in den Vereinigten Staaten z. Z. jährlich 40 Millionen Tonnen gefährliche Abfälle produziert werden.

Zur Entsorgung gefährlicher Abfälle gehören ordnungsgemäßer Transport und Behandlung, Lagerung oder Beseitigung mit den folgenden Maßnahmen oder Verfahren:

- Behälterlagerung,
- Tanklagerung,
- Sammlung und Einschluß an der Oberfläche (in Becken oder Klärteichen),
- Deponien,
- Landbehandlung (Abbau durch Mikroben),
- Wiederauffüllung,
- Injektion,
- Verbrennung.

2.2 Der WET-Ansatz [4]

Das potentielle Risiko gefährlicher Abfälle hängt nicht nur von den Eigenschaften des eigentlichen Abfalls ab (W), sondern auch von den Umweltbedingungen, unter denen der Abfall entsorgt wird (E) und der Technik, die zur Entsorgung angewandt wird (T). So stellt z. B. in einem Stahltank in einem abgelegenen Wüstenlandstrich gelagerter toxischer Metallabfall eindeutig ein viel geringeres potentielles Risiko dar als entzündlicher Abfall, der in einem Becken mitten in einer Wohngegend gelagert wird. Diese Kombinationen von Abfall, Umwelt und Technik bilden die Matrix für die Analyse. Wir nennen dies den WET-Ansatz.

---

3 Environmental Protection Agency.

4 WET: Waste, Environment, Technology.

Angesichts der großen Vielfalt physikalischer Formen und inhärenter Gefahren gefährlicher Abfälle, der unterschiedlichen Umweltverhältnisse im Hinblick auf Klima, Bevölkerungsdichte und Hydrogeologie, um nur einige Faktoren zu nennen, sowie der zahlreichen möglichen Entsorgungstechniken, über die ich weiter oben schon gesprochen habe, ist die Analysenmatrix höchst kompliziert. Außerdem führen wir nicht nur Risikoanalysen, sondern auch Kostenanalysen durch. Aus diesen Gründen hat die EPA einen zweigleisigen Ansatz gewählt. Zuerst führen wir eine Güterabwägung zwischen menschlicher Gesundheit und Umweltrisiken und den mit WET-Szenarien verbundenen Kosten ganz allgemein und qualitativ durch. Die jeweilige Umwelt wird im Hinblick auf ihre Bevölkerungsdichte und Aufnahmekapazität beschrieben. Die Schadstoffemissionsraten werden geschätzt. Dann werden die relativen Risiken und Kosten beschrieben (niedrig, mittel, hoch). Zweitens dienen diese allgemeinen WET-Analysen dann als Richtschnur bei der Durchführung getrennter, detaillierterer Untersuchungen der Folgen geplanter Vorschriften (RIA) für jede wichtigere Entsorgungstechnik gefährlicher Abfälle sowie für andere signifikante Aspekte des Programms über gefährliche Abfälle.

2.3 Der RIA-Prozeß [5]

2.3.1 Umfang

Das Programm, mit dem die EPA die Folgen geplanter Vorschriften über gefährliche Abfälle untersuchen will, ist ein gewichtiges Unterfangen. Im Verlauf von zwei Jahren erfordert dieses RIA-Programm mindestens 30 Mannjahre und rund 10 Millionen Dollar für Beraterdienste. Die EPA führt zu folgenden Aspekten des Programms über gefährliche Abfälle acht verschiedene RIA-Untersuchungen durch:

- Lagerung (Behälter und Tanks),
- Sammlung und Einschluß an der Oberfläche,
- Landbehandlung,
- Wiederauffüllung,
- Verbrennungsanlagen,
- Standorte (Erdbebenzonen und Hochwassergebiete),
- finanzielle Zuständigkeit,
- Altölentsorgung.

2.3.2 Schaffung einer Datenbasis

Der erste Schritt in jeder dieser Analysen besteht in der Sammlung statisch nachprüfbarer Daten, sofern es sie gibt. Die EPA verfügt über eine computergestützte Datenbasis, die aus den Genehmigungsanträgen für rund 10 000 Anlagen zur Behandlung gefährlicher Abfälle, für die Lagerung und Entsorgung in den Vereinigten Staaten gewonnen wurden. Die Behörde ergänzt und bestätigt diese Daten durch telefonische Befragungen, Besichtigungen von rund 200 Anlagen durch die EPA und durch Mitarbeiter von Gutachtern sowie über einen Fragebogen, der für mehrere tausend Anlagen ausgefüllt wird.

---

5 RIA: Regulatory Impact Analysis.

Außerdem sammelt die EPA Daten über frühere Störfälle mit nachfolgenden Umweltbeeinträchtigungen durch gefährliche Abfälle und die damit zusammenhängenden Einflüsse auf die menschliche Gesundheit und die Umwelt. Diese Daten sind schwer zu beschaffen und, wenn es sie gibt, oft unvollständig. Dennoch sind sie sehr wertvoll, denn sie bieten Anhaltspunkte in Form von tatsächlichen Ereignissen, an denen dann die Genauigkeit der Vorhersage künftiger Ereignisse gemessen werden kann.

Schließlich mißt die Behörde auch noch die Emissionen aus dem Kamin von zehn Verbrennungsanlagen für gefährliche Abfälle unterschiedlicher Größe, die mit verschiedenen Abfällen betrieben werden. Damit sollen Eingabedaten für Luftverteilungsmodelle gewonnen werden.

2.3.3 *Elemente der Risikoabschätzung*

Jede der für die EPA-Folgenanalysen durchgeführten Risikoabschätzungen besteht aus folgenden Einzelschritten:

- Schätzung der Emissionsraten (einschließlich Kennzeichnung der Abfälle und gefährlichen Bestandteile und ihrer relativen Toxizität).
- Schätzung des weiteren Verbleibs und der Verfrachtung (einschließlich Charakterisierung der jeweiligen Umweltverhältnisse).
- Schätzung der Belastung (vor allem Kennzeichnung der Risikobevölkerung).
- Kennzeichnung technischer Eindämmungsmöglichkeiten.
- Schätzung der durch jede Eindämmungsmaßnahme erzielten Risikominderung.
- Kosten/Risiko/Nutzen-Analyse.

2.3.4 *Andere Ansätze*

Jeder Schritt in der Risikobeurteilung kann entweder rückblickend oder vorausschauend durchgeführt werden. Retrospektiven führen im allgemeinen zu Charakterisierungen, die unmittelbar aus Daten abgeleitet werden, die vergangene Ereignisse beschreiben (z. B. die Schätzungen der Ausfallhäufigkeit von Lagerbehältern auf der Grundlage der Häufigkeiten, wie sie aus Daten berechnet wurden, die vergangene Ereignisse beschreiben). Der prospektive Ansatz baut im allgemeinen auf Voraussagen auf, die mit mathematischen Modellen und Annahmen über Zukunftsbedingungen erarbeitet werden (z. B. durch die Verwendung mathematischer Modelle zur Voraussage der Ausbreitung einer Fahne von ausgelaugten Stoffen durch das Grundwasser).

Der retrospektive Ansatz bietet Vorteile, weil er auf statistisch nachprüfbaren Daten aufbaut, so daß Vertrauensintervalle berechnet werden können. Im Gegensatz dazu können viele Computersimulationsmodelle und ähnliche Analysenhilfsmittel bei Prospektivstudien eingesetzt werden. Außerdem lassen sich diese Hilfsmittel sehr spezifischen ebenso wie ganz allgemeinen Gegebenheiten anpassen. Aber da sie von spekulativen Annahmen ausgehen, ist eine Quantifizierung der Vertrauensintervalle schwierig oder gar unmöglich. In den meisten Fällen sind die für die Analyse der Auswirkungen von Vorschriften gewählten Risikobeurteilungsprotokolle eine Kombination aus retrospektiven und prospektiven Ansätzen, benutzen beschreibende Daten, soweit vorhanden, und füllen Lücken im Datenbestand durch Prognosen aus, die mit Computersimulationsmodellen erstellt werden.

2.4 Zusammenfassung der Ansätze zur Risikoabschätzung

Eine Zusammenfassung der z.Z. verwandten Ansätze bei der Risikoabschätzung für ausgewählte Analysen der Folgen von Vorschriften läßt sich folgendermaßen ausdrücken:

2.4.1 Verbrennung

Dieser Ansatz konzentriert sich auf die isolierte Behandlung des für die menschliche Gesundheit im Zusammenhang mit der Verbrennung gefährlicher Abfälle entstehenden Risikos. Die aus dem Kamin von Verbrennungsanlagen austretenden Emissionen werden durch Messungen an zehn ausgewählten Standorten quantifiziert.

Die Umgebungsluftkonzentrationen werden mit Hilfe von Umgebungsluftverteilungsmodellen geschätzt. Die belastete Bevölkerung wird auf der Grundlage von Daten des amerikanischen Statistischen Amtes geschätzt (1970). Die Belastungswerte werden dann mit Gesundheitsindizes für den Menschen verglichen (im wesentlichen aus toxikologischen Untersuchungen am Tier gewonnen), die sowohl karzinogene als auch nichtkarzinogene Gesundheitseinwirkungen beschreiben. Das Risikobeurteilungsverfahren für Verbrennungsanlagen wird in Anhang A (am Ende dieses Beitrages) ausführlicher behandelt.

2.4.2 Lagerung

Bei diesem Ansatz konzentriert man sich in erster Linie auf Störfälle durch plötzliches Versagen. Szenarien mit Abfällen/Umwelt/Technologie werden analysiert und liefern dann vorausschauende Angaben über die Umweltfolgen eines plötzlichen Austritts. Die Versagenshäufigkeit wird aufgrund von Daten über vergangene Ereignisse vorausgesagt.

2.4.3 Entsorgung auf dem Land (einschließlich Landbehandlung, Wiederauffüllung und Oberflächeneinschluß)

Auch bei diesem Ansatz werden Kombinationen von Abfällen/Umwelt/Technologie verwandt (die einen repräsentativen Querschnitt durch Anlagen darstellen, wie er aus Genehmigungsanträgen für Anlagen gewonnen wurde). Die Bildung von Auslaugungsprodukten, die Freisetzungsraten sowie die Verteilung von Schadstoffen in der Umwelt, unter der Erdoberfläche und in der Luft werden mit Computersimulationsverfahren geschätzt. Die belastete Bevölkerung wird auf der Grundlage von Daten des amerikanischen Statistischen Amtes (1970) geschätzt. Die Belastungswerte werden mit Gesundheitsindizes für den Menschen verglichen (im wesentlichen aus toxikologischen Untersuchungen an Tieren gewonnen), die sowohl karzinogene als auch nichtkarzinogene Gesundheitseinwirkungen beschreiben.

3 Beurteilung der Verfahren

3.1 Erste Ergebnisse

Obwohl das RIA-Programm noch läuft und bisher aus diesen Arbeiten noch keine Schlüsse gezogen werden können, liegen doch schon einige erste Ergebnisse vor.

Sie sollen hier geschildert werden, damit der Leser ein Gefühl für die Art der Angaben bekommt, die sich aus einer Risikobeurteilung beim Umgang mit gefährlichen Abfällen ableiten lassen.

3.1.1 Verbrennung

Das Krebsrisiko im Zusammenhang mit der Verbrennung einer beschränkten Anzahl von Abfallarten ist nach dem in Anhang B beschriebenen Verfahren geschätzt worden. Aufgrund der Ergebnisse dieser Studie zeigt sich folgendes:

- Ein Vergleich des geschätzten Krebsrisikos im Zusammenhang mit den hier untersuchten Abfällen weist eine Variationsbreite von zehn Zehnerpotenzen auf.
- Ein Vergleich des geschätzten Krebsrisikos im Zusammenhang mit kleinen, mittleren und großen Verbrennungsanlagen zeigt eine Variationsbreite von drei Zehnerpotenzen.
- Bei konstanten Wetterverhältnissen wirkt sich die Schornsteinhöhe der Verbrennungsanlage stark auf die maximale Schadstoffkonzentration in Bodenhöhe aus.

3.1.2 Lagerung

Eine erste Analyse von Störfällen auf der Grundlage von Ausfällen zeigt folgendes:

- Die meisten Austritte entstehen durch Ausfall von Hilfsgeräten (z. B. Ventilen, Rohrleitungen) oder durch menschliches Versagen (s. Anhang B).
- Die meisten Ausfälle führen zu Austritten von weniger als 2000 Litern (s. Anhang B).

3.2 Vermutete Anwendungszwecke für Risikobeurteilungen

Die EPA rechnet damit, daß die Risikobeurteilungen für das oben erwähnte Regelungsprogramm über gefährliche Abfälle nach ihrem Abschluß eine Reihe wertvoller Einsatzmöglichkeiten bieten, darunter

- Ausarbeitung von Vorschriften anhand des relativen Risikograds bei bestimmten Kombinationen von Abfall/Umwelt/Technik (z. Z. sind die Anforderungen im wesentlichen für alle WET-Szenarien gleich). Das dürfte einen ausreichenden Schutz der menschlichen Gesundheit und Umwelt auf die kostengünstigste Art und Weise ermöglichen.
- Verhinderung bestimmter WET-Kombinationen mit hohem Risiko. Aus den Untersuchungen ergibt sich vielleicht, daß bestimmte Abfälle unter bestimmten Umweltbedingungen oder durch bestimmte Arbeitsgänge nicht entsorgt werden dürfen, weil das damit zusammenhängende Risiko zu hoch ist.
- Schaffung von Prioritäten im Genehmigungsverfahren für Anlagen. Die EPA rechnet damit, daß es Jahre dauern wird, bis alle der rund 10 000 Anlagen mit gefährlichen Abfällen in den Vereinigten Staaten Genehmigungen bekommen haben. Die vorliegenden Untersuchungen dürften ein Gefühl dafür vermitteln, in welchen Arten von Anlagen das größte relative Risiko für die menschliche Gesundheit und die Umwelt vorliegt und welche deshalb als erste einem Genehmigungsverfahren (also einer schärferen gesetzlichen Aufsicht) unterzogen werden sollen.

Anhang A

Kurze Beschreibung der Verfahren zur Abschätzung des Risikos aus einer Verbrennungsanlage

Dateneingaben	Analytische Hilfsmittel	Ergebnisse
Schritt 1: Bestimmung der Kaminemissionen		
Menge und Zusammensetzung des Abfalls (laut Besichtigung der Anlage)	Messung der Emissionen aus dem Kamin an ausgewählten Standorten (10) Schätzung der Emissionen aus dem Kamin an anderen Standorten	Menge bestimmter gefährlicher Bestandteile, die bei verschiedenen Leistungsstufen aus dem Kamin austreten
Schritt 2: Schätzung der Belastung		
Gefährliche Bestandteile in Kaminabgas (laut Schritt 1)		
Schornsteinhöhe und -durchmesser	Luftverteilungsmodelle	am stärksten exponierte Einzelpersonen
Gasaustrittsgeschwindigkeit und -temperatur	menschliches Belastungsmodell	exponierte Gesamtbevölkerung und Belastungsniveau
örtliches Gelände und Wetterverhältnisse		
Bevölkerungsdaten (aufbereitete Daten aus der Bevölkerungsstatistik)		
Schritt 3: Risikoschätzung		
Belastungsdaten (laut Schritt 3)	Umrechnungsgleichung von Belastung auf Wirkdosis	maximales individuelles Krebsrisiko (oder sonstige Gesundheitsfolgen)
Angaben über gesundheitliche Folgen	Dosis/Wirkungs-Modelle	Todesfälle insgesamt pro Jahr; Gesamtzahl aller sonstigen gesundheitlichen Folgen.

Anhang B

Ursachen von Austritten

	SPCC[1]	Küstenwache[2]
Hilfsgerät	48%	42%
Rohrleitungen	33%	20%
Sonstiges (Ventile, Pumpen, usw.)	15%	22%
Arbeitsabläufe	32%	47%
Einschlüsse	9%	4%
Tank	8,7%	4%
Kessel	0,3%	–
Sonstige	11%	7%
Vandalismus	4%	–
Sonstige (Brand, Hochwasser usw.)	7%	–

Größenordnung der Austritte (Gallonen)

0 . . . 99	33%	46%
100 . . . 499	27%	23%
500 . . . 999	12%	8%
1000 . . . 10 000	23%	18%
über 10 000	5%	5%

1 Datenbasis von der USEPA (Datenbasis zur Überwachung von Umweltschutzmaßnahmen und Gegenmaßnahmen; nach § 311 (b) des amerikanischen Gewässerschutzgesetzes erstellt). Die Prozentzahlen basieren auf 3034 Berichten über Austritte.

2 Datenbasis der amerikanischen Küstenwache. Die Prozentzahlen basieren auf 1307 Berichten über Austritte.

Kernenergie

Risiken seltener Ereignisse

W. D. Rowe

1 Einleitung

Als seltene Ereignisse gelten solche, die mit so geringer Häufigkeit auftreten, daß eine direkte Beobachtung oder mindestens ein wiederholtes Auftreten unter denselben Bedingungen unwahrscheinlich ist. Empirisch lassen sich seltene Ereignisse nur im Rückblick untersuchen, und die Projektionen künftiger Ereignisse müssen durch theoretische Ansätze erfaßt werden.

Zwei Aspekte seltener Ereignisse sind von besonderem Interesse. Der erste ist das sogenannte „Null-Unendlichkeits-Dilemma" [1] für Risiken von sehr geringer Wahrscheinlichkeit und mit sehr großen Folgen, wie sie z. B. im Zusammenhang mit dem Niederschmelzen von Kernkraftwerken vorkommen. Der zweite Aspekt betrifft die sehr niedrigen Eintrittswahrscheinlichkeiten von Ereignissen, die sehr viele Menschen in Mitleidenschaft ziehen, deren Messung allerdings durch spontane Vorfälle, unkontrollierte Variable, einander widersprechende Risiken, synergistische und antagonistische Prozesse im Zusammenhang mit anderen Bedrohungen usw. unmöglich gemacht wird. Dazu gehört das Problem, wie Krebs in tierischen und menschlichen Populationen bei Substanzen nachzuweisen ist, deren Potenz nicht sehr hoch ist.

Hier kann nur das große, katastrophale, seltene Ereignis erfaßt werden.

Da Katastrophen hoffentlich seltene Ereignisse sind, sollten eigentlich die historischen Daten darüber knapp sein. In den meisten Fällen stimmt diese Vermutung auch. Die wenigen Informationen, die es gibt, z. B. aus Chemical and Engineering News [2], lassen darauf schließen, daß die Anzahl der Unfälle beim Transport gefährlicher Stoffe zunimmt. Wenn man sie jedoch auf das Verkehrsvolumen normiert, verschwinden viele dieser Steigerungen je nach dem gewählten Normierungsparameter, z. B. Tonnen-Meilen. In den Vereinigten Staaten ist beispielsweise die insgesamt von Lastkraftwagen auf städtischen Straßen, Landstraßen und Verbindungsstraßen auf dem Land zurückgelegte Streckenleistung in der Zeit von 1968 bis 1978 jährlich um rund 6% angestiegen.

Aus den Statistiken sind absolut keine großen Änderungen in der Zahl der Katastrophen beim Transport gefährlicher Güter herauszulesen. Allein auf der Grundlage historischer Daten muß man zu dem Schluß kommen, daß dieses Problem heute beherrscht wird. Dennoch haben fast alle, die in dieser Industrie tätig sind, das Gefühl, daß die Voraussetzungen für schwere Unfälle mit gefährlichen Materialien immer schlimmer werden, also das Katastrophenpotential wächst. Was stimmt nun – die Daten oder die Intuition?

Tabelle 1. Anzahl und Ausmaß von Ölunfällen mit Tankschiffen in acht Hafenanlagen (1973–1977) (pro Unfall 2,4 Barrel)

Ausmaß (Barrel)	Anzahl der Vorfälle	Gesamtzahl %	Umfang der Verschmutzung (Barrel)	Gesamtzahl %
2,4 . . . 10	211	63,2	1029	1,8
10,1 . . . 50	79	23,6	1885	3,3
50,1 . . . 100	12	3,6	915	1,6
100,1 . . . 200	11	3,3	1677	3,0
200,1 . . . 2000	15	4,5	13716	24,3
2000	6	1,8	37259	66,0
Summe	334	100	56481	100

Quelle: PIRS, US Coast Guard, 1978

Vielleicht haben wir uns die falschen Daten angesehen oder das tatsächliche Problem wird dadurch, daß solche katastrophalen Ereignisse selten sind, oder durch andere Faktoren verdeckt. Wenn Ereignisse weniger selten vorkommen, tritt deutlich zutage, daß große Unfälle mehr Probleme aufwerfen als kleine Störfälle. Anzahl und Ausmaß von Ölunfällen durch Tankschiffe sind ein solcher Fall. Tabelle 1 zeigt die Anzahl und die Größenordnung von Ölverschmutzungen durch Tankschiffe in acht Hafenanlagen in fünf Jahren. Sechs Vorfälle, die nur rund 2% der Gesamtzahl darstellen, führten zu 66% der insgesamt ausgetretenen Ölmenge. Große Unfälle herrschen also vor, obwohl sie weniger häufig auftreten.

Kann man seltene Ereignisse allein anhand historischer Daten behandeln? Wenn das Datenmaterial gering ist, wird es praktisch unmöglich, auf diese Art und Weise signifikante Informationen über seltene Ereignisse zu gewinnen. Man hat bisher versucht, entweder Ereignisse mit höherer Wahrscheinlichkeit und geringeren Folgen zu betrachten, deren Beziehungen zwischen Ursache und Wirkung den untersuchten seltenen Ereignissen ähnlich sein sollen, oder man hat andere seltene Ereignisse betrachtet, die tatsächlich eingetreten sind und dann darauf die Hypothese aufgebaut, daß dieselben Prozesse auch hier eine Rolle spielen. Im ersten Fall wird eine Extrapolation aus der Größenordnung der Folgen in Abhängigkeit vom Profil der Eintrittshäufigkeiten versucht. Im letzteren Fall wächst die Datenbasis, da mehr Fälle vorhanden sind, aber es ist zweifelhaft, ob die Einteilung dieser Ereignisse wirklich stichhaltig ist. So werden z. B. bei der Ermittlung der Anzahl von Reaktorunfällen in Abhängigkeit von Reaktorbetriebsjahren gewöhnlich die Schiffsreaktoren mit den Kraftwerksreaktoren zusammengefaßt, oder man nimmt einfach die Betriebsdaten für kleine und große Druckwasser-, Siedewasser- und andere Leistungsreaktortypen zusammen, ohne genauer zu prüfen, ob diese Ansätze überhaupt sinnvoll sind.

Die Möglichkeit künftiger Katastrophen mit den heutigen und mit neuen technischen Systemen muß ermittelt werden. Bei seltenen Ereignissen, deren potentielle Folgen und ihre Größenordnung eigentlich nur durch die Phantasie des Betrachters begrenzt werden, lassen sich die üblichen Methoden der Wahrscheinlichkeitstheorie und der Statistik nicht mehr anwenden.

Das Risiko, also das Schadenspotential, ist eine Funktion der Wahrscheinlichkeit eines Ereignisses und der Größenordnung der Folgen, die bei bestimmten Abläufen auftreten. Wenn diese Funktion multiplikativ ist, ergibt sich der erwartete Risikowert als ein Maß der Haupttendenz. Ein solches Maß bedeutet kaum etwas bei einem Ereignis, das wegen seiner Seltenheit nicht zu beobachten ist. Es gibt aber eine Reihe von Ansätzen, mit denen etwas über die „Bedeutung" seltener Ereignisse zu erfahren ist, das nützlich sein kann. Einige davon sollen hier behandelt werden. Sie alle gründen sich auf einen „Grad des Glaubens" an das Verhalten der untersuchten Systeme.

2 Wahrscheinlichkeit und Glauben

Es werden hier in aufsteigender Reihenfolge im Hinblick auf den jeweils erforderlichen Glaubensgrad drei Ansätze aufgeführt, mit denen man Wahrscheinlichkeiten abzuschätzen sucht:

Vorherige Informationen: Vorherige Kenntnisse über das Verhalten eines Systems, bei dem man in einem bestimmten Ausmaß glaubt, daß ein ähnliches Verhalten auch in Zukunft auftritt, z. B., wenn man vorher weiß, daß beim Werfen einer Münze ein „gerechtes" Ergebnis herauskommt.

Eintrittswahrscheinlichkeit: Eine Untersuchung historischer oder experimenteller Daten, um das Verhalten eines Systems zu bestimmen und damit dessen künftiges Verhalten zu beurteilen, z. B. die Beobachtung der Ergebnisse eines Rouletterades, um eine mögliche Unwucht zu bestimmen. Hier besteht ein Grad des Glaubens an die Gültigkeit des Experiments ebenso wie an die Fortdauer eines ähnlichen Verhaltens.

Subjektive Schätzungen: Wenn keine historischen Daten vorliegen, werden alle verfügbaren Informationen zur Schätzung von Wahrscheinlichkeiten verwendet, und die Bedeutung der benutzten Informationen wird subjektiv bewertet, z. B. beim Wetten über ein bestimmtes Fußballspiel. Hier bezieht sich der Grad des Glaubens auf die Stichhaltigkeit der verfügbaren Informationen und schließt auch die beiden in den oben geschilderten Fällen vorhandenen Glaubensgrade ein.

Bei seltenen Ereignissen verwendet man üblicherweise eine Kombination dieser Ansätze, und daraus entstehen zwei weitere Ansätze:

Modellschätzungen: Eine Studie über das Verhalten ähnlicher Systeme, für die Daten vorhanden sind, dient mit vernünftigen Abwandlungen als Modell für das gerade analysierte System, z. B. die allgemeine Schätzung des Berstens von Dampfkesseln, aus der eine Schätzung der Berstwahrscheinlichkeit von Reaktordruckgefäßen gewonnen werden soll. Hier setzt man Vertrauen in den Vergleich derartiger Systeme.

Aufbau einer Systemstruktur: Manche Systeme fallen selten aus, weil sie redundant ausgelegt sind. Deshalb analysiert man die Ausfallwahrscheinlichkeit von Komponententeilen und ihren Verbindungen und schließt daraus auf das Systemverhalten, bei Kernreaktoren z. B. mit Hilfe von Ereignisbäumen und Fehlerbäumen. Die Glaubensstrukturen beinhalten hier den Grad der Kenntnis vom Verhalten einzelner Komponenten, vom Verhalten der Komponenten in einem System und den Grad der Erkenntnis, in der alle wichtigen Systemkombinationen erfaßt werden können. Solche Systeme sind offen, weil es eine astronomische Anzahl von Kombinationsmöglichkeiten gibt.

In Kenntnis der Grenzen aller dieser Ansätze entwickelte man das Konzept, den Wahrscheinlichkeitsschätzungen Fehlerbereiche zuzuordnen [3]. Damit soll das Vertrauen ausgedrückt werden, das man in eine Schätzung setzt. Das wiederum ist ein „Grad des Glaubens“ an den eigenen „Glaubensgrad“. Ohne genaue Kenntnis der Folgen und Grenzen derartiger Ansätze ist es oft zu falschen Anwendungen gekommen [4]. Noch schlimmer ist die Tatsache zu werten, daß besonders in den Medien und in der Öffentlichkeit Wahrscheinlichkeitsschätzungen für das Auftreten eines Ereignisses oft mit Vorhersagen künftiger Vorfälle, d.h. mit Hellseherei verwechselt worden sind. Die Statistiker und die Naturwissenschaftler wissen, daß die Wahrscheinlichkeiten künftiger Ereignisse nur Maßzahlen für die *relative* Wahrscheinlichkeit der Alternativen sind.

3 Statistische Grenzen bei der Analyse seltener Ereignisse

Bei seltenen Ereignissen, die statistisch häufig auftreten, spielen besonders zwei Grundprozesse eine Rolle, die vom Auftreten diskreter Ereignisse abhängen. Der erste Prozeß ist der sogenannte Bernoulli-Prozeß, nach dem ein Ereignis in jedem Einzelfall mit der Wahrscheinlichkeit p eintritt und mit der Wahrscheinlichkeit $1-p$ nicht eintritt. Der zweite ist der Poisson-Prozeß, der die wahrscheinliche Anzahl von Vorkommnissen unabhängiger Ereignisse in unabhängigen, gleiche Zeitabstände aufweisenden Zeiträumen schätzt.

Betrachten wir einen einzelnen Bernoulli-Fall mit der Eintrittswahrscheinlichkeit p. Der Mittelwert des Eintritts $\bar{x}$ ist p, und die Standardabweichung σ ist $(p\,(1-p))^{1/2}$.

Ein Maß für den Grad der Unbestimmtheit ist der Variationskoeffizient (CV), und er beträgt σ/x. Für niedrige Werte von p, z.B. $p=0{,}01$, gilt also:

$$CV=\frac{\sqrt{p\,(1-p)}}{p}\,\frac{\sqrt{p}}{p}=\frac{\sqrt{0{,}01}}{0{,}01}=\frac{0{,}1}{0{,}01}=10\,.$$

Für ein einzelnes Ereignis mit der Wahrscheinlichkeit p ist die Standardabweichung das Zehnfache des Mittelwerts. Wenn die Variabilität 0 ist, ist $CV=0$ und stellt eine Bestimmtheit dar. Der Kehrwert, p/σ, strebt mit wachsender Unbestimmtheit gegen Null. Bild 1 zeigt dieses Verhalten graphisch, wenn die Wahrscheinlichkeit auf der Abszisse zwischen 0 und 1 schwankt. Die Ordinaten bewegen sich vom Variationskoeffizienten links bis zu dessen Kehrwert rechts mit einem Wert $p=0{,}5$. Wenn die Anzahl der Ereignisse zunimmt, nimmt der Variationskoeffizient nur um die Quadratwurzel von n ab, denn

$$CV=\frac{\sqrt{n\,p}}{n\,p}\,.$$

Dasselbe Verhalten ergibt sich für die Poisson-Verteilung. Mit anderen Worten: die große Unbestimmtheit im Verhalten seltener Ereignisse liegt in den statistischen Prozessen.

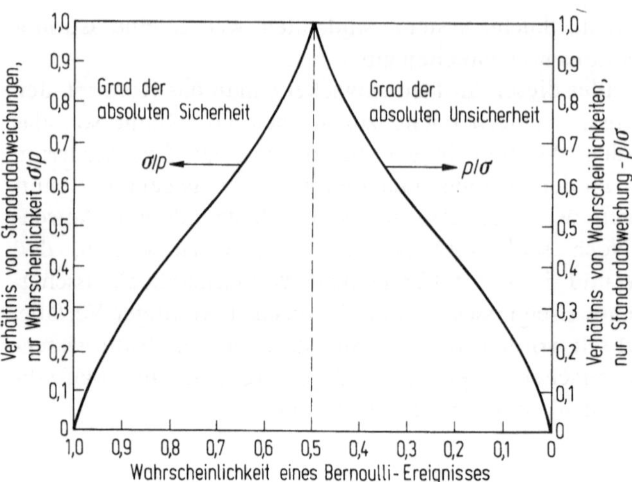

Bild 1. Zusammenhang vom Grad der Unsicherheit und Wahrscheinlichkeit bei Bernoulli-Ereignissen

4 Absolutes Risiko im Vergleich zum relativen Risiko (vergleichendes Risiko)

Das absolute und das relative Risiko können folgendermaßen definiert werden:

Absolutes Risiko: Schätzung der Wahrscheinlichkeit eines Ereignisses mit einer bestimmten Folge.

Relatives Risiko (vergleichendes Risiko): doppelte Schätzung der Wahrscheinlichkeit eines Ereignisses im Vergleich zur Wahrscheinlichkeit anderer Ereignisse von ähnlicher Größenordnung oder Vergleich von Ereignisgrößenordnungen bei Ereignissen gleicher Wahrscheinlichkeit.

Zu einer Ja/Nein-Entscheidung brauchte man eigentlich eine aussagekräftige Schätzung des absoluten Risikos. Zur Auswahl einer Alternative aus einer Menge von Alternativen braucht man nur Schätzungen des relativen Risikos. Wir werden noch sehen, daß für den Entscheidungsprozeß Beurteilungen des relativen Risikos von Wert sein können.

Schätzungen des absoluten Risikos können bei der Entscheidungsfindung nützlich sein oder nicht, je nachdem, wo die Risikoschätzungen und ihre Unbestimmtheitsbereiche liegen. Entscheidungen werden immer in Abhängigkeit von einer Bezugsgröße oder einer Menge von Bezugsgrößen getroffen. Sogenannte „Benchmarks" oder Vergleichspunkte sind eine Form der Bezugsgröße, die nicht zwangsläufig eine Annehmbarkeit einschließt. Sie beziehen sich auf Risiken ähnlicher Art, die die Menschen schon erlebt haben und bieten einen Bezug zu tatsächlichen Verhältnissen. Wenn jedoch die Analyseergebnisse zeigen, daß der Unbestimmtheitsbereich bei Schätzungen der Eintrittswahrscheinlichkeit vernünftige Benchmarks einschließt, ist eine Lösung dieser Probleme durch probabilistische Methoden unwahrscheinlich. Das bedeutet nicht, daß eine Entscheidung nicht getroffen werden kann, sondern nur, daß eine probabilistische Risikobeurteilung bei der Auflösung dieses Entscheidungsproblems nicht viel nützt. Wenn die Benchmarks außerhalb des Unbestimmtheitsbereichs liegen, können probabilistische Ansätze angebracht sein.

Zum Beispiel scheint die schlimmste Schätzung des Risikos bei der Entsorgung hochaktiver nuklearer Abfälle unter den Benchmarks zu liegen, die noch im akzeptablen Bereich sind [5]. Wenn die Unbestimmtheitsbandbreiten oder die Wahrscheinlichkeitsschätzungen den Bereich akzeptabler Risikoniveaus einschließen, kann die Entscheidung sinnvoll nicht auf Wahrscheinlichkeitsschätzungen aufgebaut werden. Bild 2 zeigt dieses Problem für das Beispiel von Unfällen in der Kerntechnik und die Entsorgung hochaktiver Abfälle. Die Skala links ist ein Maß für das absolute Risiko im Hinblick auf die Wahrscheinlichkeit der Anzahl von Todesfällen, die pro Jahr auftreten können. Einige Benchmarks sind rechts zu sehen, darunter der weltweite Fallout aus bereits durchgeführten Kernwaffenversuchen, die geplanten Emissionen aus dem Kernbrennstoffkreislauf für 10 000 GWe-Betriebsjahre (die Höchstleistung, die ohne Brutreaktoren aufgrund der vorhandenen Uranvorräte möglich ist), ein Prozent des natürlichen Strahlungsuntergrunds sowie Radon und Strahlung aus unerschlossenen Uranerzkörpern. Diese Benchmarks sollen lediglich die richtige Perspektive liefern. Sie bedeuten keinesfalls Annehmbarkeit.

Die Risikoschätzungsbereiche für ein Endlager für hochaktive Abfälle, das sämtliche hochaktiven Abfälle aufnehmen soll (10 000 GWe-Jahre), liegen weit unterhalb der Benchmarks. Somit läßt sich eine Entscheidung über hochaktive Abfälle mit probabilistischen Methoden herbeiführen. Der Bereich der Risikoab-

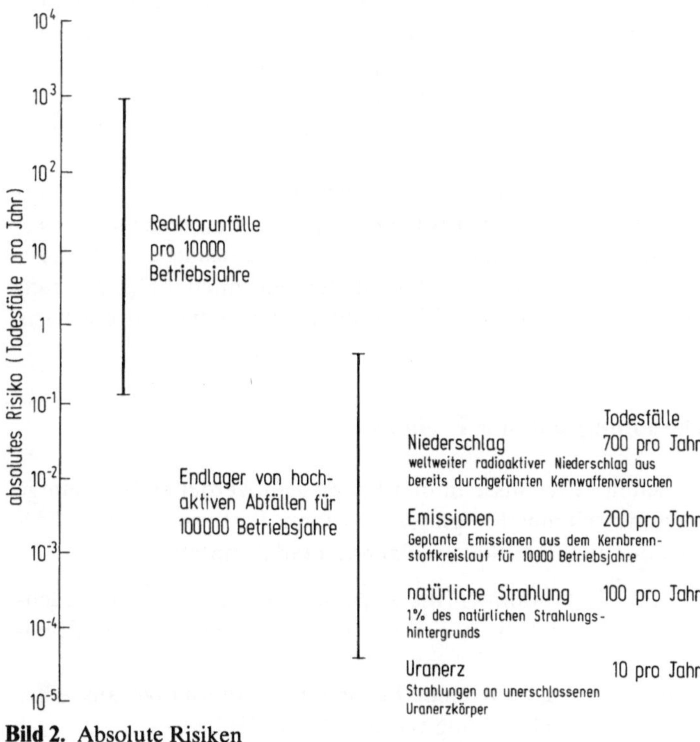

Bild 2. Absolute Risiken

schätzungen für alle Reaktorunfälle (10 000 GWe-Betriebsjahre) wird hier auf der Basis der Ausführungen in WASH-1400 [3], der Kommentare zu WASH-1400, des Berichts des Lewis-Ausschusses [4] sowie auf der Grundlage von Extrapolationen dargestellt. Über den genauen Bereich läßt sich streiten, aber er schließt wahrscheinlich alle Benchmarks ein und läßt damit jede lediglich auf der Grundlage probabilistischer Analysen getroffene Entscheidung nicht eindeutig erscheinen. Obwohl in diesem Fall die Schätzungen vielleicht noch etwas verbessert werden können, ist es wahrscheinlich doch unmöglich, die Restunbestimmtheiten so weit zu verringern, daß mit diesem Ansatz überhaupt sinnvolle Entscheidungen getroffen werden können. Es zeigt sich also, daß bestimmte Entscheidungen mit diesem Ansatz wirklich nicht eindeutig sind, während andere durchaus getroffen werden können. Der Mangel an Eindeutigkeit bezieht sich hier nur auf eine probabilistische Lösung; viele andere Ansätze, darunter auch sozialpolitische Analysen, können durchaus funktionieren.

Eine vernünftige Strategie bei der Untersuchung der Wahrscheinlichkeit seltener Ereignisse bedeutet das Vorgehen in zwei Schritten. Der erste Schritt wäre eine vorläufige Analyse, in der man die Größenordnung der Unbestimmtheitsbandbreiten bei Wahrscheinlichkeitsschätzungen bestimmt und diese dann mit Benchmarks vergleicht, um festzustellen, ob es hier zu Überlappungen kommt oder nicht und wie groß diese gegebenenfalls sind. Dann läßt sich der Wert der durch eine zweite, detailliertere Analyse ermittelten Informationen bestimmen. Wenn es sinnvoll ist, kann anschließend eine noch detailliertere Analyse durchgeführt werden.

Wenn keine auf absoluter Basis durchgeführten stichhaltigen Risikoschätzungen vorliegen, können manchmal auch relative Risikoschätzungen recht wirksam sein. In diesem Falle wird eine von mehreren Möglichkeiten als Basis genommen, und alle anderen werden mit ihr verglichen. In den meisten Fällen treten bei jeder dieser Alternativen dieselben Unbestimmtheiten im Hinblick auf das absolute Risiko auf. Relativ gesehen, heben sich diese Unbestimmtheiten wieder auf, und die verbleibenden Unbestimmtheiten unter den Alternativen sind viel kleiner. So kann man z. B. nach dem vergleichenden Erdbebenrisiko bei den einzelnen Möglichkeiten fragen. In diesem Falle ist die Unbestimmtheit auszulassen, ob diese Erdbeben überhaupt eintreten; das relative Risiko der einzelnen Möglichkeiten läßt sich sinnvoll darauf aufbauen, ob ein Risiko größer oder kleiner als die Basis ist.

5 Ansätze für die Behandlung seltener Ereignisse

Da Datenangaben über seltene Ereignisse immer knapp sein werden, gibt es einige Methoden zur Untersuchung seltener Ereignisse und ihrer Einflüsse auf den Entscheidungsprozeß. Man kann diese Methoden folgendermaßen einteilen:

- *Empfindlichkeitsanalysen:* Sie bestimmen die Aspekte eines Systems, die gegenüber Katastrophen aufgrund statistischer wie auch systemimmanenter Ereignisse am anfälligsten sind.
- *Vergleichende Risikoanalyse:* Auswahl einer bevorzugten Alternative aus einer Reihe von Möglichkeiten ohne Behandlung von absoluten Risiken.

- *Unbestimmtheitsanalyse bei Schätzungen im Vergleich zur Unbestimmtheit bei Beurteilungen:* Hier gibt es einen großen Unbestimmtheitsbereich bei der Interpretation seltener Ereignisse. Wenn man diese Unbestimmtheiten im Vergleich zu den bei der Schätzung von Risikoniveaus vorliegenden Unbestimmtheiten betrachtet, kommt man u. U. zu Strategien in der Entscheidungsfindung über seltene Ereignisse.
- *Kriterium für die Ausklammerung seltener Ereignisse:* Ein Mittel, mit dem sich bestimmen läßt, wann ein Risiko irgend einer Größenordnung so gering ist, daß es auf eine Entscheidung nur noch einen unbedeutenden Einfluß hat.

5.1 Anfälligkeitsanalyse

Es gibt mehrere Ansätze der Anfälligkeitsanalyse.

5.1.1 Untersuchung von Katastrophenursachen

Ein solcher Ansatz bezieht sich auf die Herausarbeitung von Katastrophenursachen. Diese großen, zerstörerischen Ereignisse rühren von natürlichen oder von Menschenhand stammenden Gefahren her, ebenso wie aus einer Kombination dieser beiden Gefahrenquellen. Naturkatastrophen entwickeln sich im allgemeinen aus örtlichen oder regionalen Veränderungen der Energiebilanz, und daraus entstehen Gewitter, Wirbelstürme, Hochwasser, Erdbeben, Dürre, Hungersnot und andere Vorfälle [6]. In manchen Fällen ist durch technische Ansätze zur Milderung der Folgen natürlicher Ereignisse die Anzahl der eintretenden Vorfälle zwar verringert, die Größenordnung der Folgen der dann noch eintretenden Ereignisse aber verstärkt worden [7]. In manchen Fällen wird die Wirkung großer Ereignisse, die die Auslegungsgrenzen übersteigen, durch eine „besondere Exponiertheit" verzögert. So werden z. B. in öffentliche Säle von vornherein bestimmte Brandschutzmaßnahmen mit eingebaut und zusätzliche Vorkehrungen zur Feuerverhütung und Feuerhemmung werden vorgesehen. Wenn die Säle jedoch über ihr Aufnahmevermögen hinaus gefüllt werden, können sowohl Überwachungsmaßnahmen als auch -einrichtungen unwirksam werden, und ein Brand hätte katastrophale Folgen [8]. Wenn ein Ereignis die Auslegungskapazität übersteigt, kann die Größenordnung eines eintretenden Unglücks um so größer sein.

Zivilisatorische Katastrophen entstehen in technischen Systemen, die mindestens eine von drei Bedingungen erfüllen. Diese Bedingungen beziehen sich auf Systeme, in denen folgende Faktoren eine Rolle spielen:

1. Gespeicherte potentielle Energie, z. B. die Lagerung von Erdöl und Erdgas, von Wasser in Staudämmen und Tanks, von Wärme in Kernkraftwerken, von Brennstoffen ganz allgemein.
2. Potentielle Freisetzung toxischer Materialien, z. B. von Chemikalien wie Chlor, Cyanid, Quecksilber, Radioisotopen, Pestiziden, Toxinen oder DNS-Ableitungen.
3. Kinetische Energie (Trägheit), z. B. im Verkehrswesen bei Raketen, Satelliten und Trümmern von Raumflugkörpern.

Diese und einige andere Eigenschaften sind durch drei Kreise im Bild 3 dargestellt. Wenn diese Systeme *kombiniert vorkommen,* sind sie besonders empfindlich gegenüber Katastrophen. Der Transport von Brennstoffen ist eine der Hauptur-

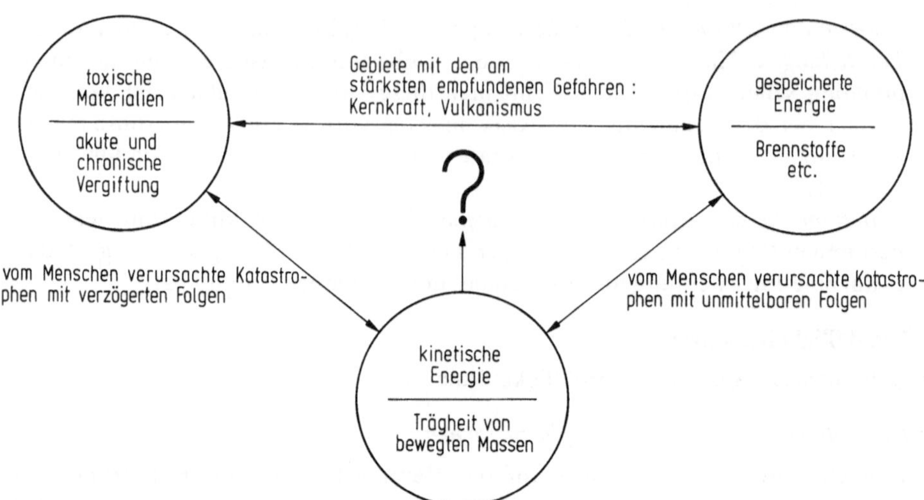

Bild 3. Gegenüber Katastrophen empfindliche Systeme

sachen katastrophaler Unfälle. Der Transport von gefährlichen Chemikalien und Radioisotopen bietet ebenfalls ungewöhnliche Möglichkeiten katastrophaler Einwirkungen. Für viele ist die Kopplung von Energiespeichersystemen mit toxischen Materialien, wie sie z. B. in Kernreaktoren oder in gelagerten Nervengasgranaten und Raketen vorkommen, ein besonders schwerwiegendes potentielles Problem. Obwohl historische Unterlagen über Katastrophen dieser Art nicht vorliegen, ist doch die Besorgnis sehr groß, daß hier ein Katastrophenpotential besteht [9]. Ein Atomkrieg mit ballistischen Raketen ist ein Beispiel, in dem alle drei Systeme kombiniert werden.

5.1.2 Redundanz und Sicherheitsgrenzen

Hier werden einige Möglichkeiten postuliert, wie man Katastrophenrisiken besser beurteilen kann: Sicherheit ist eine Funktion redundant ausgelegter Mehrfachsysteme, deren jedes eine bestimmte Fehlergrenze aufweist, die ihm inhärent ist. Unfälle können außerdem nur dann auftreten, wenn die Fehlergrenze in jedem redundanten System aus irgendwelchen Gründen gleichzeitig überschritten wird.

Solange Fehler-(oder Sicherheits-)grenzen nicht überschritten werden, kommt es nicht zu Unfällen. Man weiß allerdings nicht, wie hoch die vorhandene Fehlergrenze oder Redundanz angesetzt ist und ob diese Grenzen sinken. So wirken z. B. beim Seetransport gefährlicher Güter mit wachsendem Verkehrsvolumen bis hin zur Belastungsgrenze eines Hafens redundante Systeme zur Verkehrslenkung und -trennung, der Manövrierraum während der Durchfahrt und die Nachrichtenverbindungen von Schiff zu Schiff zusammen und verhindern dadurch Kollisionen. Sobald die Kapazität allerdings überschritten wird, können alle diese Sicherheitsgrenzen verschwinden, und ein steiler Anstieg der Kollisionshäufigkeit bzw. der Rammvorgänge ist zu erwarten. Diese Veränderung im Gefahrenpotential erfolgt abrupt und nicht linear, sobald Redundanz und Sicherheitsgrenzen aufgezehrt sind. Die dann bevorstehenden Zustände können durchaus verdeckt sein, bis der Erschöpfungspunkt erreicht ist.

Eine Analogie aus der Regeltheorie ist hier vielleicht hilfreich. Die Schwierigkeit bei Messungen in diesem Zusammenhang ist ähnlich dem Versuch, die Parameter einer Hochleistungs-Regelanlage mit negativer Rückführung zu messen. Ziel ist die Messung des Gewinns der rückführungslosen Verstärkung und der Übertragungsfunktion des Systems, ohne dabei den Rückführungskreis zu unterbrechen oder den Gewinn des Systems zu überschreiten. Durch die Rückführung werden aber die zu messenden Parameter überdeckt. Deshalb sind Maßzahlen für die Leistung des Systems zwangsläufig ziemlich ungenau. Bei der Angabe des Systemverhaltens ohne Rückführung ist eine aus solchen Analysen abgeleitete Reihe von Indizes eher deskriptiv als normativ. Es müßte möglich sein, die Wirkungen redundanter Sicherheitssysteme und Sicherheitsgrenzen insoweit zu verstehen, daß der Grad an Redundanz und die Sicherheitsgrenzen absolut oder relativ ermittelt werden können. Im ersten Fall kann eine absolute Angabe der Redundanz bzw. der Sicherheitsgrenzen aufzeigen, wie weit man von einer potentiellen Katastrophe entfernt ist. Relativ betrachtet, lassen sich alternierende Systeme in ihrem Sicherheitsgrad bewerten, so daß man sich auf die Systeme mit den niedrigsten Sicherheitsgrenzen konzentrieren kann. Die Wirksamkeit alternierender Sicherheitsvorkehrungen läßt sich aber auch in der Hinsicht bewerten, wieviel Redundanz und wieviele Sicherheitsgrenzen sie zu einem System beisteuern, zum Beispiel Doppelrümpfe bei Schiffen.

5.1.3 Ereignisbaum/Fehlerbaum-Analyse

Die probabilistische Analyse, die mit Kombinationen von Ereignis- und Fehlerbäumen arbeitet, kann zur Feststellung der Anfälligkeit eines Systems gegen beliebige, durch Menschenhand bedingte, systembedingte und aus gemeinsamen Ursachen entstandene Verhältnisse herangezogen werden. Dabei geht es nicht um die Aufstellung absoluter Risikoschwellen, sondern um die Bestimmung von Schwachstellen in einem System und die Ermittlung von alternativen Möglichkeiten zur Verringerung der Anfälligkeit des Systems an diesen Stellen.

Die Schwierigkeit bei diesem Ansatz liegt in seinem Mißbrauch d.h. in dem Versuch, Risikoschätzungen aus Ereignis-/Fehlerbaum-Analysen zur Aufstellung absoluter Risikoschätzungen für die Risikoakzeptanz heranzuziehen oder damit einen Haltepunkt für die Verringerung der Systemanfälligkeit zu schaffen. Die weiter oben behandelten großen Unbestimmtheiten bei der Schätzung seltener Ereignisse lassen diese Anwendung unannehmbar erscheinen, denn sie führt weder zu akzeptablen Schätzungen noch zu Möglichkeiten, zu bestimmen, wann bestimmte Risikoniveaus erreicht worden sind.

Wenn die Verfahren der Ereignis-/Fehlerbaum-Analyse jedoch richtig eingesetzt werden, bieten sie wirksame Ansätze sowohl zur Anfälligkeitsanalyse als auch zur vergleichenden Risikoanalyse.

5.2 Vergleichende Risikoanalyse

Die vergleichende Risikoanalyse ist unter dem Stichwort relative Risiken schon behandelt worden. Alle Methoden der Risikoanalyse kommen hierfür in Frage.

Die Grenzen dieses Ansatzes liegen bei inkommensurablen Variablen innerhalb der jeweiligen Alternativen. Wenn man z. B. die Risiken von Energieanlagen vergleicht, die mit Kohle oder Kernspaltung als Brennstoffen arbeiten, ergibt sich die Schwierigkeit, die Risiken aus einem Kernschmelzunfall mit Lungenerkrankungen aufgrund von Schwefeloxiden zu vergleichen. Einzelne Maßstäbe für derartige Vergleiche sind nicht denkbar, da der Mensch das Krankheitsrisiko und das Risiko von großen Unfällen unterschiedlich betrachtet und auch die Variabilität bei den Risikoabschätzungen ganz verschieden ist. Deshalb lösen vergleichende Risikoanalysen oft nicht alle Fragen und erfordern bei einer Entscheidung Werturteile.

5.3 Analyse der Unbestimmtheit bei der Risikoschätzung gegenüber der Unbestimmtheit bei der Risikobewertung

Wenn schon die Schätzung des Risikos seltener Ereignisse mit großen Unbestimmtheitsbereichen behaftet ist, dann gilt dies um so mehr für die Bewertung seltener Ereignisse durch den Menschen. Wie Menschen seltene Ereignisse betrachten, birgt vielleicht einen noch viel größeren Unbestimmtheitsbereich als die Schätzung selbst.

Um diese Unbestimmtheit bei der Wahrnehmung seltener Ereignisse zu bewerten, hat man mehrere Versuche durchgeführt und dabei eine Version des von dem Neumann-Morgensternschen äquivalenten Spielansatzes gewählt [10]. Die Ergebnisse werden hier als Hinweis auf die bei Risikobeurteilungen seltener Ereignisse wirksamen Unbestimmtheitsspannen angeführt.

Zwei Fragen zu diesem Problem standen auf einem Fragebogen, der daneben eine Reihe anderer Gebiete erfaßte. Die beiden Fragen wurden in dem Zusammenhang gestellt, daß sich der Befragte in die Rolle eines verantwortlichen Entscheidungsträgers versetzen soll, der eine Entscheidung treffen *muß,* sei sie auch noch so unangenehm. Der Befragte soll seine eigenen Wertvorstellungen und Überlegungen dazu einsetzen, wie er eine Entscheidung treffen würde. Diese Fragen zeigen im Kern auch die anderen Fragen, die Risikoanalytiker an Entscheidungsträger stellen. Der Analytiker muß jedoch seine eigenen Wertvorstellungen verstehen, ehe er Entscheidungsträger darum bittet, ihre Wertvorstellungen bekanntzugeben. Bei den folgenden Fragen sind die Angaben über Wahrscheinlichkeitsschätzungen als exakt anzusehen.

Fragebogen (nur über das von Neumann/Morgensternsche äquivalente Spiel)

Frage 1: Sie stehen vor zwei, nur zwei Alternativen, die beide denselben Nutzeffekt einbringen:

Alternative A: Im nächsten Jahr wird aufgrund dieser Wahlentscheidung mit Bestimmtheit ein (1) Mensch ums Leben kommen.

Alternative B: Es besteht die Wahrscheinlichkeit p von 0,01, daß aufgrund dieser Wahlentscheidung im nächsten Jahr einhundert (100) Menschen bei einem Unfall ums Leben kommen.

Diskussion. Die Alternative A ist die Bestimmtheit von einem Todesfall pro Jahr. Die Alternative B ist der Erwartungswert und entspricht einem Todesfall pro Jahr, d. h.

$E(v) = 0{,}01 \cdot 100 = 1.$

Wenn Ihnen die beiden Alternativen gleichgültig sind, d.h. die Bestimmtheit mit dem Erwartungswert in diesem Fall gleichgesetzt wird, sind Sie *risikoneutral.* Wenn Sie der Ansicht sind, die Chance von 99 : 100, daß im nächsten Jahr nichts passiert, sei der Bestimmtheit eines Todesfalls vorzuziehen, obwohl eine geringe Chance (0,01) von 100 Todesfällen gegeben ist, dann wären Sie ein Fall von *Risikobereitschaft,* und Sie würden in diesem Fall die Alternative B vorziehen. Wenn Sie andererseits glauben, daß die geringe Chance (0,01) einer Katastrophe (100 Todesfälle) schwerer wiegt als die Bestimmtheit eines Todesfalls, dann wären Sie *risikoscheu* und würden die Alternative A vorziehen. Es gibt hier keine richtige Antwort, sondern nur eine Antwort, die Ihre eigenen Wertvorstellungen widerspiegelt. Auf dieser Grundlage sind nun folgende Fragen zu beantworten:

Forderung

a) Wählen Sie A oder B oder halten Sie beide für gleichgültig.
b) Wählen Sie einen Wert für p, bei dem Ihnen die beiden Alternativen ungefähr gleichgültig wären.

Die zweite Forderung erfordert eine Konsistenz mit der ersten, d.h. $p=0{,}01$ für Gleichgültigkeit, $0{,}01<p<1$ bei Risikobereitschaft und $p<0{,}01$ bei Risikoscheu. Das Produkt aus p und 100 ist dann der Erwartungswert der Indifferenz für Sie (der Gleichheit ausschließt).

Frage 2: Sie stehen wiederum vor zwei Alternativen wie vorhin, die den gleichen Nutzeffekt liefern.

Alternative A: Im nächsten Jahr kommt aufgrund dieser Wahlentscheidung mit Bestimmtheit ein (1) Mensch ums Leben.

Alternative B: Es besteht die Möglichkeit p von 0,001, daß aufgrund dieser Wahlentscheidung nächstes Jahr eintausend (1000) Menschen bei einem Unfall ums Leben kommen.

Diskussion. Der Fall entspricht dem oben geschilderten bis auf die Ausnahme, daß der Erwartungswert, nach wie vor eins, folgendermaßen berechnet wird:

$E(v)=0{,}001 \cdot 1000=1.$

Führt eine größere, jedoch weniger wahrscheinliche Folge zu einer Veränderung gegenüber dem ersten Fall?

Forderung

a) Wählen Sie A oder B oder halten Sie beide für gleichgültig.
b) Wählen Sie einen Wert für p, bei dem Ihnen die beiden Alternativen annähernd gleichgültig sind.

Wiederum müssen Sie zwischen den Forderungen a) und b) konsistent sein. Hier ist Gleichgültigkeit ein Wert von $p=0{,}001$; die Risikobereitschaft ist $0{,}001<p<1$; die Risikoscheu ist $p<0{,}001$.

Behandlung der Ergebnisse aus dem Fragebogen

Bis jetzt haben über 500 Personen diesen Fragebogen ausgefüllt, darunter Risikoanalytiker, Mitarbeiter der amerikanischen Umweltschutzbehörde EPA und deren Vertragsfirmen, Studenten, Fachleute in Deutschland, Schweden und Finnland und andere. Die Ergebnisse spiegeln eine große Vielfalt von Werten wider.

Die Resultate zeigen, daß einige Befragte (rund 20%) bei Frage 1 oder Frage 2 risikoneutral sind. Knapp 50% wählten die Alternative B in Frage 1, und knapp 40% wählten die Alternative B in Frage 2, sind also risikobereit. Die übrigen sind risikoscheu. Rund 70% änderten ihre Ansicht mit wachsender Größenordnung der Konsequenzen nicht. Diejenigen, die ihre Ansicht doch änderten, wurden risikoscheuer.

Das wichtigste Ergebnis ist quantitativ. Bis auf die Risikoneutralen (knapp 20%) sind die Ergebnisse im Hinblick auf Risikoscheu und Risikobereitschaft in einem Bereich von vier Zehnerpotenzen bimodal. Knapp 1% der Befragten waren über zwei Zehnerpotenzen risikoscheu, d.h. nur wenige Befragte hatten einen Wert von p unter 0,0001 in Frage 1 oder einen Wert von p unter 0,00001 in Frage 2. Obwohl die Stichprobengröße und das Experiment beschränkt sind, geben sie doch wichtige Hinweise darauf, daß die Menschen nach Aussage der äquivalenten Spieltheorien eine sehr hohe Variabilität in ihrer Bewertung seltener Ereignisse aufweisen. Im allgemeinen haben sie allerdings im Hinblick auf die Risikoscheu praktische Grenzen. Dieselbe Reihe von Fragen ist so gestellt worden, daß in Alternative B anstelle der Wahrscheinlichkeit die Anzahl der Getöteten variiert wurde. Dieselbe Art Verteilung bei den Ergebnissen und erste Hinweise lassen darauf schließen, daß hier die Bereiche u.U. größer sind als bei den Wahrscheinlichkeiten. Allerdings ist die Stichprobe noch nicht groß genug, als daß man dieses letzte Ergebnis schon bestätigen könnte. Dieser Bereich von zwei Zehnerpotenzen für die Risikoscheu soll im Anschluß daran in einigen Fällen zur Ausschaltung alternativer Risiken im Entscheidungsprozeß herangezogen werden.

Für diese beiden Fragen ist die Variabilität bei den Risikoschätzungen im Hinblick auf den Variationskoeffizienten 10 und 32 für $p=0{,}01$ bzw. $p=0{,}001$. Allerdings betrug im Versuch die Unbestimmtheit bei der Risikobewertung vier Zehnerpotenzen. Diese Angabe kann bedeuten, daß es vielleicht wichtiger ist, zu begreifen, wie die Menschen seltene Ereignisse wahrnehmen als zu versuchen, die Unbestimmtheiten bei der Risikoschätzung zu verringern. Außerdem kann bessere Kenntnis der Neigungen zur Risikoscheu und Risikobereitschaft auch eine differenzierte Möglichkeit bieten, zu beurteilen, wie die Menschen die Risiken seltener Ereignisse akzeptieren. Auf diesem Gebiet ist allerdings noch viel Entwicklungsarbeit nötig.

Allerdings liegt auf der Hand, daß Unbestimmtheiten sowohl bei der Schätzung als auch der Bewertung der durch seltene Ereignisse bedingten Risiken sehr groß sind. Man kann wahrscheinlich die Risikoschätzung in diesen Fällen nicht von der Risikobewertung trennen. Die oben durchgeführten Risikobewertungsstudien gingen von einer vollständigen Information über Wahrscheinlichkeitsschätzungen aus. Wie Menschen reagieren, wenn Risikoschätzungen unbestimmt sind, beeinflußt die Bewertung; Untersuchungen dieser Phänomene laufen allerdings jetzt erst an.

5.4 Das Kriterium für die Ausschaltung seltener Ereignisse

Derselbe Gleichgültigkeitsansatz, den wir oben beschrieben haben, kann auch mit den Informationen in den auf die Fragen 1 und 2 oben gegebenen Antworten gekoppelt werden und liefert dann ein rationales Kriterium für die Feststellung, ob ein seltenes Ereignis in einem Entscheidungsprozeß unter mehreren Alternativen berücksichtigt werden muß. Dies ist ein wichtiges Kriterium, denn jeder kann sich irgendein Ereignis vorstellen, das zu Schwierigkeiten führen könnte, und die meisten Studien ertrinken in einer Vielfalt von Ereignissen, die nach Meinung der Leute berücksichtigt werden sollten. Was not tut, ist ein rationales (aber zwangsläufig willkürliches) Verfahren, mit dem man bestimmen kann, wann in einem

Tabelle 2. Entsorgung gefährlicher Abfälle, hypothetisches Beispiel

Parameter	Entsorgungsmethode	
	A Flache Wiederauffüllung	B Tieflager
Ereignis (Überflutung)	100% des Materials verteilt	1% des Materials verteilt
Zustand der Risikoneutralität	=0,01	=1
Postulierte Einschließungszeit	100 Jahre	

Entscheidungsprozeß bestimmte Ereignisse einbezogen werden oder ausgeschlossen bleiben sollen.

In Tabelle 2 wird dies für die Beseitigung gefährlicher Stoffe und ein Ereignis (Überflutung) dargestellt, das beide Entsorgungsalternativen beeinflussen kann: die flache Wiederauffüllung ebenso wie die technischen Tieflager. Schutz muß auf hundert Jahre vorgesehen werden, aber bei der flachen Wiederauffüllung würden durch Überflutung 100% des Materials freigesetzt werden, während es bei einem Tieflager nur 1% wäre. Das Gleichgültigkeitsniveau bei einer risikoneutralen Person beträgt $p=0{,}01$ auf einen Zeitraum von 100 Jahren, d.h. $p=10^{-4}$/Jahr. Wenn man jetzt zwei Zehnerpotenzen annimmt, um die Risikoscheu voll in Betracht zu ziehen, wie durch die Ergebnisse der Fragebogenanalyse ermittelt, kann man ein Kriterium für die Besorgnis bei $p=10^{-6}$/Jahr ansetzen. Liegt die Wahrscheinlichkeit einer Überflutung unter eins zu einer Million pro Jahr, so kann man sie aus der Analyse (mit Erklärung) ausschließen, wenn nicht, muß man sie einbeziehen. Auf diese Art und Weise reichen Gleichgültigkeitsniveau und eine Grenze der Risikoscheu für ein genügend rationales Kriterium.

6 Schlußfolgerungen

Bestimmte Methoden zur Risikoschätzung eignen sich in bestimmten Situationen. Es gibt viele solche Methoden zur Behandlung normaler Ereignisse und objektiver Folgenwerte. Diese Methoden werden unzulänglich, wenn man es mit seltenen Ereignissen und Wertproblemen zu tun hat. Die Erweiterung der vorhandenen Methoden bis hin zur direkten Erfassung derartiger Probleme muß scheitern, da die Methoden und die zugrundeliegenden Probleme, die sie erfassen sollen, nicht kompatibel sind.

Neue Ansätze können hier nützlich sein, die sich direkt auf die den seltenen Ereignissen und der Verschiedenartigkeit der Werte zugrundeliegenden Probleme konzentrieren; sie müssen jedoch vorsichtig angewandt werden und sind inhaltsabhängig. Absolute Risikoschätzungen sind in manchen Fällen nützlich, z.B. dort, wo Benchmarks außerhalb der Unsicherheitshandbreiten liegen. Relative

Risikoschätzungen von Alternativen hängen von der Wahl der Alternativen und davon ab, wie die entscheidenden Fragen und Werturteile angegangen werden.

Solange die vorliegenden Methoden inhaltsabhängig sind, gibt es kein allgemeines Verfahren, das man zur Lösung aller dieser Probleme entwickeln könnte. Außerdem machen diese Methoden eine Trennung der Risikoschätzung von der Risikobewertung unmöglich. Die Lösungen werden dann mehr inhaltsabhängig als methodenabhängig. Deshalb muß jeder Fall mit eigenen Überlegungen für sich angegangen werden. Es gibt keine einfache Universalmethode, die an die Stelle der sichtbar und mit gesundem Menschenverstand vorzunehmenden individuellen Werturteile treten kann.

Literatur

1. Page, T.: Keeping Score: An actuarial approach to zero-infinity dilemmas. In: Energy risk management (Eds. Goodman, G. T., Rowe, W. D.). London: Academic Press 1978
2. Chemical and Engineering News, 24 Nov. 1980, p. 21
3. "Reactor Safety Study: An assessment of accident risks in US commercial nuclear power plants. WASH-1400 (NUREG-75/014). Nuclear Regulatory Commission. Oct. 1975
4. "Risk Assessment Review Group Report to the US Nuclear Regulatory Commission. H. W. Lewis, Chairman, Ad Hoc Risk Assessment Review Group, Sept. 1978
5. Supporing documentation for proposed standards for heigh level radioactive wastes – 40 CFR 191. US Environmental Protection Agency, Nov. 1978
6. Cochrane, H. C.: Natural hazards and their distributive effects. National Technical Information Service, PB-262-021, US Department of Commerce, Springfield, Virginia 1975
7. Kates, R. W.: Risk assessment of environmental hazard, scope 8. New York: Wiley 1978
8. Kupperman, R. H.; Wilcox, R. A.; Smith, H. A.: Science 187 (7 Feb. 1945)
9. Dworkin, J.: Global trends in natural disasters, 1947–1973. Working Paper No. 26, Natural Hazard Research, University of Colorado, Boulder, Colorado 1974
10. v. Neumann, J.; Morgenstern, O.: Theory of games and economic behavior. Princeton, N.J.: Princeton University Press 1953

Die Sicherheitsziele der Nuclear Regulatory Commission

(Zwei Statements zum Thema)

W. D. Rowe und L. B. Lave

Beitrag von W. D. Rowe

Die Mitarbeiter der Nuclear Regulatory Commission (NRC) versuchen seit anderthalb Jahren, Sicherheitsziele aufzustellen. Sie haben ein umfangreiches Dokument dazu verfaßt, in dem sie einige potentielle Sicherheitsziele beschreiben. Die Kommission ist zu dem Schluß gekommen, daß diese Sicherheitsziele zur Diskussion und weiteren Prüfung durch die Betroffenen gestellt werden sollten. Anfang des Jahres sind die Ziele veröffentlicht worden, und seitdem sind sie ständiger Gesprächsgegenstand.

Die Ziele haben eines bewirkt: die Aufstellung von Zielvorstellungen bei der Entscheidung darüber, wie sicher man einen Kernreaktor wie den amerikanischen Leichtwasserreaktor machen sollte. Man hat sich in zwei Fragen geeinigt:
Die erste Frage lautet:
Besteht ein absolutes zahlenmäßiges Risiko, unterhalb dessen solche Fragen überhaupt nicht mehr geprüft zu werden brauchen? Es wird vorgeschlagen, daß die unterste Grenze, unter der keine weitere Prüfung notwendig ist, gegeben ist, wenn das Risiko für jeden Reaktor etwa 0,1% dessen beträgt, was man normalerweise aus ähnlich gearteten Risiken erwartet. Wenn man also ein Risiko von 10^{-5} hat, sollte man für einen einzigen Reaktor um drei Größenordnungen darunter bleiben. Vielleicht exisitieren rund 1000 Reaktoren, und die ergäben dann dieses Niveau.
Die zweite Frage lautet:
Wo sollte man mit dem Geldausgeben aufhören, wenn man die durch verschiedenen Reaktorbauteile verursachten Risiken miteinander vergleicht?

Das sind im wesentlichen die beiden mir bekannten Vorschläge. Dazu sind einige ausführliche Erklärungen abgegeben worden, und ich möchte mit Ihnen die Stellungnahmen durchgehen, die wir (The Scientists and Engineers for Safe Energy – SESE) ausgearbeitet haben. Wir haben grundsätzlich der Absicht der NRC zugestimmt, für folgende Zwecke Sicherheitsziele aufzustellen: um den Mitarbeitern der NRC klare und in sich logische Handlungsrichtlinien vorzugeben, für Konstrukteure und Betreiber Richtwerte im Hinblick auf Betriebsverhalten und Betriebsziele auszuarbeiten sowie der Öffentlichkeit deutlich zu machen, daß ein fortlaufendes Sicherheitsprogramm und ein fortlaufender Sicherheitsprozeß existieren.

Ich glaube, wir haben die Öffentlichkeit noch nicht ausreichend über den fortlaufenden Sicherheitsprozeß informiert, d. h. über einen Vorgang, der genauso in der Luftfahrtindustrie abläuft. Vor allen Dingen sind wir seit je der Meinung, daß derartige Ziele dazu beitragen müssen, Sicherheitsfragen endgültig zu klären und nicht dazu, sie nur empfindlicher gegenüber Gerichtsentscheidungen und Verzögerungen zu machen. Wenn sie nur zu immer weiteren Einsprüchen und Verzögerungen führen, dienen sie überhaupt keinem Zweck. Deshalb muß man die in unseren Zielen noch enthaltene Unsicherheit ansprechen und vor allen Dingen auch als Ziel formulieren und nicht in Zahlen oder Zahlenwerten anführen. Sicherheitsziele sind definitionsgemäß Leistungsziele. Und solange wir diese Leistung nicht durch Messungen bestätigen können und damit messen, welche Sicherheitswerte vorliegen, können wir auch nicht wissen, wie wir sie durchsetzen sollen. Ehe solche Ziele aufgestellt werden können, braucht man deshalb validierte Modelle, mit denen man die Leistung im Betrieb zur Leistung im Versuch in Beziehung setzen kann; diese beiden Leistungsangaben lassen sich dann zu analytischen Verfahren in Beziehung setzen und liefern uns Aussagen darüber, daß diese Ziele erreicht worden sind. Nun haben wir gesagt, daß der Stand der Risikoanalyse von diesem Ziel noch weit entfernt ist. Die Gründe dafür werden in meinem Vortrag angeführt: sehr große Unsicherheiten und die Unmöglichkeit, zu messen, ob Ziele erreicht werden. Wir haben auch gesagt, daß die vergleichende Risikoabschätzung sehr nützlich bei der Bestimmung ist, wo mehr Sicherheit gefordert werden muß. Das Problem besteht wiederum darin, auf welchem Niveau der Kosteneffektivität wir Schluß machen sollten. Wir haben als erstes gesagt, daß man Sicherheitsgrenzen nicht von vornherein in die Berechnungen mit einbeziehen soll. Man sollte sich die Sicherheitsgrenzen erst hinterher ansehen, weil man dann feststellen kann, wieviel man dafür bezahlt. Wir haben einen Wert von 100 Dollar pro Person-rem festgelegt, weil hier von Anfang an sehr große Sicherheitsgrenzen vorliegen. Wir hatten überhaupt keine Vorstellung von den Kosten, aber gerade diese Frage soll ja analysiert werden, und nach unserer Meinung bedarf sie noch der weiteren Prüfung. Wir haben ferner gesagt, daß die Verwendung dieser Informationen es ermöglichen sollte, die Mittel besser zu verteilen und nicht dazu führen sollte, Entscheidungen lediglich anhand des Risikos zu vollziehen. Wir haben schließlich noch darauf hingewiesen, daß die NRC zwar in erster Linie für die Kernenergie zuständig ist, aber auch zur Kenntnis nehmen sollte, was andere staatliche Behörden an Risikovorschriften erlassen und dafür sorgen sollte, daß die Sicherheitsgrenzen und ihre Behandlung wenigstens in gewissen Grenzen ähnlich sind.

Beitrag von L. B. Lave

Ich glaube, was Rowe eben gesagt hat, würde von den Mitarbeitern der NRC wohl weitgehend mitgetragen werden. Lassen Sie mich nur ganz kurz darüber sprechen, welche Ziele bei all diesen Entscheidungen gegeben waren und worum sich die Auseinandersetzungen vor allem gedreht haben.

Das Hauptziel dieser ganzen Bemühungen bestand in dem Wunsch innerhalb der Kommission, systematischer vorzugehen. Es herrschte die Ansicht, daß alle Entscheidungen bis dahin nur ad hoc getroffen worden waren. Das soll heißen, daß jeweils bestimmte Fragen auftauchen, man versucht, darüber bestimmte Entscheidungen zu treffen und daß unter dem Strich in zwanzig Jahren beim Erlassen von Vorschriften eine recht buntscheckige Entwicklung entstanden ist. Die Konstrukteure, die Elektrizitätsversorgungsunternehmen und die breite Öffentlichkeit brauchen aber eine etwas systematischere Behandlung dieser Fragen, und außerdem müssen auch die Ziele ausführlicher diskutiert werden, und man muß versuchen, sich auf bestimmte Ziele einzustellen, statt diesem fiktiven Ziel der vollständigen Sicherheit nachzujagen.

Deshalb wurde dieses Dokument als Versuch betrachtet, die Aufmerksamkeit der Leute auf diese Fragen zu lenken. Eine wichtige Überlegung dabei bestand in der Notwendigkeit, zwischen allgemeinen Zielen (indem man sagte, daß das für den einzelnen entstandene Risiko der Kernenergie unter 10^{-5} bleiben mußte), den Richtlinien und schließlich den eigentlichen Standards zu unterscheiden. Die Standards wären dann das, was in Deutschland in den Vorschriften steht, also ganz eindeutig Aussagen, von denen ein Ingenieur sagen könnte, daß sie zutreffen oder nicht zutreffen. Eine weitere Überlegung ging dahin, daß die Richtlinien allgemeiner als das waren und die Ziele eigentlich Feststellungen darüber darstellten, was die Gesellschaft von der Technik erwartete. Man brauchte Leitlinien auf jeder dieser drei Ebenen und durfte die drei Ebenen nicht durcheinanderbringen.

Ein weiterer Grund für diese Arbeiten bestand in dem Versuch, in diesem Prozeß eine stärkere Rückkopplung herbeizuführen. Auch in den Vorträgen und bei Diskussionen über Schiffe und Bauten ist immer wieder betont worden, daß die bislang gewonnenen Erfahrungen zur Verbesserung künftiger Konstruktionen dienen sollten. Sieht man sich aber die Reaktorvorschriften in den Vereinigten Staaten an, so merkt man, daß jeder Reaktor so einmalig ist, daß nur schwer Erfahrungen zu sammeln und für die Zukunft nutzbar zu machen sind. Ein Teil des Prozesses bestand also in dem Versuch, beim Sammeln von Erfahrungen systematischer zu sein, damit wir bessere Systeme konstruieren konnten.

Die abschließende Diskussion, in der alle anderen Fragen untergegangen sind, befaßte sich mit der Überlegung, ob die vorgegebenen Ziele qualitativer oder quantitativer Natur sein sollten. Bislang lautet die Interpretation, daß die Ziele bei Reaktoren qualitativ gewesen sind, d.h., es hat Aussagen von der Art gegeben: „Reaktoren müssen sicher sein". Ingenieure regen sich über solche Sätze immer auf, weil keiner weiß, was sie bedeuten. Die Mitarbeiter der NRC wollten unbedingt quantitative Ziele aufstellen. Und das quantitative Ziel, das sie schließlich fanden, lautete 10^{-5}. Zur Rechtfertigung dieses Wertes gab es ganze Reihen von Begründungen und Untermauerungen, darunter auch die Überlegung, den Teil der allgemeinen Bevölkerung mit der niedrigsten Sterblichkeitsziffer zu nehmen, also etwa 1 pro 100 und Jahr, und den Standard so festzulegen, daß er um drei Zehnerpotenzen sicherer wäre. Das sah man als Begründung an. Es geht aber noch weiter. Ich kann Ihnen sagen, daß alle Sachverständigen den Mitarbeitern der NRC nahegelegt haben, unter keinen Umständen Zahlen einzusetzen. Wir haben ihnen gesagt – auch wenn sich die Ingenieure noch so sehr darüber ärgerten – erstens wären alle von ihnen eingesetzten Zahlen nicht zu bestätigen, und zweitens würde jemand diese Zahlen dazu verwenden, um der NRC einen Strick daraus zu drehen – was auch sofort passierte. Ein NRC-Kommissionsmitglied stellte am Erscheinungstag dieses Berichts eine Rechnung an und erklärte, angenommen in den Vereinigten Staaten seien zu dieser Zeit 100 Reaktoren in Betrieb, dann wäre er theoretisch bereit, in den nächsten 100 Jahren (ich weiß die genaue Zahl nicht mehr) 10 000 Todesfälle hinzunehmen. Als die Zeitungen erschienen, lauteten die Schlagzeilen natürlich: „NRC schlägt vor, in den nächsten hundert Jahren 10 000 Menschen durch Kernkraftwerke umzubringen". Das war natürlich unfair, aber ich muß sagen, daß wir Sachverständigen genau mit dieser Möglichkeit gerechnet und die NRC gedrängt hatten, keine Zahlen einzusetzen. Ich glaube heute noch, daß das richtig gewesen wäre und hoffe, daß die NRC davon wieder abrückt.

Es gibt einige qualitative Richtlinien, die weniger vage sind als die Feststellung „Reaktoren müssen sicher sein" und doch Aussagen darstellen, die einen nicht in Schwierigkeiten bringen. Sie dürfen eine gewisse Leitwirkung haben. So besagte z. B. eine der deutlichsten Richtlinien, daß die zum Schutz der Öffentlichkeit getroffenen Entscheidungen kosteneffektiv sein müssen. Das heißt, wenn man zum Schutz der Öffentlichkeit zwei Möglichkeiten zur Verfügung hat, die beide den gleichen Schutz gewähren, muß man immer die Möglichkeit wählen, die den Schutz mit den geringsten Kosten bewirtkt. Das ist eine sehr einfache Richtschnur, die sehr dazu beiträgt, bei der Durchführung solcher Vorhaben Geld zu sparen. Die 1000 Dollar pro Person-rem sind zwar in mancher Hinsicht umstritten, erweisen sich jedoch als Zahl, mit der Planer bei ihren Arbeiten verhältnismäßig leicht umgehen können. Ich halte die Zahl selbst nicht für richtig und meine, sie sollte noch diskutiert werden. Sie ergibt einen implizierten Wert eines Menschenlebens von ca. 5 bis 10 Millionen Dollar, und das ist für Entscheidungen in den Vereinigten Staaten sicherlich zu hoch. Dennoch liefert sie den Konstrukteuren eine recht genaue Richtlinie für die dann schließlich einzusetzende Zahl.

Zusammenfassung der Diskussion zu Teil I

S. Lange

Die abschließende Diskussion zu Teil I führte zu dem Ergebnis:

Die Aussagekraft von quantitativen Risikoanalysen wird noch durch eine Reihe von ungelösten Problemen gemindert. Trotzdem gibt es sinnvolle Anwendungsmöglichkeiten.

An Problemen wurden angesprochen:

- Das mangelnde Wissen der Fachleute über zugrundeliegende naturwissenschaftliche und technische Prozesse.
- Der Mangel an Daten zur Ermittlung kleiner Wahrscheinlichkeiten.
- Die mangelnde Fähigkeit der Öffentlichkeit, die Funktion von quantitativen Risikoanalysen zu verstehen, und der mangelnde Mut der Politiker, trotzdem Vorgaben hinsichtlich zu vernachlässigender Risiken zu machen.

Das mangelnde Wissen über zugrundeliegende naturwissenschaftliche und technische Prozesse

Vor allem bei der Analyse der Auswirkungen von Unfällen sind unser Wissen und unsere Modelle noch lückenhaft. So reagieren große Gaswolken ganz anders als kleine Gaswolken, die man experimentiell untersuchen kann, so daß es schwierig ist, von kleinen auf große Gaswolken zu schließen, wie Hartwig ausführt. Es gelingt bisher schlecht, dynamische Vorgänge zu modellieren. Die Topographie erschwert die Aussagen zusätzlich. Erhebliche Schwierigkeiten treten auch bei der Erfassung der Dosis/Wirkungs-Beziehungen auf.

Mangel an Daten zur Ermittlung kleiner Wahrscheinlichkeiten

Je kleiner die zu ermittelnden Wahrscheinlichkeiten sind, desto schwieriger ist es, Daten zu beschaffen. Irgendwann wird der Punkt erreicht, wo man Aussagen über seltene Ereignisse nicht mehr sicher genug belegen kann, nicht weil die analytischen Instrumente nicht zur Verfügung stehen, sondern weil die Daten prinzipiell nicht ermittelt werden können.

Die mangelnde Fähigkeit der Öffentlichkeit, die Funktion von quantitativen Risikoanalysen zu verstehen, und die mangelnde Fähigkeit der Politiker, Vorgaben hinsichtlich zu vernachlässigender Risiken zu machen

Gerade die amerikanischen Teilnehmer weisen darauf hin, daß Maßstäbe fehlen, um aus quantitativen Risikoanalysen die richtigen Schlüsse zu ziehen. Diese Maßstäbe sollten entscheiden helfen, wann ein Risiko als akzeptabel anzusehen ist. Solange die Öffentlichkeit bei manchen Techniken jedes Risiko ausgeschlossen haben möchte, tun sich Politiker, die es besser wissen müßten, schwer, die erforderlichen Vorgaben zu machen. Darüber hinaus wird für notwendig gehalten, daß Behörden Nutzen/Kosten-Beziehungen explizit formulieren, wenn diese Grundlage für Entscheidungen auf der Basis von Risikoanalysen sein sollen. Diese Thema wird in Teil II ausführlich behandelt.

Trotz der genannten Probleme werden Anwendung und Weiterentwicklung von quantitativen Risikoanalysen für sinnvoll gehalten:

- Die Kriterien, die Entscheidungen zugrunde liegen, können sichtbar gemacht werden.
- Risikoanalysen dienen Unternehmen in den Vereinigten Staaten als Argument gegen überzogene Forderungen von Staat und Öffentlichkeit und als Instrument der internen Klärung.
- Ob Risikoanalysen sinnvoll eingesetzt werden können, hängt von der spezifischen Situation ab.

- Trotz der noch vorhandenen großen Schwächen können Risikoanalysen in der Bauwirtschaft zur Überprüfung von Sicherheitsfestlegungen herkömmlicher Art eingesetzt werden.

Sichtbarmachen von Kriterien

Unabhängig davon, ob man Risikoanalysen durchführt, werden ständig Entscheidungen getroffen, die implizit oder explizit auf der Annahme bestimmter Wahrscheinlichkeiten beruhen. Beispiele für solche Entscheidungen sind die Einführung von MAK- oder Immissionswerten, die Zulassung bestimmter Verpackungen gefährlicher Güter, Standortentscheidungen für Fabrikanlagen, Genehmigung von Tragstrukturen bei Automobilen oder Flugzeugen, Festlegen von Geschwindigkeitsgrenzen oder Straßenführungen. Die Risikoanalyse zwingt dazu, die impliziten Annahmen bei der Abschätzung der Wahrscheinlichkeiten offenzulegen. Auch wenn die Eintrittswahrscheinlichkeiten und Größenordnungen ungenau sein sollten, so wird wenigstens bekannt, welche Ungenauigkeiten in die Entscheidungen eingegangen sind.

Risikoanalysen als Argument für Unternehmen

Die amerikanischen Teilnehmer sind der Meinung, daß quantitative Risikoanalysen in der Industrie nützlich sein können, um sich über Unsicherheiten ein klares Bild zu verschaffen und um ein Unternehmen zu befähigen, sich auf wichtige Fragen zu konzentrieren. Risikoanalysen können auch dabei helfen, Schwachstellen im Konzept von technischen Anlagen aufzuspüren. Die quantitative Risikoanalyse wird darüber hinaus als ein Instrument angesehen, das geeignet ist, der Erkenntnis Geltung zu verschaffen, daß Risiken nicht ganz vermieden werden können, auch wenn man noch besser lernt, mit der Technik umzugehen. Auch eignet sie sich dazu, sich gegen übertriebene Auflagen der Kontrollbehörden zu wehren, die häufig das gerade noch technisch Mögliche gefordert haben, ohne vorher festzustellen, ob tatsächlich ein signifikantes Risiko vorhanden ist. Die deutschen Industrievertreter haben eher die Sorge, daß quantitative Risikoanalysen den gegenteiligen Effekt haben. Sie befürchten, daß die öffentliche Diskussion kleiner Risiken den Widerstand in der Öffentlichkeit gegen manche Techniken weiter erhöht.

Einsatz von Risikoanalysen je nach Situation

Nach Lindackers sind Risikoanalysen für solche technischen Systeme oder Teilsysteme zu ihrer sicherheitstechnischen Bewertung hilfreich, für die eine ausreichend solide Datenbasis gegeben ist; dies ist in aller Regel nur für Systeme und Teilsysteme der Fall, die in großer Stückzahl produziert werden. Ein Anwendungsfeld der Risikoanalyse ist auch dort gegeben, wo das Risikoverhältnis zwischen zwei verschiedenen Technologien ermittelt wird, die beide gleichartige technische Bauelemente verwenden. In diesem Falle kann man davon ausgehen, daß die Unsicherheiten im Dividenden und Divisor von gleicher Art und Größe sind und deshalb das Verhältnis hinreichend zuverlässig ist. Auch für völlig neuartige Technologien mit neuartigen technischen Elementen stellt eine Risikoanalyse bei aller Unsicherheit, die man ins Kalkül ziehen muß, einen hilfreichen Bewertungsaspekt dar. Man muß sich deswegen, wie Rowe ausführt, nach den Bedingungen im jeweiligen Einzelfall richten, der günstige oder ungünstige Voraussetzungen für den Einsatz der quantitativen Risikoanalyse bieten kann.

Risikoanalysen zur Überprüfung von Sicherheitsbeiwerten

Die Diskussion über die Verbindung von Erfahrung und analytischen Methoden wurde wieder aufgenommen. Auch wenn sich Versagenswahrscheinlichkeiten nur in seltenen Fällen genau bestimmen lassen, so ist die Methode der quantitativen Risikoanalyse im Bauwesen dazu geeignet, das, was sich in der Erfahrung als Sicherheitsfestlegung bewährt hat, zu überprüfen. Von diesen Werten ausgehend kann man dann vorsichtig in bauliches Neuland vorstoßen.

Teil II

Handhabung von industriellen Risiken in Politik und Gesellschaft

Einführung in Teil II

J. Menkes

Risikobehaftete Maßnahmen werden von der Öffentlichkeit eher als tragbar angesehen, wenn sie auf glaubwürdigen wissenschaftlichen und technischen Informationen beruhen und durch solide Kosten/Nutzen-Analysen und Folgenabschätzungen abgesichert sind.

Im Teil I dieser Sammlung von Beiträgen zum Symposium geht es hauptsächlich um die Risikobestimmung. Dazu müssen Art und Ausmaß technischer Risiken auf der Grundlage von Daten aus der wissenschaftlichen und technischen Forschung abgeschätzt werden. Den so gewonnenen Daten haftet gewöhnlich eine erhebliche Unsicherheit an, die vor der Interpretation den Einsatz menschlichen Urteilsvermögens erfordert. Mit diesem letzten Aspekt der Risikoabschätzung befaßt sich Teil II dieses Kompendiums.

In der Konzeptionalisierung, die dem Risikoanalyseprozeß zugrunde liegt, sind die wahrgenommenen Risikoabschätzungen (ob „genau" oder nicht) nicht allein für die Entscheidung des einzelnen über ihre Annehmbarkeit oder für seine Präferenzen für bestimmte Managemententscheidungen verantwortlich. Vielmehr ist anzunehmen, daß Urteile über Risiken in einem größeren Zusammenhang gefällt werden, der auch andere, vermutlich mit der betreffenden Technik zusammenhängende Kosten und Nutzeffekte einschließt. Risikoüberlegungen in diesem breiteren Rahmen könnte man als persönliche, intuitive Kosten/Nutzen-Analysen oder ganz allgemein als den Prozeß bezeichnen, in dem der einzelne Risikoschätzungen interpretiert und für seine persönlichen Zwecke bewertet. Diese Prozesse, in denen der einzelne seine Bewertung vornimmt, liegen ebenso wie die darauf aufbauenden Handlungsentscheidungen den in Teil II beschriebenen Untersuchungen zugrunde.

Unter anderem tragen diese Arbeiten auch dazu bei, die speziellen Dinge zu beleuchten, die der einzelne zu seiner Risikointerpretation heranzieht, die relative Bedeutung zu erkennen, die psychologischen und sozialen Faktoren zukommt, soweit sie Entscheidungen über die Akzeptabilität eines Risikos und Präferenzen für einzelne Risikohandhabungsentscheidungen beeinflussen, und die Gründe oder mitwirkenden Faktoren festzustellen, die zu Unterschieden in der Beurteilung von Akzeptabilität und geeigneter Beherrschung von Risiken führen. Der Grad an Konkurrenz zwischen individuellen Wahrnehmungen und den durch die wissenschaftliche Forschung aufgezeigten Risiko- und Unsicherheitsniveaus ist deshalb wichtig, weil Unterschiede zwischen den beiden Arten der Abschätzung etwas Licht auf die Ursachen gesellschaftlicher Meinungsverschiedenheiten und Konflikte in der Frage der Akzeptant und der geeigneten Maßnahmen warfen und gleichzeitig unsere Kenntnisse über die Rolle der wissenschaftlichen Unterrichtung bei Entscheidungen über Risiken verbessern können.

Die Prämisse, daß die Risikoakzeptanz letztlich von den kognitiven Prozessen nicht zu trennen ist, die das geistige Bild vom Risiko oder *vermeintlichen Risiko* prägen, ist für das Risikomanagement von erheblicher Bedeutung. Bei der Rolle, die das Urteil des einzelnen über Risiken und Nutzen bei der Festlegung der gesellschaftlichen Akzeptanz bestimmter Techniken spielt, scheint es unerläßlich zu sein, den komplexen Entscheidungsprozeß zu untersuchen, den der einzelne angesichts einer mutmaßlichen Gefahr vollzieht. Immer mehr Beweise sprechen dafür, daß *quantitative* Risikoangaben bei dieser Abwägung nur eine untergeordnete Rolle spielen.

Weil Entscheidungen über die Akzeptanz und die Handhabung von Risiken letztlich gesellschaftliche Fragen sind, umfaßt der Rahmen der Risikoanalyse auch Möglichkeiten, die Präferenzen und Handlungen des einzelnen in die öffentliche Politik mit einzubeziehen. Reale ebenso wie potentielle Entscheidungsmethoden zur Formulierung einer öffentlichen Politik im Hinblick auf das technische Risiko sind folglich von zentraler Bedeutung. Von ähnlichem Gewicht sind institutionelle und organisatorische Faktoren und ihre Einflüsse auf die Herausbildung einer solchen Politik. Das gilt im übrigen auch für Überlegungen zur Billigkeit, für distributive und andere normative Überlegungen.

Wie die Risiken im Zusammenhang mit bestimmten Techniken zu handhaben sind, ist zwischen „Experten" und der Öffentlichkeit oft umstritten. Diese Auseinandersetzungen drehen sich um die Kosten einer Risikominderung und darum, wie diese Kosten zu messen sind. Die Gesellschaft wird diese Konflikte schließlich in ihrem politischen System zu lösen haben. Es zeigt sich also, daß die in Teil I behandelte Ermittlung des Risikos nur der erste Schritt in einem schwierigen Entscheidungsprozeß ist.

Vertrauenskrise und schwindende Kompromißfähigkeit in der modernen Gesellschaft

Kommunikationsrisiken der Großtechnologien

H. Chr. Röglin

1 Einleitung

Naturwissenschaftler, Ingenieure und Techniker unterscheiden mit feiner Ironie zwischen den exakten Wissenschaften und den wortreichen. Ich stehe hier für die letzteren. Die Sozialwissenschaften müssen sich ja anlasten lassen, daß sie schon durch ihre Sprache einen Teil der Probleme, die sie zu lösen vorgeben, erst selbst erzeugen, und wir sind diejenigen gewesen, die diesen unseligen Typus des Soziologiestudenten in die Welt entlassen haben, der durchdrungen vom kritischen Bewußtsein alles bestreitet, außer seinem eigenen Lebensunterhalt. Deshalb schulde ich Ihnen einen Hinweis, mit welcher Kompetenz ich hier eigentlich über Kommunikationsfragen als Voraussetzung für Industriekultur, über den Grundkonflikt zwischen Industrie und Politik spreche.

Wir haben uns sowohl an meinem Lehrstuhl wie auch in unserem Institut empirisch mit dem Mensch/Maschine-Verhältnis befaßt, und zwar in seinen zwei Dimensionen: Einmal dem unmittelbaren Verhältnis des Menschen zu seiner Maschine, die er bedient, also das Interaktionsverhältnis Bedienungspersonal zur Anlage, und zweitens: der Dimension des Kommunikationsverhältnisses der großtechnologischen Anlage zur Öffentlichkeit. Wir beschäftigen uns also mit der Frage, wie der Mensch mit der von ihm selbst geschaffenen Technik eigentlich fertig wird, und insbesondere also mit den Großtechnologien, die in den angelsächsischen Sprachen ja viel präziser bezeichnet werden als die sogenannten „intrusive technologies", die Technologien die den Menschen bedrängen, die in sein Leben eindringen, die sein Leben beeinflussen.

2 Die Vertrauenskrise der Industriegesellschaft

Dieses Kommunikationsverhältnis ist nicht ganz ohne Bedeutung für das erstgenannte Interaktionsverhältnis. Die Störung des Kommunikationsverhältnisses, d. h. die Einstellung der irritierten Öffentlichkeit zur Großtechnologie, beeinflußt über politische Reflexe, Auflagen, Genehmigungsverfahren das unmittelbare Verhältnis des Bedienungspersonals zur Anlage in einem außerordentlichen Ausmaße negativ. Dieses Kommunikationsverhältnis Großtechnologien zur Öffentlichkeit ist zutiefst gestört. Es befindet sich in einer Vetrauenskrise. Und für alle Kommunikationsfragen ist diese Vertrauenskrise von ungewöhnlicher Bedeutung.

Unsere Gesellschaft, beschrieben in sozialpsychologischen Kategorien, ist durch ein allgemeines Mißtrauen gekennzeichnet. Es scheint, daß der Industriestaat permanent seine eigene Vertrauenskrise produziert. Das hängt mit seiner politischen Zielsetzung zusammen, soziale Sicherheit und allgemeinen Wohlstand garantieren zu wollen, was nur durch den Einsatz hocheffizienter Großtechnologien möglich ist. Diese Großtechnologien sind ihrerseits aber notwendigerweise äußerst spezialisiert und komplex, mithin von einem Abstraktionsgrad, der sich jedem Verstehen und damit Verständnis des Nichtfachmanns, des Bürgers mithin, verschließt. Der Mensch versteht die sich zunehmend technisierende Welt, von der er doch zunehmend abhängig ist, nicht mehr. Sie wird ihm fremd und unheimlich. Er traut ihr nicht, weil er sie nicht begreift, also auch nicht kontrollieren kann. Der Industriebürger geht insoweit auf Distanz zur Industrie.

Die politische Zielsetzung bleibt ungeachtet dessen aufrechterhalten, wird aber verbunden mit Vorstellungen von „Lebensqualität“, von „grün“, „gesund“, vor allem „natürlich“. Der Mensch will zurück zur Natur, aber im Rolls-Royce. Wir haben es mit einer Gesellschaft zu tun, die „Ja“ sagt zum Produkt und die „Nein“ sagt zur Produktion. Solange dieser Wiederspruch im öffentlichen Bewußtsein nicht reflektiert wird und in das Selbstverständnis des einzelnen eingeht, wird es kein Maß geben für notwendiges Wachstum und ebenso notwendige Verzichte. Es bleibt dann nur eine zutiefst verunsicherte, sehr sensible Öffentlichkeit, die sich gegen Großtechnologie mit Forderungen nach absoluter Sicherheit und Risikolosigkeit zu wehren versucht.

3 Die Orientierungslosikeit der Öffentlichkeit

Aber nicht nur der hohe Abstraktionsgrad moderner Großtechnologien verunsichert und entfremdet. Auch der nach dem Zweiten Weltkrieg immer bewußter werdende Verfall tradierter Wertordnungen, den Menschen stabilisierender Orientierungssysteme, hat zur generellen Vertrauenskrise beigetragen. Empirisch belegt dies eine Reihe von Untersuchungen verschiedener Institute zum „Angst-Neid-Syndrom“. Angst und Neid sind in den letzten Jahren zunehmend Verhaltensmotive für Menschen unserer Gesellschaft geworden.

Die Angst wurde als diffus und objektlos erkannt und beschrieben. Sie ist, als Folge einer allgemeinen psychischen und intellektuellen Unsicherheit, vagabundierend. Sie sucht sich ihr Objekt, um sich zu entlasten, und „wählt“ dann vornehmlich Großtechnologien, die Alvin M. Weinberg mit gutem Grund „intrusive technologies“ zu bezeichnen vorschlug.

Auch der Neid ist eine Konsequenz wachsender Orientierungslosigkeit. Der Mensch, der sich nicht mehr selbst in eine vorgegebene, tradierte Wert- und Weltordnung eingliedern und einordnen kann, fällt gleichsam auf sich selbst zurück. Um seine gesellschaftliche Position zu bestimmen, bleibt ihm nur der Vergleich mit den anderen, die ihrerseits ihre Position ebenso bestimmen müssen. So entwickelt sich die Psychologie einer Gesellschaft, in der es einem Menschen nicht gutgeht, wenn es ihm gutgeht, sondern schlecht, wenn es einem anderen besser geht.

4 Die Information als Verunsicherung

Die als sozialpsychologischer Befund ausgemachte Vertrauenskrise ist häufig als Informationsdefizit gedeutet worden. Diese Fehldeutung beruht auf der dem

Rationalen verbundenen Annahme, der Mensch sei unbeschränkt fähig, Informationen zu verarbeiten, und werde außerdem, wenn er sie verarbeitet hat, verstehen und akzeptieren. Hier wird versucht, die Akzeptanzfrage zu beantworten, ohne die Frage nach der Akzeptabilität überhaupt gestellt zu haben.

Die Verkennung dieses Sachverhalts hatte zur Folge, daß gerade das Bemühen um immer mehr Information dazu führte, daß der Mensch immer weniger verstand. Der Bürger erhielt mehr Informationen, als er sinnvoll in sein Leben einzuordnen vermochte. Daß jedoch Überinformation kognitiven Streß erzeugt, ist bekannt; und in einem Akt geistiger Gesunderhaltung hat sich dann der Bürger auf seine bewährten Vorurteile zurückgezogen. Jetzt bildet er sich seine Meinung nicht mehr aufgrund einer Information, sondern seine Meinung, die er schon hat, entscheidet darüber, was als Information zu werten ist: Nur das ist Information, was seine Meinung bestätigt. Abweichende Informationen sind interessenverdächtige Manipulationen oder werden verdrängt. So verläßt aber die Sachinformation, das eigentliche Argument, die Szene der öffentlichen Auseinandersetzungen und wird quantitativ: Die Massenhaftigkeit einer Aussage ist ihre entscheidende Qualität und wesentliches Motiv eines Menschen, etwas zu meinen, wird seine Meinung, die anderen meinten es auch. Wieder sind wir um eine Orientierungsmöglichkeit ärmer.

5 Die Identitätskrise des Menschen

Der Zerfall tradierter Ordnungen als stabilisierende Systeme, die rasante Entwicklung der Großtechnologien zu hohem Abstraktionsgrad und die Überinformation mit kognitivem Streß haben zur Identitätskrise unserer modernen Industriegesellschaft geführt. Die Welt – organisiert wie sie ist – ist für den Menschen nicht mehr auf das hin anzusprechen, was sie ist, im aristotelischen Sinne nicht mehr identifizierbar. Dadurch aber vermag der Mensch sich und seine Rolle, die er in ihr spielt, ebenfalls nicht mehr zu definieren. Er versteht weder die Welt, noch sich selbst, noch die Sinnbezüge zwischen beiden. Der Bürger ist außerstande, seine Identität zu leben und zu erleben.

Mit einem solchen Identitätsverlust verliert der Mensch aber auch die Ratio des gesamten Bezugssystems, in dem er lebt, aus dem Blick, was für ein auf Rationalität ausgelegtes politisches System verheerende Folgen haben kann. Eine Verständigung, ein Grundkonsens, ist in einer als prinzipiell unverstehbar empfundenen Welt nur bedingt möglich. Spätestens hier begreifen wir die tieferen Gründe für die Kommunikationsstörungen, die unsere Großtechnologien begleiten, erkennen wir, weshalb das rationale Argument so wenig bedeutet und zunehmend durch den bloßen Druck des wie auch immer gearteten Massenhaften ersetzt wird. Der Macht der Masse verschreibt man sich aus Ohnmacht – oder der Gewalt, wie das große Identitätsdrama der Bibel lehrt: „Kain erschlug seinen Bruder Abel“ und erhielt in seinem Kains-Mal zumindest die Sicherheit der Identität.

Das Institut für angewandte Sozialpsychologie in Düsseldorf hat die hier in Rede stehende Identitätskrise nach empirisch erhobenen Daten in seinem Basismodell in den Parametern der Projektion und Identifikation dargestellt. Dieses semantische Modell, das sowohl Ergebnisse quantitativer wie qualitativer Erhebungen verarbei-

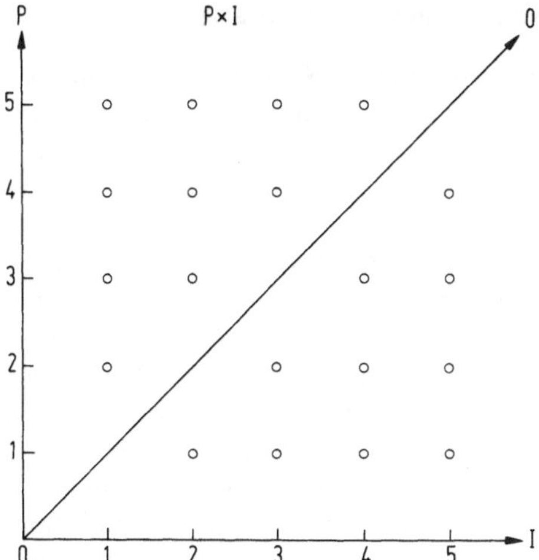

P = Projektion, I = Identifikation; Erläuterung im Text

tet, beruht auf einem Fundamentalsatz der modernen Kommunikationspsychologie, nach dem der Mensch – einzeln und in der Gruppe – nur dann ein Angebot akzeptiert, wenn dieses Angebot zwei Grundvoraussetzungen erfüllt: Erstens, es muß ihm vertrauenswürdig erscheinen, und zweitens, er muß davon ausgehen können, daß es seine Probleme zu lösen in der Lage ist.

Dieses Modell denkt in den Dimensionen der Zustimmung und der Ablehnung – bezogen auf einen Meinungsgegenstand, sei es ein Produkt, eine Person, eine politische oder wirtschaftliche Idee, eine Branche oder ein Unternehmen.

Für die Parameter „Vertrauenswürdigkeit" und „Problemlösungskompetenz" werden die Fachtermini „Identifikation" und „Projektion" verwendet; eine Skala von 1 bis 5 drückt die unterschiedliche Höhe der Intensität von Zustimmung und Ablehnung auf der Achse der Identifikation bzw. der Projektion aus; beide Achsen stehen im Modell rechtwinklig zueinander. In dieses Akzeptanzmodell werden die Daten aus den Erhebungen semantisch positioniert; d. h., den Achsen der Projektion bzw. der Identifikation werden die Antwortergebnisse psychologisch zugeordnet, und zwar nach dem Verfahren der sozialwissenschaftlichen Matrizenrechnung.

Die Untersuchungsergebnisse des Instituts für angewandte Sozialpsychologie zum Mensch/Maschine-Verhältnis, erhoben in explorativen Intensiv-Interviews, die über semantische Differentiale, bezogen auf „Projektivität" und „Identifikativität", ausgewertet wurden, zeigen eine sich rapide vergrößernde Distanz zwischen – um im Begriff zu bleiben – „Mensch" und „Maschine". Die erhobenen Daten, eingespeist in das Basismodell, verweisen die Großtechnologien, d. h. Kernkraftwerke, chemische Großanlagen usw. in den hochprojektiven Raum, während die Welt des Privaten, d. h. Familie, Nachbarschaft, Gemeinde usw. im hochidentifikativen Bereich positioniert war. Der Mensch erlebt sich in einer „menschlichen" Welt, der er vertraut, die ihm aber seine Probleme nicht löst, und sieht sich konfrontiert mit einer „technischen" Welt, die ihm seine Probleme zu lösen vermag, der er aber nicht vertraut.

6 Der Einfluß der Identitätskrise auf die Sicherheitsproblematik

Die Distanz dieser beiden Erfahrungswelten ist nun für die Sicherheitsproblematik der Großtechnologien von außerordentlicher Bedeutung, denn die in jeder Erfahrungswelt spezifisch erlebte Ohnmacht führt zu ebenso spezifischen Reaktionen, denen gemeinsam nur das eine Ziel ist: Sicherheit um jeden Preis und in jedem Bereich.

Das bedeutet jedoch, daß einerseits die Großtechnologien verstärkt in Anspruch genommen werden müssen, um den materiellen Aspekten des Sicherheitsverlangens genügen zu können, andererseits aber die Großtechnologien sich Sicherheitsanforderungen gegenübersehen, die zwar dem psychologischen Bedürfnis genügen, denen sie selbst hingegen technisch nicht genügen können.

Eine verunsicherte, in den Irritationen ihrer Widersprüche gefangene Öffentlichkeit und die dies spiegelnde veröffentlichte Meinung der Publizistik sind in hohem Maße sensibilisiert gegenüber den technisch-industriellen Komplexen. Wenn man Großtechnologie nicht versteht und daher auch nicht kontrollieren kann, wird absolute Sicherheit zur „vernünftigen Minimalforderung". Bei einer probabilistischen Risikobetrachtung z. B. wird das Interesse der Öffentlichkeit nicht durch etwa ermittelte 99,9%ige Sicherheit bestimmt, sondern durch das verbleibende zehntel Prozent Risiko.

Unstreitig ist die Probabilistik die angemessene Form der Risikobeschreibung – unter Naturwissenschaftlern. In der Kommunikation mit der Öffentlichkeit allerdings denaturiert Probabilistik zu einer Fremdsprache, unter der man allerlei verstehen, aber nichts mehr begreifen kann. Welche intellektuellen Verwüstungen der probabilistische Risikobegriff anrichten kann, zeigt die Entwicklung der Auseinandersetzungen um die Kernenergie. Kernenergiebefürworter lassen die Eintrittswahrscheinlichkeit eines Unfalls nach null tendieren, Gegner hingegen die Schadenshöhe nach unendlich. Das Kernenergierisiko dürfte mithin so beschrieben werden: $R = 0 \times \infty$?!

Unter dem Druck des nicht mehr differenzierenden und abwägenden Sicherheitsverlangens, das sozialpsychologisch erklärbar, aber technisch nicht zu befriedigen ist, werden den Großtechnologien nun stets sich verschärfende Sicherheitsauflagen verordnet – politischer Reflex antizipierten Wählerverhaltens –, die teilweise neue Risiken mit sich bringen und die Unsicherheit erhöhen. Sie sind eher in Richtung Beruhigung der Öffentlichkeit gedacht.

7 Der verfehlte Denkansatz zur Sicherheitsproblematik

Bemerkenswerterweise bewegen oder bewegten sich diese Auflagen und die ihnen zugrundegelegten Überlegungen um folgenden Denkansatz: Da der Mensch eine Fehlkonstruktion sei, solle er zumindest aus den sensiblen Großtechnologien herausgezogen und durch perfekte Technik, z. B. Automatik, ersetzt werden. Dieser Denkansatz, zu Ende gedacht, programmiert die Katastrophe, die er doch ausschließen soll und das aus nachstehenden Gründen.

Angenommen der Mensch sei eine Fehlkonstruktion, dann werden auch alle seine Konstruktionen, inklusive der Automatik, der Möglichkeit nach Fehlkonstruktionen sein und irgendwann irgendwie versagen. Gerade deshalb muß aber der Mensch innerhalb der Steuerung der Großtechnologie verbleiben, weil es sonst niemanden mehr gibt, der mit dem immer möglichen Versagen unserer Technik fertig wird.

Da in allen Großtechnologien die systeminhärente Sicherheit eines Systems absolut unverzichtbar ist, kann die entscheidende Frage nur sein, in welchem Verhältnis bei einem optimalen System Eingriffe von Hand des Menschen vorgesehen oder ausgeschlossen werden. Die kommunikative Wechselwirkung des gesamten Mensch/Maschine-Verhältnisses ist zu optimieren; denn kein Faktor, weder Mensch noch Maschine – hier Automatik – ist voll zu substituieren.

Das optimale Verhältnis ist von System zu System verschieden, Leitwarten von Kernkraftwerken müssen anderen Anforderungen genügen als etwa Meßwarten in chemischen Anlagen, jedes System aber muß zweierlei ins Kalkül ziehen: Das Unvorhergesehene und das Unvorhersehbare. Für den im System verbliebenen Menschen bedeutet dies jedoch nur eines: Er muß vorbereitet sein, auch der Überraschung, dem Schock standzuhalten.

Der verfehlte Denkansatz einer perfekten Technik, der eine Katastrophe eben keineswegs ausschließt, tabuisiert sie jedoch. Da diese Art von Sicherheitsphilosophie Technik nur dann zulassen will, wenn sicher ist, daß eine Katastrophe nicht stattfinden kann, darf sie gewissermaßen über einen möglichen Katastrophenfall gar nicht nachdenken, will sie nicht mit sich selbst in einen Widerspruch geraten. Ereignet sich nun die Katastrophe und die Möglichkeit besteht ja – sind alle unvorbereitet. Sicherheitsdenken sollte deshalb nicht vor der Katastrophe haltmachen, sondern eher mit ihr beginnen.

8 Die Perzeption des Katastrophenrisikos

Der Einwand, eine öffentliche Beschäftigung mit dem Katastrophenschutz oder Alarmübungen und Probeevakuierungen würden die Öffentlichkeit stark beunruhigen und zu Akzeptanzproblemen führen, ist weder angemessen noch zutreffend: denn erstens rangiert Sicherheit vor Akzeptanz, schon weil sich sonst im Falle erwiesener Unsicherheit die Akzeptanzfrage einer Technologie später gar nicht mehr stellen wird, und zweitens sprechen alle Erfahrungen in den USA sowie in der Bundesrepublik Deutschlad dagegen, daß Katastrophenschutzübungen etwa die Risikoakzeptanz überhaupt vermindern.

Wesentlich für die Akzeptanz eines bestimmten Risikos ist die Perzeption dieses Risikos. Je klarer die Vorstellung der Gefährdung, je konkreter für die Betroffenen der Ablauf dessen, was passieren wird, wenn etwas passiert ist, sind, um so bestimmter wird die Bereitschaft sein, mit diesem Risiko zu leben. Wer das perzipierte Risiko nicht akzeptiert, hätte das nicht perzipierte Risiko ohnehin abgelehnt.

Praktische Erfahrungen der jüngsten Vergangenheit haben gelehrt, daß die Akzeptanzbereitschaft der Öffentlichkeit gegenüber Industrieanlagen durch aperiodische Übungen für Störfälle, über die sie ausführlich informiert worden ist, erheblich erhöht wird, was auch für neue Formen von Katastrophenschutzübungen gelten könnte. Beispiel für eine derartige Übung mit einer Entstehungs-, Bekämpfungs- und Normalisierungsphase ist die hessisch-rheinlandpfälzischen Stabsrahmenübung im Standort des Kernkraftwerks Biblis vom 26. April 1980. Auch die aperiodischen Smog-Alarmübungen in Teilen des Ruhrgebiets haben dazu beigetragen, die Einstellung der Bevölkerung gegenüber Industrieanlagen zu stabilisieren, da sie die Überzeugung vermittelten, man sei für den Ernstfall gerüstet.

9 Die Lernfähigkeit des Mensch/Maschine-Verhältnisses

Das bis heute nicht bewältigte Verhältnis des Menschen zu der von ihm geschaffenen Großtechnologie – seine Identitätskrise eben – begünstigte eine Fehlentwicklung unseres Sicherheitsdenkens. Perfekte Technik sollte – zumindest war das die Absicht – den Menschen ersetzen, ein Konzept also, das auf die Abschaffung des Menschen als ständigen Störfaktor hinauslief. Das hier vorgetragene Konzept besteht hingegen darauf, daß die Lernfähigkeit des interaktiven Mensch/Maschine-Verhältnisses, da den Menschen entscheidende Funktionen innerhalb dieses Systems zugewiesen werden, ein erhebliches Sicherheitspotential darstellt.

Dabei geht es nicht um den Wertansatz: „Der Mensch ist das Maß aller Dinge", oder ein Denken, das „Kultur" gegen „Technik" ausspielt – eher ein Problem spezifisch deutscher Intellektualität –, sondern ganz pragmatisch um das zuverlässigere Funktionieren von Großtechnologie.

Vergegenwärtigen wir uns, daß moderne Großtechnologien, die uns Zeitgenossen eine Krise unseres Selbstverständnisses erleben lassen, schon deshalb mehr sind als nur die bloße Weiterentwicklung herkömmlicher und bekannter Techniken. Um sie zuverlässig handhaben zu können, bedarf es neu auszubildender Fähigkeiten und Tugenden sowohl derer, die sie arbeitstechnisch bedienen, als auch derer, die sie industriepolitisch leiten.

10 Die besonderen Fähigkeiten

Streß, Kommunikation, Gelassenheit

Nun sind die Interaktionen in einem Fluggerät der NASA durchaus verschieden von jenen in einem Kernreaktor in der Bundesrepublik Deutschland. In allen Interaktionsverhältnissen der Großtechnologien aber sind die Anforderungen an den Menschen dieselben, soweit sie

- seine Fähigkeit betreffen, mit Streß fertigzuwerden,
- sich auf seine Kommunikationsfähigkeit beziehen,
- seine Gelassenheit gegenüber sich selbst ansprechen.

Es wird sich herausstellen, daß die neuen Technologien einen psychologischen Typus fordern, der ein völlig entspanntes Verhältnis zu sich und zu seiner Arbeit hat, also beispielsweise keineswegs ein ehrgeiziger, auf den eigenen Erfolg bezogener Wettbewerbstyp sein darf. Die Notwendigkeit einer solchen Spezifikation „Entspanntheit" zeigt sich in den für die Großtechnologien charakteristischen kritischen Situationen. Teils muß der Mensch in Sekundenschnelle automatisch reagieren, also vorprogrammiert und im Auslösemoment spontan präsent sein, teils muß er nachdenkend und analysierend unter hohem Streß zu einer bewußten Entscheidung kommen. Beide Reaktionsformen müssen und können erlernt werden durch Assoziations- und Entscheidungstraining. Intellektuelle Wissensvermittlung nützt nur wenig, wie alle Erfahrungen belegen. In kritischen Situationen, unter hohem Streß, ist der Mensch normalerweise nicht in der Lage, zu aktualisieren, was er nur intellektuell erlernt hat. Auf Situationsvermittlung kommt es an. Deshalb werden Simulatoren für die Ausbildung immer bedeutsamer, und zwar nicht nur als Simulation des technischen Geräts, sondern als Situationssimulatoren, die Unvorhergesehenes ausleben und verarbeiten lehren. Es mag hier angemerkt werden, daß nach amerikanischen Erfahrungen der Streß bei Simulationen höher eingestuft wird als in der vergleichbaren realen Situation.

Die angesprochenen kritischen Situationen der Großtechnologie sind meist so komplex, daß sie von einem einzelnen weder in ihren Zusammenhängen durchschaut, noch handelnd gemeistert werden können. Alles hängt von der Varietät der Fähigkeiten und ihrem Zusammenwirken ab, die von allen Beteiligten, dem Bedienungspersonal, eingebracht wird. Deshalb ist es wichtig, daß jeder seine und des anderen Qualitäten bis ins letzte kennt, sich auf sie verläßt und verlassen kann. Nur das läßt eine Kommunikation untereinander, die der Komplexität der Situation gewachsen ist, entstehen; nicht etwa bloße Disziplin und Formalautorität eines Vorgesetzten, die im entscheidenden Moment nach gemachten Erfahrungen die Kommunikation des Bedienungspersonals unter sich und mit der Maschine eher zusammenbrechen lassen.

Zu den konstituierenden Stereotypen der Leistungsgesellschaft gehört die Vorstellung, daß der Fehler, den ein Mensch macht, etwas Negatives, zu Vermeidendes sei. Wir werden diese Vorstellung partiell revidieren müssen. Die modernen Großtechnologien kennen so komplexe Situationen und Herausforderungen, daß ihnen in dem zur Verfügung stehenden Zeitraum „richtig“ zu begegnen, schlechthin unmöglich ist. Den Ärzten großer Operationsteams sagt man hier nichts Neues. Man macht zwangsläufig einen Fehler, der aber positiv zu bewerten ist, weil er eine Wiederholung – unter der Voraussetzung seiner Auswertung und Verarbeitung – künftig ausschließt, weil er durch Realisierung einer Fehlermöglichkeit diesen ausgeschaltet und damit die Komplexität der Aufgabenstellung reduziert hat.

Deshalb ist es nach den Untersuchungen des Instituts für angewandte Sozialpsychologie für die Sicherheitsproblematik von Großtechnologien von erheblichem Einfluß, wie Fehler des Personals behandelt werden. Wo nach „Sündenböcken“ gesucht wird, etwaigen Aufsichtsbehörden „Schuldige“ gemeldet werden müssen, wird die Fehlerauswertung und -verarbeitung erschwert, die Lernfähigkeit des Mensch/Maschine-Systems beeinträchtigt.

Neben der Fähigkeit, Streß zu verarbeiten, und der Kommunikationsfähigkeit ist Gelassenheit der eigenen Person und Position gegenüber unabdingbar. Bedeutet auch der durch Systemkomplexität verursachte und unvermeidbare – wie dargestellt – Fehler eine auf die Zukunft ausgerichtete Verbesserung der Sicherheitslage – sogar dann, wenn etwas passiert ist – muß doch ein Fehler durch mangelndes Denk- oder Reaktionsvermögen nach Möglichkeit ausgeschlossen werden. Das ist nur durch Prüfungen im Simulator und durch Eignungstests zu erreichen, die ihrerseits auf unbedingte Kooperation der infragekommenden Personen angewiesen sind. Wer in der Großtechnologie denkbarerweise mit kritischen Situationen konfrontiert wird, in denen alles von seiner Reaktion abhängt, der muß von sich aus wollen, daß rechtzeitig herausgefunden wird, ob er geeignet ist oder nicht.

Und will er dies nicht, muß er schon deshalb seinen Posten verlassen. Ein ehrgeiziger, von sich selbst überzeugter Flugkapitän darf z. B. nicht erst während des Absturzes mit 200 Passagieren hinter sich herausfinden, daß er nicht mehr befähigt war, mit einer kritischen Situation fertigzuwerden. Diese Wille, nur unter der Bedingung der vollen eigenen Kompetenz zu arbeiten, oder aber von sich aus ausscheiden zu wollen, gehört zu den geforderten Tugenden. Wo dieser Wille fehlt, ist das Sicherheitsrisiko beträchtlich.

So ist Gelassenheit, ein entspanntes Verhältnis zu sich selbst, eine der entscheidenden Voraussetzungen für den Einsatz in sensiblen Großtechnologien.

Daß dem eine Arbeitsorganisation entsprechen muß, die gerade den insoweit Einsichtigen und insofern besonders Befähigten nicht ins berufliche und soziale Abseits stellt, versteht sich von selbst.

11 Die Katastrophe als zentrale Denkfigur

Diese Skizze der Sozialpsychologie zur Sicherheitsproblematik hat versucht, mit wenigen Strichen die Kommunikationsrisiken der modernen Industriegesellschaft zu umreißen. Eine zutiefst verunsicherte Öffentlichkeit tendiert zu einem Sicherheitsbegriff, dem keine Technik zu genügen imstande ist. So entwickelt sich als politischer Reflex ein Sicherheitsdenken, das einer durchaus möglichen Sicherheitstechnik seinerseits nicht genügt.

Das gestörte Kommunikationsverhältnis zur Öffentlichkeit wirkt in das unmittelbare Interaktionsverhältnis Mensch/Maschine hinein, und eine irritierte Bevölkerung sieht sich bestätigt in der Annahme, „Die da oben" täten nicht alles für die Sicherheit. Die Tendenz in Richtung „Absolute Sicherheit" verstärkt sich.

Hier dreht sich ein Widerspruch in sich. Dies zu stoppen, kann nur gelingen, wenn wir die Möglichkeit einer Katastrophe nicht tabuisieren, sondern sie zur zentralen Denkfigur unserer Sicherheitsphilosophie machen. Das Denken von der Katastrophe her motiviert neue Fähigkeiten und Tugenden derjenigen, die unsere Großtechnologien im weitesten Sinne des Wortes bedienen und zwingt die Öffentlichkeit, realistisch die Logik der Industriegesellschaft und ihre öffentliche Akzeptanz zu reflektieren.

Die Kompromißfähigkeit der Gesellschaft und Entscheidungen über technische Risiken

V. Ronge

„Das Land gerät in eine Stimmung, in der der Kompromiß immer fragwürdiger zu werden scheint." (P. Glotz, Die Beweglichkeit des Tankers, München 1982, S. 66f.)

1 Das Problem

Technische und technologische Risiken bilden inzwischen wohl etablierte Themen in der öffentlichen Debatte[1]*. Großtechnische Anlagen und technologische Projekte, ganze Technikdisziplinen usw. werden in der Öffentlichkeit zunehmend kritisch diskutiert; die Installation solcher Anlagen erfordert immer mehr Aufwand, und sie provoziert andererseits immer heftigere oppositionelle Reaktionen.

Nach jahrzehnte-, wenn nicht jahrhundertelanger positiver Wertschätzung von technischen Innovationen, Plänen und Projekten jeglicher Art erwächst hier offensichtlich ein neues soziales Phänomen. Die primären sozialen Akteure – Politiker wie Unternehmer – wurden von dieser Entwicklung in hohem Maße überrascht; ihre Handlungsstrategien geraten zunehmend unter Druck und erfahren Widerstand. Hinsichtlich der Zukunftsentwicklung von Technik und Technologie hat sich allem Anschein nach eine neuartige Balance zwischen „aktiven" und „passiven" sozialen Institutionen und Gruppen herausgebildet.

2 „Risiko" und „Akzeptanz" in der Wissenschaft

Dieses neuartige Phänomen bedarf der Erklärung. Als soziales Phänomen ruft es nach einer soziologischen Erklärung. Unabhängig davon zwar, jedoch zur gleichen Zeit suchen die überraschten und verunsicherten sozialen Aktivinstanzen nach wissenschaftlicher Beratung für ihren prekären zukünftigen Handlungsstrategien. Letzteres bildet einen zentralen Antrieb für die sog. Risikoforschung[2], die sich übrigens in Reaktion auf die geschilderte Entwicklung zunehmend eher soziologischen Interpretationen und Erklärungen für technische Risiken und deren Akzeptanz zuwendet (vgl. Ronge, 1982, S. 115f.).

In der Wissenschaft gibt es bereits eine Vielzahl von Erklärungen für das gesteigerte Interesse der Gesellschaft an technischen und technologischen Risiken. Eine dieser Erklärungen scheint besonders verbreitet zu sein: Das neuartige kritische Interesse von großen Teilen der Öffentlichkeit an Risiken sowie das wachsende Mißtrauen, wenn nicht der wachsende Widerstand gegenüber Technologie überhaupt wird nach diesem Ansatz aus einem generelleren, übergeordneten Wertwandel heraus erklärt. Dieser ist in zahlreichen empirischen Untersuchungen aufgegriffen worden. Das Institut für Demoskopie, Allensbach, unter

---

* Die „Anmerkungen" befinden sich am Ende dieses Beitrages, vor der Literatur.

der Leitung von Frau Prof. Noelle-Neumann beispielsweise hat kürzlich eruiert, daß innerhalb der letzten 15 Jahre in der Bundesrepublik Deutschland der Anteil derjenigen, die Technologie als einen Segen für die Menschheit betrachten, dramatisch von 72% auf 30% gefallen ist. Diejenigen, die Technologie als einen Fluch betrachten, machen heute 13% aus, verglichen mit nur 3% in der 15 Jahre zurückliegenden Umfrage. Ambivalenz in dieser Frage zeigt heute mehr als die Hälfte (53%) der repräsentativen Stichprobe, während in der früheren Umfrage nur 17% diese Haltung einnahmen (vgl. Frankfurter Rundschau, 6. 3. 1982, S. 1; siehe auch die jüngsten Infratest-Daten bei Merbold 1981).

Es geht mir gar nicht darum, diese – oder andere in die gleiche Richtung weisende – empirische Ergebnisse zu diskutieren. Ich betrachte sie zunächst als bloße Deskription. Man mag Werte hinsichtlich der Technik, Vertrauen oder Mißtrauen in diese, „erklären", indem man sie in den größeren evolutionären Wandel von Werten einbettet, bzw. die Technik zu einem der vom Wertwandel betroffenen Bereiche erklärt. Fraglich bleibt dabei, was eigentlich den Wertwandel selbst erklärt. Aus dem schwachen analytischen Fundament derartiger Interpretationen folgt zwangsläufig ihr vager und problematischer Charakter. So nimmt es nicht Wunder, daß anderen Untersuchungen zufolge von einer generellen Animosität – insbesondere der Jugend – gegenüber der Technik keineswegs gesprochen werden kann. Beispielsweise nimmt die Zahl derjenigen Jugendlichen in der Bundesrepublik, die sich für technische Fächer an der Universität einschreiben wollen, derzeit dermaßen zu[3], daß die Regierung sich gezwungen sieht, vor dem Studium technischer Fächer mit dem Argument der Gefahr zukünftiger Arbeitslosigkeit zu warnen (vgl. Süddeutsche Zeitung, 2. 6. 82, S. 4). Was auch immer Umfragen ergeben mögen, weder generelle Abneigung, noch Widerstand gegenüber der Technik scheint das Problem zu sein. Vielmehr sind Differenzierungen gefordert: beispielsweise zwischen Wissenschaft und Technik, oder zwischen dem Widerstand gegen Technik überhaupt und demjenigen gegenüber der spezifischen Art und Weise, in der sie gesellschaftlich eingesetzt und genutzt wird (vgl. Bergler, 1981; Ronge, 1981).

Darüber hinaus bedarf es zur angemessenen Analyse von Phänomenen der erwähnten Art erst einmal einer adäquaten Konzeptualisierung der modernen Gesellschaft, d.h. insbesondere eines Konzepts, das nicht die Individuen für die determinierenden Kräfte der Gesellschaft hält[3a]. Selbstverständlich beruhen alle gesellschaftlichen Prozesse auf individuellen Handlungen und individuellem Verhalten; die gesellschaftliche Evolution allerdings wird zuallererst durch *Organisationen* und *Systeme* bestimmt, welche die Individuen über Sozialisation, vorbestimmte Positionen und deren Rollenkorrelate einbeziehen.

3 Soziale Systeme und ihre Entwicklung

Der bekannte Physiker Edward Teller, der „Vater der Atombombe", äußerte vor einigen Monaten in einem Interview: „Heutzutage ist der Reaktor praktisch sicher für das Volk, aber das Volk ist nicht sicher für den Reaktor" (Wirtschaftswoche, 2. 10. 81, S. 84). An den zweiten Teil dieses Satzes, den ich für in analytischer Hinsicht verfehlt, aber oberflächlich für indikativ halte, möchte ich anknüpfen.

Als Soziologe werde ich versuchen, die Idee des für den Reaktor unsicheren Volkes gesellschaftstheoretisch zu reformulieren.

Das Interpretationsmodell, welches ich hier vortragen möchte, geht von der fundamentalen soziologischen Idee aus, daß moderne komplexe Gesellschaften in ihrer Entwicklung durch funktional spezifizierte soziale (Sub-)Systeme bestimmt werden, wobei diese jeweils durch einen relativ hohen Grad an Autonomie gekennzeichnet sind. Diese Systeme „bestehen" aus Positionen, Rollen sowie ziel- und normgeleitetem sozialen Verhalten – und nicht etwa aus Individuen; letztere bilden vielmehr so etwas wie quer stehende Korrelat-Systeme zu den sozialen Systemen bzw. Organisationen[4]. Von herausragender Bedeutung sind die großen, „primären", sozialen Systeme wie insbesondere das politische System, das Wirtschaftssystem, das Rechtssystem, das Wissenschaftssystem.

Die Ausdifferenzierung und relative Autonomie der sozialen (Sub-)Systeme, die an sich angesichts des in heutigen Industriegesellschaften erreichten Grades von Komplexität und Reichtum funktional und notwendig ist, impliziert freilich auch dysfunktionale „Risiken". Soziologen, die dieses funktionalistisch-systemtheoretische Gesellschaftsmodell vertreten, postulieren gewöhnlich, daß differentielle, ja sogar auseinanderstrebende und widersprüchliche Entwicklungsrichtungen der gesellschaftlichen Subsysteme von den Menschen ausgehalten werden müssen (vgl. Luhmann, 1970, S. 121; Luhmann, 1972, S. 64). Es handelt sich dabei jedoch zunächst um nicht mehr als ein Postulat, nicht um ein empirisches Faktum, auf das man sich jederzeit verlassen könnte. Was passiert, so wäre zu fragen, wenn die Flexibilität des Individuums in dieser Hinsicht, seine Entfremdungskapazität und -bereitschaft, ein Ende fände? Die menschliche Anpassungsfähigkeit an zunehmend auseinanderstrebende Entwicklungspfade der sozialen Systeme (mit ihren Implikationen für individuelle Aufmerksamkeit, Handlungserwartungen, Normen, Sozialisations- und Lernerfordernisse usw.) kann wohl kaum als grenzenlos angesehen werden (vgl. Gaudin, 1981, S. 170; Luhmann, 1972, S. 64; Lübbe, 1978, S. 25). Als Ausgangspunkt für die Interpretation der heutigen Gesellschaft genommen, bedarf diese Idee natürlich sie stützender Argumente. Meine Hypothese geht dahin, daß die ausdifferenzierten primären sozialen Systeme sich in zunehmend divergente Entwicklungsrichtungen bewegen – und zwar im Extremfall bis hin zu schwerwiegenden Widersprüchlichkeiten. Das Individuum, und am Ende die Gesellschaft als Ganze, kann diese Entwicklung nicht in alle Ewigkeit aushalten – und wird darauf in mehr oder weniger systemfunktionaler Weise reagieren.

Welches sind die (sub-)system-spezifischen Entwicklungen, die derartige Reaktionen hervorrufen (können)? Vor Hinwendung zu dieser letztlich interessierenden Frage möchte ich zunächst diejenigen (Sub-)Systeme bestimmen, welche ich im Kontext der vorliegenden Themenstellung für relevant halte: Es sind dies m.E. einerseits das politische System und andererseits das Wirtschaftssystem, wobei ich zu letzterem auch die Technologie rechne. Sehr verdichtet lassen sich die auseinanderstrebenden evolutionären Entwicklungen dieser beiden gesellschaftlichen Teilsysteme in folgender Weise charakterisieren: Während das ökonomische System – nicht zuletzt aufgrund seiner Beeinflussung und Determinierung durch die Technologie (die sich zumindest auf der Angebotsseite in Form von innovativen, Kapital und Arbeit sparenden Investitionen durchsetzt) – sich in Richtung auf zunehmende Komplexität entwickelt, steht das politische System unter immer stärkerem Druck, den Grad seiner Komplexität, insbesondere den Modus der funktionalen Differenzierung, zu begrenzen, wenn nicht abzubauen. Diese auseinanderstrebende Entwicklung mag nicht zuletzt daher rühren, daß diese beiden Teilsysteme, historisch gesehen, einen unterschiedlichen Grad an Reifikation oder Objektivierung – und damit an „Fragwürdigkeit" – erreicht haben. Das Wirtschaftssystem mit seinem technologischen „Motor" hat in der Gesellschaft einen quasi-natürlichen, objektiven Status erreicht und konnte sich, von daher gesehen, seit langem vom (Umwelt-)Einfluß der Öffentlichkeit (wie auch der Arbeiterschaft) abkoppeln, während es der Politik bis heute nicht gelungen ist, sich dermaßen weit von der öffentlichen Meinung und Diskussion sowie entsprechenden Einflüssen zu lösen. Dies erklärt auch, warum sich soziale Forderungen und Bewegungen auch dann an politische Institutionen wenden, wenn ihr eigentliches Objekt das ökonomische System ist oder diesem zugehört: letzteres gibt eben keinen geeigneten Adressaten für derartige soziale Interessen und Forderungen und damit für entsprechende Entscheidungen mehr ab.

4 Das ökonomische System

Für meine These, daß die technologisch determinierte Ökonomie sich auf dem Wege weiterer Komplexitätssteigerung befindet, sprechen die folgenden Argumente:

- Technologische Programme und Projekte erfordern immer höhere Investitionseinsätze mit aus der Kreditfinanzierung folgenden Verflechtungseffekten.
- In der Zeitdimension haben sie eine immer höhere Bindungswirkung (Extremfall: Radioaktivität).
- Eine relativ kleine Anzahl von sog. Schlüsseltechnologien hat revolutionierende Auswirkungen auf nahezu alle Bereiche der Produktion und Konsumtion (vgl. Rürup/Cremer, 1982).
- Immer mehr Menschen sind von technologischen Projekten tangiert und betroffen, sowohl in ihrer Rolle als Arbeitskräfte wie als politische Bürger.
- Es findet eine permanente Revolution aller Produktionsmittel mit gravierenden Konsequenzen für den Investitionskapitalbedarf, für Arbeitnehmerqualifikationen und Erwerbsmöglichkeiten sowie für Verbrauchergewohnheiten statt[5]. Die Geschwindigkeit dieser Revolution nimmt offensichtlich zu.
- Ohne ein Experte in diesem Feld zu sein, vermute ich, daß die Risiken technologisierter Produktion zunehmen[6] – wenn schon nicht im strikten technischen Sinne (worüber sich nur unter der in der Regel illusionären Voraussetzung der Isolierung bzw. Isolierbarkeit der evaluierten technischen Objekte Aussagen treffen ließen), dann allemal mit Blick auf das permanente und wachsende Problem der Koordination zwischen Branchen, den Abbau von Arbeitsplätzen, den Investitionskapitaleinsatz usw.

Eigentlich bedürften diese knappen Thesen einer ausführlichen Kommentierung; dies ist an dieser Stelle nicht möglich. Stattdessen möchte ich die Summe des Ganzen noch einmal formulieren: Die unter technologischem Druck stehende Ökonomie befindet sich weiterhin, unbeschadet ihrer „Risikoproduktion", auf dem Wege der Komplexitätssteigerung. Komplexität, so wie ich sie hier meine, bedeutet das Ausmaß von alternativen Möglichkeiten innerhalb eines Systems[7].

5 Das politische System

Das Gegenteil dessen, was zum ökonomischen System gesagt wurde, gilt, so meine These, für das heutige politische System:

- Die Chancen für die Einführung und Durchsetzung anspruchsvoller politischer Programme hat sich in den letzten Jahrzehnten stark vermindert. Nicht zuletzt die sog. fiskalische Krise des Staates ist dafür verantwortlich[8].
- Der Planungshorizont in der Politik ist mehr und mehr eingeschränkt. Nicht zuletzt das in westlichen Demokratien übliche Wahlsystem hat zur Konzentration der aktiven politischen Institutionen und Personen auf Wahlen und Wiederwahlen geführt, was mit verheerenden Konsequenzen für politische Planung, sei sie langfristig oder auch nur mittelfristig, verbunden ist.
- Die vorgebliche Autonomie der politischen Institutionen in ihren Entscheidungsprozessen ist zunehmend fragwürdig geworden. Es gibt gute Gründe, eher das Gegenteil der offiziellen Ideologie anzunehmen, dergemäß Regierungen die primären Entscheidungsinstanzen der Gesellschaft sind. Gerade im Feld von technologischen Entscheidungen muß man an der Kapazität der politischen Instanzen zweifeln, die Entwicklungsrichtung tatsächlich zu steuern (vgl. Lohmar, 1982, S. 94).
- Die professionell und repräsentativ gestalteten politischen Prozesse verlieren zunehmend an öffentlichem Vertrauen und öffentlicher Unterstützung, ja sogar an Gehorsam. Dies gilt auch hinsichtlich zentraler Aspekte westlicher Demokratien wie beispielsweise der Legitimität von Mehrheitsentscheidungen, dem Verhältnis zur Gewalt bei der Austragung politischer Konflikte, dem Vorrang gesellschaftlicher Bedürfnisse und Ziele gegenüber individuellen (sowie kommunalen) Interessen.
- Die sich verändernden Muster politischen Verhaltens, die gelegentlich mit dem Begriff der „unkonventionellen“ Normen und Aktivitäten belegt werden, scheinen tiefgreifende Veränderungen des individuellen Bewußtseins und der Wertsysteme anzuzeigen (vgl. Inglehart, 1977; Barnes, Kaase et al., 1979). Das Verhältnis zwischen dem individuellen Selbst und der Berücksichtigung von sozialen Erfordernissen und Institutionen verschiebt sich offensichtlich zu Lasten der Gesellschaft. Narziß erscheint als das neue Idol, in dem sich betonter Eigennutz und begrenzte soziale Verantwortlichkeit verbinden (vgl. Negt, 1980).

Wiederum wäre eigentlich eine ausführlichere Kommentierung erforderlich. Worum es mir geht, ist das Gesamtbild der Entwicklung des politischen Systems, das sich m.E. als abgebremste, wenn nicht rückschrittliche Komplexitätsentwicklung interpretieren läßt. Im politischen System deuten sich heute die Grenzen funktionaler Differenzierung von Sozialsystemen an. Gesamtgesellschaftlich gesehen scheint das politische System überfordert zu sein. Hinsichtlich Komplexität und Differenzierung scheint das politische System heute einen massiven Rückschritt zu machen, wobei bereits der heute erreichte Zustand von immer mehr Menschen als überkomplex angesehen wird.

6 Systemische Kompromißfähigkeit

Wenn auch die intrasystemischen Entwicklungen von Ökonomie und Politik als solche genügend Probleme aufwerfen – die wirklich ernsthafte Problematik liegt erst auf einer höheren Abstraktionsebene. Jede funktionale Differenzierung, wie vorteilhaft sie zunächst auch ist, steht unter dem Risiko, daß sich die ausdifferenzierten, jedoch interdependenten Teilsysteme in *zu* unterschiedliche Richtungen und mit *zu* unterschiedlicher Geschwindigkeit entwickeln (vgl. Geser, 1982). Von daher gesehen impliziert funktionale Differenzierung immer zugleich die Aufgabe, die zur relativ autonomen Entwicklung freigesetzten Teilsysteme vor dem „Auseinanderfallen" zu bewahren. Diese Aufgabe wird um so schwieriger, je höher der bereits erreichte Grad an Komplexität ist; die Aufgabe ist besonders gefährdet, sofern die Teilsysteme sich in vom Grundsatz her unterschiedliche Richtungen entwickeln. Eben dieses aber scheint, wie dargestellt, der Fall zu sein mit der technologiebestimmten Ökonomie einerseits und der Politik andererseits. Es scheint ein aussichtsloses Unterfangen zu sein, ein sich auf dem Wege weiterer Komplexierung befindliches Teilsystem mit einem anderen zu koordinieren, das in die gegenteilige Richtung der Dekomplexierung läuft. Ich interpretiere dieses Dilemma als fehlende Kompromißfähigkeit der Gesellschaft auf hohem Abstraktionsniveau, wo von Systemen und ihren mehr oder weniger autonomen Entwicklungsrichtungen die Rede ist.

Das beschriebene systemische Dilemma reflektiert sich, unterschiedlich gebrochen, auch in den Köpfen und Aktivitäten der Individuen. Einerseits folgt aus der Entkoppelung der Systemebene vom individuellen Bewußtsein die Bildung von Vorurteilen[9].

Andererseits reagieren in zunehmendem Maße soziale Gruppen auf das „Abdriften" der Techno-Ökonomie mit entdifferenzierenden Pressionen auf die politischen Instanzen (vgl. dazu Luhmann, 1981, S. 42).

Wir haben offenbar einen Punkt erreicht, wo zwei zentrale gesellschaftliche Mechanismen, Institutionalisierung und Sozialisation, nicht mehr aufeinander abgestimmt sind (vgl. Luhmann, 1973, S. 41). Sozialpsychologisch gesehen erleben wir eine verminderte Bereitschaft, Kompromisse einzugehen und zu akzeptieren. Während in der gesellschaftlichen Elite die Bereitschaft zum Kompromiß weiterhin für eine wichtige öffentliche Tugend gehalten wird (vgl. Wildenmann, 1982; genereller bei Lipset, 1963, S. 21 ff.), wird diese Tugend in der heutigen Jugend weit weniger hoch eingeschätzt. Im Gegenteil, die Jugend tendiert zu ridigen Normen und Werten. Dies geht so weit, daß man auch nicht davor zurückschreckt, aus dieser als relativistisch erscheinenden Gesellschaft „auszusteigen".

Die zu beobachtenden Reaktionen mögen sich nach mehr rationalen oder mehr emotionalen unterscheiden lassen. Man mag offene und aktive Opposition gegen die Technologie oder ihre mangelnde politische Steuerung und Steuerbarkeit als die rationale Reaktionsform ansehen; und der „Ausstieg" aus der Gesellschaft mag als die emotionale Version betrachtet werden[10]. Beides läßt sich jedenfalls heute beobachten.

Bedeutsam an diesen Reaktionen ist ihre „Adresse"; sie ist auf wesentlich abstrakterer Ebene anzusiedeln, als dies üblicherweise gesehen wird. Lübbes Interpretation ist m. E. plausibel:

„... gerade in den spektakulären Fällen von Kaiseraugst am Rhein entlang über Whyl bis nach Orsoy erhob sich nicht nur common-sense-orientierter Bürgersinn gegen vermeintliche Willkür von Bürokraten, Politikern oder Unternehmern. Es manifestierte sich hier auch die Weigerung, überhaupt noch etwas zu tun angesichts einer Situation, die so komplex ist, daß die Folgen und Nebenfolgen anstehender Entscheidung sich nicht mehr zu jedermann einleuchtenden Urteilen über ihren Nutzen und Nachteil bündeln lassen" (Lübbe, 1978, S. 29).

7 Folgerungen für die Risikoforschung

Was folgt aus dem skizzierten gesellschaftstheoretischen Konzept für die Frage nach technologischen Risiken und den auf sie bezogenen Entscheidungsprozessen? Meine erste Bemerkung dazu enthält eine unmittelbare Konsequenz aus der Systemebene für die Entscheidungsebene. Wenngleich soziale Systeme permanent Entscheidungen innerhalb ihrer Grenzen treffen, so betreffen doch viele dieser Entscheidungen die Umwelt des jeweiligen Systems. Gelegentlich ergibt sich eine schrittweise und kumulative Form des Entscheidungsprozesses unter Einschluß von zwei oder mehr Systemen. Beispielsweise muß nach offiziellen Regeln die Erlaubnis, eine Energieanlage zu errichten und zu betreiben, von staatlichen Instanzen (d.h. dem politischen System) an Unternehmen (d.h. das ökonomische System) erteilt werden, wobei möglicherweise eine technische Expertise (aus dem Wissenschaftssystem) einzuholen ist. In diesem Fall kommen die „Rationalitäten" von zwei oder mehr Systemen zusammen und sollten idealerweise miteinander vereinbart werden. Unter den oben beschriebenen Umständen allerdings, d.h. wenn die Logik der Politik derjenigen der technologiebestimmten Ökonomie entgegenläuft, scheint ein Zusammenprall unausweichlich zu sein. Die Folge ist normalerweise zumindest Immobilität.

Welche Konsequenzen für die Risikoproblematik und die Risikoforschung folgen aus dem vorgestellten Gesellschaftsmodell? Zunächst einmal ist festzuhalten, daß die bloße Existenz bzw. Ausdifferenzierung der Risikothematik in unserer gegenwärtigen Gesellschaft und ihre Institutionalisierung in Form einer mehr oder weniger gesicherten Wissenschaftsdisziplin eine soziale Tatsache darstellt; hätte man eine befriedigende Erklärung dieser sozialen Tatsache, so enthielte sie vieles Wissenswerte über die heutige Gesellschaft. Die Risikoforschung hat in ihrer kurzen Geschichte bereits eine deutlich differenzierte Entwicklung durchgemacht: ausgehend von einem naturwissenschaftlichen Ansatz ist sie zu stärker ökonomischen Konzepten (Kosten/Nutzen-Analyse der Vorteile und Risiken technischer Projekte) und schließlich zu psychologischen und soziologischen Fragen hinsichtlich der Akzeptanz von technischen Projekten und ihrer Risiken durch die Menschen gelangt. Nachdem sie sich einmal so weit entwickelt hat – und ich sehe diese Entwicklung grundsätzlich positiv –, stellt sich die Frage eines adäquaten Modells der Gesellschaft zunehmend dringlich. Denn das dafür gewählte Konzept determiniert in erheblichem Maße Antworten auf die Fragen, worauf das Schwergewicht der Forschung oder auch von politischen Aktivitäten

– von Information über Dialog bis hin zur Gewaltanwendung – gelegt werden sollte.

Lassen Sie mich einige Konsequenzen meiner Argumentation für die Risikoforschung herausstellen: Eine wichtige Thematik sollte, wie sich mir in einer Reihe von Konferenzen zur Risikoforschung aufgedrängt hat, die Reflexion darüber bilden, in welchem Verhältnis technische und soziologische Risikoforschung stehen und wie sie kooperieren sollten. Denn solange die technische Risikoforschung nur diejenigen Differenzierungen und Grenzen spiegelt, die in der Sphäre der Produktion herrschen, wird sie niemals begreifen, was in unserer Gesellschaft passiert ist, als die Risikothematik aufkam und worauf sich die Entwicklung von unkonventionellen Normen, Werten und Aktivitäten in unserer Gesellschaft wirklich richtet. Denn das neue soziale Verhalten ist eine Reaktion auf eben diese Differenzierungen und ist dabei gerade gegen sie gerichtet. Der Laie ist heute beispielsweise nicht mehr mit denjenigen Sicherheitsregeln und -aktivitäten zufrieden, die sich auf die Produktion chemischer Grundstoffe beziehen, weil sein Interesse und seine Blickrichtung von den Konsumgütern (unter Einschluß von externalisierten „Gütern") ausgeht, mit denen er vertraut ist, und von daher die Produktionsprozesse und Rohstoffe quasi einbegreift, die den Konsumgütern zugrundeliegen. Er ist nicht mit Sicherheitsaspekten der Chemieanlagen zufriedenzustellen, weil er seinen Blick z. B. auf die Gefahren von Pharmazeutika als dem letztlichen Output der chemischen Produktion richtet. Oder: Ein Publikum, das sowohl gegen die „Chemisierung" seiner Güter und Umwelt als auch gegen die „Ökonomisierung" von Gesellschaft und Politik eingestellt ist – und diese links-ökologische Position ist im Wachsen begriffen –, wird die räsonierende Kompromißsuche des Bundesgesundheitsamtes bei der Arzneimittelprüfung, den Abgleich von Arzneimittelrisiken und wirtschaftlichen Auswirkungen eines Produktionsverbots, nicht mitvollziehen.

Das Modell, das ich vorgestellt habe, führt, um eine weitere Konsequenz zu ziehen, zu dem Ergebnis, daß die öffentliche „Akzeptanz" von Risiken keinen adäquaten Bezugspunkt für die Forschung abgibt, weil erstens diese aus bloß deskriptiven Erkenntnissen abgeleitet ist, deren erklärende Gesetzmäßigkeiten verborgen bleiben[11], und weil zweitens dieser Ansatz die Bedeutung von sozialen Systemen für die gesellschaftliche Evolution und die dieser zugrundeliegenden Entscheidungsprozesse unterschätzt und gleichzeitig die Bedeutung von Individuen, selbst wenn sie in großer Zahl auftreten, überschätzt. Dies impliziert auch eine Kritik an psychologischen Interpretationen von Risikoakzeptanz[12].

Ich will nicht in bloßer Kritik verharren. Das entscheidende Problem des Akzeptanzansatzes ist seine selektive Perspektive: Er betrachtet und untersucht die Einstellungen und das Verhalten von Laien bzw. Bürgern, ohne diese mit den Strukturen und Entwicklungsprozessen von Systemen, Institutionen und Organisationen zu verknüpfen. Dabei bildet Akzeptanz nur die Oberfläche eines Evolutionsprozesses, in welchem Einstellungen, Urteile und Vorurteile ihrerseits (bloße) Korrelate zu Prozessen bilden, die regelmäßig durch Systeme, Institutionen und Organisationen ausgelöst werden. Möglicherweise bietet die unkoordinierte Entwicklung auf der Systemebene einen bedeutsamen Faktor für die Ausbildung von neuen, unkonventionellen Normen und Werten – und verändertem Akzeptanzverhalten – in der Gesellschaft.

Ich gebe gern zu, daß meine Aussagen nicht zur schnellen Lösung einer sozialen Problematik beizutragen vermögen, in der es um massiven Protest und wirkungsvolle Opposition gegen technologische Großprojekte unter Nutzung der Risikoargumentation, aber auch ohne diese, geht. Allerdings kann auch die traditionelle Risikoforschung mit ihrer Konzentration auf Akzeptanz zu solchen Lösungen nicht führen. Risikoforschung ist, um es sehr deutlich zu formulieren, in erster Linie *Ausdruck* einer tiefgreifend neuartigen Situation in unserer Gesellschaft, die möglicherweise mit Hilfe des von mir vorgestellten Systemmodells besser begriffen werden kann.

Die neue gesellschaftliche Situation läßt die Weiterführung bisheriger Entscheidungsprozesse für große technologische Projekte in die Zukunft nicht zu, welche so aussahen, daß das ökonomische System die technologischen Richtungen und Projekte auswählte und initiierte und das politische System für diese Selektionen im nachhinein Unterstützung oder Akzeptanz zu suchen hatte. Diese Art der gesellschaftlichen „Arbeitsteilung", die sozusagen „Kompromisse" zwischen techno-ökonomischen und politischen Normen, Interessen und Prozessen verborgen enthielt, ist nicht länger möglich. Dies muß in unserer heutigen Gesellschaft gelernt werden. Die Risikoforschung könnte natürlich solche Lernprozesse unterstützen. Je mehr sie dies allerdings täte, um so weniger nützlich wäre sie für die (eigentlich überholten) Forderungen aus Ökonomie und Politik. Außerdem würde sie ihre Geschichte, ihre Funktion und ihr Selbstbild aufgeben[13]. Jedenfalls ist die Risikoforschung nicht in der Lage, diejenigen sozialen Prozesse rückgängig zu machen oder umzukehren, deren Produkt und Ausdruck sie ist. Dies scheint aber die politische Erwartung zu sein, die ihr zugemutet wird (vgl. Bechmann/Fredrichs, 1981).

8 Zusammenfassung

Lassen Sie mich zusammenfassen. In unserer Gesellschaft ist eine abnehmende Kompromißfähigkeit auf zwei Ebenen festzustellen. Erstens: Die Koordination zwischen den primären Teilsystemen der Gesellschaft nimmt wegen im Grundsätzlichen auseinanderstrebender Teilsystementwicklungen ab. Zweitens: Immer mehr Individuen, insbesondere Jugendliche, wehren sich gegen den in unserer Gesellschaft erreichten Grad an Komplexität und Differenzierung; ein nicht unerheblicher Teil steigt aus der Gesellschaft aus, mit dem Effekt, daß die Gesellschaft in zwei Teile zerfällt: auf der einen Seite Systeme (die noch immer die Mehrheit der Bevölkerung zu integrieren in der Lage sind), und auf der anderen Seite revoltierende oder aussteigende soziale Gruppen[14]. Insoweit letzteres (noch) innerhalb des politischen Systems, wenn auch „außerparlamentarisch" oder „unpolitisch", vorgetragen wird, verschärft sich nur die Konfrontation auf der Systemebene, wie oben dargestellt. Der Bedarf nach Kompromissen steigt, doch die Bereitschaft zu Kompromissen nimmt ab (vgl. Die Zeit, 11. 6. 82, S. 5). Dies scheint mir das heutige Dilemma zu sein – das zu lösen die Risikoforschung selbst dann überfordert wäre, wenn sie ihren technologisch-ökonomischen „Bias" aufgäbe.

Anmerkungen

1 Die Gründe dafür werden etwa von Bechmann/Fredericks, 1981 beschrieben.

2 Für eine generelle Interpretation der Herausbildung und Differenzierung des Themas „Sicherheit" – als Korrelatbegriff zu „Risiko" – siehe Luhmann, 1973, S. 39.

3 Siehe Süddeutsche Zeitung, 13. 7. 82, S. 17. Betrachtet man die Studienwünsche von Abiturienten, so besitzen die technischen Disziplinen den höchsten Grad an Popularität. 1982 z. B. wollten 26,3%, 4% mehr als 1981, der Befragten ein technisches Fach studieren (vgl. Süddeutsche Zeitung, 4. 6. 82, S. 2).

3a Da diese – neuerdings auch innerhalb der Soziologie gelegentlich wieder bestrittene – These in der nachfolgenden Diskussion moniert worden ist, sei hier eine kurze Begründung eingefügt. Bereits Marx war dazu gelangt, als die treibenden gesellschaftlichen Kräfte nicht (mehr) Individuen anzunehmen, sondern vorgeformte Rollen („Charaktermasken") und diese steuernde Gesetzmäßigkeiten. Die moderne systemfunktionalistische Soziologie denkt in dieser Hinsicht nicht anders als Marx: das Individuum ist heute nurmehr Schnittpunkt von Präformierungen sozialer Systeme (es ist *als* Individuum sogar erst gesellschaftliches *Resultat* nicht gesellschaftliche Voraussetzung), die „sich selbst" (selbstreferentiell) steuern – mit allen Entfremdungsproblemen, die daraus folgen können. Selbstverständlich ist dieser „Ansatz" nicht axiomatischer Natur, sondern empirie-bedürftig. Diese kann nur hier, weil sie ja die gesamte Breite der Gesellschaft umfaßt, nicht geliefert werden (einen Schlüsselbereich bilden in dieser Hinsicht die Sozialisationsprozesse). Die Soziologie verlöre m. E. ihren Gegenstand, würde sie nicht davon ausgehen, daß interaktives Handeln von Menschen zu Emanationen treibt, die sich (schon sehr frühzeitig im Alltagshandeln) von ihnen ablösen und verselbständigt-determinierend auf sie zurückwirken.

4 Das Indidivuum wird innerhalb dieses Ansatzes seinerseits als (Persönlichkeits-)System interpretiert. Vgl. Luhmann, 1973, S. 29.

5 Immer häufiger findet der Begriff von neuen „Generationen" für ökonomische Güter Verwendung, der sehr deutlich den schnellen und grundlegenden Entwicklungsprozeß von technologiebestimmten Gütern anzeigt.

6 Selbst der vormalige Minister für Forschung und Technologie, A. v. Bülow, spricht davon, daß technische Risiken eine neue Qualität erreicht haben (vgl. v. Bülow, 1982, S. 489).

7 Gemäß Luhmann (1972, S. 221 f.) bedeutet Komplexität in der Gesellschaft, daß „insgesamt viel mehr Möglichkeiten des Erlebens und Handelns ... vorstellbar werden und zur Auswahl stehen". Dabei spielen Zahl, Verschiedenartigkeit und Interdependenz möglicher Handlungen eine Rolle (vgl. Luhmann, 1974, S. 37). „Jede Änderung in Systemen, die eine Vermehrung seiner Möglichkeiten befestigt, ändert die Komplexität der Welt und damit die Umwelt, der sich andere Systeme anpassen müssen" (vgl. Luhmann, 1981, S. 14). Für eine ausführlichere Bestimmung siehe Luhmann, 1975, S. 204 ff.

8 Dies hat natürlich damit zu tun, daß das politische System in erster Linie auf Ressourcen angewiesen ist, die von ihm selbst nicht produziert werden können, sondern aus der Ökonomie stammen.

9 „Da die Technik zunehmend anonymer wird, der Mensch jedoch nur in einer von ihm bewerteten, erklär- und vorhersagbaren Umwelt Handlungs- und Verhaltenssicherheit gewinnen kann, kommt es notwendigerweise zur Vorurteilsbildung und Entwicklung ideologischer Konzepte: Bekommt der Mensch zur Beurteilung seiner Umwelt keine verständlichen und glaubwürdigen Bezugssysteme und Bewertungsmaßstäbe angeboten, dann schafft er sich solche Bezugssysteme ohne Rücksicht auf die Realitäten. Damit steigt auch das allgemeine Konfliktniveau an" (Bergler, 1981, S. 5).

10 „Der fortschreitenden *Rationalisierung* unserer Gesellschaft im Rahmen (wissenschaftsgestützter) technischer Entwicklungen folgt ... eine fortschreitende *Emotionalisierung* im Rahmen sozialer Entwicklungen wie ein immer größer werdender Schatten" (Mittelstraß, 1982, S. 15 f.). Folgt man Lübbe (1978, S. 25), so „bedarf es nicht der Schrecknisse ökologischer Prognostik, um verständlich zu finden, daß unsere Zivilisation dabei ist, emotional zu sich selbst auf Distanz zu gehen".

11 Der problematische Charakter des Akzeptanzkonzepts läßt sich daran ablesen, was seinerseits empirisch nachgewiesen ist, daß die kritischen Argumente gegen die Kernenergie zunehmende Unterstützung, zunehmende Akzeptanz erfahren, ohne daß sich deshalb die Einstellung und Akzeptanz gegenüber der Kernenergie selbst verändern (vgl. Süddeutsche Zeitung, 21. 1. 82, S. 19).

12 Das folgende ist nur ein Beispiel für psychologische Konzepte der sozialen Akzeptanz von technologischen Risiken, die im Lichte der oben dargestellten soziologischen Perspektive als inadäquat gelten müssen: „Die unbewußte Projektion archetypischer Effekte auf die Kerntechnik dürfte vor allem erklären, warum eine Technologie, die hinsichtlich Unfallbilanz und Risiko einmalig positiv in der bisherigen Geschichte der Technik dasteht, so erbittert bekämpft, kritisiert und abgelehnt wird" (Wünschmann, 1980, S. 84). „Die faszinierende Wirkung archetypischer Vorstellungen ausnutzend, haben gewisse Kernenergiegegner es verstanden – ob bewußt oder unbewußt sei dahingestellt – erfolgreich auf dem ‚Klavier' der individuellen und archetypischen Assoziationen zu spielen. Sie haben damit eine sachbezogene Diskussion über das Thema Kernenergie erheblich erschwert bzw. teilweise unmöglich gemacht" (ebda., S. 83).

13 „Die Risikoforschung kann als Versuch gesehen werden, der heute in der Gesellschaft verbreiteten Unsicherheit gegenüber technologischen Risiken mit wissenschaftlichen Mitteln zu begegnen" (Bechmann/Frederichs, 1981, S. 359).

14 Im Rahmen einer Rezension hat K. Podak kürzlich formuliert, daß „die Gesellschaft zerfällt in den Widerspruch übermächtigter Systeme gegen die legitimen Ansprüche einzelner Menschen, die sich nun in ihrem Selbstausdruck, in ihrer Selbstverständigung bedroht sehen" (Süddeutsche Zeitung, 24./25. 4. 82, S. 129).

Literatur

Barnes, S. H.; Kaase, M. et al., 1979: Political action. Mass participation in five western democracies. London

Bechmann, G.; Frederichs, G., 1981: Orientierungsprobleme der Risikoforschung im Konfliktfeld von Wissenschaft und Öffentlichkeit. In: Schulte, W. (Hrsg.): Soziologie in der Gesellschaft. Tagungsber. Nr. 3 der Universität Bremen, Bremen, S. 359 ff.

Bergler, R., 1981: Die Technik zwischen Selbstverständnis, Skepsis und Notwendigkeit. Siemens-Z., Heft 3, S. 2 ff.

v. Bülow, A., 1982: Chancen und Herausforderung des technischen Fortschritts. Bulletin des Presse- und Informationsamts der Bundesregierung Nr. 57, S. 488 ff.

Gaudin, T., 1981: Die Innovationsbremse. Frankfurt, New York

Geser, H., 1982: Gesellschaftliche Folgeprobleme und Grenzen des Wachstums formaler Organisationen. Z. f. Soziologie, S. 113 ff.

Inglehart, R., 1977: The silent revolution. Princeton, New Jersey

Lipset, S. M., 1963: Political man. London: Mercury Books

Lohmar, U., 1982: Information. Ein neuer „Rohstoff" zwischen Staat und Markt. Hrsg. v. der Stiftung für Kommunikationsforschung, Bonn

Luhmann, N., 1972: Rechtssoziologie. Reinbek

Luhmann, N., 1973: Institutionalisierung – Funktion und Mechanismus im sozialen System der Gesellschaft. In: Schelsky, H. (Hrsg.): Zur Theorie der Institution, 2. Aufl. Düsseldorf, S. 27 ff.

Luhmann, N., 1974: Die Funktion des Rechts: Erwartungssicherung oder Verhaltenssteuerung? Arch. f. Rechts- und Sozialphilosophie, N. F. Heft 8, S. 31 ff.

Luhmann, N., 1975: Soziologische Aufklärung 2. Opladen

Luhmann, N., 1981: Politische Theorie im Wohlfahrtsstaat. München, Wien

Lübbe, H., 1978: Über einige Ursachen anwachsender Wissenschaftsfeindschaft. In: Burrichter, C. (Hrsg.): Probleme der Wissenschaftsforschung (IGW – Institut für Gesellschaft und Wissenschaft, Heft 1/78), Erlangen, S. 11 ff.

Merbold, C., 1981: Die Deutschen und die Technik: Siemens-Z., Heft 3, S. 3

Mittelstraß, J., 1982: Wissenschaft als Lebensform. Frankfurt

Negt, O., 1980: Die verlorenen Söhne kehren nicht mehr zurück. Psychologie heute, Heft 2/80, S. 34ff.

Ronge, V., 1981: Legitimationsprobleme der Wissenschaft im Spiegel der Umfrageforschung. In: Schulte, W. (Hrsg.): Soziologie in der Gesellschaft. Tagungsber. Nr. 3 der Universität Bremen, Bremen, S. 324ff.

Ronge, V., 1982: Risks and the warning of compromise in politics. In: Kunreuther, H. C., Ley, E. V. (eds.), The risk analysis controversy. An institutional perspective. Berlin, Heidelberg, New York, S. 115ff.

Rürup, B.; Cremer, R., 1982: Beschäftigungswirkungen. Bundesarbeitsblatt 4/1982, S. 9ff.

Wildenmann, R., 1982: Unsere oberen Dreitausend. Die Zeit, v. 5. 3. 82, S. 9f.; Die Elite wünscht den Wechsel. Die Zeit v. 12. 3. 82, S. 6f.

Wünschmann, A., 1980: Unbewußt dagegen. Zur Psychologie der Kernenergie-Kontroverse, Stuttgart

Zusammenfassung der Diskussion über den Themenkreis „Vertrauenskrise und schwindende Kompromißfähigkeit in der modernen Gesellschaft“

S. Lange

Hat der Sozialpsychologe recht, der den Fachleuten die Schuld gibt, sich nicht glaubwürdig verhalten und zuviel Sicherheit versprochen zu haben?

Hat der Soziologe recht, der das Individuum in der Zwickmühle sich widersprechender Rollenerwartungen aus unterschiedlichen gesellschaftlichen Subsystemen sieht, die immer mehr auseinanderfallen, und für den die Risikoforschung nur Ausdruck der wachsenden Fragwürdigkeit von Kompromissen bei zunehmendem Kompromißzwang ist; eine Fragwürdigkeit, die sich nicht nur auf technische Risiken bezieht?

Wenn die Fachleute aus Wirtschaft, Politik und Wissenschaft die Schuld daran tragen, daß es der Öffentlichkeit an Einsicht mangelt und deswegen die Widerstände gegen die Nutzung von Großtechnologien wachsen, dann käme es darauf an, die Risiken klar auf den Tisch zu legen, um falsche Erwartungen zu verändern. Dabei sollte man vermeiden, die schon vorhandene Informationsflut weiter anwachsen zu lassen und statt dessen glaubwürdiges Verhalten zeigen.

Wenn hingegen Risikoforschung der Ausdruck tiefer liegender, nicht verarbeiteter gesellschaftlicher Konflikte ist und die Politik vordergründig durch die Vergabe von Forschungsaufträgen zu technischen Risiken auf offensichtlichen Widerstand reagiert, so braucht man zunächst ein realistisches Modell der gesellschaftlichen Entwicklung, um zu verstehen, was hier vor sich geht. Erst auf dem Hintergrund eines solchen Modells können Untersuchungen zur Akzeptanz Sinn bekommen.

In der Diskussion fand der sozialpsychologische Ansatz mit seiner unmittelbaren Handlungsorientierung mehr Anhänger als der soziologische Ansatz, dem vorgehalten wurde, die Ergebnisse der Analyse schon als Annahme eingegeben zu haben.

Die Möglichkeit, beide Ansätze als Teilantwort zu sehen, die um weitere Teilantworten zu ergänzen wären, wurde nur gestreift, aber nicht behandelt.

Ökonomisch vertretbare Strategien zur Risikominderung

Strategien der gesellschaftlichen Risikoregulierung

L. B. Lave

1 Einleitung

Bis vor zehn Jahren war das Risiko, dem Arbeiter, Verbraucher und die Umwelt im allgemeinen ausgesetzt sind, für die Regierung kein Thema. Der einzelne Arbeiter konnte mit seinem Arbeitgeber ungehindert Abmachungen aushandeln; der Verbraucher konnte sich aussuchen, welche Produkte er kaufen und welchen persönlichen Gewohnheiten er nachgehen wollte. Ende der sechziger Jahre kamen die Amerikaner dann zu dem Schluß, daß in diesem System dem Risiko nicht richtig begegnet wurde. Steigende Arbeitsunfallziffern, Umweltschäden und gefährliche Verbrauchsartikel veranlaßten den Kongreß, den Bundesbehörden kraft Gesetzes eine direktere Einflußnahme auf diese Risiken zu verschaffen.

Leider waren diese Gesetze über das Risikomanagement weder praxisgerecht noch gut überlegt. In jedem Gesetz erkennt man unterschiedlichste Zielsetzungen und Mittel zu ihrer Erreichung. Ziele und Prozesse sind nicht klar voneinander getrennt. Die Gesetze stellen eigentlich nur kurzatmige Reaktionen auf wahrgenommene Probleme dar. Die Folge: Immer kompliziertere und schwerfälligere Prozesse zum Erlaß von Vorschriften. Außerdem sind alle Klarheiten, die in den Gesetzen einmal über Zwecke und Ziele enthalten gewesen sein mögen, in dieser Verwirrung allmählich abhanden gekommen.

Ehe sich die heutige Lage verbessern läßt, muß erst einmal Klarheit über die Ziele, die zu wählenden Mittel und dabei einzusetzenden Prozesse geschaffen werden. Diese Ziele sind schwer zu definieren, denn man muß dazu über unangenehme Themen nachdenken und zwischen unterschiedlichen Zielsetzungen Kompromisse schließen. Die Wirtschaft hält die sparsame Nutzung der Ressourcen für ein wichtiges Ziel. Wenn man Ressourcen sparsam nutzen will, muß man Zielkonflikte auflösen, quantifizieren, wie relativ wünschenswert jedes Ziel ist und wie sich je nach dem Erreichten diese Rangordnung wieder verschiebt. Nur wenige Politiker sind bereit, solche ausdrücklichen Kompromisse einzugehen; viele halten das überhaupt nicht für möglich.

Ich habe in diesem Vortrag eine Reihe von Entscheidungsrahmen beschrieben, die die amerikanischen Behörden heute verwenden und auch zwei Vorschläge angeführt (siehe auch Lave, 1981). In diesem Rahmenvorgaben werden die Ziele nicht einfach aufgestellt, sondern sie sollen die heute Praxis mit all ihren Folgen darstellen. Die Rahmen wirken auf den ersten Blick vernünftig, aber die meisten führen zu weniger wünschenswerten Folgen. Die Wahl eines Rahmens ist also gleichbedeutend mit der Wahl von Zielvorgaben und der Wahl eines Prozesses zur

Erreichung dieser Ziele. Indem man die Folgen dieser Rahmenvorgaben darstellt, kann man allmählich sinnvoll zwischen den verschiedenen Zielsetzungen und Prozessen wählen.

2 Rahmenvorgaben für Vorschriften

Zur Handhabung des Risikos wurden bisher sieben Rahmenvorgaben benutzt:

1. Maßnahmen außerhalb des Verordnungsweges wie z. B. Wirkenlassen der Marktkräfte, Gerichtsverfahren, Tarifverträge oder freiwillige Normen.
2. Rahmenvorgaben wie z. B. die Einhaltung gesetzlicher Vorschriften.
3. Regelungen, mit denen Risiken auf Null abgebaut werden sollen (Null-Risiko).
4. Normen auf technischer Grundlage, z. B. nach dem jeweiligen Stand der Technik.
5. Regelungen, mit denen, grob gesagt, Risiken und Nutzen ins Gleichgewicht gebracht werden sollen (Risiko/Nutzen).
6. Behördenentscheidungen auf der Basis einer Gleichsetzung der Kosten für die Erhaltung von Menschenleben in allen Programmen (Kosteneffektivität).
7. Regelungen auf der Grundlage formalisierter Nutzen/Kosten-Analysen. Außerdem sind zwei neue Rahmen vorgeschlagen worden:
8. Risikomanagemententscheidungen im Rahmen eines eigenen Haushaltsplans der Behörde.
9. Entscheidungen, mit denen verschiedene Verbraucherrisiken abgewogen werden sollen (Risiko-Risiko).

Die Wahl eines Vorschriftenrahmens ist eine grundlegende Maßnahme, von der alle übrigen Belange abhängen. Jeder Rahmen hat wichtige Auswirkungen auf die Art der jeweils untersuchten Probleme und die Arten von Analysen, die Dienststellen dann vornehmen.

Mit Ausnahme einiger Verfahren außerhalb des Verordnungsweges und der prozeßorientierten Rahmenvorgaben läßt sich jeder Rahmen als eigener Fall einer Nutzen/Kosten-Analyse betrachten, in der einige besondere Annahmen zur Art der Unbestimmtheit der Analyse oder zu bestimmten Wertvorgaben gemacht werden. So geht man z. B. bei dem Begriff Null-Risiko davon aus, daß nur die menschliche Gesundheit eine Rolle spielt oder es unmöglich ist, Kosten und andere Auswirkungen mit soviel Sicherheit zu quantitifzieren, daß sie für die Analyse etwas nützen. Die Wahl eines Rahmens ist also gleichzeitig auch eine Aussage über die Unbestimmtheit und die gesellschaftlichen Werte. Allerdings scheint die Wahl eines Rahmens eine recht gut geeignete Möglichkeit zur Spezifikation dieser Werte und Unbestimmtheiten darzustellen.

Der Rahmen läßt sich grob nach dem für die jeweilige Verwirklichung erforderlichen Umfang an Informationen und Analysen einteilen: Maßnahmen außerhalb des Verordnungsweges, prozeßorientierte Rahmen, Null-Risiko, technische Standards, Risiko-Risiko, Risiko-Nutzen, Kosteneffektivität, Haushaltsplan, Nutzen/Kosten-Analyse.

2.1 Methoden außerhalb des Verordnungsweges

Die Risikoregelung durch den Staat ist eine verhältnismäßig neue und nicht besonders erfolgreiche Erscheinung. Bisher wurden Risiken vorwiegend durch die

Entscheidung von Herstellern und Verbrauchern im Markt geregelt (Baram, 1982).

Regelung eines Risikos über den Markt. In einer Welt vollkommener Konkurrenz und vollständiger Informationen sind die Marktgleichgewichte paretooptimal, d.h. keine Umverteilung könnte den einen besser stellen, ohne gleichzeitig einen anderen schlechter zu stellen. Unter strengen Annahmen gilt diese Art der Regelung auch für die Verteilung des Risikos aufgrund gefährlicher Produkte, Dienstleistungen oder Arbeitsplätze. Jeder einzelne macht sich seine Gedanken über das vorhandene Risiko, wählt sich einen Beruf oder Produkte mit maximalem Nutzen aus. Die Hersteller wissen, was Verbraucher und Arbeiter für sichere Produkte und sichere Arbeitsplätze zu zahlen bereit sind und bieten ein entsprechendes Angebot an Arbeitsplätzen und Produkten. Unter diesen Annahmen bestünde für staatliche Vorschriften weder eine Notwendigkeit, noch eine Möglichkeit.

Natürlich erfüllt unsere Wirtschaft die vielen restriktiven Annahmen nicht. Käufer ebenso wie Verkäufer können oft den Preis beeinflussen, es gibt viele Externalitäten, und oft kennen weder Käufer noch Verkäufer die Auswirkungen eines Produkts auf die Gesundheit und die Sicherheit. Das Marktgleichgewicht ist nicht pareto-optimal, und manches spricht für staatliche Interventionen. Aber das Eingreifen des Staates verursacht auch Kosten und führt zu Ineffizienzen, die in der einfachen Theorie unberücksichtigt bleiben. Vor allem ist es praktisch unmöglich, Vorschriften so zu erlassen, daß dabei nicht die Anreize zerstört werden; oft kommt es zu noch größerer Ineffizienz als in einem ungeregelten Markt. Ein Beispiel dafür sind die Regelungen im Verkehrswesen, besonders bei Luftfahrtgesellschaften (Keeler, 1978). Viele Wirtschaftswissenschaftler haben darauf den Schluß gezogen, daß eine staatliche Regelung nur bei schwere Verletzungen der oben formulierten Annahmen gerechtfertigt ist und das auch nur dann, wenn diese Regelung wirkungsvoll zu sein verspricht. Über Vorschriften wird im Einzelfall entschieden, je nachdem, wie die Preisüberwachung, die Unwissenheit beim Verbraucher und beim Arbeiter oder die Größenordnung eines Risikos beschaffen sind. Ob Kraftfahrzeugmechaniker mit Lizenzen ausgestattet werden sollen oder Natriumnitrit durch Vorschriften erfaßt werden soll, wird auf der Grundlage der jeweiligen Tatsachen und Risiken entschieden und nicht durch die Überlegung, entweder alle Risikosituationen oder gar keine zu erfassen.

Zivilklage: die Produktsicherheit und die Sicherheit am Arbeitsplatz werden dadurch beeinflußt, daß nach amerikanischem Recht ein Hersteller oder ein Arbeitgeber verklagt werden kann, wenn er fahrlässig handelt, ein unzulässig risikoreiches Produkt verkauft oder einen entsprechenden Arbeitsplatz schafft. Dadurch Geschädigten sind schon weit über eine Million Dollar Schadenersatz zugesprochen worden, und diese Gerichtsurteile haben die Sicherheitsentscheidungen beeinflußt.

Freiwillige Normen. Bevor der Staat Vorschriften erließ, schuf eine Reihe von Industrieverbänden Normen zum Schutz des Verbrauchers und der Arbeitnehmer. Sie waren zwar für keinen Hersteller verbindlich, aber es bestand doch ein gewisser Druck, sie einzuhalten, und auch vor Gericht konnte anhand dieser Normen nachgewiesen werden, daß ein Hersteller ein unangemessen hohes Risiko hatte walten lassen.

Tarifverhandlungen. Wenn Arbeitnehmer irgendwo ein unangemessen hohes Risiko für ihre Gesundheit und Sicherheit feststellen, können sie in Tarifverhandlungen über Sicherheit ebenso eintreten wie über Löhne. Das ist eine Form der Risikohandhabung im Markt.

Bei allen diesen außerhalb des Verordnungsweges liegenden Methoden wird die Aufstellung und Durchsetzung von staatlichen Normen verhindert und der Staat dadurch aus den Streitigkeiten zwischen Herstellern und Verbrauchern oder Arbeitgebern und Arbeitnehmern herausgehalten. Dabei wird stillschweigend vorausgesetzt, daß staatliche Maßnahmen unnötig sind oder doch mindestens nicht den effizientesten oder wirksamsten Weg darstellen, um die erwünschte Risikohöhe in der Gesellschaft einzustellen und durchzusetzen. Angesichts der zunehmenden Enttäuschungen über die Fähigkeit des Staates, alle Probleme zu lösen, die er eigentlich lösen sollte, sind diese Verfahren verstärkter Aufmerksamkeit wert.

2.2 Prozeßorientierte Rahmenvorgaben

In allen weiter unten beschriebenen Vorschriftenrahmen wird versucht, ein bestimmtes Ziel zu erreichen, z. B. die Risikominimierung. Man könnte sich auch darauf konzentrieren, ein akzeptables Verfahren ohne klare Zielvorstellung zu definieren. Beim Schwurgerichtsverfahren liegt z. B. der Schwerpunkt auf dem Verfahren. Der Auftritt vor Gericht soll für den Verlierer ein ausreichender Trost sein. Definitionsgemäß ist der Ausgang eines Verfahrens „korrekt", wenn das Verfahren eingehalten wurde.

Natürlich muß der Prozeß generell den Zwecken der Gesellschaft dienen, aber das braucht nicht zu heißen, daß z. B. der Schuldige immer oder fast immer verurteilt wird.

Ein Beispiel für einen solchen Prozeß ist die Entscheidung, in Vorschriften festzuschreiben, was ein Journalist oder ein Vertreter öffentlicher Interessen der Öffentlichkeit zur Kenntnis bringt. Die Norm könnte durch die unbegründete Meinung eines wichtigen Senators oder eines Senatsmitarbeiters festgesetzt werden. Es könnte aber auch die Norm sein, die am wenigsten Opposition auf sich zieht oder eine Norm, die von den am besten bezahlten Interessenvertretern unterstützt wird. Alle diese Methoden sind angeblich zur Aufstellung von Normen über Gesundheit, Sicherheit oder Umwelt angewandt worden. Andererseits können Normen auch durch Volksbefragung geschaffen werden. Es ist durchaus denkbar, daß einer dieser Prozesse zu Vorschriften führt, die der Gesellschaft am besten dienen. Auf jeden Fall sind diese Methoden unsere Aufmerksamkeit wert, denn wir müssen die erforderlichen Daten bestimmen und uns über die Folgen solcher Entscheidungen klar sein.

2.2.1 Null-Risiko

Das Null-Risiko ist in den Vereinigten Staaten in der sogenannten „Delaney-Clause" des Gesetzes über Nahrungsmittel, Arzneimittel und Kosmetika (Food, Drug and Cosmetics Act) enthalten, in der der Zusatz aller krebserregenden Mittel zu Lebensmitteln verboten wird (Merrill, 1981; Hutt, 1978).

Ähnlich wird in den Novellen zum Gesetz über die Luftreinhaltung (Clean Air Act) von 1970 die amerikanische Umweltschutzbehörde (EPA) angewiesen,

Qualitätsnormen zum Schutz der öffentlichen Gesundheit (wahrscheinlich selbst des empfindlichsten Bürgers) auszuarbeiten. In diesen Gesetzen kommt die Vorstellung zum Ausdruck, daß kein, auch nicht das kleinste unnötige Risiko akzeptiert werden kann. Verbesserungen im Aussehen, Geschmack oder der Darreichung von Lebensmitteln reichen nicht, selbst das geringste Krebsrisiko zu rechtfertigen.

Der amerikanische Oberste Gerichtshof hat in der Benzol-Entscheidung festgehalten, daß alles menschliche Tun risikobehaftet ist. Die Menschen nehmen bereitwillig größere Risiken auf sich, um ihr Einkommen zu verbessern, ihre Lebensmittel ansprechender zu machen, ja selbst, um ihre Freizeitvergnügen zu vergrößern. Der Begriff „Null-Risiko" wirkt zwar in Sonntagsreden, ist aber als Richtschnur für gesetzliche Regeln denkbar ungeeignet. Wer versuchen will, eine Sicherheit zu bieten, die gar nicht gewollt wird, muß scheitern, wie uns die gesetzlichen Vorschriften über Alkohol und Sicherheitsgurte schon bewiesen haben.

Obwohl ein einheitlicher Ansatz, das Null-Risiko zu erreichen, fehlgehen muß, könnte sich die Gesellschaft doch auf eine Reihe von Fällen, beispielsweise krebserregende Lebensmittelzustände, konzentrieren und hier ein Null-Risiko verlangen. Aber die Kontroverse über Sacharin und Nitrit zeigt, daß nicht einmal hier Übereinstimmung herrscht.

2.2.2 Normen auf technischer Grundlage

Technische Normen liegen den Gewässerschutzvorschriften der EPA zugrunde und haben eine wichtige Rolle in den Vorschriften über die Luftreinhaltung, besonders bei der Überwachung neuer Emissionsquellen gespielt. Weil sie nur auf die technische Überwachung achten muß, braucht die EPA offiziell keine Kosten oder Nutzen zu schätzen. Damit scheint dieser Rahmen verhältnismäßig wenig Daten oder Analysen zu fordern. In der Praxis wird die beste zur Verfügung stehende Technik nie verlangt. Vielmehr wird das geforderte Niveau der Überwachungstechnik jeweils durch den Umfang an Kosten gedämpft, den die Industrie tragen kann. In der Praxis scheinen die EPA und die amerikanische Behörde für Gesundheit und Sicherheit am Arbeitsplatz (Occupational Health and Safety Administration, OSHA) das Konzept der amerikanischen Genehmigungsbehörde für Kernkraftwerke (Nuclear Regulatory Commission) nachzuahmen, das lautet „so wenig Risiko wie vernünftigerweise möglich ist".

2.2.3 Risiko-Risiko

Diese Rahmenvorgabe stammt von der amerikanischen Behörde für Lebensmittel und Arzneimittel (Food and Drug Administration), weil sie nach der Delaney-Klausel gehalten gewesen wäre, auch solche Maßnahmen zu ergreifen, die mehr Menschenleben gekostet als gerettet hätten (Green, 1978). Einige toxische Substanzen, z.B. Lebensmittelzusätze und Konservierungsmittel, schützen unsere Lebensmittel vor Kontamination. Ihre Benutzung erfordert eine Abwägung zwischen ihren positiven Wirkungen zur Verbesserung der Nahrungsmittelversorgung und der Senkung der Lebensmittelkosten und der inhärenten Giftigkeit der jeweiligen Substanz.

2.2.4 *Allgemeine Abwägung von Risiken gegen Nutzen*

Die drei oben behandelten Rahmenvorhaben erlauben keinerlei Berücksichtigung von Auswirkungen außerhalb der Gesundheit, z. B. Menge und Preis von Lebensmitteln oder Aussehen, Geschmack oder bequeme Handhabung von Lebensmitteln. Wie töricht es ist, solche Effekte absichtlich nicht zu berücksichtigen, zeigt sich ganz deutlich an unserer eigenen Wahl. Die meisten unter uns sind doch eher bereit, die geringe Möglichkeit einer biologischen Kontamination auf sich zu nehmen, als z. B. Lebensmittel wie etwa Schweinefleisch totzukochen (um sicherzustellen, daß alle Mikroorganismen abgetötet sind). Wir wollen ja nicht einmal unser Wasser abkochen, um so die winzige Möglichkeit auszuschalten, daß die chemische Wasserbehandlung noch nicht alle schädlichen Bakterien vernichtet hat.

Diese Rahmenvorgabe soll die Kosten, die Bequemlichkeit und auch die Präferenzen erfassen und gegenüber den Risiken abwägen (Starr, 1971; NAE, 1972; Hutt, 1978; Merrill, 1981; Clark und Van Horn, 1978). Leider wird dieser Begriff sehr ungenau zur Beschreibung der verschiedensten Rahmenvorgaben benutzt, von schmalspurigen Vorstellungen vom Abwägen des Nutzens gegenüber dem Risiko, ohne daß dabei andere Attribute berücksichtigt werden, bis zu allgemeinen Phrasen. Dieser Rahmen spricht Kongreßabgeordnete und Ministerialbeamte direkt an, denn er enthält eine vage Anweisung, bei einer Entscheidung alle gesellschaftlichen Faktoren zu berücksichtigen. Niemand hat zwar etwas dagegen, daß alle relevanten Faktoren in Betracht gezogen werden, aber bisher hat auch niemand genau gesagt, wie das zu schaffen ist.

2.2.5 *Kosteneffektivität*

In Analysen der Kosteneffektivität wird versucht, im Rahmen der Sachzwänge eines festen Haushaltsplans bestimmte Ziele zu erreichen (Hitch und McKean, 1965). Die formale Durchführung erfolgte in enger Zusammenarbeit mit dem Verteidigungsministerium; das Ziel wurde seinerzeit vom Verteidigungsminister unter Präsident Eisenhower, Charles Wilson, folgendermaßen umschrieben: „Wo kriegen wir den lautesten Knall für unseren Dollar?“ Die meisten Organisationen müssen mit einem festen Haushaltsplan auskommen, und diese Rahmenvorgabe stellt mithin die richtige Frage. Noch wichtiger ist die Überlegung, daß fast alle Organisationen bis auf solche, die unmittelbar eine Ware oder Dienstleistung erzeugen, ihren Output oder ihren Beitrag zu der Einrichtung, der sie dienen, nicht messen können. Ihr Haushaltsplan wird in einem Prozeß bestimmt, in den bisherige Ausgaben, feste Beiträge und die jeweils vorhandenen Mittel einfließen. Wenn der Haushalt nicht unmittelbar mit dem laufenden Output zusammenhängt, ist die Kosteneffektivität der geeignete Rahmen, an dem sich die Maßnahmen ausrichten müssen.

2.2.6 *Behördenbudget*

Diese Rahmenvorgabe ist eine Variante des Kosteneffektivitätansatzes (DeMuth, 1980a, 1980b). Der Kongreß schreibt für jede Behörde vor, alle Kosten zu erfassen, die die Durchführung von Maßnahmen dieser Behörde der Gesellschaft auferlegen würde. Zur Zeit haben nur wenige amerikanische Behörden mit anderen als den folgenden beiden Sachzwängen zu kämpfen: der Zeit ihrer Mitarbeiter und ihrer Fähigkeit, getroffene Maßnahmen vor Gericht zu verteidigen. Die Übersicht über die zu erwartenden gesellschaftlichen Kosten, kurz gesagt das Behördenbudget, stellte dann einen weiteren Sachzwang dar, der jeder Behörde sehr deutlich vor Augen führte, welche Kosten sie der Volkswirtschaft auferlegt und damit ein Gegengewicht zur Aufgabe dieser Dienststelle schafft, Gesundheit und Sicherheit zu verbessern. Für diesen Rahmen spricht sehr vieles. Er erlegt den betreffenden Dienststellen verständliche Sachzwänge auf, stellt andererseits dem Kongreß bekannte Fragen. Die staatlichen Stellen oder der Kongreß werden auch keinesfalls zu so unangenehmen Dingen aufgefordert wie etwa einer Angabe der Mittel, die die Gesellschaft ihrer Ansicht nach aufbringen sollte, um verfrühte Todesfälle zu verhindern, sondern nur gewissen Sachzwängen unterworfen. Das soll nicht heißen, daß die Verwirklichung dieses Prinzips einfach wäre. Die einem Industriezweig durch irgendeine Vorschrift entstehenden Kosten lassen sich nur sehr schwer schätzen. Jede Behörde würde eine Kostenschätzung abgeben, die an der Untergrenze des Glaubwürdigen oder sogar noch darunter läge. Aber der größte Vorteil besteht darin, daß dieser Rahmen die richtige Frage in einer geschickten Form stellt, die sowohl den Regierungsstellen als auch dem Kongreß vertraut ist und von beiden akzeptiert werden kann.

2.2.7 Nutzen/Kosten-Analyse

Der am weitesten entwickelte quantitative Rahmen ist die Nutzen/Kosten-Analyse (Prest und Turvey, 1966; Mishan, 1976). Er verlangt die volle Angabe der gesellschaftlichen Auswirkungen einer vorgeschlagenen Maßnahme, ihre Quantifizierung und dann einen Vergleich auf der Basis einer gemeinsamen Meßgröße, im allgemeinen Dollar, so daß der unter dem Strich eintretende gesellschaftliche Effekt geschätzt werden kann. Einer der umstrittensten Aspekte bei der Anwendung dieses Prinzips ist die Bewertung von Menschenleben (Linnerooth, 1979); umstritten ist auch der soziale Diskont (Baumol, 1980).

Manche Wirtschaftswissenschaftler befürworten diese Rahmenvorgabe als einzige Grundlage für den Entscheidungsprozeß. In diesem Fall muß jede Auswirkung darin erfaßt sein, obwohl manche besser, manche schlechter quantifiziert und bewertet sind. Man kann sich auch vorstellen, daß in diese Analyse so nebulöse Dinge Eingang finden wie die Umverteilung der Einkommen oder das Aussterben bestimmter Arten; in der Praxis besteht jedoch keine Aussicht, daß dies in einer weithin akzeptierten Art und Weise geschen könnte.

Die Nutzen/Kosten-Analyse ist zwar nicht die einzige Entscheidungsgrundlage, aber doch ein wichtiger Input. Die wissenschaftlichen Tatsachen sind zwangsläufig unvollständig, aber sie zeigen, was man weiß, was nachweislich falsch ist und wo die Hypothesen anfangen. Obwohl sie unvollständig ist, stellt die Nutzen/Kosten-Analyse einen wichtigen Input im Entscheidungsprozeß dar, denn sie hebt hervor, was bekannt und meßbar ist.

3 Verwirklichung der Rahmenvorgaben

Wendet man diese Rahmenvorgaben in bestimmten Beispielen an, so ergeben sich sogleich zahlreiche Fragen. Einige wenige werden innerhalb der einem Rahmen zugrunde liegenden Annahmen geklärt, aber fast alle erfordern mühsames Forschen und politische Analysen.

3.1 Erforderliche Informationen und Analysen

Die einzelnen Rahmenvorgaben unterscheiden sich sehr stark im Hinblick auf den erforderlichen Umfang an Informationen und Analysen, von der Regelung des Risikos im Markt bis hin zu formalisierten Nutzen/Kosten-Analysen. Oft sind wichtige Informationen nicht zu beschaffen oder ihre Zusammenstellung und Analyse ist exorbitant teuer. Welche Verfahren sollte man zur Quantifizierung des Risikos anwenden und wie weit kann man ihnen vertrauen (Lave und Seskin, 1977, 1977; Lave 1981)? Damit hängt auch die Schwierigkeit zusammen, daß staatliche Behörden oft bei den Informationen, die sie hervorbringen, keinen bestimmten Zweck verfolgen. Daten stehen nicht rechtzeitig zur Verfügung, oder es kommt zu einer Konzentration von Mitteln auf Fragen, die die Forscher untersuchen wollen und nicht auf denjenigen, die eigentlich mit der Aufgabe der betreffenden Behörde zusammenhängen. Bei sorgfältiger Spezifikation des Entscheidungs- und Analyserahmens zeigte sich sehr schnell, welche Daten nötig sind, und das würde auch die Qualität der Entscheidungen der betreffenden Behörde verbessern.

3.2 Quantitifzierung des Risikos

Alle Rahmenvorgaben, von Risiko-Risiko bis zur formalen Nutzen/Kosten-Analyse, erfordern eine Risikoquantifizierung (Hoel, 1974; Crump, 1979; Crandall und Lave, 1981, ILRG, 1979; BEIR, 1972). Die umfangreiche Literatur über Risikoquantifizierung umfaßt viele Gebiete (Lave, 1981a). Risiken lassen sich zwar nur selten zuverlässig schätzen, aber es gibt auch Methoden dazu, und die daraus entstehenden Risikoschätzungen bieten für die Ausarbeitung von Vorschriften gewisse Anhaltspunkte. Einige Behörden haben behauptet, eine Quantifizierung sei heute noch nicht mit ausreichender Zuverlässigkeit möglich, als daß sich Entscheidungsprozesse zu Regulierungszwecken darauf stützen könnten.

3.3 Unbestimmtheit

Informationen und Analysen sind niemals vollständig und endgültig. Unbestimmtheiten ergeben sich aus dem, was wir nicht wissen und aus der stochastischen Natur vieler Prozesse. Häufig kann man der Unbestimmtheiten dadurch Herr werden, daß man sie ignoriert. Eine konservative Annahme wird zugrunde gelegt oder die Aspekte des Problems, die wir nicht verstehen, werden außer acht gelassen.

Aber sowohl die Ableitung einer einzelnen Risikoschätzung als auch das Ignorieren von bestimmten Seiten eines Problems sind unbefriedigend. Sie führen zu unbegründetem Vertrauen in das Ergebnis einer Analyse, fördern keineswegs die nötige Forschung und Datensammlung und resultieren in politischen Empfehlungen, die schlechter begründet sind als nötig. Die Alternative ist eine sorgfältige Herausmodellierung der Unbestimmtheiten im Modell und eine explizite Behandlung im Rahmen des Analyse- und Entscheidungsprozesses.

3.4 Festlegung von Prioritäten

Jede Behörde muß selbst entscheiden, welche Fragen sie ignoriert und welche Priorität sie den Fragen zumißt, die sie behandeln will. Wenn die einzelnen

Behörden der Festlegung von Prioritäten und ihrer Bekanntgabe vor dem Kongreß und in öffentlichen Anhörungen mehr Aufmerksamkeit widmeten, könnten sie viele der in der Vergangenheit aufgetretenen Schwierigkeiten vermeiden, brauchten nicht mehr von Problem zu Problem zu hasten und sich dann an den Pranger stellen zu lassen, weil sie bestimmte Probleme nicht berücksichtigt hatten. Rahmenvorgaben wie z. B. die Kosteneffektivität und ein Behördenbudget ermöglichen die Aufstellung einer Prioritätenliste und Entscheidungen darüber, wann Maßnahmen abzubrechen sind. Auch die Nutzen/Kosten- und Risiko/Risiko-Analyse, liefern Ergebnisse, die man zur Festsetzung von Prioritäten verwenden kann. Rahmenvorgaben wie z. B. die Null-Risikovorgabe und die Vorgabe, die Marktkräfte sinken zu lassen, bestimmen, was in Vorschriften erfaßt werden soll, geben aber keine Hilfe bei der Festlegung von Prioritäten.

Die Festlegung von Prioritäten wird auch noch durch die mangelnde gesellschaftliche Übereinstimmung in wichtigen Fragen erschwert. So mißt die Gesellschaft z. B. dem Schutz von Kindern eine höhere Priorität bei als dem Schutz der Alten, und Krebs gilt als schlimmer denn Unfalltod. Diese Werturteile werden in der Praxis zur Schaffung von Prioritäten herangezogen. Allerdings werden sie kaum je ausdrücklich dargestellt, und oft entdeckt man sie nur, wenn man Vorschriften und Prioritäten bei der Durchführung genau untersucht. Die Festlegung von Prioritäten mit Hilfe von Analysen ist ohne Rücksicht auf diese allgemeinen gesellschaftlichen Werte nicht möglich.

3.5 Wie sicher ist sicher genug?

Vorschriften bedeuten, daß Normen oder Ziele gesetzt werden. Wieviel Sicherheit wünscht die Gesellschaft in Anbetracht der Kosten (Fischhoff u. a. 1978)? Jede Rahmenvorgabe muß sich mit dieser Frage auseinandersetzen; das Null-Risiko-Prinzip verbietet z. B. jedes unnötige Risiko. In den meisten Rahmenvorgaben wird die Frage allerdings nicht so direkt angesprochen. Es besteht ein enger Zusammenhang zwischen der akzeptierten Risikohöhe und der wirtschaftlichen Bezifferung vom Wert eines Lebens. In der Delaney-Vorschrift wird z. B. dem Leben ein unendlicher Wert zugeteilt, während ein endlicher Wert eines Lebens eine von Null verschiedene Risikohöhe impliziert. Ob man nun eine Vorschrift auf die Risikohöhe konzentrieren oder den Wert des Lebens hervorheben soll, ist eigentlich nur eine Frage der leichteren Bearbeitbarkeit. Mit welcher Vorstellung läßt sich die Frage am besten ausdrücken? Der Kongreß oder die Behörde müssen den kritischen Parameter danach festsetzen, wo sie die Ziele der Gesellschaft zu erkennen vermeinen.

3.6 Durchführung von Vorschriften

Vorschriften werden heute noch durch jeweils im Einzelfall erfolgende Verhandlungen und Inspektionen durchgeführt, bei denen es Geldstrafen, Stillegungen oder Strafverfahren gibt. Dieses heutige System funktioniert nicht sehr gut (Mills, 1978; Mills und While, 1978; Ruff, 1979; Wilson, 1974 und 1980; Zeckhauser und Nichols, 1978). Die Wirtschaftswissenschaftler haben die öffentliche Nutzung privater Interessen vorgeschlagen (Schultze, 1977), die Verwendung wirtschaftlicher Anreize, um damit das Eigeninteresse auf die Verwirklichung dessen zu lenken, was im gesellschaftlichen Interesse liegt. Auch eine stärkere Abstützung auf die freiwillige Mitarbeit oder die Zusammenarbeit zwischen Staat und Industrie wird gefordert.

Das heutige verrechtlichte System hat einige Stärken, könnte aber durchaus verbessert werden. Wirtschaftliche Anreize, wie z. B. Abwassergebühren und marktfähige Einleitungsrechte, konzentrieren sich auf die wirtschaftliche Effizienz und kümmern sich wenig um andere Faktoren. Man muß untersuchen, was die anderen vorgeschlagenen Methoden zur Durchführung von Vorschriften über Gesundheit und Sicherheit zu bieten haben.

3.7 Wirtschaftliche Effizienz

Alle Rahmenvorgaben und Durchführungsmethoden wirken sich auf die wirtschaftliche Effizienz aus. Die quantitative Abweichung vom pareto-optimum muß bei jedem Vorschlag ebenso gemessen werden wie die daraus entstehende Verteilung von Einkommen und Wohlstand. Außerdem muß die Entwicklung in der Zeit berücksichtigt werden.

Die Diskussion über die mit der staatlichen Regelung verbundenen Mängel bezieht sich zum größten Teil auf die langfristigen Auswirkungen. So haben z. B. die Umweltschutzvorschriften angeblich Produktivitätswachstum und Innovationen gebremst und damit auf lange Sicht hohe Kosten verursacht (Dension, 1979).

3.8 Gerechtigkeit

Alle Rahmenvorgaben und Durchführungsmethoden haben auch Auswirkungen auf die Gerechtigkeit, heute und für künftige Generationen. Obwohl über den erwünschten Umfang von Einkommensumverteilungen oder die erwünschte Verteilung des Verbrauchs kein Konsens herrscht, spielt die Gerechtigkeit beim Erlaß von Vorschriften eine wichtige Rolle. Auf den Einzelfall zugeschnittene Entscheidungen berücksichtigen die Auswirkungen auf Kinder, auf die Alten, die Armen, Minderheiten und andere identifizierbare Gruppen. In jedem Fall wird eine Entscheidung herbeigeführt, in der Überlegungen zur Gerechtigkeit eine wichtige Rolle gespielt haben.

3.9 Einfache Verwaltung

Komplizierte Rahmenvorgaben und Durchführungsmethoden erfordern vielerlei Mittel, sind schwer zu erklären, schwer zu verwalten und jederzeit vor Gericht angreifbar. Einfachheit ist nicht nur eine Tugend, sondern eine Notwendigkeit; komplizierte Rahmenvorgaben funktionieren nicht.

4 Zusammenfassung

Wenn eine Gesetzgebung oder eine Behörde einen Rahmen für Regelungen wählen, sagen sie damit gleichzeitig auch viel über die Zielsetzungen und Prozesse zur Handhabung des Risikos aus. Die z. Z. in den Vereinigten Staaten angewandten sieben Rahmenvorhaben sind unterschiedlich erfolgreich. Keine ist den anderen eindeutig überlegen. Der im Einzelfall am besten zu wählende Rahmen hängt vielmehr vom Stand der wissenschaftlichen Kenntnisse, den gesellschaftlichen Besorgnissen um die Effizienz in der Nutzung der Ressourcen, der allgemeinen Bereitschaft, Fragen explizit zu analysieren und zwischen verschiedenen Zielsetzungen auch explizit Kompromisse zu erarbeiten, den Ressourcen für die Handhabung des Risikos und von der Aufmerksamkeit ab, die dem Einzelfall gewidmet werden kann. Selbst innerhalb eines Gebiets ändert sich die beste Rahmenvorgabe je nach dem Stand der Wissenschaft und den Ansichten der Öffentlichkeit über die Bedeutung des Risikos.

Ein Studium dieser Entscheidungsrahmen kann in zweierlei Hinsicht nützlich sein. Erstens liefert er eine systematische Beurteilung früherer Praktiken, die bei der Durchführung von Reformen helfen kann. Zweitens bietet es verbesserte Informationen über die Folgen, die sich aus der Wahl eines bestimmten Rahmens in einem Bereich ergeben. Es sind hier früher einige sehr schlechte Entscheidungen getroffen worden, und die daraus resultierenden Probleme hätte man vermeiden können.

Schließlich dürfte man, indem man der Wahl des jeweiligen Rahmens mehr Aufmerksamkeit widmet, auch gesellschaftliche Ziele und Prozesse klären. Diese Klärung ist eigentlich die wichtigste Aufgabe bei der Verbesserung des Risikomanagements.

Literatur

Baram, M.: Alternatives to regulation. Lexington, MA: Lexington Books 1982

Baumol, W.: On the discount rate for public projects. In: Havemann, R.; Margolis, J. (eds.): Public expenditures and public analysis. Chicago: Markham 1970

Biological Effects of Ionizing Radiation Advisory Committee: The effects of populations of exposures to low levels of ionizing radiation, Washington, D.C.: National Academy of Sciences 1972 (and 1976 and 1980)

Clark, E.; Van Horn, A.: Risk-benefit analysis and public policy: A bibliography. Cambridge, MA: Energy and Environmental Center, Harvard University 1978

Crandall, R.; Lave, L. B. (eds.): The scientific basis of health and safety regulation. Washington, D.C.: Brookings Institution 1981

Crump, K.: Estimating human risks from drug feed additives. Office of Technology Assessment 1979

DeMuth, C.: Constraining regulatory costs, parts I and II. Regulation 4, 1 and 2 (1980)

Fischhoff, B.; Slovic, P.; Lichtenstein, S.; Read, S.; Combs, B.: How safe is safe enough? Policy Sci. 8, (1978)

Green, L.: A risk/risk analysis of nitrite. Working Paper, Dept. of Nutritional Food Science, Massachusetts Institute of Technology 1978

Hitch, C.; McKean, R.: The economics of defense in the nuclear age. New York: Atheneum 1965

Hoel, D.: Statistical models for estimating carcinogenic risks from animal data. Proc. fifth annual Conf. on Environmental Toxicilogy, Washington, D.C., GPO 1974

Hutt, P.: Food regulation. Food Drug Cosmet. Law J., 33 (Oct. 1978)

Interagency Regulatory Liason Group: Scientific bases for identifying potential carcinogens and estimating their risks. Unpubl. Rep., Washington, D.C. 1979

Keeler, T.: Domestic truck airline regulation: An economic evaluation. In: Committee on Governmental Affairs, US Senate, Study on Federal Regulation, vol. 6, Dec. 1978

Lave, B. B.: The strategy of social regulation. Washington, D.C.: Brookings Institution 1981

Lave, L. B.; Seskin, E.: Air pollution and human health. Baltimore: Johns Hopkins University Press 1977

Lave, L. B.: Epidemiology, causality and public health. Am. Sci. (1979)

Linnerooth, J.: The value of human life: A review of the models. Econ. Inquiry XVII, (Jan. 1979)

Merrill, R. A.: Saccharin: The regulatory context. In: Crandall, R.; Lave, L. B. (eds.): The scientific basis of health and safety regulation. Washington, D.C. Brookings Institution 1981

Mills, E.: The economics of environmental quality. New York: Norton 1978

Mills, E.; White, L.: Government policies toward automotive emissions control. In: Friedlaender, A. F. (ed.), Approaches to Controlling Air Pollution. Cambridge, MA.: MIT Press 1978

Mishan, E. J.: Cost-benefit analysis: An informal introduction. New York: Praeger 1976

National Academy of Engineering: Product safety. Nat. Res. Council, Washington, D.C. 1972

Okrent, D.: Comments on societal risk. Science 208 (25) 1980

Prest, A.; Turvey, R.: Cost-benefit analysis: A survey. In: American Economic Association and Royal Economic Association, Survey of Economic Theory, vol. III. New York: St. Martin's Press, 1966

Ruff, L.: Federal environmental tegulation. In: Committee on Governmental Affairs, US Senate, Study on Federal Regulation, vol. VI, Dec. 1978

Schultze, C.: The public use of private interest. Washington, D.C., Brookings Institution 1977

Starr, C.: Social benefits versus technological risk. Science 165 (1969)

Wilson, J.: The politics of regulation. In: Mckie, J. (ed.): The social responsibility, Washington, D.C., Brookings Institution 1974

Wilson, J. (ed.): The politics of regulation. New York: Basic Books 1980

Zeckhauser, R.; Nichols, A.: The occupational safety and health administration – an overview. In: Committee on Governmental Affairs, US Senate, Study on Federal Regulation, vol. VI, Dec. 1978

Volkswirtschaftliche Aspekte der Handhabung des Risikos *

W. Eichhorn

* Dieser Beitrag entstand in wissenschaftlicher Zusammenarbeit des Autors mit der Münchener Rückversicherungs-Gesellschaft

1 Einleitung

Unter *Handhabung von Risiken* (Risk Management) kann man sowohl

- die *gedankliche Auseinandersetzung mit den Risiken, die ein System bedrohen,* als auch
- die *praktische Bewältigung dieser Risiken*

verstehen. Da man als risikobedrohtes System jedes gerade interessierende System nehmen kann, beispielsweise

eine Familie,
eine Wirtschaftsunternehmung,
einen Truppenteil,
einen Staat,

öffnet sich für Risk Management-Untersuchungen ein weites Feld. Die einschlägige Literatur hat sich bisher allerdings in der Hauptsache nur mit dem risikobedrohten System „Unternehmung" befaßt, d. h. mit *betriebswirtschaftlichen Fragen* des Risikos bzw. der Sicherheit.

Die folgenden Überlegungen sind dagegen *volkswirtschaftlichen Aspekten* der Handhabung von Risiken gewidmet. Mit anderen Worten: Im Mittelpunkt des Interesses steht das *risikobedrohte System „Volkswirtschaft"*. Dabei wird vor allem die Bedrohung durch die moderne Technik in den Vordergrund rücken.

2 Das risikobedrohte System „Volkswirtschaft"

Jede Volkswirtschaft ist – wie die Weltwirtschaft, dem sie als Teilsystem angehört – vielfältigen Risiken ausgesetzt. Bis in die sechziger Jahre unseres Jahrhunderts hinein handelte es sich bei diesen Risiken zwar um gewisse Gefährdungen des wohlstandsmehrenden volkswirtschaftlichen Kreislaufs- und Wachstumsprozesses. Als für diesen Prozeß existenzbedrohend wurden sie aber nicht angesehen. Beispielsweise traten in verschiedenen Volkswirtschaften Mißernten, Außenhandelsbeschränkungen, Arbeitslosigkeit, Inflation und soziale Konflikte mit unterschiedlicher Intensität und Zeitdauer auf, im Kern bedroht waren diese Volkswirtschaften bei rechtzeitig eingeleiteten wirtschaftspolitischen Gegenmaßnahmen dadurch aber nicht. Auch der Ausfall eines Kraftwerks oder ein Feuerschaden in einer großen Fabrik waren noch bis vor kurzem vom volkswirtschaftlichen Standpunkt aus gesehen zwar schmerzlich, aber insgesamt unerheblich.

Inzwischen haben sich in dieser Hinsicht in den letzten 20 Jahren die Dinge grundlegend gewandelt. Was ist eigentlich seit Mitte der sechziger Jahre mit den hochindustrialisierten Volkswirtschaften geschehen?

Sie haben sich zu äußerst komplexen und teilweise leicht verwundbaren Systemen entwickelt. Wegen des „Gesetzes der Massenproduktion" („economies of scale") wurden zur Warenproduktion und Energieversorgung immer größere, komplexere und damit oft auch gefährdetere Produktionseinheiten entwickelt und eingesetzt. Schumachers „Small is beautiful" [1] hat zwar den Widerstand gewisser Gruppen gegen diese Entwicklung verstärkt, aber im Grunde gegen die Macht des ökonomischen Effizienzdenkens fast nichts ausgerichtet. Gleichzeitig vergrößerte sich die gegenseitige Abhängigkeit der miteinander verflochtenen Industrie- bzw. Wirtschaftssektoren erheblich: Die Arbeitsteilung – auch innerhalb der Sektoren – nahm zu, und die Export- wie Importabhängigkeit hat für die meisten Volkswirtschaften einen gefährlich hohen Stand erreicht. Die Gas-, Wasser-, Elektrizitäts-, Daten- und Nachrichtenversorgung wurde unter dem Zwang, die Kosten zu senken, immer zentraler, also von immer weniger immer größer werdenden Einheiten aus organisiert. Ermöglicht oder zumindest stark erleichtert wurde das durch den Siegeszug der elektronischen Datenverarbeitung und der elektronischen Rechenautomaten, ohne die die Steuerung der Produktionsabläufe in der modernen Industrie und das betriebliche und volkswirtschaftliche Rechnungswesen nicht mehr denkbar sind.

Diese wenigen Anmerkungen genügen bereits, um zu zeigen: Die modernen Volkswirtschaften sind Musterbeispiele von Systemen, die besonders stark von Risiken bedroht sind. Dies um so mehr, je effizienter (im Sinne von Stückkostenreduzierung) sie bei ständig abnehmender Zahl immer größer und komplexer werdender technischer Anlagen wurden.

Die aktuelle Entwicklung zeigt an, daß in den entwickelten Volkswirtschaften das Problem der ausreichenden Güterversorgung der Bevölkerung praktisch gelöst ist; dafür ist allerdings der Preis einer erhöhten Risikobedrohung zu zahlen. Das Erreichte ist bewahrbar, wenn die Risiken so gehandhabt werden, daß das System Volkswirtschaft nach menschlichem Ermessen keine schweren Einbrüche erleiden kann. Unter „schweren Einbrüchen" seien hier und im folgenden wesentliche Verluste an Lebensqualität für eine größere Bevölkerungszahl bzw. erhebliche Rückgänge des realen Bruttosozialprodukts verstanden, verursacht durch die Realisierung eines Risikos und die sich daraus ergebenden Konsequenzen; man denke etwa an einen längeren Ausfall der Stromversorgung oder an einen katastrophalen Unfall in einem Kernkraftwerk.

Diese Sachlage fordert nach meiner Auffassung die Volkswirtschaftstheorie geradezu heraus zu

- einer *gründlichen Analyse des Systems* der hochindustrialisierten Volkswirtschaft mit dem Ziel der
- *Erstellung des Bedrohungsbildes,* d.h. der Identifizierung und Einschätzung möglicher Risiken, und der
- *Erarbeitung eines Sicherheitskonzepts,* das dann als Ergebnis komplexer Willensbildungsprozesse in und zwischen zahlreichen staatlichen und wirtschaftlichen Entscheidungsgremien

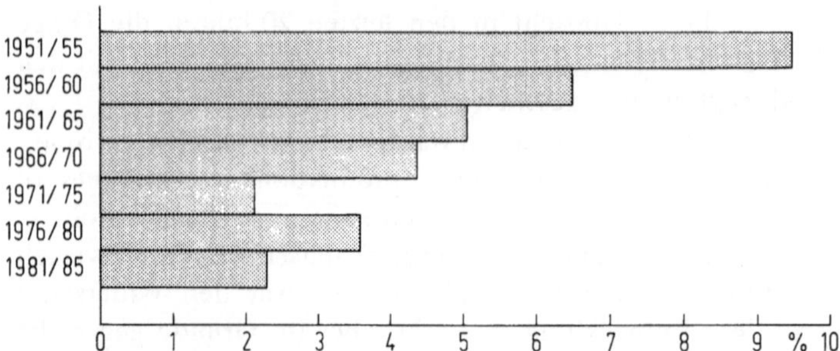

Bild 1. Durchschnittliche jährliche Veränderungsraten des realen Bruttoinlandsprodukts der Bundesrepublik Deutschland, 1981/85 geschätzt. (Ifo-Institut für Wirtschaftsforschung, Spiegel der Wirtschaft 1982/83).

- *realisiert, laufend kontrolliert* und *den* sich ändernden *volkswirtschaftlichen Entwicklungen angepaßt* wird.

Die Zeit dafür ist reif: Nach Jahrzehnten relativ hohen realen Wirtschaftswachstums sind wir in eine Phase der Konsolidierung und Sättigung auf fast allen Märkten, d.h. insbesondere in eine Phase stark fallender Wachstumsraten (vgl. Bild 1) eingetreten.

Jetzt sollten wir vom Wachstumsdenken zu Fragen der Bewahrung des Erreichten übergehen. Wer anderer Ansicht ist und etwa wegen des arbeitsplatzvernichtenden technischen Fortschritts für, sagen wir, jährlich 5% Wachstum des realen Bruttosozialprodukts in der Bundesrepublik Deutschland plädiert, dem sei vorgerechnet, daß wir dann in 14 Jahren eine Verdoppelung und in 140 Jahren eine Ver-2^{10}-fachung, d.h. eine mehr als Vertausendfachung unseres Bruttosozialprodukts hätten; im Ausland bräuchte dann nicht mehr produziert zu werden, wir würden jedem Land der Welt mehr als das Fünffache unseres jetzigen Bruttosozialprodukts liefern können und im Tausch dafür dort unseren Urlaub verbringen.

Dieses Beispiel zeigt deutlich, daß exponentielles Wachstum über längere Zeiträume für Volkswirtschaften genauso wenig möglich ist wie für Pflanzen, Tiere oder Populationen. Die volkswirtschaftliche Wachstumstheorie muß also ergänzt werden um ein ganz sicher schwieriges Kapitel, nämlich das des möglichst reibungslosen Übergangs in ein Stadium von um die Null schwankenden Wachstumsraten des realen Bruttosozialprodukts bei hohem Stand der Technik und weiterem technischen Fortschritt. Daß eine solche Situation realiter eintreten kann, sehen wir seit einigen Jahren. In diesem Zusammenhang sei auf Giarini und Loubergé [2] hingewiesen, die von „diminishing returns of technology" sprechen.

Wie schon hervorgehoben, sind die Volkswirtschaften, wenn sie die geschilderte Phase der starken Industrialisierung und Zentralisierung der Versorgung erreicht haben, in hohem Maße verwundbar. Um zu einer ökonomischen Handhabung der Risiken einer Volkswirtschaft zu gelangen, ist als erstes – wie übrigens auch bei Risk Management im Unternehmen – das Bedrohungsbild zu erstellen. Wir beschränken uns dabei hier im wesentlichen auf die mit der Technik einhergehenden Risiken.

3 Erstellung des Bedrohungsbildes

So wünschenswert sie wäre, eine vollständige Aufstellung z. B. über

- Ort und Art aller technischen Anlagen in allen Einzelheiten
- das Risiko in jedweder Hinsicht, das mit jeder dieser Anlagen und ihrer Anordnung im System aller Anlagen verbunden ist,

würde noch lange nicht für ein realistisches Bild der Bedrohung der bundesdeutschen Volkswirtschaft durch die von der Technik induzierten Risiken ausreichen, geschweige denn durch potentielle zukünftige.

Um die Auswirkungen der Realisierung eines Risikos, etwa des aus irgendeinem Grund notwendig gewordenen Abschaltens aller Kernkraftwerke, auf die Volkswirtschaft abschätzen zu können, muß man neben den technischen Einzelheiten auch die Volkswirtschaft, ihre Möglichkeiten und Grenzen genau kennen. Während man nun aber über physikalisch-technische Gegebenheiten vergleichsweise gut Bescheid weiß und beispielsweise die Frage, ob ohne Kernkraftwerke noch genug Kapazität für die Wirtschaft und die Haushalte bereitsteht, klar beantworten kann, weiß man über die Struktur und Wirkungsweise der im System „Volkswirtschaft“ miteinander mehr oder weniger verflochtenen wirtschaftlichen Regelkreise fast nichts; insbesondere kann man deshalb oft keine seriösen Prognosen über Preis- und Mengenentwicklungen machen.

Um im Beispiel zu bleiben: Welche *quantitativen* Auswirkungen ein (sagen wir) einjähriges Abschalten aller gegenwärtig in der Bundesrepublik Deutschland in Betrieb befindlichen Kernkraftwerke auf die Strompreise und den Stromverbrauch haben würde, ist schon nicht genau zu prognostizieren. Die viel wichtigere Frage, wie negativ sich eine solche Situation auf die internationale Konkurrenzfähigkeit der deutschen Industrie auswirken würde, kann mit Anspruch auf Exaktheit überhaupt nicht mehr beantwortet werden. Wie die Wirkung auf unsere Leistungsbilanz sein würde, weiß in Zahlen kein noch so versierter Volkswirt zu sagen.

Mit anderen Worten: Die volkswirtschaftlichen Konsequenzen der technologischen *Einzelbedrohungen* können rein quantitativ zumeist nicht abgeschätzt werden. Um so weniger ist für die Volkswirtschaft das technologische *Gesamtbedrohungsbild* in Zahlen ausdrückbar. Ungeachtet dieser Tatsache muß bei der Skizzierung dieses Bildes bis ins Extrem gegangen werden; die Erarbeitung eines Sicherheitskonzepts setzt nämlich voraus, daß man sich auch Gedanken über die gesellschaftlichen und volkswirtschaftlichen Auswirkungen etwa eines Kernkraftwerksunfalls oder eines mehrtägigen Zusammenbruchs der Wasserversorgung (Stichwort: Verseuchung durch Giftstoffe oder Radioaktivität) oder der Stromversorgung eines größeren Gebietes macht, *so gering die Wahrscheinlichkeit eines solchen Ereignisses auch ist.*

4 Erarbeitung eines Sicherheitskonzeptes

Unter dieser Überschrift wird in der Risk Management-Literatur all das abgehandelt, was als Gegenmaßnahme gegen das identifizierte und analysierte Risiko in der Unternehmung ergriffen wird. Wir lernen dort: Ein Risiko, eine Bedrohung, die für die Unternehmung bedeutungsvoll ist, können wir

- „vermeiden" (Stichwort: Nichtaufnahme bzw. Einstellung einer als zu gefährlich eingeschätzten Produktion),
- „vermindern" (Stichwort: Schadensverhütung),
- „überwälzen" (Stichwort: Versicherung)
- „selbst tragen",

wobei man sich häufig für eine Kombination von Vermindern, Überwälzen und Selbsttragen entscheidet. Die Gewichtung dieser Kombination wird in einer Unternehmung nach genauer Kosten/Nutzen-Analyse von *einem* Entscheidungsgremium, der Geschäftsleitung, vorgenommen.

Ganz anders ist die Sachlage in einer marktwirtschaftlich orientierten demokratisch verfaßten Volkswirtschaft: Erstens sind dort Entscheidungen über die Handhabung von Risiken das Ergebnis komplexer Willensbildungsprozesse in und zwischen *zahlreichen* Entscheidungs- und Kontrollgremien. Zweitens ist dort von den genannten vier Gegenmaßnahmen gegen das die Volkswirtschaft bedrohende große technologische Risiko „Überwälzung" kaum möglich.

Mit dem zweiten Punkt meine ich folgendes: Das Risiko beispielsweise eines längeren Ausfalls der Strom-, Gas- oder Wasserversorgung oder eines Kernkraftwerksunfalls kann eine Volkswirtschaft – wenn überhaupt – dann nur in geringem Umfang überwälzen. Die teilweise Ersetzung eines solchen Schadens, etwa aufgrund von Einzelverträgen mit anderen Staaten oder im Rahmen einer mehrere Volkswirtschaften umfassenden Versichertengemeinschaft, lag – zumindest noch bis vor kurzem – außerhalb realistischer Überlegungen. Vielleicht ist das auch gut so, denn solche Verträge könnten manche Staaten dazu verleiten, unverhältnismäßig hohe technische Risiken einzugehen.

Wenn sich eine Volkswirtschaft aus Wirtschaftlichkeitsüberlegungen und Gründen der internationalen Wettbewerbsfähigkeit nicht zur Vermeidung der Bedrohung durch eine bestimmte Technologie entschließen kann, muß sie das Risiko selbst tragen. Dieses Selbsttragen kann und muß erleichtert werden durch Anstrengungen zur Verminderung des Risikos. Diese Anstrengungen wiederum dürfen ökonomische Aspekte nicht außer acht lassen.

Solche ökonomischen und das heißt hier vor allem volkswirtschaftlichen Aspekte sind beispielsweise die folgenden:

Das System Volkswirtschaft ist nicht nur durch die technischen Großrisiken und durch die Umweltschädigungen als Folge der Industrialisierung bedroht, sondern auch durch die Möglichkeit des erheblichen Verfehlens von Zielen des sogenannten Magischen Fünfecks:

- Vollbeschäftigung,
- Preisniveaustabilität,
- Leistungsbilanzgleichgewicht,
- Angemessenes Wirtschaftswachstum,
- gerechte Verteilung des Volkseinkommens.

Dabei ergeben sich bemerkenswerte Zielantinomien: Beispielsweise können Anstrengungen zur Verminderung der mit der Großtechnologie einhergehenden Risiken wie auch der Umweltverschmutzung, wenn sie sehr kostspielig sind, dazu führen, daß die heimische Industrie ausländische Absatzmärkte verliert. Dies wiederum kann zum Anwachsen der Arbeitslosigkeit, zu abnehmenden Wachstumsraten des Bruttosozialprodukts, negativem Leistungsbilanzsaldo, Preissteigerungen und Verteilungsungerechtigkeiten führen, in der Summe schließlich vielleicht zu einer ernsteren Bedrohung der Volkswirtschaft als sie von den technischen Großrisiken oder von der Umweltverschmutzung her objektiv gegeben war.

Es ist wichtig, darauf hinzuweisen, daß vom volkswirtschaftlichen Standpunkt aus gesehen „Vermindern der Bedrohung der Volkswirtschaft durch die technischen Großrisiken" nicht notwendig gleichbedeutend mit „Vermindern der Bedrohung der Volkswirtschaft" ist. Eindimensionales, nur auf einseitiges Erhöhen der technischen Sicherheit ausgerichtetes Denken und Handeln kann (volks-)wirtschaftliche Sicherheit reduzieren.

5 Verminderung des Risikos

Obwohl es völlige Sicherheit im Umgang mit der Technik nicht gibt, steht außer Zweifel, daß „wohl jeder Sicherheitsstandard durch zusätzliche Maßnahmen noch verbessert werden kann, sofern die Kosten keine Rolle spielen" [3]. Nun spielen aber die Kosten eine wichtige Rolle. Sie sind für den Ökonomen vor dem Hintergrund der Sicherheit des gesamten Systems „Volkswirtschaft" zu sehen. Dieses System wiederum ist nicht nur durch die technischen Großrisiken bedroht, sondern auch durch die Gefahr, die Wettbewerbsfähigkeit auf den internationalen Märkten zu verlieren. Je weniger autark eine Volkswirtschaft ist, bzw. gemacht werden kann, um so mehr hängt der Wohlstand von ihrer internationalen Wettbewerbsfähigkeit ab. Wir stehen also dem Spannungsfeld der folgenden beiden Forderungen gegenüber:

Sicherheitsforderung: Die technischen Systeme müssen maximalen Sicherheitsstandards genügen, d. h., die Eintrittswahrscheinlichkeit eines bedrohlichen Schadenereignisses muß nach naturwissenschaftlich-technischer Erkenntnis minimal sein.

Wettbewerbsfähigkeitsforderung: Die die technischen Systeme nutzende Volkswirtschaft muß international wettbewerbsfähig sein bzw. bleiben.

Jede dieser Forderungen ist für sich allein, d. h. ohne Rücksicht auf die andere, ökonomisch unsinnig: Die Sicherheitsforderung würde letzten Endes dazu führen, alle verfügbaren Ressourcen dafür zu verwenden, die Eintrittswahrscheinlichkeiten und Gefahrenpotentiale von Schadensmöglichkeiten zu verringern. Auf der anderen Seite würde die Wettbewerbsfähigkeitsforderung, für sich allein genommen, die Bedrohung der Volkswirtschaft durch das technische Risiko gefährlich erhöhen, wenn nämlich Sicherheitsstandards aus kurzsichtigem Wettbewerbsdenken heraus vernachlässigt würden.

Sieht man jedoch beide Forderungen als Ganzes, so erhält man erste Hinweise für die Antwort auf die Frage: „Wie sicher ist uns sicher genug?" Diese Hinweise determinieren freilich die zulässige Eintrittswahrscheinlichkeit einer bestimmten Schadenhöhe nicht genau, sondern lassen ihr aus den folgenden Gründen noch einen relativ großen Spielraum:

Einerseits ist die für die jeweils ins Auge gefaßte Sicherheitssteigerung erforderliche Kostensteigerung oft nicht genau ermittelbar, andererseits kann man sich darüber streiten, ab welcher Kostenbelastung die Wettbewerbsfähigkeit tatsächlich verlorengeht. Diese hängt ja längerfristig gesehen auch davon ab, wie das Sicherheitsproblem *in den konkurrierenden Volkswirtschaften* gehandhabt wird. Zu großer Leichtsinn dort kann zu einer schnellen Realisierung des Risikos, beispielsweise zu einer länger andauernden Beeinträchtigung der Stromversorgung und damit zum Ausscheiden eines zunächst scheinbar überlegenen Konkurrenten führen.

Ein so bedingtes Ausscheiden aus dem internationalen Wettbewerbsprozeß will man selbstverständlich für die eigene Volkswirtschaft genauso vermeiden wie den Verlust der Konkurrenzfähigkeit durch übergroße (Sicherheits-)Kostenbelastung. Da hier die volkswirtschaftlichen Aspekte des Risikos interessieren, ist insbesondere auch die folgende Frage zu behandeln: Wie sind die technischen Risiken im Hinblick darauf zu handhaben, daß ein großes Schadenereignis tatsächlich einmal eintritt? Selbst wenn man Murphys law: „Things that can go wrong will go wrong" nicht als unausweichliches Gesetz ansieht, darf man Antworten auf diese Frage nicht schuldig bleiben.

Generell kann man sagen, daß oberstes Sicherheitsziel sein muß, die Verwundbarkeit des risikobedrohten Systems Volkswirtschaft möglichst gering zu halten. Das soll durch die folgende Forderung ausgedrückt werden:

Elastizitätsforderung: Die Volkswirtschaft ist so zu gestalten, daß sie auf zeitlich, örtlich oder sachlich zufällige Störungen wie folgt zu reagieren in der Lage ist: Die Wirkung der Störung darf zu keinen schweren wirtschaftlichen Einbrüchen führen, insbesondere was

- die Lebensqualität der großen Masse der Bevölkerung,
- die internationale Wettbewerbsfähigkeit und damit die Höhe des realen Bruttosozialprodukts

anbelangt.

Der Begriff Elastizität wurde übrigens in freier Übersetzung des Begriffs „resilience" gewählt, der in der Theorie der biologischen Systeme eine wichtige Rolle spielt.

Es ist bemerkenswert, daß man die Elastizitätsforderung, *wenn man sie nur rechtzeitig und einsichtig genug beachtet,* in weiten Bereichen und in vielerlei Hinsicht mit geringen bis gar keinen Kosten erfüllen kann.

Diese Behauptung sei anhand einiger Beispiele aus der Großrisikenthematik verdeutlicht, obwohl sie ganz generell für jede denkbare Bedrohung der Volkswirtschaft gilt.

Beispiel 1: So gering die Eintrittswahrscheinlichkeit eines größeren Kernkraftwerksunfalls auch ist – sollte irgendwo in der Welt ein solcher Unfall tatsächlich einmal eintreten, so könnte das dazu führen, daß die Öffentlichkeit (zumindest in der westlichen Welt) das Abschalten aller Kernkraftwerke für immer oder für einen längeren Zeitraum erzwingt. Bezüglich dieser Situation genügen nur diejenigen Volkswirtschaften der Elastizitätsforderung, die von Anfang an entweder auf die Stromerzeugung mit Kernkraftwerken ganz verzichtet haben oder nur so viel Kernkraftwerksstrom eingeplant haben, daß die vorhandene Nichtkernkraftwerkskapazität zur Stromversorgung noch ausreicht. Es ist bemerkenswert, daß hinsichtlich der geschilderten Störung die Bundesrepublik Deutschland der Elastizitätsforderung genügt, während Frankreich sie bereits verletzt. Es braucht hier nicht ausgemalt zu werden, welche negativen Folgen eine mangelhafte Stromversorgung für die Franzosen und ihre Volkswirtschaft, d. h. ihren Wohlstand, hätte.

Beispiel 2: Was in Beispiel 1 über den Anteil des Kernkraftwerksstroms an der gesamten Stromerzeugung bemerkt wurde, gilt ganz allgemein auch für die Versorgung der Bevölkerung mit Energie, Rohstoffen und Nahrungsmitteln. Eine Volkswirtschaft verletzt die Elastizitätsforderung dann, wenn sie so stark von einer Energieform, einem Rohstoff oder einem Nahrungsmittel abhängig ist, daß ein länger andauernder Ausfall dieser einen Quelle zu ernsteren Konsequenzen für die Bevölkerung führt. In diesem Zusammenhang ist das folgende Beispiel aus der Geschichte lehrreich: Die Nahrungsmittelversorgung war in Irland so sehr auf der Kartoffel aufgebaut, daß die Kartoffelpest („Great Potatoe Famine") des Jahres 1846 zu einer Hungerkatastrophe führte, die mehr als 1,5 Millionen Opfer forderte. Eine Massenauswanderung, vor allem nach den USA, war die Folge, und die Bevölkerungszahl Irlands sank von 8,25 auf 4,3 Millionen.

Die entwickelten Volkswirtschaften des letzten Drittels dieses Jahrhunderts sind nicht durch Hungerkatastrophen, sondern durch mögliche Gefährdungen der Energie- und Rohstoffversorgung bedroht. In dieser Hinsicht ist die Elastizitätsforderung wohl am besten erfüllt, wenn

- einerseits ein möglichst breites Spektrum von Primärenergieträgern und Rohstoffen aus möglichst vielen unabhängigen Lieferländern importiert wird, wobei der Ausfall selbst des führenden Lieferlandes noch kein ernstes Problem bedeuten darf,
- andererseits für die Umwandlung der Primärenergie in Sekundär- bzw. Nutzenergie und der Rohstoffe in Zwischen- und Endprodukte möglichst viele weitgehend unabhängige Technologien verwendet werden unter der Nebenbedingung, daß die Abhängigkeit von jeder einzelnen dieser Technologien nicht zu groß wird.

Offenbar ist in dieser Hinsicht die Bundesrepublik Deutschland bis heute gut gefahren. Wie es scheint, ist dieses Ergebnis der weitgehenden Unabhängigkeit von einzelnen Ländern und einzelnen Technologien, das im Zuge zahlreicher teilweise unkoordinierter Einzelentscheidungen und -genehmigungen entstanden ist, mit vergleichsweise geringen volkswirtschaftlichen Kosten erzielt worden.

In diesem Zusammenhang ein kurzes Wort zum Erdgas-Röhren-Geschäft mit der Sowjetunion: Die obigen Überlegungen geben Anhaltspunkte dafür, wie hoch der Anteil der sowjetischen Erdgaslieferungen an unserer gesamten Gasversorgung und an unserer gesamten Energieversorgung höchstens sein darf.

Beispiel 3: Zur Erfüllung der Elastizitätsforderung reicht eine vernünftige Diversifikation der Importe nicht aus; auch die rein technische Leistungsfähigkeit der Versorgungsnetze der Volkswirtschaft hat hohen Standards zu genügen. Beispielsweise muß das Elektrizitätsnetz so aufgebaut sein, daß es nicht zusammenbricht, wenn die größte Einheit bei stärkster Belastung des Netzes ausfällt. Hieraus folgt bereits, daß die Kapazität des größten Turbosatzes im Netz nur einen Bruchteil der gesamten Netzkapazität ausmachen darf. Weiter muß die Kapazität der Umspannwerke und Schaltanlagen entsprechend der Netzgröße gewählt werden; es kommt ja darauf an, beim Zusammenbruch eines Teilnetzes möglichst schnell Strom aus den anderen Teilen des Systems zur Verfügung zu haben. Ähnliche Überlegungen gelten für das Verbundnetz der Gas- und der Wasserversorgung.

Das volkswirtschaftliche Sicherheitskonzept ist dynamisch weiterzuentwickeln, worauf abschließend noch kurz eingegangen sei.

6 Kontrolle und laufende Anpassung des Sicherheitskonzepts

Das in einer Volkswirtschaft im Spannungsfeld zwischen den drei oben formulierten Forderungen, nämlich der

- Sicherheitsforderung,
- Wettbewerbsfähigkeitsforderung,
- Elastizitätsforderung,

gewachsene Sicherheitskonzept stellt nichts Statisches dar, statisch kann es schon deshalb nicht sein, weil die Volkswirtschaft und die Technik sich zu immer komplexeren und verwundbareren Systemen hin entwickeln. Neben einer dauernden Kontrolle des bestehenden Sicherheitskonzepts ist dessen laufende Anpassung an die neuen volkswirtschaftlichen und technischen Gegebenheiten erforderlich. Dazu ist übrigens der Staat laut Grundgesetz verpflichtet; ihm obliegt die legislative und administrative *Risikosteuerung,* speziell also auch die *Risikostreuung.* Das Risiko ist in einer Volkswirtschaft hinreichend gestreut, wenn die *Elastizitätsforderung* erfüllt ist: Es darf kein Risiko geben, das bei seiner Realisierung wegen deren Folgewirkungen erhebliche Teile der Volkswirtschaft wie ein Kartenhaus zusammenfallen läßt (Beispiele: Zu große Abhängigkeit der Volkswirtschaft von bestimmten Produktionsverfahren oder Produkten, mangelnde Diversifikation der Energieimporte nach Lieferländern und Energieträgern).

Zur laufenden Anpassung des Sicherheitskonzepts an die technische Entwicklung sei abschließend noch angemerkt. Die Risikobeurteilung neuer Risiken wie etwa des Schnellen Brüters oder später vielleicht eines Kernfusionsreaktors ist zunächst einmal unter kurz- bis mittelfristigen Gesichtspunkten durchzuführen, d.h. unter

- Abwägung von Risiko, Kosten und Nutzen,
- Opportunitätskostengesichtspunkten: Wie groß sind im Hinblick auf die Sicherheits-, Wettbewerbsfähigkeits- und Elastizitätsforderung die Vorteile bzw. Nachteile, die eine Investition der entsprechenden Mittel in eine andere Technologie bringen würde?

Kommt man aufgrund einer derartigen kurz- bis mittelfristigen Betrachtung zu dem Ergebnis, die neuen Risiken zu vermeiden, so kann dennoch die *langfristige* Perspektive dazu auffordern, das Risiko des Verzichts auf die neue Technologie und auf das damit verbundene Know-how sowie die daraus wachsenden Chancen nicht einzugehen. Beispielsweise ist durchaus vorstellbar, daß die erste Generation von Kernfusionsreaktoren – sollte es je einmal welche geben – von den Kosten her nicht konkurrenzfähig ist, daß aber die Weiterentwicklungen zur kosten- wie auch mengenmäßigen Lösung unserer Energieprobleme führen werden.

7 Zusammenfassung

Die ökonomischen und versicherungstechnischen Aspekte bei der Handhabung von Risiken wurden in den letzten Jahren in der springflutartig angewachsenen Literatur über Risk Management mehr oder weniger befriedigend behandelt. Risk Management ist die gedankliche Auseinandersetzung mit den Risiken, die ein System bedrohen, und die ökonomische Handhabung dieser Risiken. Ein risikobedrohtes System kann z. B. eine Familie, eine Unternehmung, ein Truppenteil oder ein Staat sein. Die Risk Management-Literatur befaßt sich in der Hauptsache mit der Unternehmung, während in dieser Arbeit das risikobedrohte System „Volkswirtschaft" im Mittelpunkt des Interesses steht. In einer Unternehmung kann eine Bedrohung „vermieden" oder „vermindert" oder „überwälzt" oder „selbst getragen" werden, wobei häufig eine Kombination von Vermindern, Überwälzen und Selbsttragen zustande kommt. Wenn man von zwischenstaatlichen Verträgen einmal absieht, ist für eine Volkswirtschaft das Überwälzen der großen technischen Risiken nicht möglich, so daß bei Nichtvermeiden nur Selbsttragen und Vermindern in Frage kommt. Die Handhabung der Risiken wird in einer Unternehmung nach genauer Kosten/Nutzen-Analyse von *einem* Entscheidungsgremium, der Geschäftsleitung, vorgenommen, während sie in einer marktwirtschaftlich orientierten Volkswirtschaft das Ergebnis komplexer Willensbildungsprozesse in und zwischen *zahlreichen* Entscheidungsgremien ist. Dieses Ergebnis sollte so beschaffen sein, daß das System Volkswirtschaft die angestrebte Sicherheit (z. B. Aufrechterhaltung eines vernünftigen Wirtschaftswachstums, Arbeitsplatzangebots, Umweltstandards) mit möglichst geringen volkswirtschaftlichen Kosten erreicht. Das Sicherheitskonzept ist laufend zu kontrollieren und den sich ändernden volkswirtschaftlichen und politischen Entwicklungen anzupassen.

Literatur

1. Schumacher, E. F.: Small is beautiful. New York: Harper and Row 1973
2. Giarini, O.; Loubergé, H.: The diminishing returns of technology. An essay on the crisis in economic growth. Oxford: Pergamon Press 1978
3. Marburger, P.: Das technische Risiko als Rechtsproblem. In: Bitburger Gespräche, Jahrbuch 1981. Hrsg. von der Ges. f. Rechtspolitik, Trier. München: Beck 1981, S. 47

Die Suche nach einer fehlerlosen Risikominderungsstrategie

A. Wildavsky

Auf einem ganz anderen Gebiet hat John von Neumann einmal postuliert, daß ein dauerhaftes Ganzes zuverlässiger sein muß als seine Teile. Obwohl jedes einzelne Teil ausfallen kann, würde eine ausreichende Anzahl von Alternativen dem System insgesamt eine höhere Überlebenswahrscheinlichkeit verleihen als seinen einzelnen Bestandteilen [1]. Die westliche Gesellschaft scheint sich in der entgegengesetzten Richtung zu bewegen, denn sie versucht, jedes einzelne Teil gegen Ausfälle zu schützen. Kann man die Teile stärker machen, indem man das Ganze schwächt?

1 Versuch ohne Irrtum

Neues darf nur getan werden, wenn seine Unschädlichkeit bewiesen ist – dieses Modell der Risikovermeidung möchte ich als Regel vom „Versuch ohne Irrtum" bezeichnen. Wenn man nichts tut, kann auch nichts schiefgehen, aber nur aus Fehlern kann man lernen. Die Wissenschaftshistoriker sagen, die Wissenschaft entwickle sich mehr durch Ablehnung als durch Bestätigung von Hypothesen. In den Regeln der Demokratie ist wenig darüber ausgesagt, was man im Amt tut, aber viel mehr darüber, wie man Amtsträger wieder los wird. „Werft die Typen hinaus", ist der Leitsatz der Demokratie. Im gesellschaftlichen Leben kommt es auch nicht auf die Fähigkeit, Fehler zu vermeiden (nicht einmal Gontscharows Oblomow, der sein Leben im Bett verbringt, kann das) sondern eigentlich auf die Erfahrung an, wie man mit Fehlern fertig wird.

Diese Art zu lernen ist so tief in das gesellschaftliche Bewußtsein eingedrungen, daß sie in der englischen Sprache sogar zu einem stehenden Begriff geworden ist: trial and error – Versuch und Irrtum oder Empirie. In der Risikodiskussion wird eine radikale Änderung dieser Praxis gefordert. Aber wenn wir uns schon gegen Fehlschläge versichern müssen, ehe wir überhaupt anfangen, kommen wir gar nicht erst vom Fleck.

Wie kann man zu einem Konsens gelangen, fragt David W. Pearce, wenn sich Schäden kumulieren können und Technologien „eingeführt werden, ohne daß man zuvor die Probleme gelöst hat, die sie aufwerfen. Dieses Phänomen einer ‚Lösung vom Ende her' kennzeichnet z. B. den Einsatz der Kernenergie, wo die Entsorgungsprobleme noch gelöst werden müssen, obwohl die Quelle der Abfälle, die Kernkraftwerke, schon Teile eines ganzen Energieprogramms darstellen" [2]. Man könnte sehr wohl fragen, ob überhaupt eine Technik, sei sie noch so gutartig, hätte geschaffen werden können, wenn man erst einmal hätte nachweisen müssen, daß sie keinen Schaden anrichtet.

Nehmen wir nur ein Beispiel: 1865 explodierten in den Londoner Gaswerken 30 000 m^3 Gas; dabei kamen 10 Menschen ums Leben, 20 erlitten Verbrennungen. In allen Zeitungen stand, die Metropole sei nur knapp einer Katastrophe entgangen.

„Wenn durch die Explosion der verhältnismäßig geringen in Blackfriars gespeicherten Gasmenge halb London in die Luft geflogen wäre, müßte man befürchten, daß eine Explosion aller Gasspeicher in der Metropole die Hälfte aller Städte im Königreich in Mitleidenschaft zöge. Die Gefahrenquelle muß deshalb auf jeden Fall bis nach Land's End verlegt werden“ [3]. Hätte jemand, der damals die Gasheizung oder das Gaslicht einführte, der Öffentlichkeit garantieren können, daß es keine Explosionen geben werde oder etwaige Explosionen nicht so zusammentreffen könnten, daß dabei die Stadt in die Luft flöge? Wohl kaum.

Pearce schlägt die aktive Verbreitung von Informationen vor; auf beiden Seiten sollten Fachleute tätig sein, und man sollte auch darauf achten, die Kosten zu ermitteln, die entstünden, wenn man eine bestimmte Technik nicht weiter nutzte bzw. entwickelte. Durch finanzielle Unterstützung der Gegenseite und die Einbeziehung einer breiteren Öffentlichkeit will Pearce sicherstellen, daß eine „Überwachung neuer Techniken so erfolgt, daß ein neues Vorhaben erst in Angriff genommen wird, wenn die Mittel zu seiner Kontrolle im voraus ‚angemessen' sichergestellt sind“ [4]. Dabei geht es nicht mehr um Versuch und Fehler, sondern um eine neue Doktrin: Kein Versuch ohne vorherige Garantie gegen Fehlschläge.

Das beste Argument gegen den empirischen Lernprozeß lautet, daß man diesen Prozeß nur anwenden darf, wenn die Fehler so klein sind, daß weitere Versuche möglich sind. Wenn Fehler zu nicht mehr rückgängig zu machenden Schäden in weiten Kreisen der Bevölkerung führen, ist vielleicht niemand mehr auf der Welt, der einen nächsten Versuch in Angriff nehmen könnte. Eine sehr dezidierte Ansicht darüber hat der Philosoph Robert E. Goodin geäußert:

„Versuch und Fehler oder Lernen durch Erfahrung kommen entweder für die epistemische Aufgabe in Frage, festzustellen, wo die Risiken liegen oder für die adaptive Aufgabe, sie zu überwinden; das gilt aber nur in ganz besonderen Fällen. Es geht auf gar keinen Fall in der Kernenergie. Wir müssen zuerst einmal gute Gründe für die Überzeugung haben, daß Fehler, wenn sie auftreten, klein sind. Im anderen Fall könnte sich die Lektion als viel zu kostspielig erweisen. Einige nukleare Unfälle werden sicherlich in bescheidenem Rahmen liegen. Aber aus denselben Gründen, aus denen es zu kleinen Unfällen kommen kann, kann es auch zu großen kommen, und manche Fehler, die dann zum Ausfall der Sicherheitsvorrichtungen in Kernreaktoren führen, können sehr teuer werden. In diesem Zusammenhang ist also der Ansatz von Versuch und Irrtum ungeeignet. Ferner müssen Irrtümer auf Anhieb erkennbar und behebbar sein. Die Folgen radioaktiver Emissionen aus laufenden Kernkraftwerken oder aus radioaktiven Abfallprodukten, die aus Lagern austreten, sind für die menschliche Bevölkerung oder die natürliche Umwelt unter Umständen eine ‚Zeitbombe', die nicht so bald losgeht, daß wir unser ursprüngliches Vorgehen noch entsprechend revidieren können“ [5].

Nach seiner Ansicht muß eine Irrtumswahrscheinlichkeit von Null gegeben sein, ehe überhaupt Versuche stattfinden dürfen. Hat es denn überhaupt keinen nützlichen Lernprozeß in der Kernenergie gegeben? Doch, schreibt Goodin, aber zieht daraus pessimistische Schlüsse:

„Manchmal können wir, wenn wir festgestellt haben, wo etwas und warum etwas schiefgegangen ist, sogar dafür sorgen, daß es nicht wieder auftritt. Genau diese Art, aus Erfahrung zu lernen, hat sich als wichtigste Triebfeder für ganz erhebliche Verbesserungen im Wirkungsgrad des Betriebs von Kernreaktoren erwiesen. Diese Feststellung ist allerdings Grund nicht nur zu Hoffnung, sondern ebenso sehr zur Besorgnis. Es ist bestürzend, daß in einem laufenden Kernreaktor überhaupt noch Gelegenheit zum Lernen besteht, wenn man sich die Größenordnung der Katastrophe vorstellt, die hier aus Unwissenheit oder Irrtum entstehen könnte“ [6].

Etwas schlecht zu tun, ist unstatthaft; etwas gut zu tun, ist noch schlimmer.

Wie jeder intelligente Mensch, so weist auch Goodin die Vorstellung vom Lernen aus Erfahrung nicht zurück. Er sagt dazu: „Die Frage lautet nicht, ob wir aus unseren Fehlern lernen sollen; natürlich sollen wir das. Sie lautet vielmehr, ob wir uns auf Versuch und Irrtum verlassen dürfen, solange wir keine Garantien dafür haben, daß auftretende Irrtümer klein, sofort erkennbar und behebbar sind“ [7]. Mir ist keine existierende (geschweige denn geplante) Technik bekannt, die diesen Ansprüchen genügen könnte.

Um seine Position noch weiter zu stärken, behauptet Goodin, Kernkraftwerke seien anders, denn „wir lebten hier nicht nur mit dem Risiko, sondern auch mit *unbehebbaren* Unsicherheiten“ [8]. Die Argumente gegen seine Ansicht sind ihm natürlich bekannt, und Goodin zitiert Wirtschaftswissenschaftler, die behaupten, der einzelne dürfe zwar durchaus risikoscheu sein, aber für die Gesellschaft bestehe zu dieser Haltung kein Grund. Sie meinen, daß manche Vorhaben zwar schiefgehen, aber andere zu einem guten Ende führen, so daß im Laufe der Zeit die Gesellschaft die guten auswählen kann und damit schließlich besser daran ist als vorher. Dazu sagt Goodin:

„Bei diesem Argument wird vor allen Dingen vorausgesetzt, daß ein risikobehaftetes Unterfangen im Ergebnis symmetrisch ist, also sowohl schlimmer als auch besser als erwartet ausfallen kann. Das scheint mir aber im Fall der Kernenergie nicht gegeben zu sein. Welcher unerwartete Nutzen könnte denn nach unseren Vorstellungen die ungeheuren Kosten ausgleichen, die bei einem Unfall auftreten, der die Wände der Sicherheitsumhüllung zerstört? Natürlich ist so etwas schwer genau vorherzusagen, aber es sieht doch sehr wahrscheinlich aus, daß wir das einzig Gute, das je aus der Kernenergie kommen kann, schon vorher erkennen können, so daß als Überraschung nur das Schlimme übrigbleibt. Die Gesellschaft sollte also entgegen dem Rat der Wirtschaftswissenschaften dieselbe Abneigung gegen große und ungewisse Risiken der Kernenergie entwickeln, wie es der einzelne tut“ [9].

Versuchen wir einmal, Goodin beim Nachdenken über den symmetrischen Nutzen zu helfen. Ich meine, er weist zu unrecht die Überlegung von der Hand, daß ein partieller Übergang zur Kernenergie die Kosten konventioneller Brennstoffe verringert und damit für die Ärmeren den Lebensstandard erhöht. Wenn das wirtschaftliche Argument daran krankt, daß ihm die apokalyptische Dimension fehlt, dann kann ich die gern nachliefern. Goodin hat in seiner Bilanz alle politischen Gefahren außer acht gelassen. In der Krise um den Sturz des Schahs von Persien drohte die Regierung der Vereinigten Staaten unter Präsident Jimmy Carter, notfalls mit Kernwaffen einen Verlust des Öls vom Persischen Golf zu verhindern. Ist die Vorstellung übertrieben, daß eine verstärkte Nutzung der Kernenergie die Gefahr eines Atomkriegs um die Ölvorräte vermindern könnte?

Ich habe nicht vor, hier in der Kernenergiefrage Stellung zu beziehen. Wenn sie die einzige oder wichtigste Risikofrage in unserer Zeit wäre, hätte mich eine Anwendung der Risikoanalyse überhaupt nicht interessiert. Es sind aber die überall anzutreffenden Klagen über das Risiko, die meine Aufmerksamkeit erregt haben. Nehmen Sie eine x-beliebige Zeitung in die Hand, und Sie werden über eine bis dato unbekannte Gefahr tückischer Vergiftungen lesen, die verborgen, unvermeidlich und irreversibel sind [10]. Während ich dies schreibe, sind Kaffee, Zucker und Pfeffer auf die Liste vermuteter Karzinogene gekommen. Die risikoscheue Haltung, die verlangt, daß bei jedem Versuch eine Garantie gegen Fehlschläge gegeben werden muß, hat unser ganzes tägliches Leben erfaßt.

Die direkte Folge eines Versuchs ohne Irrtum liegt auf der Hand: Wenn man nichts tut, von dem man nicht vorher weiß, wie es ausgeht, kann man überhaupt nichts mehr tun. Risiko und Leben sind untrennbar. Fast keine Handlung kann bestehen, wenn man sie an der Regel „kein Versuch ohne vorherige Gerantie gegen Fehlschlag" mißt. Ich ziehe daraus die Schlußfolgerung: Wenn das Ausprobieren neuer Techniken teurer gemacht wird, gibt es weniger Abweichungen vom Hergebrachten, und gerade dieser Mangel an Veränderungen kann das Risiko erhöhen. Sicherheit ist kein statisches, sondern vielmehr ein dynamisches Produkt des Lernens aus Fehlern. Die Pioniere zahlen die Kosten. Erste Ausführungen sind kaum je zuverlässiger; mit wachsender Erfahrung werden Kinderkrankheiten beseitigt und Unstimmigkeiten geglättet. Bliebe die Geschichte jetzt stehen, würde jede weitere Entwicklung sozusagen abgeschreckt, dann erhöhte sich das Risiko für alle Innovatoren erheblich. Je weniger Versuche, um so weniger Fehler, aus denen man lernen kann, und um so mehr Fehler, die unkorrigiert bleiben. Wenn eine Entwicklung jedoch in die zweite und spätere Generationen weiterläuft, werden in gewissem Umfang die Kosten für die Fehlerermittlung und -behebung mit künftigen Benutzern geteilt, und der Nutzen fließt zu den Urhebern zurück.

Durch den Ansatz von Versuchen ohne Fehlschläge wird das Risiko auch nicht zum Verschwinden gebracht. Es besteht ein Unterschied zwischen Sicherheit und Verdummung, den Herbert Simon 1968 unübertrefflich folgendermaßen formuliert hat:

„Der Traum, alles vorher zu bedenken, ehe wir handeln, sicher zu sein, daß wir alle Tatsachen wissen und alle Folgen kennen, ist hamletscher Wahn. Es ist der Traum eines Menschen, dem das nahtlose Geflecht von Ursache und Wirkung, die Grenzen menschlichen Denkens und die Unzulänglichkeit menschlicher Aufmerksamkeit nicht bewußt sind. Die Welt draußen ist selbst der größte Wissensspeicher. Die menschliche Vernunft kann aus den Strukturen und der Redundanz der Natur einige Folgen menschlichen Handelns vorhersagen. Aber immer wird die Welt das größte Laboratorium bleiben, aus dem wir etwas über das Ergebnis unseres Tuns, sei es gut oder schlecht, erfahren werden. Natürlich ist das Lernen aus Erfahrung teuer, aber es ist auch teuer und oft weitaus unzuverlässiger, wenn man mittels Forschung und Analyse versuchen will, Erfahrungen vorwegzunehmen. Nichts zu tun ist auch Tun, und das Experimentieren mit der realen Welt ist nicht so riskant, wie es sich anhört, mindestens nicht riskanter als die Form von Experimenten, die darin bestehen, nichts Neues oder nichts anders zu machen, bevor man nicht alle Tatsachen in der Hand hat. Das Leben fordert von uns, Risiken abzuwägen; es gestattet uns aber nicht, sie ganz zu umgehen" [11].

Man kann nun fragen, ob die Risiken besser durch den Versuch abgewogen werden, sie zu ermitteln, ehe sie überhaupt eintreten oder aber durch den Versuch, ihre Auswirkungen nach dem Eintritt zu mildern.

2 Antizipation oder Elastizität?

Die Diskussion unter Fachleuten über die rechte Art, mit Risiken umzugehen, deutet auf einen strategischen Konflikt zwischen der Antizipation und der Elastizität hin. Die Antizipation ist eine Art der Einflußnahme durch zentrale Wahrnehmung; wenn sie vorhersagen können, was schiefgehen wird, beheben Experten die Gefahr, ehe sie eintritt. Die Elastizität ist dagegen die Fähigkeit, mit dem Unbekannten, dann wenn es eintritt, besser fertig zu werden.

Die ausschließliche Beschäftigung mit der Risikoantizipation führt zu großen Organisationen und Machtzusammenballungen, mit denen erhebliche Ressourcen gegen alle möglichen Übelstände mobilisiert werden sollen. Die Wahrscheinlichkeit, daß eine bekannte Gefahr auftritt, nimmt durch diese vorgreifenden Maßnahmen ab. Hingegen wächst die Wahrscheinlichkeit, daß das Unerwartete, wenn es eintritt, zu katastrophalen Folgen führt; denn die zum Reagieren erforderlichen Ressourcen sind ja schon für die Antizipation verbraucht worden.

Der Schutz gegen alle vorstellbaren Risiken birgt die Gefahr in sich, daß die Kosten auf ein Maß steigen, das die Konkurrenzfähigkeit verschlechtert und damit auch die Innovationsrate herunterdrückt. Vorschriften und Bestimmungen, die Schutz gewähren sollen, erhöhen gleichzeitig die Kosten und damit auch die zur Durchführung der betreffenden Aktivität erforderliche Größe. Man kann also gleichzeitig gegen das Risiko und die großen Organisationen zu Felde ziehen, ohne dabei zu merken, daß das eine das andere verstärkt.

Es gibt auch subtilere Möglichkeiten, durch Überwachung die Reaktionsfähigkeit zu mindern, indem man ein falsches Gefühl der Sicherheit hervorruft. Im amerikanischen Nahverkehrssystem Bay Area Rapid Transit verließ man sich so ausschließlich auf einen angeblich fehlerfreien computergesteuerten Fahrplan, daß man überhaupt keine Vorkehrungen mehr gegen Betriebsstörungen traf, weil sie nie auftreten durften. Die Anlage war nicht „fail-safe". Clark berichtet: „Das klassische Beispiel hierfür ist das Schiff ‚Titanic', denn hier führte die neue Möglichkeit, die meisten Lecks unter Kontrolle zu halten, dazu, daß zu wenig Rettungsboote vorgesehen und keine Alarmübungen abgehalten wurden sowie ohne angemessene Vorsicht navigiert wurde" [12].

Auch bei Ökologen findet man diese Gedanken. Der Ökologe C. S. Holling vergleicht die Regulierung durch Antizipation mit der Fähigkeit, elastisch zu reagieren:

„Die Elastizität bestimmt die Dauerhaftigkeit der Beziehungen innerhalb eines Systems. Die statistische Analyse zeigt, daß in extremen Klimaänderungen ausgesetzten Gebieten die Populationen sehr stark schwanken, aber auch eine ausgeprägte Fähigkeit aufweisen, periodische Extremwerte dieser Änderungen zu überstehen ... In gemäßigteren, gleichmäßigeren Klimazonen sind die Populationen viel weniger in der Lage, gelegentliche klimatische Extremwerte zu ertragen, obwohl sie insgesamt konstanter sind."

Vom Standpunkt des Risikomanagements her liegt das Dilemma in den Gegensätzen von Antizipation und Elastizität. Die Antizipation verstärkt die Gleichförmigkeit; je weniger Schwankungen, um so besser. Die Elastizität verstärkt die Variabilität; in guten Zeiten geht es einem nicht ganz so gut, aber man lernt dabei, schlechte Zeiten zu überstehen. Holling kommt zu dem Schluß:

„Derselbe Ansatz, der eine stabile, maximale, stetige Ausbeute einer erneuerungsfähigen Ressource sicherstellt, kann u. U. diese deterministischen Bedingungen so ändern, daß die Elastizität verlorengeht oder vermindert wird und ein zufälliges, seltenes Ereignis, das bis dahin ohne weiteres überstanden wurde, eine plötzliche dramatische Veränderung auslösen und damit zum Verlust der strukturellen Integrität des Systems führen kann" [13].

In unserem Energiezusammenhang würde sich die Elastizität auf Vielfalt gründen. Man sollte nicht versuchen, sich gegen alle Übel zu schützen, sondern nur die wahrscheinlichsten oder gefährlichsten abdecken und dabei durchaus erwarten, daß man gegen die nicht erfaßten Übelstände jeweils bei oder nach dem Eintreten des betreffenden Ereignisses Gegenmaßnahmen einleiten könnte. Für die Energiepolitik ergäben sich daraus die Folgerungen, daß man sich nicht ausschließlich auf eine einzige Energiequelle oder eine einzige Energieerzeugungsart abstützen sollte, damit man in der Lage wäre, elastisch zu reagieren, gleichgültig was mit den Energievorräten oder Energietechniken passiert. Die Sonnenenergie ist wegen ihrer geringen Größe und Unabhängigkeit von einer zentralen Koordination ein wünschenswertes Entwicklungsziel; sie wird mit geringerer Wahrscheinlichkeit auf einen Schlag außer Betrieb zu setzen sein. Dennoch kann sie bei Klimaänderungen oder bei unvorhergesehenem kontinuierlichem Spitzenlastbedarf, wie ihn Kernkraftwerke decken können, im Nachteil sein. Einige Naturwissenschaftler behaupten, daß durch die Verfeuerung fossiler Brennstoffe der Kohlendioxidgehalt der Atmosphäre steigt, dadurch die Erde erwärmt und das Eis an den Polen zum Schmelzen bringt. Wenn und falls sich das zeigt, wünschen wir uns vielleicht die Kernenergie als Ersatz für fossile Energieträger, um eine dann größere Gefahr abzuwehren. Abgesichts der einen sicheren Tatsache, daß wir große Schwierigkeiten, vor denen unser Land in Zukunft stehen mag, absolut nicht vorhersagen können, sind Diversität und Flexibilität wohl die beste Verteidigung.

Der Versuch, das Risiko durch einen Abbau der Vielfalt zu verringern, kann es in Wirklichkeit erhöhen.

Auf verschiedene Weise kann der Versuch, Risiken zu vermindern, sie in Wirklichkeit verstärken oder auf andere Objekte verlagern. Die Risikoverlagerung ist schon zur Routinepraxis geworden. Wenn die Bedingungen für die Zulassung bestimmter Arzneimittel erschwert werden, werden eben weitaus mehr klinische Erprobungen an Ausländern durchgeführt, die im allgemeinen ärmer sind und weniger Ressourcen haben, mit denen sie leidige Folgen beheben können. Und wenn die klinische Erprobung teurer wird, kann man sich eben nur noch um wichtige Krankheiten kümmern, und die weniger verbreiteten Beschwerden bleiben sich selbst überlassen. Außerdem haben die Reichen Zugang zu im Ausland entwickelten Arzneimitteln, was Ärmeren nicht möglich ist.

Man sollte also fragen, was passiert, wenn ein Risiko nicht eingegangen wird. Man weiß z. B., daß eine frühzeitige Impfung gegen ungefährliche Krankheiten, wie etwa die Röteln, dazu führen kann, daß man im späteren Leben eine viel schwerere Krankheit bekommt. Und wenn für risikobehaftete Substanzen Ersatz geschaffen werden soll, weiß niemand, wie deren Risiko im Vergleich zu den Risiken der aufgegebenen Substanzen aussieht [14]. Wenn der Verbraucher rote Lebensmittel will, dann wird der rote Farbstoff Nr. 2, lange als Lebensmitteladditiv benutzt, jedoch jetzt für möglicherweise krebserregend befunden, vielleicht verboten, aber durch zahllose andere Farbstoffe ersetzt, über die man viel weniger weiß. Wenn ein gewisser Risikograd unausweichlich ist, führt seine Unterdrückung an einer Stelle vielleicht nur zu einer Verlagerung an eine andere Stelle.

Auch folgende, etwas engere Interpretation ist vielleicht möglich: Ein Risiko, das nicht in allen Bestandteilen eines Systems aufgrund einer allgemeinen Ertüchtigung verringert wird, tritt nach Unterdrückung an der einen Stelle nur an einer anderen Stelle wieder auf. „Durch entsprechende Bemühungen hatte man zwar die Art der auftretenden Risiken verändert", folgert Clark, „aber nicht die Risiken als solche. Sehr häufig wurden durch derartige firmenpolitische Entscheidungen die Risikostrukturen von den Menschen, die an den Umgang mit Risiken gewöhnt waren, auf Gruppen verlagert, die niemals mit solchen Risiken zu tun gehabt hatten" [15]. Die Risikoverlagerung kann gefährlicher sein als das Ertragen eines Risikos, denn wer vor neuen Risiken steht, ist daran vielleicht nicht gewöhnt, und wer die alten Risiken nicht mehr auf sich zu nehmen braucht, ist vielleicht verletzlicher, wenn sich die Verhältnisse ändern.

Es wäre vernünftiger, wenn man durch Antizipation globale, katastrophale Risiken vermeiden könnte. Aber von katastrophalen Risiken zu reden, ist nicht gleichbedeutend damit, sie zu identifizieren oder gar zu wissen, was man gegen sie tun kann.

Gehen wir davon einmal aus: Etwas, was wir bisher außer acht gelassen haben, erweist sich als wichtig und gefährlich. Nehmen wir an, der Staat will die Menschen vor dieser Gefahr schützen. Selbst in diesem Fall ist Antizipation nicht unbedingt die beste Politik. Wenn wir im Dunkeln tappen, können wir einige potentielle Katastrophen heraussuchen, die wir selbst mit großem Aufwand zu vermeiden trachten wollen. Wenn sich jedoch die Erwartung einer Katastrophe allgemein durchsetzt, muß man Prioritäten unter den potentiell verhütbaren Katastrophen setzen, weil sonst zu wenig Mittel übrigbleiben, mit denen man noch auf Unerwartetes reagieren kann. Wenn wir so wenig darüber wissen, ob das Risiko überhaupt je eintritt, ist die Gefahr, daß wir schaden, ebenso groß wie die Möglichkeit, daß wir helfen. Woher weiß denn eine Regierung, welches von einer unendlichen Vielzahl von Übeln sich manifestiert? Vieles, das heute gefährlich aussieht, kann sich letzten Endes als positiv erweisen. Anderes ist vielleicht etwas gefährlich, aber der Versuch, es zu antizipieren, kann viel schlimmere Folgen nach sich ziehen, als wenn man die Entwicklung sich selbst überließe. Die bei weitem größte Wahrscheinlichkeit besteht darin, daß alles, was passiert, unerwartet ist. Wir wären also besser daran, wenn wir unsere Reaktionsfähigkeit, unsere Elastizität verbesserten, als unsere Stärke in allerlei Bemühungen zu verzetteln, irgendwelche unbekannte Dinge abzuwehren.

Wenn man das Argument für eine Risikominderung einmal abstrakt und losgelöst vom verwirrenden Inhalt analysiert, versteht man seine zentralen Aussagen vielleicht besser. Der Planet Erde hat ein lebenserhaltendes System, dessen Elemente alle eng zusammenhängen und sehr empfindlich sind, und dessen Ergebnisse fern und ungewiß sind. Weil heute getroffene Maßnahmen lang anhaltende zukünftige Folgen nach sich ziehen, muß man das Interesse künftiger Generationen schon bei heutigen Entscheidungen berücksichtigen. Was ist nun das beste Vermächtnis für die Zukunft: materielle Ressourcen, die sie nach unserer Meinung haben sollte, oder mehr Freiraum für eigene Entscheidungen?

Je mehr wir uns darauf verlassen, daß künftige Generationen klug wählen (oder mindestens nicht schlechter als wir heute), um so weniger brauchen wir ihnen bestimmte Arten des physikalischen Lebens weiterzugeben. Wenn wir uns um unsere Nachkommen sorgen, wollen wir natürlich sicherstellen, daß es ihnen besser geht. Dabei kommt es auch darauf an, wer entscheidet, was für die Zukunft gut ist: sie oder wir. Wenn wir ihnen generalisierte Ressourcen hinterlassen, also Wissen, Fähigkeiten, Geschicklichkeiten, funktionierende Einrichtungen, gegenseitiges Vertrauen, dann haben die Menschen der Zukunft mehr Freiraum für eigene Entscheidungen. Wenn man Ressourcen dazu verbraucht, sich gegen Risiken für die gegenwärtige Bevölkerung zu schützen, verbraucht man Mittel, die sonst für die Zukunft zur Verfügung stünden. Die Geschichte könnte eines Tages die doppelte Ironie in einem Argument erkennen, das die Zukunft moralisch ausbeutet, in dem es Gegner im Namen der Zukunft schmäht und die Zukunft materiell ausbeutet, indem es seinen Anteil an der Gegenwart, natürlich zum eigenen Nutzen, verbraucht, gleichzeitig aber ständig darauf hinweist, daß diese unfähig, verdächtig und böse ist.

Wenn man alle einzelnen Teile vom Risiko befreit, hat das schlimme Folgen für das Ganze und schlimme Folgen für die Teile. Erinnern wir uns an das Dilemma, vor dem Consolidated Edison 1977 in New York City stand. Damals gab es nicht eines, sondern zwei potentielle Probleme: Eine Verminderung des Risikos, daß die ganze Stadt einen Stromausfall erleiden würde im Vergleich zu dem Risiko eines Stromausfalls nur in einem einzigen Bezirk. Je größer die Bereitschaft, Last durch Stromabschaltung in einem Bezirk „abzuwerfen", um so geringer die Wahrscheinlichkeit, daß das ganze Stadtnetz überlastet wird und alle Bezirke ohne Strom dastehen. Die Sicherheit des Ganzen hängt von der Bereitschaft ab, einen Teil aufzugeben, wobei dieser Teil vielleicht unbekannt ist und auch die Gelegenheit nicht vorherzusehen ist. Wenn jedoch keine Bereitschaft besteht, eine Abschaltung an einem bestimmten Standort zu riskieren, dann kann, wie die Ereignisse gezeigt haben, das ganze städtische Netz selbst gefährdet sein, und alle Teile leiden. Wie kann es zu einer Anpassung kommen, wenn manche Verhaltensformen und manche Organismen nicht aussterben? Soll daraus zu folgern sein, daß alles ewig lebt? Wenn die Konzentration auf nicht mehr rückgängig zu machende Schäden nicht eine versteckte Unsterblichkeitserwartung darstellen soll, kann nicht alles und jeder überleben.

Nehmen wir einmal an, daß alle Untergruppen der Gesellschaft, Bauern, Arbeiter, Alte, Junge usw., Risikogarantien bekämen. Nehmen wir ferner an, daß ihre Sicherheit ohne Rücksicht auf die Kosten gewährleistet sein müßte. Wer würde dann die Zeche bezahlen? Vielleicht müßte man die Risiken dann auf den Rest verteilen. Aber wenn man so lange Garantien verteilte, bis niemand mehr ungeschützt wäre, müßte man sich fragen, wie dann Erschütterungen ertragen werden sollten. Wie könnte man denn Risiken jemals als noch so gerechte Sache ansehen, wenn man niemanden die Verluste aufbürden könnte? Das System würde sich nicht mehr anpassen. Die Folgen von gesetzgeberischen Maßnahmen zur Risikoabwendung sind große Katastrophen, vom Hochwasser, der Hungersnot oder dem Einmarsch fremder Mächte bis hin zu der materiellen und technischen Armut, die keine Möglichkeit mehr bietet, sich aus dem Schlamassel herauszuziehen.

Dasselbe Problem im ökologischen Zusammenhang zieht dieselbe Lösung nach sich. Die jüngsten Erklärungen über Immissionen in den Vereinigten Staaten kann man interpretieren, als sollten ihnen zufolge alle geschützten Werte konstant bleiben. Die Umwelt soll in all ihren Teilen unverletzlich bleiben. Das ist kein sehr großes Problem, aber wenn man Gesundheit, Sicherheit, Arbeitsplätze, Inflation, Aussagen über Einwirkungen auf Städte, ländliche Bezirke und sonstige Erklärungen hinzunimmt, dann hat man plötzlich eine Welt der staatlichen Eingriffe, die nur noch aus Konstanten besteht und keinerlei Variable mehr enthält.

Flexibilität und Vielfalt läßt die einzelnen Teile anders zum Ganzen beitragen. Auf einem Gebiet für wirksam befundene Sicherheitsmaßnahmen kann man auch auf andere anwenden und damit beide verbessern. Die Zuverlässigkeit wächst, wenn zahlreiche Systeme in der Lage sind, ausfallende Systeme zu ersetzen, wie z. B. in einem Unterseeboot. Die Doppelauslegung hängt davon ab, daß man genügend Ressourcen hat, um zusätzliche Einheiten einzuschalten und genügend Diversität aufbringt, neue Ansätze zu entwickeln. Wenn man aber allen Teilen unzählige gleiche Sicherheitsmaßnahmen auferlegt, dann hindert das diese Teile, Ressourcen zu akkumulieren oder Alternativen auszuprobieren. Wenn niemand mehr einen Effekt erster Ordnung durchmachen darf, dann nimmt es auch niemand mehr auf sich, sich an wechselnde Verhältnisse anzupassen. Der schlimmste Fall liegt dann vor, wenn das Ganze die Gleichförmigkeit und die Teile die Starrheit beisteuern. Dann ist der Rahmen für die Weitergabe des Gelernten an andere oder für die Entdeckung neuer Konfigurationen oder die Reaktion auf Unvorhergesehenes geschrumpft.

3 Elastizität fordert Vertrauen

Die organisatorischen Voraussetzungen für die Elastizität sind gesellschaftlicher und politischer ebenso wie technischer Art. Wenn Institutionen warten sollen, bis sich Gefahren von selbst manifestieren, wie dies die Elastizität erfordert, müssen sie auch die Freiheit haben, sich schnell anzupassen. Daraus folgt, daß elastische Institutionen auf öffentliches Vertrauen gegründet sind; diese elastischen Institutionen müssen ein hohes Maß an Legitimität aufweisen. Aber der Risikoscheue glaubt ja nicht, daß seine Institutionen elastisch sind. Er glaubt nicht, daß sie mit künftigen Problemen fertig werden können. Deshalb muß das „Establishment“ dazu gebracht werden, heute schon all das Schlimme zu antizipieren, das vielleicht einmal eintritt. Diese antizipatorische Strategie, keine Versuche ohne Garantie gegen Fehlschläge zuzulassen, erfüllt sich in der Hinsicht selbst, daß mangelndes Vertrauen auch die Elastizität der Institutionen mindert, so daß sie weniger wirksam mit auftauchenden Problemen fertig werden können.

Wenn wir uns das letzte Vierteljahrhundert ansehen, erkennen wir, daß der Lebensstandard dramatisch angestiegen ist und sich gleichzeitig Morbidität und Mortalität wesentlich verringert haben. Daß wir reicher geworden sind, hat mit sich gebracht, daß wir auch sicherer geworden sind [16]. Man könnte zu dem Schluß kommen, daß sich die Verheißung der westlichen Institutionen reichlich erfüllt hat, vielleicht mehr als je zuvor. Warum ist dann aber das Mißtrauen in die westlichen Institutionen so stark, in die Verbindung aus Hierarchie und Märkten, die wir als Establishment bezeichnen, obwohl sie doch bei jedem Sicherheitsvergleich auf der Welt so erfolgreich sind? Die wachsende Besorgnis über die durch die Technik bewirkten Risiken für die menschliche Gesundheit und die natürliche Umwelt ist eigentlich eine Volksabstimmung über diese Institutionen. Hätte man das Vertrauen, daß sie elastisch auf künftige Gefahren reagierten, dann gäbe es heute nicht die Art von Angst, die wir alle miterleben. Wenn man geschätzte Institutionen gegen Angriffe von außen schützen will, antizipiert man Gefahren, indem man sich im voraus rüstet. Wenn man aber nachweisen will, daß in Mißkredit geratene Institutionen die Verteidigung gar nicht wert sind, dann stellt man ihre Fähigkeit in Frage, sich gegen innere Risiken zu schützen. Macht man sich die Regel zu eigen, daß es überhaupt keine Versuche geben darf, wenn auch nur die kleinste Möglichkeit eines Fehlschlags einer internen Maßnahme besteht, sie gleichzeitig aber auch zur externen Verteidigung ablehnt, was die westlichen Länder z. Z. tun, dann läuft das auf eine Ablehnung der vorhandenen Institutionen hinaus. Die erste Erkenntnis über unser umstrittenes Thema besagt, daß in allererster Linie unsere Institutionen einem Risiko ausgesetzt sind.

Literatur

1. von Neumann, J.: The general and logical theory of automata. In: Buckley, W. (ed.): Modern systems research for the behavioral scientist, Chicago: Aldine Publishing Comp., 1968, pp. 97–107. Siehe auch Ross Ashby, W.: Variety, constraint, and the law of requisite variety. Ebda. pp. 129–136.
2. Pearce, D. W.: The preconditions for achieving consensus in the context of technological risk. In: Dierkes, M.; Edwards, S.; Coppock, R. (eds.): Technological risk: Its perception and handling in the european community. Cambridge, MA: Oelgeschlager, Gunn & Hain, Publ.; und Königstein/Ts.: Anton Hain, 1980, p. 58
3. The Journal of Gas Lighting, Water Supply, and Sanitary Improvement. November 14, 1865, p. 807
4. Pearce, D. W.: Siehe [2], p. 63
5. Goodin, R. E.: No moral nukes. Ethnics 90 (April, 1980) pp. 418–419
6. Siehe [5], p. 418
7. Siehe [5], p. 419
8. Siehe [5], p. 421
9. Siehe [5], p. 425–426
10. Wildavsky, A.: Is life an involuntary risk? Paper prepared for the University of Pennsylvania Wharton School Conf. on Analysis of Consumer Policy, May 1981
11. Simon, H.: Designing organizations for an information-rich world. In: Greenberge, M. (ed.): Computers, communications, and the public interest. Baltimore, London: The Johns Hopkins Press 1969, pp. 38–72

12. Clark, W. C.: Witches, floods, and wonder drugs: Historical perspectives on risk management. Paper for Symp. of Societal Risk Assessment: How safe is safe enough? Sponsored by General Motors Corp., Oct. 1979
13. Holling, C. S.: Resilience and stability of ecological systems. Ann. Rev. Ecol. Syst. 4 (1973) 1–23
14. Clark, W. C.: Managing the unknown: An ecological view of risk assessment. Paper prepared for the SCOPE-MAB Workshop on Identification of Environmental Hazards, held in Shrewsbury, MA, January 1977, und Wildavsky, A.: No risk is the highest risk of all
15. Clark, W. C.: Siehe [12], p. 21
16. Wildavsky, A.: Richer is safer. The Public Interest No. 60 (Summer 1980) pp. 23–39

Zusammenfassung der Diskussion über den Themenkreis „Ökonomisch vertretbare Strategien zur Risikominderung“

S. Lange

Die Diskussion diente der Erläuterung der Ideen von Lave und Wildavsky.

Die These von Lave lautet kurzgefaßt: Wir muten unserer Bürokratie und sie sich selbst zu viel zu und sollten uns darüber verständigen, was sie leisten kann und was nicht.

Die These von Wildavsky lautet kurzgefaßt: Wir mindern durch die Antizipation möglicher und eingebildeter Katastrophen unsere Kraft, im Notfall angemessen reagieren zu können.

Diskussionsbeiträge kamen zu den folgenden Fragen:

- Warum kann man eine allgemeine Enttäuschung in den USA über die Leistungsfähigkeit der Kontrollbehörden feststellen, wo doch ein Zeitraum von 10 bis 15 Jahren für eine angemessene Leistungsbeurteilung nicht ausreicht?
- Was kann eine Kontrollbehörde leisten und was nicht?
- Warum trifft die Antizipation möglicher Katastrophen bei Wildavsky auf so heftige Ablehnung?
- Welche konkreten politischen Schlußfolgerungen zieht das Ziel, die volkswirtschaftliche Elastizität zu bewahren statt einen großen Teil der Kraft auf die Antizipation zu verwenden, nach sich?

Nach Lave hat der amerikanische Gesetzgeber viel versprochen und wenig gehalten. So hieß es 1970 in dem Gesetz über die Reinhaltung der Luft, daß bis 1977 die Luft in den Vereinigten Staaten sauber sein würde. Als dieses Ziel 1977 nicht erreicht war, erklärte der Kongreß, 1982 sei es aber bestimmt so weit, was wiederum nicht eingetroffen ist. Die Öffentlichkeit ist also mit Recht enttäuscht. Und diese Enttäuschung beschränkt sich nicht auf den äußersten rechten Flügel. Man will die Ziele erreicht sehen und ist auch bereit, dafür zu zahlen; aber man ist nicht mehr bereit, gesetzgeberische Maßnahmen hinzunehmen, die offensichtlich nicht greifen.

Wenn die amerikanische Behörde für Arbeitsschutz und Gesundheit im Verlaufe von 12 Jahren insgesamt 18 Vorschriften erlassen hat, also 1 bis 2 Vorschriften im Jahr, wie kann sie dann ihre Schutzfunktion wahrnehmen? Man muß annehmen, daß sie auch in Zukunft nicht mehr leisten wird. Wenn man sich klarmacht, daß eine Behörde nur einige wenige Fälle aufgreifen kann, so muß man sich in der überwiegenden Zahl der Fälle an andere Stellen wenden, z. B. an die Tarifpartner.

Der Versuch, erst dann zu handeln, wenn man jeden Irrtum ausschließen kann (trial without error), führt zu einem unglaublich hohen Datenbedarf und Aufwand an theoretischen Überlegungen. Wie auch diese Tagung bestätigt, ist Vollständigkeit des Wissens aus prinzipiellen Gründen nie zu erreichen. Obwohl das Leben in den industriellen Gesellschaften im Verlaufe der letzten 100 Jahre sicherer geworden ist, wie die Zunahme der Lebenserwartung zeigt, und es immer Gefahren gegeben hat, vergeht heute kein Tag mehr, ohne daß in den Zeitungen über versteckte, unbeabsichtigte und nicht mehr rückgängig zu machende Risiken berichtet wird. Wildavsky zieht daraus den Schluß, daß die eigentlich interessante Frage die ist, warum sich die Menschen heute so um ihre Sicherheit Sorgen machen, und wendet sich mit Heftigkeit dagegen, daß eine vorschnelle Antwort auf die Sorgen in noch mehr Aufwand für die frühzeitige Entdeckung von Risiken gesucht wird. Je mehr eine Volkswirtschaft in die Vorsorge steckt, desto weniger finanzielle und geistige Reserven stehen ihr im Notfall zur Verfügung, desto weniger elastisch kann sie reagieren. Die Neugier der Menschen sollte nicht in die Vorsorge gegen immer unwahrscheinlichere Risiken, sondern in kreative Kanäle gelenkt werden, die den gesellschaftlichen Wohlstand erhöhen und die Elastizität erhalten.

Die entscheidende Frage, wo die Grenze zu ziehen ist zwischen notwendiger und unnötiger Antizipation, wurde nicht beantwortet. Statt dessen erläuterte Wildavsky an einem Beispiel seine politischen Schlußfolgerungen: Wenn man zu wenig Wissen über die möglichen Risiken unterschiedlicher Energieträger hat, so ist es sinnvoll, mehrere verschiedene Energieträger zu verwenden und alternative Energieträger zu entwickeln, so daß keiner mehr als 25% zur benötigten Energie beiträgt und Katastrophen begrenzt werden.

Anforderungen an gesetzliche Vorschriften

Sicherheit und Risiko im Arzneimittelbereich – Fiktion und Realität

K. Überla

Die Ermittlung und Bewertung von Risiken im Bereich der Medizin und Gesundheit ist durch besondere Schwierigkeiten gekennzeichnet, die sich im technischen Bereich nicht oder nicht in diesem Umfang finden. Lassen Sie mich einige nennen:

- Wirkungsmechanismen und Kausalverläufe sind schwieriger aufzuklären als im technischen Bereich. Die Kausalität ist in der Biologie oft umstritten.
- Die Streuung zwischen den Individuen und den Gruppen ist größer. Die Variabilität der Menschen steht manchmal stärker im Vordergrund als die Regelhaftigkeit.
- Naturwissenschaftliche Experimente sind aus moralischen Gründen nur eingeschränkt möglich. Vieles werden wir nie wissen können, mehr als in technischen Bereichen.
- Das schicksalhaft empfundene, manchmal irreparable Leiden ist ein stärkerer Nährboden für irrationale Hoffnungen als im Bereich der Technik, sofern sie überschaut wird. Dies erklärt die Anerkennung, die Außenseitermethoden in der Medizin immer finden. Die beweisbaren Argumente haben in der Medizin einen anderen Stellenwert als in der Technik.
- Gegenüber dem technischen Bereich kommen Maßstäbe hinzu, die vielfältiger, weniger explizit formuliert und fluktuierender sind.

Diese und andere Unterschiede führen dazu, daß die Spannung zwischen Fiktion und Realität in der Medizin besonders groß ist, wenn man Risikofragen bedenkt. Ich werde zunächst eine grobe Bestandsaufnahme versuchen. Hierzu gehören die gesetzlichen Rahmenbedingungen, das Mengengerüst, dem sich das Bundesgesundheitsamt (BGA) gegenübersieht, einige Erfahrungen an einem neueren Beispiel, die Beschreibung der Vorgehensschritte bei der Risiko/Nutzen-Abwägung und die Benennung von Schwachstellen und Schwierigkeiten. Im zweiten und letzten Teil will ich mich dann Anregungen aus der Praxis zuwenden für eine realitätsorientierte empirische Regulation.

1 Bestandsaufnahme

Das Arzneimittelgesetz von 1976[1] enthält in umfassender Weise das moderne Instrumentarium zur Gefahren- und Risikoabwehr. Neben die Produzentenhaftung

1 Rechtliche Aspekte in Anlehnung an G. Lewandowski: Probleme des Risikos im Arzneimittelbereich. ZfU 4 (1980) 865–872

des Bürgerlichen Rechts stellt es die verschuldenunabhängige Haftung mit Höchstbeträgen und der Pflicht zur Deckungsvorsorge. Die Zulassungsbehörden des Bundes und die Überwachungsbehörden der Bundesländer erhalten durch das Arzneimittelgesetz (AMG) weitgehende Ermächtigungen zu Maßnahmen der Gefahren- und Risikoabwehr, die durch die Rechtsprechung der letzten Jahre gefestigt wurden.

Nur wirksame und unbedenkliche Arzneimittel sollen auf den Markt gelangen und dort geduldet werden. Bedenkliche, d.h. unerträglich riskante Arzneimittel sind solche, bei denen nach dem jeweiligen Stand der wissenschaftlichen Erkenntnis der begründete Verdacht besteht, daß sie bei bestimmungsgemäßem Gebrauch schädliche Wirkungen haben, die über ein nach den Erkenntnissen der medizinischen Wissenschaft vertretbares Maß hinausgehen. Das Gesetz macht die Verkehrsfähigkeit eines Arzneimittels von einer fortbestehenden positiven Nutzen/Risiko-Bewertung abhängig. Ohne eine derartige Bewertung darf es der Unternehmer unter Strafandrohung nicht in den Verkehr bringen, darf es nicht zugelassen werden und darf es von der Zulassungsbehörde nicht im Verkehr geduldet werden.

Unbestimmte Rechtsbegriffe wie „begründeter Verdacht", „schädliche Wirkung" und „vertretbares Maß" müssen im Einzelfall nach dem Stand der wissenschaftlichen Erkenntnis ausgefüllt werden. Damit wird das BGA auf die Erkenntnisgewinnung nach wissenschaftlichen Maßstäben verwiesen. Die Entscheidung der Behörde unterliegt der vollen gerichtlichen Nachprüfung.

Die angedeutete rechtliche Ausgestaltung von Sicherheits- und Risikofragen im Arzneimittelbereich, wie sie in der Bundesrepublik Deutschland Gültigkeit hat, ist im Vergleich zu anderen Ländern fortschrittlich und ausgewogen. Die Erfahrungen mit diesem Instrumentarium sind gut. Die Beteiligten haben alle Ermächtigungen und Verpflichtungen, um sinnvoll handeln zu können.

Die Handlungsmöglichkeiten des BGA und der Länderbehörden bei Auftreten von Arzneimittelrisiken sind im sogenannten Stufenplan, einer allgemeinen Verwaltungsvorschrift, näher präzisiert. Sie umfassen nach der Schwere geordnet:

- Die Einholung von Sachverständigen-Gutachten und die Vergabe von Forschungsaufträgen;
- Anwendungsempfehlungen für die Heilberufe und Abgabeempfehlungen für die Apotheken, jeweils in Zusammenarbeit mit den Arzneimittelkommissionen der Kammern der Heilberufe,
- Auflagen an den Hersteller nach § 28 AMG, die sich auf äußere Umhüllung, Packungsbeilage, Warnhinweise etc. beziehen,
- das befristete Ruhen der Zulassung,
- die Rücknahme oder den Widerruf der Zulassung als die stärkste Maßnahme.

Der Umfang der Probleme ist durch das Mengengerüst, dem sich das BGA im Vollzug des AMG gegenübersieht, gekennzeichnet. Zur Zeit sind etwa 140 000 verschiedene Arzneimittel nach der Definition des Gesetzes auf dem Markt. Die Hälfte davon, etwa 70 000, sind nicht industriell gefertigte Arzneimittel. Von den verbleibenden 70 000 industriell gefertigten Arzneimitteln sind etwa 23 000 Homöopathika und ca. 47 000 synthetische oder pharmazeutische Produkte. Der größte Teil dieser ca. 47 000 Arzneimittel sind Kombinationspräparate, die mehrere Einzelbestandteile in fixer Kombination enthalten. In der sogenannten Roten Liste, die ca. 95% des Wertes der deutschen Arzneimittelproduktion enthält, finden sich ca. 8700 verschiedene Präparate, von denen etwa 40% verschreibungspflichtig sind. Dieses Mengengerüst ist differenziert, es unterscheidet sich vom Mengengerüst in Entwicklungsländern und Ostblockstaaten, die deutlich weniger Arzneimittel haben. Es ist aber durchaus vergleichbar mit dem Mengengerüst in Großbritannien und den USA.

Das BGA hatte im Jahre 1982 etwa 800 neue Zulassungsanträge erwartet. Nach den Erfahrungen der Vorjahre wird in etwa 20% der Anträge die Zulassung versagt, wegen Unvollständigkeit der Unterlagen, mangelnder Wirksamkeit, mangelnder Qualität und mangelnder Unbedenklichkeit. Die neuzugelassenen Medikamente sind überwiegend – zu Dreiviertel – Monopräparate, während die Altpräparate überwiegend Kombinationspräparate sind.

Neben den ca. 600 bis 800 Neuzulassungen sind mehr als 20 000 Änderungsanzeigen pro Jahr zu bearbeiten nach § 29 AMG, die sich auf formelle, medizinische oder pharmazeutische Änderungen registrierter oder zugelassener Arzneimittel beziehen.

Die auf dem deutschen Markt erhältlichen Arzneimittel sind überwiegend sogenannte Altpräparate, die noch nicht nach dem AMG zugelassen sind, sondern lediglich registriert wurden. Sie wurden aus früherer Zeit übernommen, ohne die strengeren Anforderungen des AMG an den Wirksamkeitsnachweis und die Unbedenklichkeit erbracht zu haben. Die jährlichen Änderungen der Präparate liegen in einer beachtlichen Größenordnung. Bei den neuen Präparaten handelt es sich nur in seltenen Fällen um wirklich neue Stoffe, im wesentlichen um bekannte Stoffe mit veränderter Indikation, Aufmachung oder um Kombinationen.

In den zurückliegenden Jahren – 1980 bis Mitte 1982 – hat das BGA Sicherheitsmaßnahmen in beträchtlichem Umfang eingeleitet und durchgeführt. Etwa 3700 Präparate waren in dieser Zeit von Sicherheitsmaßnahmen betroffen, d.h. knapp 1500 pro Jahr. Indikationseinschränkungen mit Warnhinweisen wurden festgesetzt für ca. 2350 Präparate. Der Widerruf der Zulassung wurde angeordnet für ca. 1350 Präparate. Darüber hinaus wurden kindergesicherte Verpackungen für 144 Wirkstoffe vorgeschrieben. Bei den Pyrazolonen sind derzeit ca. 1400 Arzneimittel von Warnhinweisen und Indikationseinschränkungen betroffen, ein kleiner Teil davon muß mit dem Widerruf der Zulassung rechnen. Die Summe dieser Maßnahmen in den letzten zwei Jahren hat die Arzneimittelsicherheit in unserem Land zweifellos verbessert.

Aus dem letzten Beispiel – dem der Pyrazolone – lassen sich einige Erfahrungen ableiten. Die Regulationsmaßnahmen bei diesen Substanzen, die zu den sogenannten kleinen Schmerzmitteln gehören, sind noch nicht abgeschlossen. Man kann jedoch folgende Punkte am „Fall Metamizol" lernen:

- Ein wesentlicher Ausgangspunkt war die Zunahme des Verbrauchs in den letzten Jahren. Diese Zunahme des Verbrauchs, bedingt durch Indikationserweiterung, z.B. bei Kombinationspräparaten, verschiebt die Risiko/Nutzen-Relation. Ein Stoff wird für immer weitere und leichtere Indikationen eingesetzt – z.B. Kater –, bei denen sein Risiko nicht mehr gerechtfertigt ist.

- Die empirische Datenlage ist unbefriedigend. Es ist erstaunlich, wie wenig wir wissen über seltene Risiken weit verbreiteter Substanzen. Die Daten aus Spontanerfassungssystemen erlauben Aussagen über ganz grobe Risikounterschiede. Genauere Inzidenzschätzungen sind kaum möglich bzw. differieren weit.
- Die Entscheidungen in verschiedenen Ländern sind bei an sich gleicher Datenlage ganz verschieden. Dieselbe Substanz ist in manchen zivilisierten Ländern verboten, in anderen in der Indikation eingeschränkt oder rezeptpflichtig oder frei verkäuflich. Die Maßstäbe sind offensichtlich unterschiedlich.
- Maßnahmen, die einen größeren Kreis von Herstellern und Präparaten betreffen, lassen sich nur über einen gewissen Zeitraum gestaffelt und mit differenziertem Ergebnis durchführen. Dies liegt an dem gestaffelten Vorgehen nach dem Stufenplan, der mehrere Schritte vorsieht, von denen jeder vielfältig enden kann, an der unterschiedlichen Reaktionsweise der Hersteller und an der Kapazität der Behörde.

Die Öffentlichkeit kann dabei den Eindruck eines Vor und Zurück der Behörde gewinnen. Es handelt sich dagegen um den ganz normalen Vorgang des Einpendelns von Risikoerkenntnissen und möglicher Risikomaßnahmen, ein Vorgang, der Zeit braucht und bei dem Konflikte unvermeidlich sind.

Auch das BGA hat keine in sich geschlossene Theorie der Risiko/Nutzen-Abwägung im Arzneimittelbereich. Es deuten sich aus der Praxis jedoch sechs Stufen oder Schritte an, in denen sich eine Risiko/Nutzen-Abwägung vollzieht:

- Die empirische Feststellung des voraussichtlichen Nutzens und des möglichen Schadens ist der erste Schritt. Diese Feststellung von Häufigkeiten ist eine Angelegenheit der empirischen Wissenschaft. Für den Nutzen lassen sich Schätzungen in vielen Fällen verzerrungsfrei erhalten. Für den Schaden gilt das nicht, da unerwünschte Arzneimittelwirkungen oft sehr selten sind, man sie vorher nicht kennt und man nicht ohne Bias beobachtet. Die Datenlage ist also meist unbefriedigend. Besonders für Kombinationsarzneimittel gibt es über die Häufigkeit von Nutzen und Schaden in den meisten Fällen nahezu keine eigenen empirischen Unterlagen, sondern nur Analogieschlüsse.
- Der zweite Schritt ist die Feststellung der Variation, d.h. der Genauigkeit der empirischen Angaben von Nutzen und Schaden. Prozentangaben variieren weit, von Autor zu Autor, von Ort zu Ort, von Zeit zu Zeit, von Fragestellung zu Fragestellung. Von den Unsicherheiten, die hier bestehen, macht sich der Unbefangene eine falsche Vorstellung. Ob 1 : 1000; 1 : 10 000 oder 1 : 100 000 ist manchmal nicht bekannt, d.h. der Faktor 100 ist in vielen Fällen offen.
- Die nächste Stufe ist die Wahl der Bewertungsmaßstäbe. Dazu gehören zunächst die relevanten medizinischen und biologischen Elemente: die Indikation nach Art und Häufigkeit, die Alternativen mit ihren Ergebnissen, das medizinische Umfeld, die Ergebnisse von Tierversuchen usw. Die Auswahl und die Gewichtung der von der Sache her relevanten Maßstäbe ist bei jeder Substanz anders und läßt weitere Spielräume zu.

  Hinzu kommen allgemeine Werturteile, die nie ganz fehlen, auch wenn sie weggeleugnet werden. Wieweit sollen vorhandene Substanzen eine Priorität vor neuen haben? Wollen wir die maximale Sicherheit betonen oder Chancen aufgreifen? Wollen wir eine rationale Therapie bevorzugen oder gerade nicht im Sinne der Welle „Zurück zur Natur“? Solche allgemeinen Werturteile müssen offengelegt werden. Sie dürfen die Fakten und die biologischen Nebenbedingungen nicht dominieren, sondern spielen eine ergänzende Rolle, die freilich entscheidend sein kann.

- Der vierte Schritt ist die Wahl des Vorgehens und der Maßnahmen. Das Gesetz beschränkt die Möglichkeiten des Vorgehens und die Maßnahmen. Es gibt Handlungsmuster vor. Dies gibt den Beteiligten Sicherheit. Was geht bei gegebener Sachlage rechtlich und was nicht? Der rechtliche Rahmen bestimmt das Vorgehen und die Maßnahmen entscheidend mit.
- Der fünfte Schritt besteht im wiederholten Durchlaufen der ersten vier Schritte. Die rechtlichen Handlungsmöglichkeiten und die Bewertungen lassen die empirischen Daten in einem neuen Licht erscheinen. Ändert das die Bewertung, und läßt das andere Handlungen rechtlich zu? Sind die entscheidenden Fakten sicher? Konvergieren die Argumente oder divergieren sie? Ergeben sich neue Möglichkeiten der Interpretation und des Handelns? Dieser fünfte Schritt des erneuten Nachdenkens, des zweiten Blicks, des Innehaltens vor der Entscheidung ist wesentlich.
- Er leitet unmittelbar über zum letzten Schritt: dem zusammenfassenden Urteil und der regulativen Entscheidung selbst.

Die Risiko/Nutzen-Abwägung ist ein nur partiell formalisierter und nur partiell formalisierbarer Vorgang. Sein Ergebnis spricht auf Voreingenommenheiten und Werturteile empfindlich an. Die Richtung freilich, in die man gehen muß, ist meist klar unabhängig von allgemeinen Werturteilen. Die Einschaltung einer Fachöffentlichkeit oder einer weiteren Öffentlichkeit stabilisiert den Vorgang der Risiko/Nutzen-Abwägung, beeinflußt aber auch sein Ergebnis.

Für eine akzeptable Risiko-Nutzen-Abwägung benötigt man umfangreiche fachliche Kenntnisse, z. B. der Klinik und Toxikologie. Man braucht Statistik und Epidemiologie, um Häufigkeiten und Unsicherheiten beurteilen zu können. Man braucht Sensibilität für die Wertmaßstäbe, die in der Medizin und der Öffentlichkeit vorhanden sind, und für die Differenzen, die geduldet werden. Man braucht auch das Wissen über zu erwartende Gerichtsurteile.

Die Frage, wieweit es zweckmäßig ist, die Risiko/Nutzen-Abwägung weiter zu formalisieren, möchte ich offenlassen. Handfeste Forschung auf diesem Gebiet ist sicher nötig und wird zu einer Verbesserung und Stabilisierung führen. Vorstellbar wäre es, den gesamten Vorgang so weit zu formalisieren, daß bei gegebener Datenlage und gegebenen Bewertungen das Ergebnis definiert ist. Ein Algorithmus allein ist meiner Meinung nach aber nicht ausreichend. Das individuelle menschliche Urteil muß auch bei der Risiko/Nutzen-Abwägung erhalten bleiben. Dieses menschliche Urteil kann sich freilich auf immer differenziertere Instrumente stützen und sie auch verwerfen.

Welches sind Schwachstellen und Schwierigkeiten in der regulativen Praxis? Ich will nur sechs Punkte nennen:

- Die Datenlage ist unzureichend: Wir wissen viel zu wenig über unerwünschte Arzneimittelwirkungen. Wir könnten viel mehr wissen, wenn alle Möglichkeiten ausgenutzt würden. Risiko-Überwachungssysteme könnten entstehen, die unsere bisherigen empirischen Kenntnisse weit verbessern.

- Unsere Bewertungsdimensionen sind nicht hinreichend definiert. Dies ist auch nicht ohne weiteres erreichbar. Man muß bei der Risiko/Nutzen-Abwägung immer Äpfel mit Birnen vergleichen. Welche Tierversuche braucht man z. B. in einem konkreten Fall und welche nicht? Was sagen sie aus? Auf die Frage nach den richtigen Bewertungsdimensionen im Einzelfall gibt es keine einfache Antwort.
- Unser Wissen und unsere Handlungsmöglichkeiten sind asymmetrisch. Über Altpräparate z. B. wissen wir im allgemeinen mehr als über neue Stoffe. Wir können Substanzen vom Markt nehmen oder einengen in der Indikation, aber nicht im gleichen Umfang neue Stoffe hervorbringen. Die Ungleichheit des Wissens und der Handlungsmöglichkeiten führt dazu, daß das Streben nach Gleichbehandlung neue Asymmetrien und Ungleichheiten hervorbringt, statt sie zu vermindern. Wir müssen mit einer immer größeren Differenziertheit im Arzneimittelbereich fertig werden.
- Der Auslöser für Sicherheitsmaßnahmen ist oft der Zufall, der durch öffentliche Medien eine Verstärkerwirkung erfährt, die unwiderstehlich wirkt. Dies ist nicht nur ein Vorteil, sondern kann auch eine Schwachstelle sein. Das Auslösen regulativer Maßnahmen durch Journalisten muß möglich sein. Warum sollte das Spotlight der Aufmerksamkeit nicht auf bestimmte Sachverhalte gelenkt werden können? Die Regulierungsbehörde hat darauf neutral zu reagieren. Als generelle Strategie und als bevorzugtes Instrument ist der Mechanismus der Auslösung durch Medien aber nicht geeignet, da er vom Zufall geleitet wird und Bias erzeugen kann.
- Es besteht ein Vollzugsdefizit in mancherlei Hinsicht. Die Patienten halten sich nicht an den bestimmungsgemäßen Gebrauch. Der pharmazeutische Unternehmer versucht manchmal, an die Grenzen dessen zu gehen, was z. B. in der Information der Verbraucher gerade noch erlaubt ist. Die Ärzte haben ein Informationsdefizit, das sich in den Verschreibungsgewohnheiten zeigt, die dem jeweils besten Stand der Erkenntnis lange Jahre hinterherhinken. Die Länder sind nicht voll in der Lage, ihren Überwachungsaufgaben nachzukommen. Auch das Bundesgesundheitsamt hat Schwächen, die teilweise in der personellen Kapazität liegen.
- Die Schwerpunkte der Risiken liegen heute in der Masse der Altpräparate, wie sie registriert sind. Altpräparate haben nicht im gleichen Umfang den Nachweis der Wirksamkeit und Unbedenklichkeit erbracht. Eine Risiko/Nutzen-Abwägung durch das BGA ist für sie nicht erfolgt. Im Bereich der Altpräparate ticken Zeitbomben. Sie sind überwiegend Kombinationsarzneimittel, die deswegen besondere Risiken bergen, weil sich der Schaden im allgemeinen addiert oder kumuliert, was man vom Nutzen nicht ohne weiteres behaupten kann. Freilich gibt es auch Kombinationsarzneimittel, die empirisch gut begründbar zusammengesetzt sind und die gut untersucht sind, die manchmal auch das Risiko vermindern können. Sie sind aber in der Minderzahl.

2 Anregungen aus der Praxis für eine realitätsorientierte empirische Regulation

Die Erfahrungen der letzten Jahre im Arzneimittelbereich haben nicht nur die Arzneimittelsicherheit erhöht. Sie liefern auch Bausteine für eine realitätsorientierte empirische Regulation. Ich spreche von realitätsorientierter empirischer Regulation, weil ich ein in sich konsistentes theoretisches Schema für staatliches regulatives Handeln derzeit nicht erkennen kann. Die Empirie, die Fakten, das Umgehen mit den Dingen und das Augenmaß sind für eine regulierende Behörde ebenso wichtig wie die Bausteine einer Theorie, die für bestimmte Teile gelten, für andere nicht, oder wie der regulative Rahmen, der gesetzlich vorgegeben ist. Eine realitätsorientierte empirische Regulation im Arzneimittelbereich können folgende Leitsätze – neben bekannten anderen – enthalten:

- Regulative Maßnahmen können Irrtum und Risiko nicht total beseitigen, sondern müssen sie teilweise beseitigen, teilweise eingrenzen und teilweise auch zulassen. Es gibt eine erlaubte, riskante Tätigkeit, ein Restrisiko, das von der Summe der einschlägigen Rechtsnormen nicht untersagt ist. Es geht nicht darum, das Risiko total aus der Welt zu schaffen, sondern es bekanntzumachen und einzugrenzen. Man muß wissen, wo und wieviel Risiko bleibt, zumindest ungefähr.
- Regulative Maßnahmen sind faktenorientiert, nicht theorieorientiert. Hierzu gehört, daß empirische Angaben über Nutzen und Risiko vorhanden sein müssen und überprüfbar sein müssen. Ohne überprüfbare empirische Fakten keine regulativen Maßnahmen. In manchen Kreisen stößt die empirische Bestimmung des Risikos auf prinzipielle Bedenken, die aber überwunden werden müssen, wenn man nicht zufällige oder willkürliche Entscheidungen möchte. Zum faktenorientierten Vorgehen gehört, daß die Fähigkeit der Verbraucher, den bestimmungsgemäßen Gebrauch einzuhalten oder von ihm abzuweichen, empirisch bekannt sein sollte und entscheidungsrelevant sein kann. Faktenorientiertes Vorgehen beinhaltet auch, daß man Risikoverschiebungen, die auf regulative Maßnahmen folgen, vorher sehen muß und sie als entscheidungsrelevant einzubeziehen hat.
- Regulative Maßnahmen sollen maßvoll sein und sind zu differenzieren. Die jeweils schwächste noch zureichende Maßnahme ist zu wählen. Die Risikospitzen sind abzufangen, nicht jedes denkbare Restrisiko. Schritte in die richtige Richtung sind wichtiger als weite Sprünge. Das vielfältige Risikosystem wird durch Schritte in die richtige Richtung diversifiziert und stabilisiert, durch Sprünge kann es riskanter werden, destabilisiert werden. Die Analogie zu einem Ökosystem bietet sich beim Risikosystem im Arzneimittelbereich an. Monokulturen weniger Arzneimittel haben andere Risiken und sind vermutlich instabiler als der gewachsene Wald eines differenzierten Arzneimittelangebots. Das Verbot als die stärkste Maßnahme ist freilich dann konsequent einzusetzen, wenn es die Risiko/Nutzen-Abwägung gebietet.
- Bei regulativen Maßnahmen ist zunächst der Konsens der Beteiligten zu suchen. Hierzu bietet sich eine Reihe von Möglichkeiten an. Wenn der Konsens nicht erreichbar ist oder nicht so weit erreichbar ist, wie dies die

Sicherheit gebietet, ist der Konflikt mit den Mitteln des Rechtsstaates auszutragen.

- Regulative Maßnahmen sollen einfach sein und von unmittelbarer Verantwortung für die Menschen getragen werden, ohne Taktik. Transparenz als Strategie scheitert manchmal an der Komplexität der Dinge, an der relativen Dummheit der Menschen oder an ihrer Intoleranz. Nicht komplexe Sachverhalte, Theorien oder Modelle sind glaubwürdig, sondern die Menschen, die persönliche Verantwortung für regulative Entscheidungen übernehmen und dies der Masse der andern glaubwürdig machen. Regulative Maßnahmen schließen also persönliche Verantwortung ein.
- Bei beschränkten Ressourcen muß man versuchen, ein Höchstmaß an allgemeiner Sicherheit aus den vorgegebenen Möglichkeiten herauszuholen. Dies beinhaltet, daß sich das BGA vermehrt auf andere Felder als den Arzneimittelbereich begeben muß. Die Risiken sind in anderen Bereichen der Medizin teilweise höher, ihr Verhältnis zum Nutzen ist unausgewogener.
- Die Vorwegnahme von Risiken, die präventive Sicherheit, darf nicht überzogen werden. Wenn wir totale präventive Sicherheit wollten, gäbe es keine Neuzulassung von Arzneimitteln mehr. Die nachgehende Sicherheit, die Verbesserung der Kontrollelastizität des Systems, ist zu erhöhen. Korrigieren ist meist effektiver als Vorwegnehmen. Vorwegnehmen kann durch Korrigieren freilich nicht ersetzt werden.
- Ein Risiko-Überwachungssystem im Arzneimittelbereich ist aufzubauen, das diesen Namen verdient. Die derzeit vorhandenen Informationsquellen können deutlich verbessert werden. Dabei sind kritische Punkte systematich zu überwachen, Häufigkeiten in unterschiedlicher empirischer Tiefe zu beobachten und alle Datenquellen systematisch zu erschließen und auszuschöpfen. Die Kontroll-Elastizität des Systems kann dadurch erhöht werden.
- Einzelschritte, die die Arzneimittelsicherheit verbessern können, betreffen die Durchführung besserer und sensiblerer Tierversuche, die Durchführung besserer und sensiblerer, kontrollierter klinischer Studien am Menschen, bessere Studien zum Drug Monitoring und einen besseren Informationsaustausch zwischen den verschiedenen Stellen der Welt.
- Die Theorie für unser Handeln ist zu verbessern und zu durchdenken. Hierzu gehören Ansätze aus verschiedenen Anwendungsfeldern und Bereichen: Die Risikophilosophie im Strahlenschutz ist eine andere als bei der Extrapolation kleiner Dosen bei kanzerogenen Umweltstoffen und wieder eine andere als im Bereich der Arzneimittel. Risiko kann gegen Risiko abgewogen werden. Die Dimensionen des Nutzens und Schadens können spezifiziert werden. Risikovergleichstabellen können aufgestellt werden. Die Zeitstruktur des Risikos ist zu beachten: Was tun wir mit dem zukünftigen Risiko und der zukünftigen Hoffnung, die wir nicht genau kennen? Von den drei möglichen Antworten – die Lösung in die Zukunft verschieben; die Lösung zu verschieben und zu beobachten; und das Risiko abzulehnen – könnte die mittlere die richtige sein: Gegenüber einem verborgenen, ungewollten und vielleicht irreversiblen Risiko scheint mir die genaue Beobachtung unter diesem Risiko die sauberste Lösung. Denn alle Risiken sind keine totalen Risiken, und jedes Risiko hat die natürliche Tendenz zur Selbstbegrenzung, z. B. über staatliche Regulationen.

- Was eine realitätsorientierte empirische Regulation nicht braucht, ist hochgestochene Philosophie, abstrakte Erkenntnistheorie oder blutleere Entscheidungstheorie. Je unverständlicher das theoretische Konzept, je komplizierter das Modell, je abseitiger das Beispiel, desto leichter scheint es manipulierbar, desto eher findet man Gläubige, die es nachbeten, ohne es zu verstehen und die es auf andere Felder übertragen. Je realitätsferner die Gedanken, desto leichter können sie zur Durchsetzung handfester Interessen dienen. Abstrakte Strategien eignen sich auch vorzüglich dazu, das Spiel zu spielen: „Wer soll schuld sein?". Ich glaube, wir können sinnvoll handeln, ohne alles in bestimmter abstrakter Weise – z. B. der des „Quantitative Risk Assessment" – verstehen zu müssen und vorab so formulieren zu müssen, wie bestimmte Spezialisten das jeweils denken. Wir brauchen Forschung auf dem Gebiet, die aber lange noch Theorie bleiben wird, bevor sie regulatives Handeln wirklich bestimmen kann. Risk Assessment ist als Forschung und Theorie heute dringend nötig. Das regulative Handeln darf sich danach aber nicht oder nur sehr eingeschränkt richten.
- Wir brauchen im Arzneimittelbereich in der Bundesrepublik Deutschland keine neue rechtliche Regelung zur Beherrschung von Risiko. Die Beteiligten haben grundsätzlich alle Ermächtigungen, die nötig sind. Naturgesetze werden auch durch Beschlüsse des Bundestages nicht verändert. Daß es Arzneimittelrisiken immer geben wird und daß sie gelegentlich unerwartet an den Tag kommen werden, ist durch Naturgesetz bestimmt. Wir mildern sie ab und tun dafür alles Menschenmögliche. Wenn sie trotzdem treffen, können wir uns nur entschuldigen. Die Fiktion einer gesetzlich garantierten Scheinsicherheit kommt an den Tag, wenn es sie gibt.

Wo befinden wir uns am Übergang von der Fiktion zur Realität bei der Arzneimittelsicherheit? Mitten auf dem Weg, aber noch weit vom Ziel entfernt. Wir haben den unreflektierten Umfang mit dem Risiko verlassen und werden die fast neurotisch gewünschte totale Sicherheit nie erreichen. Die Menschen müssen in Zukunft mehr Risiken tragen als bisher, ob sie es wollen oder nicht, ob sie es wissen oder nicht. Die Welt wird immer komplizierter. Damit wachsen bestimmte Risiken. Die Welt wird aber auch immer reicher, und damit wächst die Sicherheit. Man kann sich dies im Gedankenexperiment im Vergleich eines ausgereiften Arzneimittelmarkts mit erheblicher Kontroll-Elastizität gegenüber einem ursprünglichen oder reduzierten Arzneimittelmarkt vorstellen. Reichere und diversifizierte Systeme sind freilich nur so lange sicherer, als der Realitätskontakt nicht verlorengeht, als die Kontroll-Elastizität tatsächlich steigt.

Wie unsicher „sicher genug" ist, wird immer offenbleiben. Nicht nur die Sicherheit ist ein Wert, sondern auch das Wagnis. Risiko und Sicherheit haben eine ethische Dimension. Wagen als ethischer Wertmaßstab ist ebenso ernst zu nehmen wie Sicherheitsbedürfnis.

Der jeweilige Zeitgeist kann risikofreundlicher oder wagnisfreundlicher sein. Der Gang der Geschichte läßt sich dadurch – und durch Symposien über Risiko und Sicherheit – wohl kaum beeinflussen. Neue Risiken und neue Möglichkeiten kommen wie Naturgewalten über uns oder verschwinden, wir wissen selten wirklich, warum. Wir können uns den Risiken gegenüber menschlich verhalten, d. h. wir können suchen nach Ursachen und Lösungen, wir können Verantwortung beim Namen nennen und sie persönlich glaubwürdig tragen. Wir können unsere Instrumente so differenziert wie möglich machen, so gut wie möglich nutzen, und damit das Risiko vermindern, ohne die Stabilität des Risikogefüges zu gefährden. Sachkenntnis und Vertrauen tragen dazu bei, Risiken transparent zu machen, die Risikoakzeptanz zu erhöhen und damit den Nutzen für alle auch in Zukunft zu steigern.

Gefahrenguttransport

U. Schulten

1 Einleitende Bemerkungen

Die stürmische wissenschaftliche und technische Entwicklung nach dem Zweiten Weltkrieg hat unsere Gesellschaft vor eine ganze Reihe von recht schwerwiegenden Problemen gestellt. Vor allem die chemische Industrie, die mit ihren Produkten heute unseren Alltag ganz nachhaltig beeinflußt, ist ein Beispiel für die Licht- und Schattenseiten dieser Entwicklung.

Die Bevölkerungsexplosion der letzten 20 bis 30 Jahre in weiten Teilen der Welt, der daraus resultierende Raubbau an den natürlichen Ressourcen der Erde, zwangen nicht nur zur Einführung neuer Technologien, sondern vor allem auch zu steigender Nutzung aller Möglichkeiten der Chemie.

Ernährung, Bekleidung und Versorgung einer sich rapide vermehrenden Weltbevölkerung mit Dingen des täglichen Bedarfs und nicht zuletzt auch mit Arzneimitteln, sind eine Herausforderung an die Menschheit, auf die eine Antwort zu geben im Grunde genommen nur die Chemie mit all ihren Zweigen in der Lage war und ist.

So ergänzen mehr und mehr Chemiewerkstoffe und Chemiefasern die knapper werdenden natürlichen Rohstoffe. So führte und führt der Einsatz künstlicher Düngemittel und chemischer Pflanzenschutzmittel zur Steigerung der landwirtschaftlichen Erzeugung und gewährleistet damit eine ausreichende Ernährung steigender Bevölkerungszahlen bei knapper werdenden Anbauflächen.

Eine Folge dieser Entwicklung ist, daß laufend eine Fülle neuer chemischer und petrochemischer Verbindungen auf dem Markt und damit auch im Transportgeschehen in Erscheinung tritt.

Vor allem die Vor- und Zwischenprodukte auf dem Weg zum Chemiewerkstoff, zur Chemiefaser, zum Arzneimittel oder zum Pflanzenschutzmittel, aber auch viele Pflanzenschutzmittel selbst, besitzen z.T. sehr kritische, d.h. gefährliche Eigenschaften. Um diese zu meistern, bedarf es nicht nur bei deren Herstellung und Verarbeitung besonderer Sicherheits- und Vorsorgemaßnahmen.

Mit der Beförderung dieser Stoffe werden deren Gefahren und Risiken in das allgemeine Verkehrsgeschehen getragen und können hier bei Unfällen, Schäden oder auch nur unsachgemäßer Behandlung schwerwiegende Folgewirkungen für unbeteiligte Dritte ebenso wie für die Umwelt haben.

Um so wichtiger ist es, daß gerade der Transport gefährlicher Güter unter Bedingungen abgewickelt wird, die die zu erwartenden Risiken so gering wie möglich halten und für alle Beteiligten und Betroffenen ein Höchstmaß an Sicherheit gewährleisten.

Wie kann nun die berechtigte Forderung nach einem sehr weitgehend sicheren Transport gefährlicher Stoffe und Gegenstände erfüllt werden?

Hier ist zunächst – aber nicht ausschließlich – der Staat gefordert. Er hat im nationalen Bereich durch Gesetze, Verordnungen und Richtlinien, für den grenzüberschreitenden Verkehr durch bi- oder multilaterale zwischenstaatliche Abkommen, den sicherheitstechnischen Rahmen zu schaffen, der einheitliche und für alle Beteiligten verbindliche Grundformen enthält.

Gleichrangig daneben ist von allen Beteiligten insbesondere der Hersteller/Vertreiber gefährlicher Produkte aufgerufen. Er hat seinerseits entsprechend seinen betrieblichen Gegebenheiten und Erfordernissen den gesetzlichen Rahmen auszufüllen. Sein „Know-how" und seine praxisbezogenen Erfahrungen ermöglichen es ihm darüber hinaus, die gesetzlichen Vorschriften durch flankierende, zusätzliche Maßnahmen zu ergänzen.

In den nachfolgenden Ausführungen werde ich mich daher zunächst kurz mit der Gefahrengutgesetzgebung, deren Grundlage ich als bekannt voraussetze, befassen und versuchen, diese aus der Sicht des Praktikers kritisch zu bewerten.

Der zweite Teil meines Referats soll daran anschließend aufzeigen, mit welchen Methoden und Maßnahmen sich Hersteller/Vertreiber gefährlicher Produkte bemühen, die vom Gesetzgeber aufgestellten Bedingungen zu erfüllen.

2 Gesetzliche Vorschriften

Die Explosion eines mit leicht entzündbarem Gas gefüllten Straßentankwagen in unmittelbarer Nähe eines dicht belegten Campingplatzes in Spanien mit mehr als 200 Toten und andere mehr oder weniger spektakuläre Unfälle, in die Gefahrengüter auf Straße oder Schiene verwickelt waren, haben auch in unserem Land die Öffentlichkeit aufgeschreckt. Von den Medien wurden derartige Vorfälle begierig aufgegriffen. Sensationell aufgemacht und oft nur mit unzureichender Kenntnis der Materie verfaßt, wurde durch diese Berichte in der Bevölkerung nicht selten der Eindruck erweckt, als würden Gefahrenguttransporte in einer Art luftleeren Raumes abgewickelt.

So wird regelmäßig auf die Industrie, hin und wieder auch auf den Gesetzgeber und seine Organe, eingedroschen. Dies in der irrigen Meinung, auf diesem Gebiet geschähe nichts, um die berechtigten Sicherheitsinteressen der Bevölkerung und der übrigen Verkehrsteilnehmer zu wahren. Unterschwellig wird zudem noch unterstellt, für die beteiligten Wirtschaftszweige sei das Gewinnstreben wichtiger als die notwendigen Sicherheitsmaßnahmen und als sehe der Staat diesem verwerflichen Treiben tatenlos zu.

Daß dem keineswegs so ist, muß in diesem Kreis wohl nicht besonders betont werden. Durch eine Fülle nationaler Gesetze und Verordnungen, sowie internationaler Verträge und Empfehlungen sind z.T. schon seit Jahrzehnten Vorschriften in Kraft, die den Transport gefährlicher Güter mit den verschiedenen Verkehrsträgern und die Pflichten der hieran Beteiligten regeln sollen.

2.1 Aufzählung der Vorschriften und Kurzdarstellung des Inhalts

Für das Hoheitsgebiet der Bundesrepublik Deutschland wären hier zu nennen:

1. Das „Gesetz über die Beförderung gefährlicher Güter“ mit seinen Folgeverordnungen:
   - „Verordnung über die Beförderung gefährlicher Güter mit der Eisenbahn (GGVE)“.
   - „Verordnung über die Beförderung gefährlicher Güter auf der Straße (GGVS)“.
   - „Verordnung über die Beförderung gefährlicher Güter mit Seeschiffen (GGVSee)“.
2. Die „Internationale Ordnung der Beförderung gefährlicher Güter mit der Eisenbahn (RID)“.
3. Das „Europäische Übereinkommen über die internationale Beförderung gefährlicher Güter auf der Straße (ADR)“.
4. Von der Zentralen Rheinkommission, Straßburg, die „Verordnung über die Beförderung gefährlicher Güter auf dem Rhein (ADN-Rhein)“.
5. Der „Internationale Code für die Beförderung gefährlicher Güter mit Seeschiffen (IMDG-Code)“.

Schließlich wären hier auch noch die Vorschriften der IATA über die bedingt zum Luftverkehr zugelassenen Stoffe und Gegenstände RAR zu erwähnen. Diese werden in Kürze durch ein zwischenstaatliches Übereinkommen abgelöst, das bei der Luftverkehrsorganisation der Vereinten Nationen (ICAO) geschaffen wurde.

Im Rahmen dieser Verordnungen und Übereinkommen sind die Bedingungen festgelegt, unter denen gefährliche Güter mit den verschiedenen Verkehrsträgern befördert werden können. Kernpunkte dieser Bestimmungen sind:

- Die Einteilung der Güter entsprechend ihren kritischen Eigenschaften in Gefahrenklassen;
- die Verpackung der gefährlichen Güter;
- die Kennzeichnung der Versandstücke, Container und Tanks, sowie im Schienen- und Straßenverkehr auch der Fahrzeuge;
- die Zusammenlade- und Trennvorschriften;
- die Anforderungen an die Begleitpapiere;
- die während der Beförderung, z. B. auf der Straße, zu beachtenden Sicherheitsvorschriften und besonderen Verhaltensweisen;
- besondere Bau- und Ausrüstungsvorschriften, z. B. für Tankcontainer, Eisenbahnkesselwagen und Straßentankwagen sowie für Druckgefäße;
- schließlich auch die Pflichten der am Transport gefährlicher Güter Beteiligten, angefangen beim Hersteller/Vertreiber bis hin zum Empfänger.

Sinn und Zweck dieser gesetzlichen bzw. vertraglichen Regelungen soll es sein, den Beteiligten einen allgemein verbindlichen Rahmen für die Behandlung gefährlicher Güter – beginnend mit der Abfüllung/Verpackung über die Beladung der Transportfahrzeuge und den eigentlichen Vorgang der Ortsveränderung bis hin zur Ablieferung/Empfangnahme – an die Hand zu geben.

So gesehen, sind diese Vorschriften für alle Beteiligten eine vom Grundsatz her gute und vernünftige Sache. Jeder Praktiker, der sich, sei es in der Industrie, sei es bei den Verkehrsträgern, im alltäglichen Geschehen mit Fragen der Beförderung von gefährlichen Gütern auseinandersetzen muß, begrüßt daher das Vorhandensein dieser Regeln. Er wird auch bestrebt sein, deren Anwendung und Beachtung für seinen Verantwortungsbereich sicherzustellen.

Doch gerade weil diese Vorschriften in einer hochtechnisierten Welt mit all ihren durch den technischen und industriellen Fortschritt gewachsenen Risiken als eine unabdingbare Notwendigkeit anerkannt werden, müssen wir uns heute mehr denn je auch kritisch mit ihnen auseinandersetzen.

2.2 Kritische Wertung der Vorschriften

So gilt es vor allem Antworten zu finden auf die Fragen, ob die derzeit gültigen Vorschriften für die Gefahrengutbeförderung noch den gestiegenen Ansprüchen auf Sicherheit gerecht werden und wo gegebenenfalls Schwachstellen vorhanden sind, die letztlich auch das optisch beste System unwirksam machen können.

Zweifellos sind auf diese Frage unterschiedliche Antworten möglich. So ist es das gute Recht des Gesetzgebers, davon überzeugt zu sein, daß die von ihm erlassenen Verordnungen gut sind und ein hohes Maß an Sicherheit gewährleisten.

Dem Praktiker hingegen darf nicht verübelt werden, wenn ihm heute zunehmend Zweifel an der Wirksamkeit und dem sicherheitstechnischen Wert dieser Vorschriften kommen. Bei seinen Entscheidungen hat er ja nicht nur auf diese staatlichen Bestimmungen zu achten. Er ist daneben auch eingebunden in die speziellen Belange seines Produktsortiments und nicht zuletzt immer häufiger in neue technische Gegebenheiten und Erfahrungen. So entstehen für ihn zunehmend Konflikte durch immer öfter auftretende Differenzen zwischen gesetzgeberischer Theorie und praktischen Erkenntnissen.

Es gibt eine ganze Reihe von Momenten, in denen Vorschriften mit den Erfordernissen der Praxis nicht mehr in Übereinstimmung zu bringen sind. Einige markante Punkte sollen hier stellvertretend für viele weitere dargestellt werden.

Eine der wesentlichen Ursachen von Schwachstellen und Differenzen in der Gefahrengutgesetzgebung für die einzelnen Verkehrsträger dürfte in deren historischer Entwicklung zu suchen sein.

So ist nunmehr fast ein Jahrhundert vergangen, seit für den Eisenbahnverkehr national wie international erstmalig einheitliche Regeln für den Transport gefährlicher Güter aufgestellt worden sind. Diese wurden seither zwar kontinuierlich fortgeschrieben, ergänzt und auf den heutigen Umfang gebracht. Doch auch die letzte größere Änderung im Jahre 1967 brachte noch keinen wesentlichen Schritt nach vorn. Die strukturellen Verbesserungen in den Stoffaufzählungen von zwei sogenannten „Freien Klassen" erwiesen sich schon bald nach der Inkraftsetzung als unzureichend.

Gerade diesen beiden Gefahrenklassen, es handelt sich hier um die giftigen und die ätzenden Stoffe, kommt aber im Rahmen der Gefahrengutvorschriften eine ganz besondere Bedeutung zu. Zusammen mit den entzündbaren Flüssigkeiten stellen sie, sowohl der Zahl der betroffenen Stoffe, als auch den beförderten Mengen nach den Löwenanteil der gefährlichen Transportgüter.

Die Stoffaufzählungen dieser Gefahrenklassen sind in der Regel nur beispielhaft und enthalten teilweise eine Unterteilung der Stoffe nach physikalischen Gesichtspunkten und chemischen Strukturmerkmalen, die als Sammelbezeichnungen gelten. So ist es möglich, diesen Klassen auch neue bisher nicht erfaßte Stoffe zuzuordnen, ohne daß es hierzu im Normalfall der Mitwirkung staatlicher Organe bedarf.

Dieses an sich gute System funktioniert jedoch nur dann zufriedenstellend, wenn den Gefahrenklassen Definitionen und Kriterien vorangestellt sind. Doch obwohl schon seit einigen Jahren, zwar nicht immer optimale, aber doch auch für die Praxis recht brauchbare Gefahrdefinitionen, vor allem für giftige und ätzende Stoffe, bekannt sind, suchen wir diese auch heute noch vergeblich in den Vorschriften des Eisenbahnverkehrs und damit auch in den hiervon abgeleiteten Bestimmungen für den Gefahrenguttransport auf der Straße.

Dem Praktiker fehlen damit Beurteilungs- und Abgrenzungskriterien, die erst eine sachbezogene und vor allem auch der Summe der Eigenschaften eines Stoffs gerecht werdende Entscheidung ermöglichen.

Wenden wir uns daher zunächst den Schwierigkeiten zu, die sich durch das Fehlen brauchbarer Kriterien für den Hersteller gefährlicher Stoffe ergeben, wenn er ein neues Produkt in diese Vorschriften einordnen will.

Nimmt man die bereits erwähnten, in den Vorschriften aber nicht enthaltenen Definitionen zu Hilfe, so stößt man durch die unzulänglichen und z. T. hinsichtlich möglicher Sammelbezeichnungen auch unvollständigen Stoffaufzählungen dieser Klassen an neue Grenzen.

Nach dem Wortlaut der geltenden Rechtsvorschriften sind den Transportvorschriften in solchen Fällen nur diejenigen Stoffe zu unterstellen, die in der jeweiligen Stoffaufzählung entweder namentlich genannt sind oder einer dort aufgeführten Sammelbezeichnung zugerechnet werden können. Trifft für einen neuen Stoff keine dieser Voraussetzungen zu, so kann er den Gefahrengutvorschriften nicht unterstellt werden. Ungeachtet der Tatsache, daß es sich um einen gefährlichen Stoff handelt, die Verordnungen besagen ausdrücklich, daß er dann frei, d. h. ohne einschränkende Bestimmungen, befördert werden kann.

Wird in einem solchen Fall dennoch eine Zuordnung vorgenommen, die dann zumeist den spezifischen Strukturen und hieraus resultierenden Eigenschaften des Stoffs nicht mehr gerecht wird, sind neue Risiken und Gewissenskonflikte die Folge. Diese ergeben sich vor allem aus dem Zwang, daß dann u. a. auch die Verpackungsvorschriften für den Bezugsstoff anzuwenden sind. Was nun aber für die Bezugsposition gut und geeignet ist, kann für den solchermaßen nicht ganz sachgerecht zugeordneten Stoff sehr gefährliche Folgen haben.

Leider ist es in letzter Zeit wiederholt vorgekommen, daß sich nationale Behörden und internationale Gremien über den vorerwähnten Grundsatz ihrer eigenen Rechtsvorschriften hinweggesetzt haben. Von amtswegen wurden Zwangszuordnungen zu z. T. völlig falschen Bezugspositionen vorgenommen. In einem Fall müssen die sich für die neuen Stoffe hieraus zwangsläufig ergebenden Verpackungsvorschriften als sehr gefährlich angesehen werden, weil sie auf ganz andere Stoffeigenschaften abgestellt und, unkritisch angewandt, eher geeignet sind, das Transportrisiko der betroffenen Stoffe zu erhöhen, als es zu mindern. In anderen Fällen sind die aus derartigen Zwangszuordnungen resultierenden Verpackungsvorschriften als mindestens unglücklich zu bezeichnen.

Was soll in einem solchen Fall der Betroffene tun?

Verwendet er die vorgeschriebene, aber ungeeignete Verpackung und kommt es zu einem Unfall mit Folgen, so wird er im Rahmen seiner Verursacherhaftung in Anspruch genommen. Er kann dabei von Glück sagen, wenn er nicht noch dafür bestraft wird, daß er zwar gesetzeskonform aber immerhin wider besseres Wissen gehandelt hat.

Sieht er dagegen die Transportsicherheit als vorrangig vor einer offensichtlich falschen Vorschrift an und verwendet für das Füllgut geeignete, aber in der Verordnung nicht vorgesehene Verpackungen, so wird er mit der gleichen Selbstverständlichkeit wegen Verstoßes gegen geltendes Recht belangt.

Dieses Beispiel mag zwar als Extremfall erscheinen. Dennoch ist es bis zu einem gewissen Grade symptomatisch für Konfliktsituationen, wie sie sich fast täglich beim Umgang mit den Gefahrengutvorschriften für die hiervon Betroffenen ergeben. Es war sicher kein Scherz, als ein Richter in einem Bußgeldverfahren wegen eines angeblichen Verstoßes gegen die Gefahrengutvorschriften einen Mitarbeiter eines Unternehmens zwar freisprach, dennoch aber glaubte, ihm einen strengen Verweis erteilen zu müssen mit der Begründung – mit 30 Jahren Berufserfahrung hätte er erkennen müssen, daß dem Bundesminister für Verkehr ein Fehler unterlaufen sei.

Einen weiteren Problemkreis stellen die Verpackungsvorschriften für Gefahrengüter im Schienen- und Straßenverkehr dar. Auch sie sind ein getreues Spiegelbild der historischen Entwicklung. Neben teilweise recht umständlichen Beschreibungen der einzelnen Packmittel enthalten sie vielfach auch noch Anforderungen, die von der Packmitteltechnik schon lange überholt und damit nicht mehr zeitgemäß sind. Zu solchen Problemvorschriften gehörten unter anderem auch die Bestimmungen über Mindestwandstärken bei Metallfässern.

Alle Beteiligten wissen schon lange, daß eine vorgeschriebene Mindestwandstärke oder eine bestimmte Art der Verbindung von Mantel, Deckel und Boden eines Fasses für sich alleine noch keine brauchbaren sicherheitstechnischen Größen für die Beurteilung der Widerstandsfähigkeit und damit der Eignung eines Packmittels für gefährliche Füllgüter abgeben.

Viel wichtiger sind dagegen zum einen die Güte der verwendeten Werkstoffe und zum anderen das Verhalten versandfertiger Transportgefäße unter Bedingungen, wie sie beim Umschlag und während der Beförderung auch unter Berücksichtigung von Unregelmäßigkeiten auftreten können.

Wichtig, aber in den derzeit geltenden Gefahrengutvorschriften der Binnenverkehrsträger noch nicht berücksichtigt, ist auch die keineswegs neue Erkenntnis, daß nicht alle Stoffe einer Gefahrenklasse vom Risiko her gleich zu beurteilen sind. In jeder Gefahrenklasse gibt es außerordentlich gefährliche Produkte neben solchen mit einem relativ geringen Gefahrengrad. Von wenigen, fast extremen Ausnahmefällen abgesehen. Bei den giftigen Stoffen würde dies z. B. für Blausäure gelten; es gibt hinsichtlich der vorgeschriebenen Packmittel auch heute noch keine Regelung, die eine Differenzierung nach dem Gefahrengrad der einzelnen Füllgüter zulassen würde.

Nun sind die bis hierher etwas ausführlicher dargestellten Probleme keineswegs die einzigen kritischen Punkte der gesetzlichen Gefahrengutvorschriften. Eine weitere ganz wesentliche Schwachstelle ist auch der Umfang, den diese mit der Zeit angenommen haben. Im Laufe der Jahre nur fortgeschrieben und ergänzt, sind sie immer schwerer lesbar geworden. Viele Dinge, die sich in der Praxis im Nachhinein als kaum machbar oder als von der Entwicklung überholt herausgestellt haben, mußten durch nationale Ausnahmegenehmigungen und zwischenstaatliche Sondervereinbarungen aufgehoben, ergänzt oder korrigiert werden.

So waren allein für den grenzüberschreitenden Straßenverkehr mit gefährlichen Gütern Mitte April 1981 mehr als 1000 zwei- oder mehrseitige Vereinbarungen über Abweichungen von den Vorschriften des ADR bei der Wirtschaftskommission für Europa (ECE) des Wirtschafts- und Sozialrates der Vereinten Nationen (ECOSOC) registriert. Hierunter sind mehr als 150 Sondervereinbarungen, an denen die Bundesrepublik Deutschland beteiligt ist. Im nationalen Bereich der Bundesrepublik gibt es z.Z. ca. 33 veröffentlichte Ausnahmegenehmigungen, speziell für den Straßenverkehr, denen noch ca. 127 Ausnahmen zugerechnet werden müssen, die sowohl für die Eisenbahn als auch für die Straße gelten. Da die von der Bundesrepublik gezeichneten ADR-Vereinbarungen auch als nationale Ausnahmegenehmigungen gelten, müssen diese hier dazu gezählt werden. Dies alles hat mit dazu beigetragen, daß es selbst Gefahrengutexperten, die sich seit Jahren mehr oder weniger ausnahmslos mit diesen Dingen befaßt haben, große Schwierigkeiten bereitet, diesen Wust zu durchschauen.

Schließlich hat die geschichtliche Entwicklung der Gefahrengutvorschriften für den Binnenverkehr einerseits und für den Seetransport andererseits das ihre dazu beigetragen, daß die Probleme mit diesen Regelungen immer größer geworden sind. Unterschiede im formalen Aufbau und in der Systematik mit hieraus resultierenden voneinander abweichenden und manchmal sogar widersprüchlichen Bestimmungen, machen eine sachgerechte Anwendung immer schwieriger. Der z.B. für eine reibungslose Abwicklung von Transporten nach Übersee so wichtige Übergang von einem auf den anderen Verkehrsträger wird so in unnötiger Weise erschwert, wofür sicherheitstechnische Gründe gewiß nicht geltend gemacht werden können.

Viele Einzelvorschriften sind so unklar formuliert, daß sie auslegungsfähig sind. Fehldeutungen und Fehlentscheidungen sind in solchen Fällen nicht auszuschließen. Im internationalen Verkehr kommt erschwerend hinzu, daß auslegungsfähige Formulierungen von den einzelnen Staaten häufig unterschiedlich interpretiert werden. Dies wiederum kann zu von den internationalen Abkommen sicher nicht gewollten Wettbewerbsverzerrungen und massiven wirtschaftlichen Einbußen führen.

Das Ergebnis ist eine starke Verunsicherung und Überforderung nicht nur bei den Transportbeteiligten, sondern vor allem auch bei den staatlichen Organen, denen im Rahmen dieser Vorschriften Überwachungs- und Kontrollaufgaben übertragen sind.

Nicht minder bedenklich muß die zunehmend zu beobachtende Tendenz zum Perfektionismus und zur Verbürokratisierung bei der Formulierung dieser Vorschriften stimmen. Das eine ist so gefährlich wie das andere. Beiden Entwicklungen ist gemeinsam, daß heute schon auch dem Gutwilligsten nur noch Resignation und der Verzicht auf das auf diesem Gebiet so wichtige mitverantwortliche eigenständige Denken und Handeln übrigbleiben.

Sowohl der Staat als auch Wirtschaft und Gesellschaft fordern mit Recht mehr Sicherheit beim Transport gefährlicher Güter. Doch mit dem Trend, möglichst viele Dinge bis ins letzte Detail zu regeln, kann dieses Ziel nicht erreicht, sondern eher das Gegenteil bewirkt werden. Dies um so mehr, als derart festgeschriebene Bestimmungen es den Verantwortlichen in Verkehr und Wirtschaft praktisch unmöglich machen, aus in der Praxis gesammelten Erfahrungen und neuen technischen Entwicklungen und wissenschaftlichen Erkenntnissen in sicherheitstechnischen Fragen die notwendigen Konsequenzen zu ziehen.

Darüber hinaus wird auf diese Weise in steigendem Umfang verhindert, daß sich die Betroffenen mit der gebotenen Beweglichkeit den sich ständig ändernden gesamtwirtschaftlichen Bedingungen und den Erfordernissen des Marktes anpassen können. Dies ist nicht zuletzt auch eine Folge der zunehmend bürokratischen Handhabung durch die Behörde. Schwerfällige, sich oft über Monate, wenn nicht über Jahre hinziehende Genehmigungsverfahren tragen allenfalls dazu bei, den Wert dieser Vorschriften anzuzweifeln. Dies um so mehr, als häufig der Verdacht gerechtfertigt erscheint, daß das „Know-how" und die praktischen Erfahrungen der Antragsteller im Umgang mit Stoffen, Verpackungen und Transportmitteln kaum mehr gefragt sind.

So weit meine kritischen Anmerkungen zu den gesetzlichen Vorschriften über die Beförderung gefährlicher Güter. Nur wenige Punkte konnten hier aufgegriffen und herausgestellt werden, um Schwächen in diesen Bestimmungen aufzuzeigen. Sie stellen nur einen kleinen Ausschnitt dessen dar, was einer Kritik und vor allem auch grundsätzlich neuer Überlegungen bedarf, um das Ziel, mehr Sicherheit beim Transport gefährlicher Güter zu erreichen. Meine Ausführungen, so kritisch sie im Einzelfall auch sein mögen, stehen nicht allein im Raum. Sie werden vielfach gestützt durch Ergebnisse einer Untersuchung, die eine Expertengruppe im Auftrage des Bundesministers für Verkehr im Jahre 1979 durchgeführt hat.

So möchte ich diesen Abschnitt meiner Ausführungen mit der Wiederholung einer Aussage beenden, die ich bereits zu Beginn dieses Referats gemacht habe:

Die gesetzlichen Vorschriften über die Beförderung gefährlicher Güter sind eine unverzichtbare Notwendigkeit. Sie müssen einen für alle Beteiligten, also auch für den Gesetzgeber und seine nachgeordneten Organe in der Exekutive, allgemein verbindlichen Rahmen schaffen.

Unter einem solchen Rahmen sollte eine Fassung verstanden werden, die alle wesentlichen Grundsätze unmißverständlich regelt und im sprachlichen Ausdruck für alle Beteiligten verständlich ist. Sie muß darüber hinaus in der Durchführung auch der Praxis einen Spielraum einräumen, der eine schnelle, vor allem unbürokratische Anpassung an die Erfordernisse der technischen, wissenschaftlichen und wirtschaftlichen Entwicklung ebenso an die Gegebenheiten des Marktes gestattet, die heute u.a. auch z.B. durch gesetzgeberische Maßnahmen auf dem Gebiet des Umweltschutzes nachhaltig beeinflußt wird. Dies ist z.B. ohne weiteres möglich bei den Verpackungsvorschriften und den Bestimmungen über die stoffbezogene Zulässigkeit der Beförderung gefährlicher Stoffe in Tanks.

So kann von bestimmten ganz wenigen Ausnahmen abgesehen in den wichtigsten Gefahrenklassen sehr weitgehend auf eine stoffbezogene detaillierte Aufzählung der zulässigen Packmittel verzichtet werden. Dieser Gedanke ist keineswegs utopisch. Drei Grundvoraussetzungen müssen hierfür erfüllt werden, von denen zwei schon seit eh und je nicht unwesentlicher Bestandteil der Gefahrengutvorschriften sind.

Bekannte und ausnahmslos im Verantwortungsbereich des Herstellers/Abfüllers liegende Grundsätze sind die Gebote, daß für Flüssigkeiten nur flüssigkeitsdichte Verpackungen verwendet werden dürfen, und daß der Werkstoff der verwendeten Packmittel vom Füllgut weder in gefährlicher Weise angegriffen oder verändert werden, noch gefährliche Reaktionen oder Veränderungen des Füllgutes auslösen darf.

Der dritte Grundsatz wäre dann, daß für gefährliche Güter nur solche Packmittel verwendet werden dürfen, für die eine umfassende Baumusterprüfung und das hiernach amtlich erteilte Prüfkennzeichen den Nachweis erbracht haben, daß sie bestimmte sicherheitstechnische Anforderungen erfüllen. Solche umfassenden Prüfvorschriften sind übrigens bereits geltender Bestandteil der Vorschriften für die Seeschiffahrt.

Ähnliches erscheint auch durchaus machbar hinsichtlich der Beförderung gefährlicher Güter in Tanks. Die praktisch bereits vorhandene Typisierung mit drei durch unterschiedliche Anforderungen an die Druckfestigkeit der Tanks gekennzeichneten Typen der Tanks, vornehmlich für Flüssigkeiten, erlaubt ebenfalls eine flexiblere und damit praxisnahe Handhabung z. B. bei der Erteilung der besonderen Zulassung bzw. der Prüfbescheinigung.

Schon in der Einleitung zu meinem Referat habe ich darauf hingewiesen, daß staatliche, d. h. gesetzgeberische Maßnahmen für sich allein noch keine Sicherheit beim Transport gefährlicher Güter gewährleisten können. Mit ihnen werden der Praxis Grundsätze und Regeln vermittelt, die für alle Beteiligten einheitliche Rahmenbedingungen beinhalten. Sie sollen es vor allem dem Hersteller bzw. Vertreiber von chemischen Produkten ermöglichen festzustellen, welche seiner Produkte und Stoffe als gefährlich im Sinne dieser Vorschriften zu gelten haben, wie sie in diese einzuordnen sind und welche Voraussetzungen für deren Beförderung erfüllt werden müssen.

3 Maßnahmen und Methoden zur Gewährleistung der Transportsicherheit durch Hersteller gefährlicher Güter

Auf diesen Grundsätzen aufbauend, wurden in den Unternehmen der chemischen Industrie im Laufe der Jahrzehnte durch innerbetriebliche Maßnahmen Methoden entwickelt, mit denen nicht nur die Voraussetzungen für die Beachtung dieser gesetzlichen Vorschriften geschaffen wurden, sondern gleichzeitig auch ein nicht zu unterschätzender Beitrag zur Erhöhung der Transportsicherheit geleistet werden konnte. Letzteres um so mehr, als es gerade den Unternehmen möglich war, aus in der Praxis erkannten Schwachstellen (z. B. in der Ablauforganisation) schnell die notwendigen Schlüsse zu ziehen und Verbesserungen vorzunehmen.

Die Kernpunkte solcher betrieblicher Maßnahmen sind:

- Erfassung der Produkte und Produktdaten,
- Einsatz von Datenverarbeitungssystemen,
- Fahrzeugüberwachung und Sicherheitskontrollen,
- Mitarbeiterinformation.

An einem mit geläufigen Beispiel möchte ich in den folgenden Ausführungen ein solches System näher beschreiben. In vielen Unternehmen wird im Prinzip heute ähnlich verfahren. Unterschiede sind natürgemäß bedingt durch andersgeartete Produktsortimente und durch abweichende organisatorische Strukturen.

3.1 Produkterfassung als Voraussetzung für gezielte Sicherheit

Jedes Unternehmen, das chemische Produkte herstellt und befördern lassen will, muß sich zunächst über deren Art und Eigenschaften im klaren sein. Eine möglichst umfassende Kenntnis aller sicherheitsrelevanten Daten und Eigenschaften ist daher die wichtigste Voraussetzung für alle folgenden Maßnahmen und Entscheidungen.

In einer langen Entwicklung über mehr als 50 Jahre ist in verschiedenen Stufen ein umfangreicher Produktfragebogen entstanden. Seine heutige Fassung berücksichtigt nicht nur die in vielen Jahren gesammelten Erfahrungen und – soweit dies voraussehbar ist – auch die weitere Entwicklung der Gefahrengutgesetzgebung, sondern ist vor allem auch das Ergebnis eingehender Erörterungen zwischen den im Unternehmen hiervon betroffenen Bereichen Produktion, Prüflabors und Verkehrswesen.

Ergänzt wird die Produktbeschreibung durch umfassende Erläuterungen zu einer Reihe wichtiger Punkte, die u.a. durch Hinweise auf bestimmte Prüfverfahren sicherstellen, daß bei der Ausfertigung der Produktbeschreibungen im Unternehmen einheitlich vorgegangen wird.

In acht Abschnitten enthält die Produktbeschreibung unseres Beispiels alle für eine sicherheitstechnische Beurteilung wesentlichen Fragestellungen. Dies beginnt mit Angaben über Art und Aussehen des Produkts, geht über die physikalischen Daten wie z.B. Schmelzpunkt, Dampfdruck und Flammpunkt hin zu den sicherheitsrelevanten Eigenschaften und chemischen Reaktionen. Ein besonderer Abschnitt ist der Toxikologie des Stoffs vorbehalten, in dem neben den Ergebnissen eigener Untersuchungen oder der Literatur entnommenen Daten auch auf eine Beschreibung der bei der Produktion und im Umgang mit dem Stoff gemachten Erfahrungen besonderer Wert gelegt wird.

Die vom produzierenden Betrieb in Verbindung mit den Ökologen des jeweils zuständigen Produktionsbereichs verantwortlich erstellte Produktbeschreibung ist das Kernstück aller unternehmensinternen Sicherheitsmaßnahmen. Mit ihren Daten, Angaben und Informationen schafft sie die Voraussetzungen für die weitere Behandlung eines Produkts. Die Erstellung der Produktbeschreibung durch den Herstellbetrieb ist daher in jedem Fall für den Betriebsleiter obligatorisch.

Ergibt sich aus dem Inhalt der Produktbeschreibung, daß das Produkt als gefährlich im Sinne bestehender gesetzlicher Regelungen anzusehen ist, so ermöglichen die hierin enthaltenen Daten eine exakte Zuordnung zu einer der Gefahrenklassen der Transportvorschriften für die verschiedenen Verkehrsträger.

Bei der Auswertung der Produktbeschreibung werden außer der jeweils zutreffenden Gefahrenklasse u.a. auch die für Versandstücke und Fahrzeuge erforderliche Kennzeichnung, etwaige Beförderungsverbote oder -beschränkungen sowie die für die Begleitpapiere für notwendig erachtete Gefahrendeklaration und etwaige Stau- und Verladehinweise festgelegt. Die interne Kennzeichnungsvorschrift erfolgt hierbei in jedem Falle stoffspezifisch; d.h., auch wenn es in den

Verordnungen nicht ausdrücklich vorgeschrieben ist, werden Sekundärgefahren gekennzeichnet, sofern dies aufgrund der Stoffeigenschaften notwendig erscheint.

Unter Berücksichtigung der so vorgegebenen Gefahrenklasse und der Angaben über Werkstoffverträglichkeit und etwaige besondere Anforderungen an die Packmittel in der Produktbeschreibung werden dann im Zusammenwirken von Produktionsbetrieb und Packmitteltechnik die für das Produkt geeigneten und zulässigen Verpackungen bestimmt.

Darüber hinaus ist die Produktbeschreibung mit ihren Hinweisen und Informationen auch eine wichtige Unterlage für den Entwurf eines evtl. benötigten produktspezifischen Transportmerkblattes.

Am Rande erwähnt sei schließlich noch, daß die Produktbeschreibung in ihrer heutigen Form so konzipiert ist, daß sie langfristig gesehen über die rein verkehrstechnischen Dinge hinaus eines Tages auch als Grundlage für eine EDV-gestützte Stoffdatensammlung im Hinblick auf weitergehende Sicherheitsaspekte dienen kann.

So gut sich die Produktbeschreibung im Laufe der Jahrzehnte als wesentliches Hilfsmittel zum Erkennen von Gefahren und als Entscheidungsgrundlage erwiesen hat, so schwierig wurde vor allem in den letzten zwei Jahrzehnten das Umsetzen der hieraus gewonnenen Erkenntnis in die Praxis. Die Ergebnisse der Auswertung einer Produktbeschreibung wurden schriftlich vor allem den jeweils betroffenen Produktionsbetrieben mitgeteilt. Diese mußten ihrerseits die hiermit vermittelten Angaben (wie Gefahrenklassen etc.) bei der Versandbereitstellung manuell in die internen Auftragspapiere einsetzen, von denen sie bei den Verkehrsabteilungen in Spediteuranweisungen, Ladelisten, Lieferscheine oder Frachtbriefe übertragen wurden. Soweit überhaupt möglich, konnten Kontrollen darüber, daß die erforderlichen Eintragungen bei den einzelnen Produkten tatsächlich vorhanden waren, allenfalls anhand von Stofflisten vorgenommen werden. Die Erstellung und Handhabung solcher internen Gefahrengutlisten war jedoch von Anfang an problematisch. Ihr wurden Grenzen gesetzt durch die sehr schnell wachsende Zahl der in Betracht kommenden Produkte und der täglich zu bewältigenden Versandvorgänge.

So umfaßt das Produktsortiment des von mir als Beispiel gewählten Unternehmens heute zwischen 2500 und 3000 chemische Individuen, denen noch ca. 5000 bis 6000 mehr oder weniger unterschiedliche Zubereitungen hinzugerechnet werden müssen. Die meisten Produkte laufen zudem unter Handelsnamen, die kaum Aufschluß über deren Art und Eigenschaften geben. Gleichzeitig stieg die Zahl der täglich abzuwickelnden Versandaufträge auf etwa 6000 Vorgänge.

Für die Behandlung der einzelnen Produkte, vor allem aber um sicherzustellen, daß die Beförderung der gefährlichen unter ihnen auch tatsächlich den gesetzlichen Vorschriften entsprechend durchgeführt werden konnte, mußten daher andere Methoden der internen Ablauforganisation gesucht werden. Vor allem galt es, ein System zu finden, welches menschliche Unzulänglichkeiten und das hierin liegende doch erhebliche Risiko sehr weitgehend ausschloß.

3.2 Einsatz von Datenverarbeitungssystemen

Als beste Lösung bot sich hier der Einsatz der elektronischen Datenverarbeitung an. Ein zunächst nur für Zwecke der Verkaufsabteilungen geplantes Produktregister wurde durch zusätzliche Datenbereiche ergänzt und ist heute das Kernstück der gesamten Auftragsabwicklungs- und Versandorganisation, vor allem im Hinblick auf die Gefahrengutbehandlung.

Gebunden an die jeweilige Produktnummer werden hier in einem besonderen Datenbereich alle sich aus der Auswertung der Produktbeschreibung für die Abwicklung von Gefahrenguttransporten ergebenden Daten gespeichert. Dies sind, um nur die wichtigsten zu nennen:

- Die Gefahrenklassen für alle Verkehrsträger nach nationalem und internationalem Recht, sowie die UN-Nummer;
- die Kennzeichnung von Versandstücken;
- die Kennzeichnung von Tankfahrzeugen mit Gefahrenkennziffer und Stoffnummer;
- bei Produkten mit Handelsnamen die chemische Bezeichnung;
- Gefahrenhinweise, Stau- bzw. Ladevermerke;
- die interne Nummer des bei Straßentransporten zu verwendenden Unfallmerkblattes;
- die Verpackungsgruppe, der jedes gefährliche Produkt dem Grad seiner Gefahr entsprechend zugeordnet werden muß.

Hinzu kommen Hinweise auf Beförderungsbeschränkungen, denen bestimmte Produkte, z. B. bei Überschreitung bestimmter Höchstmengen auf der Straße unterliegen, oder auf jeweils anwendbare nationale Ausnahmegenehmigungen und internationale Vereinbarungen, sowie Angaben über die Zulässigkeit des Expreßgut- oder Postversandes.

Alle mit der Auftrags- und Versandabwicklung befaßten Stellen des Unternehmens (einschließlich der in- und ausländischen Verkaufsbüros und Vertretungen) sind heute über Bildschirm an dieses System angeschlossen. Sie können sich damit jederzeit auch auf diesem Wege alle notwendigen Informationen über die einzelnen Produkte beschaffen.

Mit jeder neuen Eingabe in den Gefahrengut-Datenbereich wird gleichzeitig automatisch der Andruck einer schriftlichen Information „Einstufung als Gefahrengut" ausgelöst. Diese wird zusätzlich allen interessierten Bereichen – insbesondere den Herstell-, Verpackungs- und Lagerbetrieben und der Packmittelberatung – zur Vervollständigung von deren Produktunterlagen zugeleitet. Auf Wunsch wird sie auch Kunden, in der Regel zusammen mit einem Sicherheitsdatenblatt, zur Verfügung gestellt.

Doch dieses Datensystem ist nicht nur als Informationsmittel eingerichtet worden. Hauptzweck war von vornherein, eine Datensammlung zu schaffen, mit der sichergestellt werden sollte, daß vor allem die externen Versand- und Begleitpapiere mit Höchstmaß an Genauigkeit alle die Daten und Angaben enthalten, die in der einschlägigen Gesetzgebung gefordert werden.

So werden heute praktisch alle internen und externen Versandpapiere nur noch mit Hilfe eines umfassenden EDV-Programms maschinell erstellt. Dies beginnt mit dem Betriebsauftrag, der die Versandbereitstellung eines Produkts durch den Lieferbetrieb auslöst, geht über den internen Versandauftrag, der die Grundlage der Versanddisposition ist, hin zu Ladeliste, Spediteuranweisung oder Lieferschein und schließt heute auch schon die automatische Erstellung der Eisenbahnfrachtbriefe ein.

In all diesen Papieren werden u. a. zusammen mit dem Produktnamen automatisch die Gefahrenklassen der verschiedenen Verkehrsträger, national und international, die chemische Bezeichnung des jeweiligen Ladeguts, Flammpunkt, Gefahren- und Behandlungshinweise, sowie die Nummer des aus der internen Merkblattsammlung zu verwendenden Transportmerkblattes angedruckt. Der Betriebsauftrag enthält zusätzlich Angaben zur Kennzeichnung des Gefahrenguts.

Inzwischen sind auch einige Seehafen- und Tankwagenspediteure über Datenstandleitungen an dieses System angeschlossen worden. In dem Augenblick, in dem nach Eingabe der Dispositionsdaten an der internen Datenstation die Erstellung von Ladelisten, Lieferscheinen und Spediteuranweisungen ausgelöst wird, wird auch bei diesen Spediteuren eine Vorabinformation angedruckt.

Von besonderer Bedeutung ist in diesem Zusammenhang, daß die hierin enthaltenen Gefahrendaten nicht nur dem aktuellen Stand und den jeweils letzten Erkenntnissen entsprechen, sie sind darüber hinaus auch bei allen Ausgabestellen identisch. Übertragungsfehler, wie sie auch bei größter Sorgfalt bei manuell erstellten Papieren nie mit letzter Sicherheit auszuschließen waren, können nicht mehr auftreten.

So erhalten der Lieferbetrieb für die Bereitstellung der Ware, der Disponent für die Versanddisposition, die Ladestellen und die Expedition für die Beladung und Abfertigung der verschiedenen Transportmittel über die internen Papiere und die Spediteure für die Transportdurchführung über die Spediteuranweisung auf diese Weise zuverlässige Unterlagen, die unabhängig von menschlichen Schwächen und Unzulänglichkeiten alle für ein sachgerechtes Handeln notwendigen Angaben über die zur Beförderung anstehenden Gefahrengüter enthalten.

Dieses Gefahrengutprogramm brachte schließlich auch die Lösung eines Problems, das den für die Transportsicherheit Verantwortlichen lange Zeit erheblichen Kummer bereitet hatte. So war früher nie ganz auszuschließen, daß Produkte zur Beförderung kamen, für die vor dem ersten Versand eine Produktbeschreibung noch nicht vorgelegt worden war. Demgemäß konnte weder eine Überprüfung ihrer Eigenschaften noch eine etwa erforderliche Einstufung als Gefahrengut erfolgen. Bei dem Umfang des Produktsortiments und der täglich zu bewältigenden Versandvorgänge bestand nie eine Chance, derartige Fehler zu erkennen und den Versand solcher nicht erfaßten Produkte zu unterbinden.

Erst mit der Umstellung der Versandabwicklung auf Datenverarbeitungssysteme wurde es möglich, auch diese Schwachstelle endgültig auszuschalten. Für jedes ordnungsgemäß erfaßte Produkt – unabhängig ob harmlos oder gefährlich – muß im Gefahrengutspeicher eine Eintragung vorhanden sein. Der Rechner prüft nun vor der Erstellung des internen Versandauftrags, ob für das betreffende Produkt eine solche Eintragung vorhanden ist. Ist dies nicht der Fall, so verweigert das System den Andruck des Versandauftrags – das Produkt kann nicht versandt werden.

Ähnlich wird verfahren bei Produkten, die wie selbstentzündliche oder explosionsgefährliche Stoffe besonderen Bedingungen unterliegen. Sind die Voraussetzungen hierfür – z. B. eine Transportzulassung durch Ausnahmegenehmigung des Bundesministers für Verkehr – nicht gegeben, so erscheint im Datenprogramm ein Sperrvermerk, der die weitere Bearbeitung dieses Versandvorgangs und damit die Beförderung eines solchen Produkts unterbindet.

In der Vergangenheit bereitete es in Anbetracht des relativ großen Produktsortiments erhebliche Schwierigkeiten, Änderungen grundsätzlicher Art in den Strukturen und Stoffaufzählungen der Gefahrengutvorschriften termingerecht in die Praxis umzusetzen. Auch hier hilft uns heute dieses Datensystem, derartige Dinge problemlos und schnell zu bewältigen. Mit den jeweiligen Erfordernissen entsprechenden unterschiedlichen Sortierungskriterien können EDV-Listen der betroffenen Stoffe kurzfristig erstellt und anhand dieser Stofflisten die notwendigen Korrekturen bei den einzelnen Stoffen vorgenommen werden. Die Eingabe erfolgt in einem besonderen Speicher, von dem aus am Stichtag die alten Daten automatisch durch die neuen ersetzt werden, ohne daß hierbei auch nur ein einziges Produkt übersehen wurde.

Es versteht sich von selbst, daß ein solches Programm seiner Bedeutung entsprechend abgesichert wurde.

So stellt die Datenverarbeitung heute für die Sicherheit bei der Beförderung gefährlicher Güter einen Faktor von hohem Rang dar. Mit ihrer Hilfe werden nicht nur narrensichere Begleitpapiere für Gefahrengüter erstellt, sondern sind auch Kontrollen möglich geworden, die auf andere Weise nicht hätten durchgeführt werden können.

Weitere im Hinblick auf die Forderung nach mehr Sicherheit bei der Gefahrengutbeförderung sehr wirksame Maßnahmen sind die Überwachung der zur Beladung vorfahrenden Fahrzeuge und die vor allem bei Tankfahrzeugen und Tankcontainern hiermit verbundenen Sicherheitskontrollen (Checklisten-Kontrolle etc.).

Die wachsende Bedeutung aller Probleme im Umgang mit gefährlichen Stoffen macht es immer wieder notwendig, die Aktivitäten innerhalb und außerhalb der produzierenden Werke zu koordinieren, um zu einer möglichst breiten und einheitlichen Meinungsbildung zu kommen. Dabei kann und darf das, was der Gesetzgeber in seinen Verordnungen und Gesetzen vorschreibt nur den Rahmen für die Überlegungen abgeben. Jeder einzelne muß sich seiner Verantwortung bewußt sein und ständig fragen:

Läßt sich diese oder jene Transportart – selbst wenn erlaubt – auch letzten Endes verantworten?

Technische Risiken aus rechtlicher Sicht

P. Marburger

1 Einleitung

„Technische Risiken aus rechtlicher Sicht" – das ist ein in der Rechtswissenschaft verhältnismäßig junges Thema. Eine breitere rechtswissenschaftliche Diskussion hat erst vor wenigen Jahren begonnen. Der Grund liegt auf der Hand. Früheren Epochen war noch die Technik, wie sie sich uns heute darstellt, unbekannt. Jahrtausendelang diente sie dem Menschen ausschließlich als Mittel zum Schutz gegen die Kräfte der Natur. Die moderne Technik dagegen ist ambivalent. In ihrer unlösbaren Verbindung mit den Naturwissenschaften und der industriellen Produktion hat sie einerseits die Lebensverhältnisse in einem Maße verbessert, das vor wenigen Generationen noch für unvorstellbar gehalten worden wäre. Andererseits erzeugt sie Gefährdungen, die früheren Zeiten ebenfalls unbekannt waren. Das „Entbergen", worin Martin Heidegger das Wesen der modernen Technik erblickt hat, ist nicht mehr das schonende Hervorbringen im Sinne der antiken „techne", sondern – wie Heidegger formulierte – das „herausfordernde Stellen der Natur" [1].

Zwar wußte man bereits im Altertum, daß die Anwendung der Technik Gefahren verursachen kann, jedoch beschränkte sich diese Erkenntnis im wesentlichen auf die Bautechnik. Schon früh gab es hier Vorschriften zur Gefahrenabwehr. So heißt es z. B. im Alten Testament:

„Wenn du ein neues Haus baust, so mache eine Lehne darum auf deinem Dache, auf daß du nicht Blut auf dein Haus ladest, wenn jemand herabfiele" [2].

Bautechnische Vorschriften existierten dann zu allen Zeiten. Darin erschöpfte sich im wesentlichen das Recht der technischen Gefahrenabwehr bis in die Neuzeit hinein.

Das änderte sich erst mit dem Beginn des Maschinenzeitalters. Seitdem die ersten Dampfkessel zerbarsten und großen Schaden anrichteten, sind die Risiken der neuen Technik dem allgemeinen Bewußtsein präsentiert. Der Staat reagierte, indem er Material- und Bauvorschriften für Dampfkesselanlagen erließ [3]. Seither hat sich, was mit der Dampfkesselgesetzgebung vor 150 Jahren begann, parallel zur fortschreitenden Industrialisierung und Technisierung, zu einer umfangreichen und komplizierten Rechtsmaterie entwickelt, die man als das „Recht der technischen Sicherheit" bezeichnen kann [4].

2 Erforderliche Sicherheit und erlaubtes Risiko

Die moderne Technik verursacht Risiken für Leben oder Gesundheit des Menschen, für Sachgüter und Umwelt. Daraus erwächst der Rechtsordnung die Aufgabe, Regelungen bereitzustellen, deren Beachtung die erforderliche Sicherheit gewährleistet. Dabei kann es nicht darum gehen, perfekte Sicherheit oder absolute Risikofreiheit zu garantieren. Sie ist, was niemand bestreitet, prinzipiell unerreichbar. Andererseits kann die Industriegesellschaft auf den Einsatz der Technik nicht verzichten, will sie ihre Lebensgrundlagen nicht zerstören. Schon deshalb kann die Rechtsordnung nicht völlige Risikofreiheit fordern. Denn das käme auf vielen Gebieten einem Verbot der Anwendung und Nutzung der Technik gleich. Vielmehr handelt es sich nur darum, vermeidbare Risiken zu verhindern und die unvermeidbaren auf ein vertretbares, sozial erträgliches Maß zu begrenzen.

Technische Risiken sind folglich in gewissem Umfange auch rechtlich zulässig. Sie sind der Preis für die unbestreitbaren Vorzüge der industriellen Zivilisation und müssen um eben dieser Vorteile willen hingenommen werden.

3 Erlaubtes Risiko und Grundrechtsschutz

Diese Aussage steht im Einklang mit der Verfassung. Auch ihr kann ein Recht auf absolute Risikofreiheit nicht entnommen werden. Wer es fordern wollte, setzte sich nicht nur zur Realität der Industriegesellschaft, sondern ebenso zur verfassungsmäßigen Ordnung in Widerspruch. Das Bundesverfassungsgericht hat das in mehreren Entscheidungen anerkannt [5].

Das grundlegende Rechtsproblem wird somit durch die Frage formuliert, wo die Grenze zwischen dem erlaubten Risiko und der rechtswidrigen Gefahr verläuft. Sie läßt sich naturgemäß nicht pauschal, sondern jeweils nur im Hinblick auf ein konkretes technisches System beantworten. Dabei geht es um Entscheidungen von großer Tragweite. Denn die Festlegung eines bestimmten Sicherheitsstandards, der ja nur in mehr oder weniger großem Abstand von der unerreichbaren absoluten Sicherheit angesetzt werden kann, nimmt notwendig die – wenn auch entfernte – Möglichkeit eines Schadens an Leben oder Gesundheit, Sachgütern oder Umwelt in Kauf.

Der Verfassung selbst läßt sich eine stringente Aussage über die Risikogrenze nicht entnehmen. Sie stellt nur einen Wertungsrahmen bereit, der sich aus dem objektivrechtlichen Wertgehalt der Grundrechte ableitet. Daraus ergibt sich die Pflicht des Staates zum Schutz der Grundrechte, namentlich der Würde des Menschen (Art. 1 Abs. 1 GG), des Lebens und der körperlichen Unversehrtheit (Art. 2 Abs. 2 S. 1 GG) [6].

Im Bereich der Technik ist der Staat folglich verpflichtet, geeignete Regelungen zur normativen und administrativen *Risikosteuerung* zu treffen. Konkret bedeutet dies etwa, daß technische Risiken nicht zugelassen werden dürfen, solange sie nicht hinreichend beherrschbar sind, also auf ein zumutbares Maß reduziert werden können [7]. Die bloße Hoffnung auf einen zukünftig verbesserten Stand von Wissenschaft und Technik darf niemals Rechtfertigung dafür sein, neue gefahrenträchtige Technologien, namentlich solche mit großem Gefährdungspotential, schon jetzt zu genehmigen [8]. Man wird ferner den Staat für verpflichtet ansehen müssen, in stärkerem Maße Vorschriften zur Schadensvorsorge zu erlassen, die im Rahmen der Verhältnismäßigkeit und der technischen Realisierbarkeit auf eine Minimierung des technischen Gesamtrisikos und damit auf eine Verbesserung der nationalen Risikobilanz zielen. Daraus folgt weiter etwa die Forderung nach vorrangiger staatlicher Förderung risikomindernder Technologien.

Konkretere Ergebnisse lassen sich unmittelbar aus dem Grundgesetz nicht ableiten. Die im Einzelfall gebotene technische Sicherheit oder, was gleichbedeutend ist, die Grenze des rechtlich erlaubten Risikos, ist vielmehr innerhalb des von der Verfassung abgesteckten Rahmens durch Rechtsetzungsakte unterhalb der Verfassungsebene zu bestimmen. Maßstäbe dieser legislativen Risikoentscheidung sind einerseits die Größe der drohenden Gefahr und der Rang des zu schützenden Rechtsguts, andererseits aber auch eine Abwägung von Risiko, Kosten und Nutzen.

4 Wertungskriterien zur Bestimmung der Risikogrenze

4.1 Risiko und Gefahr

Den Vorschriften des deutschen Rechts der technischen Sicherheit ist der Begriff „Risiko“ fremd. Sie verwenden statt dessen den Ausdruck „Gefahr“ [9]. Damit knüpfen sie an den allgemeinen polizeirechtlichen Gefahrbegriff an. Gefahr herrscht danach, wenn eine Sachlage besteht, die bei ungehindertem Geschehensablauf mit hinreichender Wahrscheinlichkeit zu einem Schaden führen würde.

Dieser Gefahrbegriff gilt grundsätzlich auch im Recht der technischen Sicherheit. Entsprechend der speziellen Regelungsaufgabe sind hier jedoch zwei Aspekte schärfer zu betonen. Einmal kann sich die Prognose der Eintrittswahrscheinlichkeit, abweichend vom allgemeinen Polizeirecht, regelmäßig nicht auf die Lebenserfahrung verlassen, sondern erfordert das Urteil von Sachverständigen. Zum anderen kommt dem Verhältnis von Schadenseintrittswahrscheinlichkeit, geschütztem Rechtsgut und möglichem Schadensausmaß erhöhte Bedeutung zu. Je höherrangig das Rechtsgut oder je umfangreicher der drohende Schaden, desto größere Anstrengungen zur Verhinderung des Schadenseintritts sind geboten. Ausnahmsweise kann also auch die nur entfernte Möglichkeit eines Schadens die Annahme einer Gefahr rechtfertigen [10].

Ebenso wie das Risiko, bemißt sich die Gefahr also nach der Wahrscheinlichkeit des Schadenseintritts und dem wahrscheinlichen Umfang des Schadens, nach dem Produkt von Eintrittswahrscheinlichkeit und Schadensausmaß [11]. Im juristischen Schrifttum ist deshalb streitig, ob es sich um synonyme oder inhaltlich verschiedene Begriffe handelt. Auf die Einzelheiten dieses vorwiegend terminologischen Streits kann hier nicht eingegangen werden. Im Ergebnis sollte man an die in Naturwissenschaft und Technik gebräuchliche Begriffsbildung anknüpfen, die zwischen Risiko und Gefahr differenziert [12]. „Risiko“ benennt man die vertretbar geringe und daher rechtlich erlaubte, „Gefahr“ die übermäßige und deshalb rechtswidrige Gefährdung [13].

4.2 Zur Berücksichtigung ökonomischer Aspekte

Technische Sicherheit kostet Geld. Strenge Sicherheitsauflagen können dazu führen, daß ein Produkt zu einem kostendeckenden Preis nicht mehr abgesetzt oder eine Anlage nicht mehr rentabel betrieben werden kann. Sie wirken dann prohibitiv: Produktion oder Betrieb werden eingestellt. Das kann gesamtwirtschaftlich sinnvoll sein, soweit substituierbare Erzeugnisse mit zu geringem Sicherheitsstandard aus dem Markt genommen werden. Problematisch wird dies aber, wo es um wirtschaftlich unverzichtbare technische Aktivitäten geht, wie etwa die ausreichende Energieversorgung. Hier können Sicherheitsanforderungen, die ohne Rücksicht auf ökonomische Notwendigkeiten festgesetzt werden, letztlich eben die Lebensgüter gefährden, zu deren Schutz sie aufgestellt worden sind.
Zu beachten sind auch die möglichen Auswirkungen technischer Sicherheitsstandards auf den internationalen Warenverkehr und die Wettbewerbsfähigkeit der betroffenen Unternehmen. Unterschiedliche nationale Arbeits- und Umweltschutzbestimmungen benachteiligen die Produzenten des Landes mit den strengsten Vorschriften. Verschiedenartige nationale Anforderungen an die Produktsicherheit erzeugen technische Handelshemmnisse, die den freien Warenaustausch behindern [14]. Derartige Wettbewerbsverzerrungen und Handelsschranken können nur durch die Harmonisierung der Sicherheitsstandards, also durch internationale Vereinbarungen beseitigt werden. Dabei ist freilich darauf zu achten, daß man sich nicht auf das niedrigste, sondern auf das für einen ausreichenden Gefahrenschutz erforderliche Sicherheitsniveau einigt.

Die Grenze des erlaubten technischen Risikos wird, das zeigen diese Überlegungen, nicht unbedingt durch sicherheitstechnische Maximalforderungen beschrieben. Sie ergibt sich vielmehr aus einer Kombination sicherheitstechnischer und ökonomischer Kriterien. Grundlage für die Berücksichtigung von Kostengesichtspunkten ist das auch im Recht der technischen Sicherheit geltende *Verhältnismäßigkeitsprinzip*. Natürlich sind erhöhte Kosten als solche kein Grund, notwendige Schutzmaßnahmen zu unterlassen. Bei der Abwehr eindeutig erkannter Gefahren dürfen die Kosten keine Rolle spielen. Ebensowenig werden die technischen Sicherheitspflichten hier durch den Stand der Technik begrenzt. Gefahren, die mit technisch realisierbaren Mitteln nicht hinreichend beherrschbar sind, dürfen nicht zugelassen werden [15].

Ob aber Gefahr im Rechtssinne oder nur ein vertretbar geringes Risiko besteht, wie unwahrscheinlich angesichts des potentiellen Schadensumfangs der Schadenseintritt sein muß, wie weit unterhalb der Schädlichkeitsschwelle bestimmte Schadstoffemissionen zu begrenzen sind – diese Fragen lassen sich nicht mathematisch exakt beantworten, sondern erfordern eine normativ-wertende Entscheidung. Und in diesem Grenzbereich zwischen Risiko und Gefahr ist sowohl die technische Realisierbarkeit als auch die wirtschaftliche Verhältnismäßigkeit möglicher Sicherheitsmaßnahmen zu berücksichtigen. Zwar hat die Sicherheit im Zweifel Vorrang. Das heißt aber nicht, daß Sicherheit um jeden Preis gefordert werden könnte.

5 Normative Regelungsprobleme

5.1 Dynamischer Rechtsgüterschutz und Flexibilität der rechtlichen Regelung

Die Entscheidung über die erforderliche Sicherheit obliegt primär dem Gesetzgeber, der sie zum Teil auf den Veordnungsgeber delegieren kann (vgl. Art. 80 GG). Die besondere Schwierigkeit besteht darin, daß der gebotene Rechtsgüterschutz angesichts der rasch fortschreitenden wissenschaftlich-technischen Entwicklung durch starre Vorschriften im allgemeinen nicht gewährleistet werden kann. Denn ein in verbindlichen Detailbestimmungen festgeschriebener Sicherheitsstandard wäre meistens schon nach kurzer Zeit technisch überholt und unzureichend. Die rechtliche Regelung müßte also ständig der fortgeschrittenen technologischen Entwicklung angepaßt werden. Diese fortwährende Novellierungsbedürftigkeit wäre ein höchst unbefriedigender Rechtszustand. Treffend ist hierzu gesagt worden, man könne „dem Gesetzgeber schwerlich anraten, in einem unwürdigen Hase- und Igelwettstreit je nach Erkenntnisstand der sich dauernd wandelnden technischen und wissenschaftlichen Entwicklung nachzujagen und sie nachzuvollziehen, um alsbald wieder von der Entwicklung überholt zu sein und das Spiel von neuem zu beginnen" [16].

Zur Umschreibung der erforderlichen Sicherheit verwendet das deutsche Recht darum vornehmlich Generalklauseln und unbestimmte Begriffe, indem es etwa anordnet, daß eine Anlage oder ein Gerät nach den „allgemein anerkannten Regeln der Technik", dem „Stand der Technik" oder dem „Stand von Wissenschaft und Technik" hergestellt, errichtet oder betrieben werden müsse [17]. Mit Hilfe dieser entwicklungsoffenen normativen Standards werden wissenschaftlich-technische Fortschritte ohne förmliche Rechtsänderung automatisch aufgefangen und in entsprechend geänderte Sicherheitspflichten umgesetzt. Die erforderliche Flexibilität der rechtlichen Regelung ist damit gewahrt.

Verfassungsrechtliche Bedenken wegen zu großer Unbestimmtheit greifen im Ergebnis nicht durch. Denn das Recht der technischen Sicherheit ist im Interesse eines dynamischen, jeweils bestmöglichen Rechtsgüterschutzes auf in die Zukunft hin offene normative Regelungen angewiesen [18].

5.2 Regelungsdefizit und Rechtsunsicherheit

Allerdings hat diese Regelungsmethode einen gravierenden Nachteil. Generalklauseln und unbestimmte Begriffe lassen die Detailfragen offen. Die individuelle Regelungsaufgabe ist damit auf Behörden und Gerichte delegiert. Sie müssen durch ihre Entscheidungen das normative Regelungsdefizit ausgleichen. Welche sicherheitstechnischen Anforderungen eine Anlage oder ein Gerät erfüllen muß, wird also erst durch die Entscheidung der zuständigen Behörde im einzelnen Genehmigungsverfahren, meistens sogar erst durch das rechtskräftige Urteil im sich anschließenden Verwaltungsrechtsstreit verbindlich geklärt.

Das Fehlen konkreter Entscheidungsmaßstäbe hat vor allem bei der Genehmigung großtechnischer Anlagen auf der Grundlage des Atomrechts oder des Immissionsschutzrechts zu großen Schwierigkeiten geführt. Die Genehmigungsbehörden können sich hier nicht auf die Prüfung beschränken, ob eine Anlage vorgegebenen verbindlichen Sicherheitsvorschriften entspricht. Vielmehr müssen sie, da solche Vorschriften nicht vorhanden sind, mit Hilfe umfangreicher Sachverständigengutachten die Kontrollmaßstäbe für die sicherheitstechnische Detailprüfung erst selbst festsetzen. Sie werden folglich nicht nur gesetzesvollziehend, sondern in gleichem Maße rechtsetzend tätig. Ihre Entscheidungen werfen demgemäß sowohl auf juristischer wie auf technisch-naturwissenschaftlicher Seite äußerst komplizierte Abwägungsprobleme auf, in die grundsätzlich alle für die normative Bestimmung der Risikogrenze maßgeblichen Aspekte einzubeziehen sind, die Risikoabschätzung und -bewertung ebenso wie die Frage, welche Sicherheitsvorkehrungen für den gebotenen Rechtsgüterschutz erforderlich und – unter Berücksichtigung der Verhältnismäßigkeit – ausreichend sind. Zwar können die Behörden neben Sachverständigengutachten auch auf vorhandene Regelwerke aus technischen Anleitungen, Richtlinien oder Regeln oder überbetrieblichen technischen Normen zurückgreifen. Dadurch werden die Probleme faktisch gemildert, aber nicht behoben. Da es sich nämlich zum größten Teil nur um unverbindliche Empfehlungen von Sachverständigengremien handelt, ist die Rezeption dieser Regelwerke in die Genehmigungsentscheidung rechtlich nicht hinreichend abgesichert. Ich werde darauf noch zurückkommen.

Noch größer sind die Schwierigkeiten auf der judikativen Ebene. Nahezu jede Anlagengenehmigung wird heute im Verwaltungsrechtsweg angefochten. Nach herrschender Auffassung im deutschen Verwaltungsrecht obliegt den Gerichten eine uneingeschränkte Prüfungspflicht auch hinsichtlich der sicherheitstechnischen Genehmigungsvoraussetzungen. Das hat zur Folge, daß die gerichtliche Beweisaufnahme praktisch auf eine Wiederholung des behördlichen Genehmigungsverfahrens hinausläuft, obwohl die Gerichte für die Bewältigung derart umfangreicher Verfahren der Bewertung und Rezeption technisch-wissenschaftlichen Sachverstands nicht besser, sondern eher schlechter gerüstet sind als die Behörden.

Insgesamt besteht nach der gegenwärtigen Rechtslage auf einigen Gebieten erhebliche Rechtsunsicherheit. Genehmigungsverfahren ziehen sich bis zur rechtskräftigen Entscheidung der Verwaltungsgerichte über viele Jahre hin. Ihr Ausgang ist auch für den Sachkenner kaum vorhersehbar. Den Investitionsentscheidungen der Anlagenbetreiber, bei denen es sich je nach Art der Anlage um Milliardenbeträge handeln kann, fehlt die notwendige sichere Kalkulationsgrundlage. Die Folge sind Investitionsausfälle oder -verzögerungen. Alles in allem also ein Zustand, der von niemandem als befriedigend empfunden werden kann.

6 Lösungsmöglichkeiten

In den letzten Jahren sind verschiedene Vorschläge zur Vereinfachung der rechtlichen Entscheidungsstruktur diskutiert worden. Ich kann nur auf einige kurz eingehen.

6.1 Verkürzung des gerichtlichen Instanzenzuges

Insbesondere im Hinblick auf das atomrechtliche Genehmigungsverfahren ist die rechtspolitische Forderung nach einer Verkürzung des verwaltungsgerichtlichen Instanzenzuges erhoben worden. Angesichts des formalisierten behördlichen Genehmigungsverfahrens, das allen Betroffenen ein Höchstmaß an Verfahrensteilhabe garantiere, seien zwei Tatsacheninstanzen nicht erforderlich. Vielmehr genüge es, wenn die wissenschaftlich-technischen Sachfragen der Anlagengenehmigung einer einmaligen gerichtlichen Kontrolle unterworfen würden. Die Entscheidung des Eingangsgerichts solle dann nur noch der auf die Prüfung von Rechtsfragen beschränkten Revision unterliegen [19].

Auf diese Weise könnte die Dauer des Gerichtsverfahrens erheblich verkürzt werden, was ganz sicher von Vorteil wäre. Freilich bestehen prinzipielle Bedenken gegen die Schaffung eines Sonderverfahrensrechts für einzelne Sachgebiete. Aber auch wenn man davon absieht, so betrifft die Verfahrensdauer nur einen Aspekt der Gesamtproblematik. Die Schwierigkeiten der rechtlichen Risikobewertung wären nicht beseitigt, weder für die behördliche, noch für die gerichtliche Entscheidung. Sie lassen sich letztlich nur durch eine konkretere Formulierung der sicherheitstechnischen Genehmigungsvoraussetzungen beheben. Die Verkürzung des Instanzenzuges käme daneben nur als eine zusätzliche Vereinfachung in Betracht.

6.2 Anerkennung administrativer Beurteilungsspielräume

Ein zweiter Lösungsvorschlag zielt ebenfalls auf eine Entlastung des gerichtlichen Verfahrens. Die richterliche Kontrolle sei hinsichtlich der sicherheitstechnischen Genehmigungsvoraussetzungen einzuschränken; insoweit müsse den Genehmigungsbehörden ein gerichtlich nicht nachprüfbarer Beurteilungsspielraum, anders formuliert: die Kompetenz zur letztverbindlichen Entscheidung, zugebilligt werden. Dieser Vorschlag stützt sich auf eine im deutschen Verwaltungsrecht seit langem bekannte Lehre, wonach den Behörden bei der Konkretisierung unbestimmter Rechtsbegriffe eine solche abschließende Beurteilungskompetenz zukommt [20].

Tatsächlich spricht bei der Bewertung komplizierter naturwissenschaftlich-technischer Sachfragen im Recht der technischen Sicherheit vieles für eine gelockerte Kontrolldichte der gerichtlichen Prüfung. Uneingeschränkte richterliche Kontrolle führt letztlich nur zur Ersetzung einer problematischen Verwaltungsentscheidung durch eine notwendig ebenso problematische Gerichtsentscheidung. Denn beide beruhen auf Sachverständigengutachten [21].

Überwiegend wird die Lehre vom behördlichen Beurteilungsspielraum jedoch abgelehnt [22]. Zwar mehren sich die befürwortenden Stimmen [23] im Anschluß an die Entscheidung des Bundesverfassungsgerichts zum Kernkraftwerk Kalkar, wo die Beschränkung der richterlichen Prüfung auf die „Bandbreite" der naturwissenschaftlich-technischen Beurteilung erwogen wird [24]. Doch dürften die Durchsetzungschancen in Rechtsprechung und Lehre eher gering einzuschätzen sein. Im übrigen könnte auch dieser Lösungsansatz nur die Unzuträglichkeiten des gerichtlichen Verfahrens mildern, was gewiß ein beachtlicher Fortschritt wäre. Aber er könnte nicht die aus dem normativen Regelungsdefizit folgenden Probleme insgesamt bewältigen.

6.3 Abschließende Beurteilung der wissenschaftlich-technischen Sachfragen durch ein unabhängiges Sachverständigengremium

Verschiedene Autoren plädieren dafür, die technisch-naturwissenschaftliche Beurteilung komplexer Anlagen aus der Zuständigkeit der Genehmigungsbehörden auszugliedern und einem unabhängigen Expertengremium zu übertragen. Die Anlage könne genehmigt werden, wenn eine Unbedenklichkeitsbescheinigung dieses Gremiums vorliege. Diese Bescheinigung solle rechtlich nur noch darauf überprüfbar sein, ob sie formell ordnungsgemäß zustande gekommen sei [25].

Auf diesem Wege wäre die gewünschte Entlastung der Behörden und Gerichte ohne Zweifel erreichbar. Zu bedenken ist aber einmal, daß damit der wesentliche Teil der Genehmigungsentscheidung aus der verfassungsrechtlich legitimierten Kompetenz und politischen Verantwortung der Exekutive herausgelöst würde. Ein zweiter Einwand betrifft grundsätzlich alle Lösungsmodelle, die sich auf verfahrensrechtliche Korrekturen beschränken. Zwar kann Verfahrensrecht Regelungsdefizite des materiellen Rechts ausgleichen, wo der Gesetzgeber eine ausreichende Regelung nicht getroffen hat oder nicht treffen kann. Dabei kann es sich aber nur um eine kompensatorische Funktion handeln. Sinnwidrig wäre es dagegen, unter Verzicht auf mögliche materiellrechtliche Regelungen von vornherein auf verfahrensrechtliche Lösungen auszuweichen. Solange also der Nachweis nicht erbracht ist, daß die technischen Sicherheitspflichten durch Rechtsnormen nicht konkreter formuliert werden können, würde der Gesetzgeber seinem Regelungsauftrag im Recht der technischen Sicherheit nicht gerecht, wenn er sich auf eine Reform des Genehmigungsverfahrens beschränkte.

6.4 Zur Bedeutung wissenschaftlich-technischer Risikoanalysen für die rechtliche Entscheidung

Von naturwissenschaftlich-technischer Seite sind in den letzten Jahren Vorschläge unterbreitet worden, die darauf zielen, die rechtliche Entscheidung über das vertretbare Risiko durch die Verwertung wissenschaftlich-technischer Risikoanalysen rationaler zu gestalten. Soweit sich solche Analysen auf den Vergleich zwischen verschiedenen zivilisatorischen oder technischen Risiken beschränken, sind sie für die rechtliche Risikobewertung allerdings wenig aussagekräftig. Bei der Genehmigung eines Kernkraftwerks nützt es wenig, zu wissen, daß im Straßenverkehr der Bundesrepublik Deutschland jährlich mehr als 12 000 Tote zu beklagen sind [26]. Denn niemand könnte der Idee verfallen, dem Kernkraftwerk ein ähnlich hohes Risiko zu konzedieren. Sinnvoll sind dagegen Vergleiche mit natürlichen Lebensrisiken, etwa die Heranziehung der natürlichen Strahlenbelastung bei der rechtlichen Bewertung der Dosisgrenzwerte nach der Strahlenschutzverordnung [27].

Dem Vorschlag, auf der Grundlage umfassender Risikoanalysen für alle potentiell gefährlichen technischen Systeme Risikogrenzwerte durch Rechtsnormen festzulegen [28], steht das juristische Schrifttum bisher ablehnend gegenüber. Tatsächlich dürfte eine solche Rechtsetzungsmethode derzeit nicht realisierbar sein, weil ihre naturwissenschaftlich-technischen Grundlagen noch nicht genügend abgesichert sind. Risikoanalysen können zwar wertvolle Entscheidungshilfen sein. Namentlich können sie Fehlerquellen im Sicherheitskonzept einer Anlage aufdecken und damit möglichen Gefahren vorbeugen [29]. Als Basis einer normativen Festsetzung verbindlicher Risikogrenzwerte dürften sie jedenfalls zur Zeit aber noch ungeeignet sein.

6.5 Einbeziehung technischer Regelwerke in die normative Regelung

Einen geeigneten Weg zur Problembewältigung bietet jedoch die Einbeziehung technischer Regelwerke privater Normenorganisationen, wie z.B. DIN, VDE, VDI, oder öffentlich-rechtlicher technischer Ausschüsse, z.B. des Kerntechnischen Ausschusses, in die rechtlich-normative Regelung. Diese Regeln enthalten die erforderlichen sicherheitstechnischen Detaillösungen. Da sie in einem geordneten Verfahren von unabhängigen Sachverständigenausschüssen unter repräsentativer Mitwirkung der interessierten und betroffenen Kreise erarbeitet, publiziert und laufend dem fortgeschrittenen Stand der Technik angepaßt werden, gewährleistet ihre Einhaltung im allgemeinen die erforderliche Sicherheit.

Diese Regeln könnten durch gleitende normkonkretisierende Verweisungen mit der Bedeutung von Vermutungsklauseln in die normative Regelung rezipiert werden. Soweit die in Bezug genommenen Regeln beachtet wurden, spricht dann eine widerlegbare gesetzliche Vermutung dafür, daß die sicherheitstechnischen Voraussetzungen gewahrt sind. Verfassungsrechtliche Bedenken gegen diese Form der normativen Verweisung auf technische Regeln sind im Ergebnis nicht begründet. Die Vorzüge dieser Verweisungsmethode sind: Sie entlastet Gesetz- und Verordnungsgeber von der schwierigen Aufgabe der sicherheitstechnischen Detailregelung; sie liefert bis zum Beweis des Gegenteils, also für den Normalfall, den sicherheitspflichtigen Herstellern und Betreibern die nötigen Verhaltensmaßstäbe, Behörden und Gerichten die erforderliche Beurteilungsgrundlage; sie garantiert die notwendige Flexibilität der rechtlichen Regelung, da sie abweichende Lösungen freistellt und somit den technischen Fortschritt nicht behindert. Außerdem gewährleistet sie die erforderliche Berücksichtigung wirtschaftlicher Gegebenheiten, denn die interessierten Kreise sind an der Regelaufstellung beteiligt [30].

Diese Methode der Verknüpfung technischer Regeln mit staatlich gesetztem Recht ist keineswegs neu. Das deutsche Recht kennt sie, jeweils mit geringfügigen Unterschieden, etwa im Recht der überwachungsbedürftigen Anlagen [31] im Energiewirtschaftsrecht [32], im Gerätesicherheitsrecht [33] und in den Landesbauordnungen [34]. Sie dürfte geeignet sein, die Probleme der normativen Risikosteuerung auch in anderen Bereichen des Rechts der technischen Sicherheit, etwa im Atomrecht oder im Immissionsschutzrecht zu bewältigen. Dafür wären freilich entsprechende Gesetzesänderungen erforderlich.

7 Schlußbetrachtung

Die schwierigen Regelungsprobleme der rechtlichen Bewältigung technischer Risiken sind also lösbar, mögen sie auch ungewöhnliche Regelungsmethoden erfordern. Der für die Rechtsentscheidung notwendige wissenschaftlich-technische Sachverstand [35] kann weitgehend durch den Rückgriff auf technische Regelwerke privater Normenorganisationen und öffentlich-rechtlicher Sachverständigenausschüsse vermittelt werden. Das gewährleistet zugleich den erforderlichen Ausgleich zwischen Rechtssicherheit und Fortschrittsoffenheit der normativen Regelung. Allerdings müssen Zusammensetzung und Arbeitsweise dieser Gremien bestimmten Mindestanforderungen genügen, damit ihre Regeln rezipiert werden können [36].

Entsprechend dem Thema dieses Vortrags mußten Risiken und Gefahren der Technik im Vordergrund stehen. Das Recht hat der Technik Grenzen zu setzen, um ihre Gemeinverträglichkeit zu sichern. Doch ist das nur eine Seite. Es wäre verhängnisvoll, wenn die Rechtsordnung, wozu angesichts einer sich ausbreitenden Technikfeindlichkeit heute weite Teile der Bevölkerung neigen, Naturwissenschaft und Technik ausschließlich unter dem Aspekt des Gefahrvollen und Bedrohlichen bewerten wollte, wenn technischer Fortschritt sich nicht mehr im wesentlichen frei entfalten könnte, sondern nur noch staatlich verordnet würde. Denn mehr denn je bilden Naturwissenschaft und Technik und ihre Fortentwicklung die materiellen Grundlagen unserer Existenz.

Literatur und Anmerkungen

Abkürzungen

AtomG	Atomgesetz
BArbBl	Bundesarbeitsblatt (Heft, Jahr, Seite)
BAnz	Bundesanzeiger
BauR	Baurecht (Jahr, Seite)
BB	Betriebsberater (Jahr, Seite)
BImSchG	Bundes-Immissionsschutzgesetz
BVerfG	Bundesverfassungsgericht
BVerfGE	Entscheidungen des Bundesverfassungsgerichts (Band, Seite)
ChemG	Chemikaliengesetz
DampfkV	Dampfkesselverordnung
DIN	Deutsches Institut für Normung
DÖV	Die öffentliche Verwaltung (Jahr, Seite)
DVBl	Deutsches Verwaltungsblatt (Jahr, Seite)
DVO	Durchführungsverordnung
EnWG	Energiewirtschaftsrecht
EuGH	Europäischer Gerichtshof
EuGHE	Entscheidungen des Europäischen Gerichtshofs (Jahr, Seite)
GewO	Gewerbeordnung
GS	Gesetzessammlung
GSG	Gerätesicherheitsgesetz
JZ	Juristenzeitung (Jahr, Seite)
NJW	Neue Juristische Wochenschrift (Jahr, Seite)
RGBl	Reichsgesetzblatt
TÜ	Technische Überwachung (Band, Jahr, Seite)
UPR	Umwelt- und Planungsrecht (Jahr, Seite)
VDE	Verband Deutscher Elektrotechniker
VDI	Verein Deutscher Ingenieure
WiVerw	Wirtschaft und Verwaltung, Beilage zu Gewerbearchiv (Jahr, Seite)
ZfU	Zeitschrift für Umweltpolitik (Jahr, Seite)
ZRP	Zeitschrift für Rechtspolitik (Beilage zu „Neue juristische Wochenschrift).

1. Heidegger, M.: Die Technik und die Kehre, 1962, S. 11 ff.
2. 5. Buch Moses, Kap. 22 Vers. 8
3. Vgl. etwa die preußische „Allerhöchste Kabinettsordre vom 1sten Januar 1831, die Anlagen und den Gebrauch der Dampfmaschinen betr." (GS, S. 243) und die dazu ergangene „Instruktion zur Vollziehung der Allerhöchsten Kabinettsordre usw." (GS, S. 244)
4. Gleichbedeutende Bezeichnungen: „Technisches Sicherheitsrecht" oder „Recht der Sicherheitstechnik"
5. BVerfGE 49, S. 89 (143) = NJW 1979, S. 359, 363 (Kalkar); BVerfGE 53, S. 30 (59) = NJW 1980, S. 759, 761 f. (Mülheim-Kärlich); vgl. auch BVerfG NJW 1978, S. 1450 (Voerde); NJW 1981, 1393, 1394 (Stade); Götz, V. in: Viertes deutsches Atomrechts-Symposium, 1976, S. 177 (1983); Thieme, W.: NJW 1976, S. 705 (706)
6. So das BVerfG in ständiger Rechtsprechung, vgl. BVerfGE 39, S. 1 (41) = NJW 1975, S. 573, 575 (Fristenlösung); BVerfGE 46, S. 160 (164) = NJW 1977, S. 2255 (Schleyer); BVerfGE 49, S. 89 (141 f.) = NJW 1979, S. 359, 363 (Kalkar); BVerfGE 53, S. 30 (57) = NJW 1980, S. 759, 761 (Mülheim-Kärlich); BVerfG NJW 1981, S. 1655, 1656 (Fluglärm)

7. Vgl. BVerfG NJW 1981, S. 1655, 1657 (Fluglärm)
8. Marburger, P.: Die Regeln der Technik im Recht, 1979, S. 125; zust. Hofmann, H.: Rechtsfragen der atomaren Entsorgung, 1981, S. 311
9. So etwa: § 3 Abs. 1 S. 1 GSG; § 24 Abs. 1 GewO; § 1 Nr. 2 AtomG; §§ 3 Abs. 1, 5 Nr. 1 BImSchG; § 14 Abs. 1 S. 1 ChemG
10. Zum Gefahrenbegriff allgemein sowie im Recht der technischen Sicherheit zuletzt eingehend: Martens, W.: DÖV 1982, S. 89 ff. m. w. Nachw.
11. Zum Risikobegriff in der Technik näher: BMFT (Hrsg.), Deutsche Risikostudie Kernkraftwerke, 2. Aufl. 1980, S. 9 ff.; Birkhofer, A., in: Bitburger Gespräche 1981, S. 61 ff.; Hosemann, G.: TÜ 22 (1981), S. 353 ff.; Kuhlmann, A.: ZfU 1980, S. 661 (664 f.); Pilz, V., in: Behrens/Gundelach (Hrsg.): Das Sicherheitskonzept für die Chemische Technik, 1980, S. 227 (230 ff.)
12. Vgl. Schön, G.: BArbBl. 2/1979, S. 33 in Anlehnung an DIN 31000/VDE 1000 „Allgemeine Leitsätze für das sicherheitsgerechte Gestalten technischer Erzeugnisse". (März 1979) Nr. 3.2
13. Marburger, P., in: Bitburger Gespräche 1981, S. 39 (41)
14. Zur Problematik technischer Handelshemmnisse innerhalb der EG vgl. EuGHE 1979, S. 649 = NJW 1979, S. 1766 („Cassis de Dijon"); EuGH NJW 1982, S. 1211 („Schädlingsbekämpfungsmittel"); Seidel, M.: NJW 1981, S. 1120; Deringer, A., Sedemund, J.: NJW 1981, S. 1125 (1127 f.) u. NJW 1982, S. 1189 (1190 ff.)
15. BVerfG NJW 1979, S. 359, 362 (Kalkar); NJW 1981, S. 1655, 1657 (Fluglärm)
16. Sendler, H.: UPR 1981, S. 1 (9 f.)
17. So z. B. § 3 Abs. 1 GSG, § 6 Abs. 1 DampfkV, § 5 Nr. 2 BImSchG, § 7 Abs. 2 Nr. 3 AtomG; w. Nachw. bei Marburger, P.: WiVerw. 1981, S. 241 (256 f.)
18. BVerfGE 49, S. 89 (137) = NJW 1979, S. 359, 362 (Kalkar)
19. Dazu Papier, H.-J., in: Bitburger Gespräche 1981, S. 81 (99) m. w. Nachw.
20. Grundlegend: Bachof, O.: JZ 1955, S. 97 ff.; Ule, C. H.: Gedächtnisschrift für W. Jellinek, 1955, S. 309 ff. Eingehend zum Problem zuletzt: Tettinger, P.: DVBl. 1982, S. 421 ff.
21. Ossenbühl, F.: In: Blümel/Wagner (Hrsg.): Technische Risiken und Recht, 1981, S. 45 (50)
22. Zur h. M. vgl. statt vieler nur Breuer, R.: NJW 1977, S. 1121 (1125 ff.); dens.: DVBl. 1978, S. 829 (832); Tettinger, P.: DVBl. 1982, S. 421 ff. je m. w. Nachw.
23. So z. B. Benda, E., in: Blümel/Wagner (Hrsg.): Technische Risiken und Recht, 1981, S. 5 (10); Marburger, P., ebd., S. 27 (30 f.); Sellner, D.: BauR 1980, S. 391 u. 403 ff.; Wagner, H., in: Nicklisch/Schottelius/Wagner (Hrsg.); Die Rolle des wissenschaftlich-technischen Sachverstandes bei der Genehmigung chemischer und kerntechnischer Anlagen, 1982, S. 107 (114 f.); w. Nachw. bei Tettinger, P., s. [22], S. 431 Fn. 144
24. BVerfG NJW 1979, S. 359 (362)
25. Ossenbühl, F.: DVBl. 1978, S. 1 (9); ders.: DÖV 1980, S. 545 (550 f.); Papier, H.-J., s. [19], S. 97; Wagner, H., s. [23], S. 117; ders.: ZRP 1982, S. 103 ff.
26. Vgl. Ossenbühl, F., s. [21], S. 47
27. BVerwG NJW 1981, S. 1393, 1394 (Stade); Ossenbühl, F., s. [21], S. 47
28. So z. B. Rausch, B. L., in: Lukes/Birkhofer: Rechtliche Ordnung der Technik als Aufgabe der Industriegesellschaft, 1980, S. 171 ff.; Kuhlmann, A.: Alptraum Technik, 1977, S. 36 ff., 151 ff.; vgl. dazu auch Marburger, P., s. [8], S. 141 ff.
29. Dazu näher Breuer, R.: DVBl. 1978, S. 829 (834 f.); Lukes, R.: BB 1978, S. 317 ff.; Lukes/Feldmann/Knüppel, in: Gefahren und Gefahrenbeurteilungen im Recht, Teil II, 1980, S. 71 (194 ff.); Wagner, H.: BB 1980, S. 180 ff.; ders.: DÖV 1980, S. 269 (277 ff.)
30. Eingehend zur normkonkretisierenden Verweisung auf technische Regeln: Marburger, P., s. [8], S. 395 ff. sowie in DIN (Hrsg.): Verweisung auf technische Normen in Rechtsvorschriften, 1982, S. 27 (34 ff.)
31. Vgl. z. B. § 24 GewO i. V. m. § 6 Abs. 1 DampfkV und § 1 der allgemeinen Verwaltungsvorschrift zur DampfkV v. 27. 2. 1980 (BAnz. Nr. 43 v. 1. 3. 1980); im einzelnen dazu Marburger, P., s. [8], S. 58 ff.
32. § 13 Abs. 2 EnWG i. V. m. § 1 der 2. DVO zum EnWg v. 31. 8. 1937 (RGBl. I S. 918); näher dazu Marburger, P., s. [8], S. 79 ff.

33. §§ 3 Abs. 1, 11 GSG i. V. m. §§ 3, 4 der allgemeinen Verwaltungsvorschrift zum GSG i. d. F. v. 11. 6. 1979 (BAnz. Nr. 108 v. 13. 6. 1979) und den dazu gehörigen Verzeichnissen technischer Regeln, z. B. in BArbBl. 2/1980, S. 71 ff.; dazu näher Marburger, P., s. [8], S. 71 ff.
34. Vgl. dazu Marburger, P., s. [8], S. 83 ff.
35. Zum Thema „Technischer Sachverstand und Rechtsentscheidung" eingehend Lukes, R., in: Bitburger Gespräche 1981, S. 117 ff.
36. Dazu näher Marburger, P., in: VDE (Hrsg.): Risiko – Schnittstelle zwischen Recht und Technik, 1982, S. 119 (138 ff.)

Zusammenfassung der Diskussion zu Teil II

S. Lange

Die abschließende Diskussion zu Teil II kreiste um die Frage: Wie kann eine rationale Strategie der Risikoreduzierung entwickelt werden? In welchen Gefahrenbereichen bekommen wir mit gegebenem Aufwand die größte Reduzierung des Risikos? Wie vermeiden wir hohe Investitionsausgaben in Gefahrenbereichen, wo die Sicherheit nur noch marginal erhöht werden kann, während in anderen Bereichen mit wenig Aufwand viel zu erreichen wäre? Wie sicher ist uns sicher genug?

Die Diskussion zeigte: So sinnvoll diese Fragen erscheinen, so schwer sind sie zu beantworten.

Beim gegenwärtigen Stand des Wissens und bei der gegenwärtigen Verfassung unserer Gesellschaft ist eine rationale Gesamtstrategie, die alle wichtigen Risiken und alle Möglichkeiten der Risikominderung einbezieht, nicht erreichbar und, wie viele Teilnehmer meinten, auch nicht sinnvoll. Jede Gefahrensituation hat ihren eigenen Maßstab, in den nicht nur die Höhe des Risikos sondern auch individuell unterschiedlich bewertete Kosten und Nutzen eingehen. Deswegen ist eine allgemein gültige Antwort auf die Frage, wie sicher uns sicher genug ist, nicht zu geben. Die Antwort muß in jeder Situation neu gesucht werden.

Auch der Verzicht auf weiteren technischen Fortschritt als sozusagen alternative Gesamtstrategie wäre keine Antwort, da der Verzicht die Risiken nicht vermindert, sondern nur verschiebt.

Der Weg zu einer rationalen Strategie, die allerdings keine Gesamtstrategie sein kann, wird durch folgende Einstellungen und falsche Erwartungen erschwert:

- Verständigungsprobleme zwischen Fachleuten und Laien: Der Öffentlichkeit wurde zuviel Sicherheit versprochen. Überzogene Erwartungen wurden nicht korrigiert. Die Forderung nach Ausschluß jeden Risikos konnte deswegen zu einer politischen Maxime werden. Die unbedenkliche Verwendung der Fachsprache verwirrt Laien eher, als daß sie aufklärt.
- Verständigungsprobleme zwischen Politikern und Wissenschaftlern: Wissenschaftliche Antworten auf die politische Frage nach der rationalen Strategie sind nicht so schnell zu geben, wie die Politiker danach verlangen. Solche Antworten kosten Zeit und Geld. Der Politiker sollte deswegen den „Schwarzen Peter" nicht den Fachleuten zuschieben.

Schließlich sollten Politiker Mut zu politischen Entscheidungen haben und entscheiden, welche Risiken so wichtig sind, daß sich der Gesetzgeber mit ihnen beschäftigt, und welche in den Aufgabenbereich privater Institutionen gehören.

Nach Meinung vieler Teilnehmer hat das Symposium einen Anstoß dazu gegeben, über diese Fragen weiter nachzudenken.

Ergebnisse des Symposiums

S. Lange

Vorträge und Diskussionen auf dem Symposium kreisten um die Frage, wie wir in unserer Gesellschaft mit den wachsenden Risiken und dem erwachenden Risikobewußtsein fertig werden. Dabei wurde viel Wert darauf gelegt, fach- und branchenübergreifende Antworten zu finden oder, da häufig Antworten noch nicht gegeben werden können, die verbindenden Fragen zu formulieren und Denkanstöße für die weitere Forschung zu vermitteln, wie das auf dem wissenschaftlichen Seminar im September 1980 in Romrod angeregt worden war.

Die Industrievertreter der Chemieindustrie widersprachen allerdings der Meinung, die Risiken seien gewachsen; das Risikopotential sei zwar gewachsen, gleichzeitig hätten jedoch geeignete Maßnahmen das Wachstum des Potentials überkompensiert.

Die Ergebnisse lassen sich in zwei Blöcke gliedern, in Aussagen über analytische Methoden zur frühzeitigen Erkennung von Risiken und Aussagen über politische Entscheidungsprozesse.

Gefragt wurde: Welche wissenschaftlich fundierten Methoden stehen zur Verfügung? Welche Methoden lassen sich mit Erfolg verwenden, wenn man den Erfahrungsbereich verläßt, sei es in der Kernkraft, dem Großtankerbau, bei neuen Chemikalien und Pharmazeutika? Was leistet die dafür entwickelte Methode der quantitativen (probabilistischen) Risikoanalyse?

Gefragt wurde: Reicht es aus, die Risiken genauer zu kennen, um Entscheidungen fällen zu können, oder ist nicht vielmehr die Ermittlung von Risiken nur ein einziger Schritt im politischen Entscheidungsprozeß, in dem die Bewertung der erkannten Risiken die entscheidende Rolle spielt und in den individuelle Einstellungen zu Nutzen und Kosten eingehen? Wie kann der politische Entscheidungsprozeß so verbessert werden, daß er wirklich zu Entscheidungen führt, die bei angemessenen Kosten zur Erhöhung der Sicherheit beitragen?

Vorträge und Diskussionen lieferten Antworten auf die folgenden Fragen:

- Wie brauchbar sind quantitative Risikoanalysen?
- Wie genau müssen quantitative Risikoanalysen sein?
- Wie können die Verständigungsprobleme zwischen Fachmann und Laie gelöst werden?
- Wie sicher ist uns sicher genug? Oder mit anderen Worten: Gibt es eine konsistente Gesamtstrategie zur Verminderung des Risikos?
- Welche Verbesserungen sind im politischen Entscheidungsprozeß möglich?

Wie brauchbar sind quantitative Risikoanalysen?

Trotz der offensichtlich vorhandenen Schwächen eignen sich Risikoanalysen für die folgenden Anwendungen:

- Offenlegen der bei Entscheidungen verwandten Kriterien und in Kauf genommenen Unsicherheitsbandbreiten;
- Ausmerzen von (einigen) Schwachstellen schon im Konzept einer industriellen Anlage;
- Überprüfen von aus der Erfahrung gewonnenen Sicherheitsfestlegungen;
- Unterstützung der Extrapolation, wenn man den Erfahrungsbereich verläßt;
- Risikovergleiche zwischen ähnlichen Anlagen und zwischen vergleichbaren Maßnahmen zur Erhöhung der Sicherheit;
- Rechtfertigung von Entscheidungen gegenüber Behörden und Öffentlichkeit.

An Schwierigkeiten, die den Aussagewert von Risikoanalysen beschränken, sind zu nennen:

- Das mangelnde Verständnis für manche naturwissenschaftlichen Zusammenhänge und technischen Prozesse;
- der Mangel an Daten, der für seltene Risiken ein grundsätzliches Problem darstellt.

Wie genau müssen quantitative Risikoanalysen sein?

Aus den folgenden Gründen ist eher ein Optimum und nicht ein Maximum an Genauigkeit anzustreben:

- Mit der gewünschten Genauigkeit wächst der erforderliche finanzielle Aufwand für die Datengewinnung und Datenverarbeitung.
- Eine Erhöhung der Genauigkeit bedeutet nicht unbedingt eine Verbesserung der Entscheidungsfähigkeit.
- Eine Erhöhung der Genauigkeit ist nur sinnvoll, wenn die Eingangsdaten dies rechtfertigen.
- Es gibt Risiken, die als vernachlässigbar klein gelten, und Risiken, mit denen die Gesellschaft gelernt hat zu leben; in beiden Fällen ist eine weitere Erhöhung der Genauigkeit überflüssig.

Folgende Probleme erschweren die notwendige Optimierung:

- Quantitative Risikoanalysen sind noch um Größenordnungen zu ungenau.
- Die Öffentlichkeit ist es noch nicht gewohnt, mit Risikoanalysen umzugehen, sie zu bewerten und als Information zu nutzen.

Wie können die Verständigungsprobleme zwischen Fachmann und Laie gelöst werden?

Hier gibt es nur vorläufige Antworten und Zweifel, ob diese Antworten wirklich den Kern der Sache treffen. Die Antworten

- der Fachmann müsse sich verständlicher ausdrücken, und der Laie müsse lernen, mit den gebotenen Informationen besser umzugehen;

- das Problem liegt nicht in zu wenig oder zu wenig verständlicher Information, sondern in zu wenig glaubwürdigem Verhalten der für die Sicherheit Verantwortlichen, und darin, daß zuviel Sicherheit versprochen werde;
- der Fachmann müsse lernen, daß mit aufwendigen Risikoanalysen allein die Öffentlichkeit nicht für neue Großtechniken gewonnen werden kann;
- die Suche nach Rezepten zur Förderung der Akzeptanz sei zu vordergründig, da die Ursachen für die gesellschaftlichen Konflikte tiefer liegen – seien es allgemeiner Wertewandel oder eine Entdifferenzierung des politischen Systems – und man noch nicht recht verstanden habe, warum die Kompromißfähigkeit in der Gesellschaft abgenommen hat;
- der Widerstand gegen Großtechniken beruhe auf einem neu erwachten Sektierertum, das für die moderne Gesellschaft schädlich sei und entsprechend zu bekämpfen sei;

haben plausible Argumente für sich und widersprechen sich teilweise. Eine insgesamt befriedigende Antwort konnte noch nicht gefunden werden.

Wie sicher ist uns sicher genug? Oder: Warum gibt es keine konsistente Gesamtstrategie zur Verminderung des Risikos?

Die Frage, wie sicher uns sicher genug ist, kann in dieser allgemeinen Form nicht beantwortet werden. Trotzdem ist die Frage nicht sinnlos, denn sie zwingt dazu, sich implizite Bewertungen bei der Beurteilung der Sicherheit bewußt zu machen.

Hinter der Frage steckt der Wunsch, einfache Maßstäbe zur Verfügung zu haben, um entscheiden zu können und um volkswirtschaftliche Ressourcen zur Risikominderung wirtschaftlich einzusetzen. Ohne Zweifel bekommt die Gesellschaft mit der heutigen Verteilung des Aufwands zur Risikosenkung auf Bereiche mit unterschiedlichen Grenzerträgen an Sicherheit nicht den Umfang an Risikominderung, der bei einer anderen Verteilung denkbar wäre.

So wichtig diese Erkenntnis ist, so schwer ist eine konsistente Gesamtstrategie in die Tat umzusetzen. Allein der beträchtliche Aufwand zur Ermittlung und Bewertung der benötigten Informationen und der Verwaltungsaufwand zur konsistenten Verteilung der benötigten Mittel könnte die gute Absicht in ihr Gegenteil verkehren und zur Verschwendung von Ressourcen führen.

Deswegen ist eine gültige Antwort auf die Frage, wie sicher uns sicher genug ist und wie der Aufwand zur Risikominderung auf die unterschiedlichen Bereiche zu verteilen ist, nicht möglich. Die Antwort muß in jeder Situation neu gesucht werden.

Aber auch wenn eine konsistente Gesamtstrategie zur Verminderung des Risikos nicht sinnvoll ist, so gibt es doch strategische Überlegungen, die über Einzelmaßnahmen hinausreichen, wie der nächste Abschnitt zeigt.

Welche Verbesserungen sind im politischen Entscheidungsprozeß möglich?

Folgende Forderungen werden an die Adresse der Politiker gerichtet:

- Politiker sollen entscheiden, welche Risiken so wichtig sind, daß der Gesetzgeber sich mit ihnen beschäftigen muß; das noch ungelöste Problem dabei ist, wie die Öffentlichkeit in solche Entscheidungsprozesse einbezogen werden kann.

- Politiker sollen Entscheidungsrahmen setzen für die Kontrollbehörden (diese Forderung wurde vor allem in bezug auf die amerikanischen Kontrollbehörden formuliert, gilt aber auch für die Bundesrepublik Deutschland), d.h. ausdrücklich festlegen und nicht nur stillschweigend akzeptieren, nach welchen Maßstäben diese Behörden entscheiden; amerikanische Untersuchungen zeigen, daß es eine ganze Reihe unterschiedlicher Maßstäbe gibt, die von Kontrollbehörden verwandt werden.
- Die Kontrollbehörden sollten nicht überfordert werden, sondern sie sollten als eine Instanz neben anderen Instanzen wie Versicherungsgesellschaften und Tarifparteien gesehen werden; auch hier sollte gelten, daß der Staat erst handelt, wenn der Markt keine gesellschaftlich akzeptable Lösung bringt und zu erwarten ist, daß das staatliche Handeln nicht zu einer gleich schlechten Lösung führt. Zu fragen ist, wie man die Industrie zu noch stärkerer Selbstverwaltung motivieren kann.
- Die Politiker sollten sich des Problems bewußt sein, daß zu hoher Aufwand zur Risikominderung die Fähigkeit der Gesellschaft, Katastrophen zu bewältigen, mindern kann. Diese letzte Forderung ist die am wenigsten praktikable, da nur in Ausnahmefällen anzugeben ist (z.B. bei Abhängigkeit von einer einzigen Energiequelle), wann weiterer Aufwand diese Konsequenzen hat.

Die Tagung hat insgesamt gezeigt, daß es sich für die Gesellschaft lohnt, das Thema „Ermittlung und Bewertung industrieller Risiken“ in seinen analytischen und politischen Aspekten weiter zu verfolgen.

Sachverzeichnis